全国科学技术名词审定委员会

公 布

食品科学技术名词

CHINESE TERMS IN FOOD SCIENCE AND TECHNOLOGY

2020

食品科学技术名词审定委员会

国家自然科学基金资助项目

科学出版社

北 京

内 容 简 介

本书是全国科学技术名词审定委员会公布的食品科学技术名词。全书包括总论、食品科学、食品工程、食品安全和食品营养等 5 部分，共收录词条 3432 条。这些名词是科研、教学、生产、经营及新闻出版等部门应遵照使用的食品科学技术规范名词。

图书在版编目(CIP)数据

食品科学技术名词/食品科学技术名词审定委员会审定. —北京:科学出版社,2020.9

全国科学技术名词审定委员会公布

ISBN 978-7-03-066170-8

Ⅰ.①食… Ⅱ.①食… Ⅲ.①食品科学-名词术语 Ⅳ.①TS201-61

中国版本图书馆 CIP 数据核字(2020)第 176599 号

责任编辑:王小辉 李 迪/责任校对:郑金红
责任印制:吴兆东/封面设计:刘新新

科学出版社 出版
北京东黄城根北街 16 号
邮政编码:100717
http://www.sciencep.com
北京虎彩文化传播有限公司 印刷
科学出版社发行 各地新华书店经销

*

2020 年 9 月第 一 版 开本:787×1092 1/16
2020 年 9 月第一次印刷 印张:21 1/2
字数:510 000
定价:228.00 元
(如有印装质量问题,我社负责调换)

全国科学技术名词审定委员会
第七届委员会委员名单

特邀顾问：路甬祥　许嘉璐　韩启德
主　　任：白春礼
副 主 任：梁言顺　黄　卫　田学军　蔡　昉　邓秀新　何　雷　何鸣鸿
　　　　　裴亚军
常　　委（以姓名笔画为序）：

田立新　曲爱国　刘会洲　孙苏川　沈家煊　宋　军　张　军
张伯礼　林　鹏　周文能　饶克勤　袁亚湘　高　松　康　乐
韩　毅　雷筱云

委　　员（以姓名笔画为序）：

卜宪群　王　军　王子豪　王同军　王建军　王建朗　王家臣
王清印　王德华　尹虎彬　邓初夏　石　楠　叶玉如　田　森
田胜立　白殿一　包为民　冯大斌　冯惠玲　毕健康　朱　星
朱士恩　朱立新　朱建平　任　海　任南琪　刘　青　刘正江
刘连安　刘国权　刘晓明　许毅达　那伊力江·吐尔干
孙宝国　孙瑞哲　李一军　李小娟　李志江　李伯良　李学军
李承森　李晓东　杨　鲁　杨　群　杨汉春　杨安钢　杨焕明
汪正平　汪雄海　宋　彤　宋晓霞　张人禾　张玉森　张守攻
张社卿　张建新　张绍祥　张洪华　张继贤　陆雅海　陈　杰
陈光金　陈众议　陈言放　陈映秋　陈星灿　陈超志　陈新滋
尚智丛　易　静　罗　玲　周　畅　周少来　周洪波　郑宝森
郑筱筠　封志明　赵永恒　胡秀莲　胡家勇　南志标　柳卫平
闻映红　姜志宏　洪定一　莫纪宏　贾承造　原遵东　徐立之
高　怀　高　福　高培勇　唐志敏　唐绪军　益西桑布
黄清华　黄璐琦　萨楚日勒图　　龚旗煌　阎志坚　梁曦东
董　鸣　蒋　颖　韩振海　程晓陶　程恩富　傅伯杰　曾明荣
谢地坤　赫荣乔　蔡　怡　谭华荣

食品科学技术名词审定委员会名单

主　　任：孙宝国

委　　员（以姓名笔画为序）：

王　弘　　王　凌　　王　硕　　王俊平　　王锡昌　　叶兴乾　　史贤明

乐国伟　　朱加进　　朱蓓薇　　刘秀梅　　刘学波　　刘静波　　江　波

江连洲　　孙远明　　孙秀兰　　李　铎　　李　琳　　李亦兵　　李秀婷

励建荣　　何国庆　　陆旺金　　陈　卫　　陈　芳　　邵　薇　　范志红

林　洪　　罗云波　　金征宇　　周光宏　　赵国华　　赵谋明　　胡小松

胡秋辉　　郭　勇　　郭顺堂　　陶文沂　　谢明勇

秘　　书：张欣然

参加编写主要成员（以姓名笔画为序）：

王大鹏　　王永涛　　叶发银　　白凤翎　　包海蓉　　孙　启　　李　冰

李　良　　李晓玺　　吴继红　　邹婷婷　　张国华　　张秋香　　陈士国

陈红兵　　陈振家　　范柳萍　　岳淑丽　　赵颂宁　　赵强忠　　施用晖

徐　虹　　郭燕茹　　曹菲薇　　董秀萍　　韩敏义　　雷红涛　　裴　斐

熊　科　　缪　铭

白春礼序

　　科技名词伴随科技发展而生，是概念的名称，承载着知识和信息。如果说语言是记录文明的符号，那么科技名词就是记录科技概念的符号，是科技知识得以传承的载体。我国古代科技成果的传承，即得益于此。《山海经》记录了山、川、陵、台及几十种矿物名；《尔雅》19 篇中，有 16 篇解释名物词，可谓是我国最早的术语词典；《梦溪笔谈》第一次给"石油"命名并一直沿用至今；《农政全书》创造了大量农业、土壤及水利工程名词；《本草纲目》使用了数百种植物和矿物岩石名称。延传至今的古代科技术语，体现着圣哲们对科技概念定名的深入思考，在文化传承、科技交流的历史长河中作出了不可磨灭的贡献。

　　科技名词规范工作是一项基础性工作。我们知道，一个学科的概念体系是由若干个科技名词搭建起来的，所有学科概念体系整合起来，就构成了人类完整的科学知识架构。如果说概念体系构成了一个学科的"大厦"，那么科技名词就是其中的"砖瓦"。科技名词审定和公布，就是为了生产出标准、优质的"砖瓦"。

　　科技名词规范工作是一项需要重视的基础性工作。科技名词的审定就是依照一定的程序、原则、方法对科技名词进行规范化、标准化，在厘清概念的基础上恰当定名。其中，对概念的把握和厘清至关重要，因为如果概念不清晰、名称不规范，势必会影响科学研究工作的顺利开展，甚至会影响对事物的认知和决策。举个例子，我们在讨论科技成果转化问题时，经常会有"科技与经济'两张皮'""科技对经济发展贡献太少"等说法，尽管在通常的语境中，把科学和技术连在一起表述，但严格说起来，会导致在认知上没有厘清科学与技术之间的差异，而简单把技术研发和生产实际之间脱节的问题理解为科学研究与生产实际之间的脱节。一般认为，科学主要揭示自然的本质和内在规律，回答"是什么"和"为什么"的问题，技术以改造自然为目的，回答"做什么"和"怎么做"的问题。科学主要表现为知识形态，是创造知识的研究，技术则具有物化形态，是综合利用知识于需求的研究。科学、技术是不同类型的创新活动，有着不同的发展规律，体现不同的价值，需要形成对不同性质的研发活动进行分类支持、分类评价的科学管理体系。从这个角度来看，科技名词规范工作是一项必不可少的基础性工作。

我非常同意老一辈专家叶笃正的观点,他认为:"科技名词规范化工作的作用比我们想象的还要大,是一项事关我国科技事业发展的基础设施建设工作!"

科技名词规范工作是一项需要长期坚持的基础性工作。我国科技名词规范工作已经有110年的历史。1909年清政府成立科学名词编订馆,1932年南京国民政府成立国立编译馆,是为了学习、引进、吸收西方科学技术,对译名和学术名词进行规范统一。中华人民共和国成立后,随即成立了"学术名词统一工作委员会"。1985年,为了更好促进我国科学技术的发展,推动我国从科技弱国向科技大国迈进,国家成立了"全国自然科学名词审定委员会",主要对自然科学领域的名词进行规范统一。1996年,国家批准将"全国自然科学名词审定委员会"改为"全国科学技术名词审定委员会",是为了响应科教兴国战略,促进我国由科技大国向科技强国迈进,而将工作范围由自然科学技术领域扩展到工程技术、人文社会科学等领域。科学技术发展到今天,信息技术和互联网技术在不断突进,前沿科技在不断取得突破,新的科学领域在不断产生,新概念、新名词在不断涌现,科技名词规范工作仍然任重道远。

110年的科技名词规范工作,在推动我国科技发展的同时,也在促进我国科学文化的传承。科技名词承载着科学和文化,一个学科的名词,能够勾勒出学科的面貌、历史、现状和发展趋势。我们不断地对学科名词进行审定、公布、入库,形成规模并提供使用,从这个角度来看,这项工作又有几分盛世修典的意味,可谓"功在当代,利在千秋"。

在党和国家重视下,我们依靠数千位专家学者,已经审定公布了65个学科领域的近50万条科技名词,基本建成了科技名词体系,推动了科技名词规范化事业协调可持续发展。同时,在全国科学技术名词审定委员会的组织和推动下,海峡两岸科技名词的交流对照统一工作也取得了显著成果。两岸专家已在30多个学科领域开展了名词交流对照活动,出版了20多种两岸科学名词对照本和多部工具书,为两岸和平发展作出了贡献。

作为全国科学技术名词审定委员会现任主任委员,我要感谢历届委员会所付出的努力。同时,我也深感责任重大。

十九大的胜利召开具有划时代意义,标志着我们进入了新时代。新时代,创新成为引领发展的第一动力。习近平总书记在十九大报告中,从战略高度强调了创新,指出创新是建设现代化经济体系的战略支撑,创新处于国家发展全局的核心位置。在深入实施创新驱动发展战略中,科技名词规范工作是其基本组成部分,因为科技的交流与传播、知识的协同与管理、信息的传输与共享,都需要一个基于科学的、规范统一的科技名词体系和科技名词服务平台作为支撑。

我们要把握好新时代的战略定位,适应新时代新形势的要求,加强与科技的协同发展。一方面,要继续发扬科学民主、严谨求实的精神,保证审定公布成果的权威性和规范性。科技名词审定是一项既具规范性又有研究性,既具协调性又有长期性的综合性工作。在长期的科技名词审定工作实践中,全国科学技术名词审定委员会积累了丰富的经验,形成了一套完整的组织和审定流程。这一流程,有利于确立公布名词的权威性,有利于保证公布名词的规范性。但是,我们仍然要创新审定机制,高质高效地完成科技名词审定公布任务。另一方面,在做好科技名词审定公布工作的同时,我们要瞄准世界科技前沿,服务于前瞻性基础研究。习总书记在报告中特别提到"中国天眼"、"悟空号"暗物质粒子探测卫星、"墨子号"量子科学实验卫星、天宫二号和"蛟龙号"载人潜水器等重大科技成果,这些都是随着我国科技发展诞生的新概念、新名词,是科技名词规范工作需要关注的热点。围绕新时代中国特色社会主义发展的重大课题,服务于前瞻性基础研究、新的科学领域、新的科学理论体系,应该是新时代科技名词规范工作所关注的重点。

未来,我们要大力提升服务能力,为科技创新提供坚强有力的基础保障。全国科学技术名词审定委员会第七届委员会成立以来,在创新科学传播模式、推动成果转化应用等方面作了很多努力。例如,及时为113号、115号、117号、118号元素确定中文名称,联合中国科学院、国家语言文字工作委员会召开四个新元素中文名称发布会,与媒体合作开展推广普及,引起社会关注。利用大数据统计、机器学习、自然语言处理等技术,开发面向全球华语圈的术语知识服务平台和基于用户实际需求的应用软件,受到使用者的好评。今后,全国科学技术名词审定委员会还要进一步加强战略前瞻,积极应对信息技术与经济社会交汇融合的趋势,探索知识服务、成果转化的新模式、新手段,从支撑创新发展战略的高度,提升服务能力,切实发挥科技名词规范工作的价值和作用。

使命呼唤担当,使命引领未来,新时代赋予我们新使命。全国科学技术名词审定委员会只有准确把握科技名词规范工作的战略定位,创新思路,扎实推进,才能在新时代有所作为。

是为序。

2018 年春

路甬祥序

我国是一个人口众多、历史悠久的文明古国,自古以来就十分重视语言文字的统一,主张"书同文、车同轨",把语言文字的统一作为民族团结、国家统一和强盛的重要基础和象征。我国古代科学技术十分发达,以四大发明为代表的古代文明,曾使我国居于世界之巅,成为世界科技发展史上的光辉篇章。而伴随科学技术产生、传播的科技名词,从古代起就已成为中华文化的重要组成部分,在促进国家科技进步、社会发展和维护国家统一方面发挥着重要作用。

我国的科技名词规范统一活动有着十分悠久的历史。古代科学著作记载的大量科技名词术语,标志着我国古代科技之发达及科技名词之活跃与丰富。然而,建立正式的名词审定组织机构则是在清朝末年。1909 年,我国成立了科学名词编订馆,专门从事科学名词的审定、规范工作。到了新中国成立之后,由于国家的高度重视,这项工作得以更加系统地、大规模地开展。1950 年政务院设立的学术名词统一工作委员会,以及 1985 年国务院批准成立的全国自然科学名词审定委员会(现更名为全国科学技术名词审定委员会,简称全国科技名词委),都是政府授权代表国家审定和公布规范科技名词的权威性机构和专业队伍。他们肩负着国家和民族赋予的光荣使命,秉承着振兴中华的神圣职责,为科技名词规范统一事业默默耕耘,为我国科学技术的发展做出了基础性的贡献。

规范和统一科技名词,不仅在消除社会上的名词混乱现象,保障民族语言的纯洁与健康发展等方面极为重要,而且在保障和促进科技进步,支撑学科发展方面也具有重要意义。一个学科的名词术语的准确定名及推广,对这个学科的建立与发展极为重要。任何一门科学(或学科),都必须有自己的一套系统完善的名词来支撑,否则这门学科就立不起来,就不能成为独立的学科。郭沫若先生曾将科技名词的规范与统一称为"乃是一个独立自主国家在学术工作上所必须具备的条件,也是实现学术中国化的最起码的条件",精辟地指出了这项基础性、支撑性工作的本质。

在长期的社会实践中,人们认识到科技名词的规范和统一工作对于一个国家的科技发展和文化传承非常重要,是实现科技现代化的一项支撑性的系统工程。没有这样一个系统的规范化的支撑条件,不仅现代科技的协调发展将遇到极大困难,而且在科技日益渗透人们生活各方面、各环节的今天,还将给教育、传播、交流、经贸等多方面带来困难和损害。

全国科技名词委自成立以来,已走过近20年的历程,前两任主任钱三强院士和卢嘉锡院士为我国的科技名词统一事业倾注了大量的心血和精力,在他们的正确领导和广大专家的共同努力下,取得了卓著的成就。2002年,我接任此工作,时逢国家科技、经济飞速发展之际,因而倍感责任的重大;及至今日,全国科技名词委已组建了60个学科名词审定分委员会,公布了50多个学科的63种科技名词,在自然科学、工程技术与社会科学方面均取得了协调发展,科技名词蔚成体系。而且,海峡两岸科技名词对照统一工作也取得了可喜的成绩。对此,我实感欣慰。这些成就无不凝聚着专家学者们的心血与汗水,无不闪烁着专家学者们的集体智慧。历史将会永远铭刻着广大专家学者孜孜以求、精益求精的艰辛劳作和为祖国科技发展做出的奠基性贡献。宋健院士曾在1990年全国科技名词委的大会上说过:"历史将表明,这个委员会的工作将对中华民族的进步起到奠基性的推动作用。"这个预见性的评价是毫不为过的。

科技名词的规范和统一工作不仅仅是科技发展的基础,也是现代社会信息交流、教育和科学普及的基础,因此,它是一项具有广泛社会意义的建设工作。当今,我国的科学技术已取得突飞猛进的发展,许多学科领域已接近或达到国际前沿水平。与此同时,自然科学、工程技术与社会科学之间交叉融合的趋势越来越显著,科学技术迅速普及到了社会各个层面,科学技术同社会进步、经济发展已紧密地融为一体,并带动着各项事业的发展。所以,不仅科学技术发展本身产生的许多新概念、新名词需要规范和统一,而且由于科学技术的社会化,社会各领域也需要科技名词有一个更好的规范。另一方面,随着香港、澳门的回归,海峡两岸科技、文化、经贸交流不断扩大,祖国实现完全统一更加迫近,两岸科技名词对照统一任务也十分迫切。因而,我们的名词工作不仅对科技发展具有重要的价值和意义,而且在经济发展、社会进步、政治稳定、民族团结、国家统一和繁荣等方面都具有不可替代的特殊价值和意义。

最近,中央提出树立和落实科学发展观,这对科技名词工作提出了更高的要求。我们要按照科学发展观的要求,求真务实,开拓创新。科学发展观的本质与核心是以人为本,我们要建设一支优秀的名词工作队伍,既要保持和发扬老一辈科技名词工作者的优良传统,坚持真理、实事求是、甘于寂寞、淡泊名利,又要根据新形势的要求,面向未来、协调发展、与时俱进、锐意创新。此外,我们要充分利用网络等现代科技手段,使规范科技名词得到更好的传播和应用,为迅速提高全民文化素质做出更大贡献。科学发展观的基本要求是坚持以人为本,全面、协调、可持续发展,因此,科技名词工作既要紧密围绕当前国民经济建设形势,着重开展好科技领域的学科名词审定工作,同时又要在强调经济社会以及人与自然协调发展的思想指导下,开展好社会科学、文化教育和资源、生态、环境领域的科学名词审定工作,促进各个学科领域的相互融合和共同繁荣。科学发展观非常注重可持续发展的理念,因此,我们在不断丰富和发展已建立的科技名词体系的同时,还要进一步研究具有中国特色的术语学理论,以创建中国的术语学派。研究和建立中国特色的术语学理论,也是一种知识创新,是实现科技名词工作可持续发展的必由之路,我们应当为此付出更大的努力。

当前国际社会已处于以知识经济为走向的全球经济时代,科学技术发展的步伐将会越来越快。我国已加入世贸组织,我国的经济也正在迅速融入世界经济主流,因而国内外科技、文化、经贸的交流将越来越广泛和深入。可以预言,21世纪中国的经济和中国的语言文字都将对国际社会产生空前的影响。因此,在今后10到20年之间,科技名词工作就变得更具现实意义,也更加迫切。"路漫漫其修远兮,吾今上下而求索",我们应当在今后的工作中,进一步解放思想,务实创新、不断前进。不仅要及时地总结这些年来取得的工作经验,更要从本质上认识这项工作的内在规律,不断地开创科技名词统一工作新局面,做出我们这代人应当做出的历史性贡献。

2004 年深秋

卢 嘉 锡 序

科技名词伴随科学技术而生,犹如人之诞生其名也随之产生一样。科技名词反映着科学研究的成果,带有时代的信息,铭刻着文化观念,是人类科学知识在语言中的结晶。作为科技交流和知识传播的载体,科技名词在科技发展和社会进步中起着重要作用。

在长期的社会实践中,人们认识到科技名词的统一和规范化是一个国家和民族发展科学技术的重要的基础性工作,是实现科技现代化的一项支撑性的系统工程。没有这样一个系统的规范化的支撑条件,科学技术的协调发展将遇到极大的困难。试想,假如在天文学领域没有关于各类天体的统一命名,那么,人们在浩瀚的宇宙当中,看到的只能是无序的混乱,很难找到科学的规律。如是,天文学就很难发展。其他学科也是这样。

古往今来,名词工作一直受到人们的重视。严济慈先生60多年前说过,"凡百工作,首重定名;每举其名,即知其事"。这句话反映了我国学术界长期以来对名词统一工作的认识和做法。古代的孔子曾说"名不正则言不顺",指出了名实相副的必要性。荀子也曾说"名有固善,径易而不拂,谓之善名",意为名有完善之名,平易好懂而不被人误解之名,可以说是好名。他的"正名篇"即是专门论述名词术语命名问题的。近代的严复则有"一名之立,旬月踟蹰"之说。可见在这些有学问的人眼里,"定名"不是一件随便的事情。任何一门科学都包含很多事实、思想和专业名词,科学思想是由科学事实和专业名词构成的。如果表达科学思想的专业名词不正确,那么科学事实也就难以令人相信了。

科技名词的统一和规范化标志着一个国家科技发展的水平。我国历来重视名词的统一与规范工作。从清朝末年的科学名词编订馆,到1932年成立的国立编译馆,以及新中国成立之初的学术名词统一工作委员会,直至1985年成立的全国自然科学名词审定委员会(现已改名为全国科学技术名词审定委员会,简称全国名词委),其使命和职责都是相同的,都是审定和公布规范名词的权威性机构。现在,参与全国名词委领导工作的单位有中国科学院、科学技术部、教育部、中国科学技术协会、国家自然科学基金委员会、新闻出版署、国家质量技术监督局、国家广播电影电视总局、国家知识产权局和国家语言文字工作委员会,这些部委各自选派了有关领导干部担任全国名词委的领导,有力地推动科技名词的统一和推广应用工作。

全国名词委成立以后,我国的科技名词统一工作进入了一个新的阶段。在第一任主任委员钱三强同志的组织带领下,经过广大专家的艰苦努力,名词规范和统一工作取得了显著的成绩。1992年三强同志不幸谢世。我接任后,继续推动和开展这项工作。在国家和有关部门的支持及广大专家学者的努力下,全国名词委15年来按学科共组建了50多个学科的名词审定分委员会,有1800多位专家、学者参加名词审定工作,还有更多的专家、学者参加书面审查和座谈讨论等,形成的科技名词工作队伍规模之大、水平层次之高前所未有。15年间共审定公布了包括理、工、农、医及交叉学科等各学科领域的名词共计50多种。而且,对名词加注定义的工作经试点后业已逐渐展开。另外,遵照术语学理论,根据汉语汉字特点,结合科技名词审定工作实践,全国名词委制定并逐步完善了一套名词审定工作的原则与方法。可以说,在20世纪的最后15年中,我国基本上建立起了比较完整的科技名词体系,为我国科技名词的规范和统一奠定了良好的基础,对我国科研、教学和学术交流起到了很好的作用。

在科技名词审定工作中,全国名词委密切结合科技发展和国民经济建设的需要,及时调整工作方针和任务,拓展新的学科领域开展名词审定工作,以更好地为社会服务、为国民经济建设服务。近些年来,又对科技新词的定名和海峡两岸科技名词对照统一工作给予了特别的重视。科技新词的审定和发布试用工作已取得了初步成效,显示了名词统一工作的活力,跟上了科技发展的步伐,起到了引导社会的作用。两岸科技名词对照统一工作是一项有利于祖国统一大业的基础性工作。全国名词委作为我国专门从事科技名词统一的机构,始终把此项工作视为自己责无旁贷的历史性任务。通过这些年的积极努力,我们已经取得了可喜的成绩。做好这项工作,必将对弘扬民族文化,促进两岸科教、文化、经贸的交流与发展做出历史性的贡献。

科技名词浩如烟海,门类繁多,规范和统一科技名词是一项相当繁重而复杂的长期工作。在科技名词审定工作中既要注意同国际上的名词命名原则与方法相衔接,又要依据和发挥博大精深的汉语文化,按照科技的概念和内涵,创造和规范出符合科技规律和汉语文字结构特点的科技名词。因而,这又是一项艰苦细致的工作。广大专家学者字斟句酌,精益求精,以高度的社会责任感和敬业精神投身于这项事业。可以说,全国名词委公布的名词是广大专家学者心血的结晶。这里,我代表全国名词委,向所有参与这项工作的专家学者们致以崇高的敬意和衷心的感谢!

审定和统一科技名词是为了推广应用。要使全国名词委众多专家多年的劳动成果——规范名词,成为社会各界及每位公民自觉遵守的规范,需要全社会的理解和支持。国务院和4个有关部委[国家科委(今科学技术部)、中国科学院、国家教委(今教育部)和新闻出版署]已分别于1987年和1990年行文全国,要求全国各科研、教学、生产、经营以及新闻出版等单位遵照使用全国名词委审定公布的名词。希望社会各界自觉认真地执行,共同做好这项对于科技发展、社会进步和国家统一极为重要的基础工作,为振兴中华而努力。

值此全国名词委成立15周年、科技名词书改装之际,写了以上这些话。是为序。

卢嘉锡

2000 年夏

钱 三 强 序

科技名词术语是科学概念的语言符号。人类在推动科学技术向前发展的历史长河中,同时产生和发展了各种科技名词术语,作为思想和认识交流的工具,进而推动科学技术的发展。

我国是一个历史悠久的文明古国,在科技史上谱写过光辉篇章。中国科技名词术语,以汉语为主导,经过了几千年的演化和发展,在语言形式和结构上体现了我国语言文字的特点和规律,简明扼要,蓄意深切。我国古代的科学著作,如已被译为英、德、法、俄、日等文字的《本草纲目》《天工开物》等,包含大量科技名词术语。从元、明以后,开始翻译西方科技著作,创译了大批科技名词术语,为传播科学知识,发展我国的科学技术起到了积极作用。

统一科技名词术语是一个国家发展科学技术所必须具备的基础条件之一。世界经济发达国家都十分关心和重视科技名词术语的统一。我国早在 1909 年就成立了科学名词编订馆,后又于 1919 年中国科学社成立了科学名词审定委员会,1928 年大学院成立了译名统一委员会。1932 年成立了国立编译馆,在当时教育部主持下先后拟订和审查了各学科的名词草案。

新中国成立后,国家决定在政务院文化教育委员会下,设立学术名词统一工作委员会,郭沫若任主任委员。委员会分设自然科学、社会科学、医药卫生、艺术科学和时事名词五大组,聘任了各专业著名科学家、专家,审定和出版了一批科学名词,为新中国成立后的科学技术的交流和发展起到了重要作用。后来,由于历史的原因,这一重要工作陷于停顿。

当今,世界科学技术迅速发展,新学科、新概念、新理论、新方法不断涌现,相应地出现了大批新的科技名词术语。统一科技名词术语,对科学知识的传播,新学科的开拓,新理论的建立,国内外科技交流,学科和行业之间的沟通,科技成果的推广、应用和生产技术的发展,科技图书文献的编纂、出版和检索,科技情报的传递等方面,都是不可缺少的。特别是计算机技术的推广使用,对统一科技名词术语提出了更紧迫的要求。

为适应这种新形势的需要,经国务院批准,1985 年 4 月正式成立了全国自然科学名词审定委员会。委员会的任务是确定工作方针,拟定科技名词术语审定工作计划、实施方案和步骤,组织审定自然科学各学科名词术语,并予以公布。根据国务院授权,委员会审定公布的名词术语,科研、教学、生产、经营以及新闻出版等各部门,均应遵照使用。

全国自然科学名词审定委员会由中国科学院、国家科学技术委员会、国家教育委员会、中国科学技术协会、国家技术监督局、国家新闻出版署、国家自然科学基金委员会分别委派了正、副主任担任领导工作。在中国科协各专业学会密切配合下,逐步建立各专业审定分委员会,并已建立起一支由各学科著名专家、学者组成的近千人的审定队伍,负责审定本学科的名词术语。我国的名词审定工作进入了一个新的阶段。

这次名词术语审定工作是对科学概念进行汉语订名,同时附以相应的英文名称,既有我国语言特色,又方便国内外科技交流。通过实践,初步摸索了具有我国特色的科技名词术语审定的原则与方法,以及名词术语的学科分类、相关概念等问题,并开始探讨当代术语学的理论和方法,以期逐步建立起符合我国语言规律的自然科学名词术语体系。

统一我国的科技名词术语,是一项繁重的任务,它既是一项专业性很强的学术性工作,又涉及亿万人使用习惯的问题。审定工作中我们要认真处理好科学性、系统性和通俗性之间的关系;主科与副科间的关系;学科间交叉名词术语的协调一致;专家集中审定与广泛听取意见等问题。

汉语是世界五分之一人口使用的语言,也是联合国的工作语言之一。除我国外,世界上还有一些国家和地区使用汉语,或使用与汉语关系密切的语言。做好我国的科技名词术语统一工作,为今后对外科技交流创造了更好的条件,使我炎黄子孙,在世界科技进步中发挥更大的作用,做出重要的贡献。

统一我国科技名词术语需要较长的时间和过程,随着科学技术的不断发展,科技名词术语的审定工作,需要不断地发展、补充和完善。我们将本着实事求是的原则,严谨的科学态度做好审定工作,成熟一批公布一批,提供各界使用。我们特别希望得到科技界、教育界、经济界、文化界、新闻出版界等各方面同志的关心、支持和帮助,共同为早日实现我国科技名词术语的统一和规范化而努力。

1992 年 2 月

前　言

食品科学技术学科历史悠久,是以食品工业所依托的科学理论问题的研究、工程技术及装备的实现和相关科研、工程队伍的组织与培养为其基本内涵的学科。作为一支重要的学术分支,其还与农学、工学、理学、医学和人文社会科学多个领域互为交叉。

作为科学技术交流和传播媒介之一的食品科学技术名词,是科学技术名词的一个重要组成部分,它的审定与统一对科学技术发展和社会进步具有重要意义,是一项在食品产业中夯实科学基础的工作。

食品产业既是国民经济的支柱产业,又是保障民生的基础产业。为适应食品科学技术和食品产业的发展,统一和规范食品科学技术名词,受全国科学技术名词审定委员会(以下简称全国科技名词委)委托,中国食品科学技术学会承担了食品科学技术名词的审定工作,2014 年 7 月,双方共同组织成立了以孙宝国院士为主任委员的食品科学技术名词审定委员会(以下简称食品分委会),并分为 4 个组,每组设组长和秘书,分别承担相应的收词和定义工作。

在审定工作过程中,食品分委会成员和参加编写的人员共 70 余位专家学者,在朱蓓薇、金征宇、王硕、李铎 4 位组长和陶文沂、江波、王俊平、朱加进 4 位秘书的具体组织下,遵循科学技术名词审定的原则及方法,力求体现定名的科学性、单义性、系统性、简明通俗性和约定俗成等原则,并尽可能与国际通用的命名方法相一致。他们以"熟悉专业,潜心考究;只问是非,不计利害。集思广益,畅所欲言;名词面前,一律平等"为工作定位,不计报酬、任劳任怨,通过十几次不同形式的讨论会及不计其数的电话、邮件、微信沟通,反复磋商、认真讨论,精益求精。食品分委会在完成征求意见等程序后,于 2017 年 8 月报送全国科技名词委审批,经数轮修改后,于 2018 年 9 月 12 日预公布,预公布期为 1 年。

本次完成的食品科学技术名词分为总论、食品科学、食品工程、食品安全、食品营养 5 部分,共3432 条词条。类别的划分主要是基于食品科学技术的范畴和业内的共识,从科学概念体系进行审定,并非严谨的学科分类。本次是第一次开展食品科学技术领域的名词审定工作,侧重于基础名词和常用名词,一些不够成熟或有争议的名词没有列入此次审定工作。

经过三年艰苦细致的工作,我们终于填补了食品科学技术领域这一基础性的空白,做了一件有益于社会、有益于科技发展的事情,食品科学技术名词审定委员会的每一位成员及参加编写的人员都为此感到欣慰。在整个审定过程中,得到了全国科技名词委、中国食品科学技术学会的指导和支持,得到了业界许多单位和人员的热情支持与帮助,在此一并致谢。真诚希望大家在使用过程中不断提出宝贵意见和建议,以便今后研究修订,使其更趋科学和完善。

食品科学技术名词审定委员会

2018 年 9 月

编 排 说 明

一、本书公布的是第一版食品科学技术名词,共 3432 条,每条名词均给出了定义或注释。

二、全书分 5 部分:总论、食品科学、食品工程、食品安全和食品营养。

三、正文按中文名所属学科的相关概念体系排列。中文名后给出了与该词概念相对应的英文名。

四、每个中文名都附有相应的定义或注释。定义一般只给出其基本内涵,注释则扼要说明其特点。

当一个中文名有不同的概念时,则用(1)、(2)等表示。

五、一个中文名对应几个英文同义词时,英文词之间用",”分开。

六、凡英文词的首字母大、小写均可时,一律小写;英文除必须用复数者外,一般用单数形式。

七、主要异名和释文中的条目用楷体表示。"全称""简称"是与正名等效使用的名词;"又称"为非
推荐名,只在一定范围内使用;"俗称"为非学术用语;"曾称"为被淘汰的旧名。

目　录

正文

01. 总　　论

01.0001　食品　food
供人类食用的天然原料或加工产品,可满足营养、健康、文化或享用需要。

01.0002　食品科学技术　food science and technology
食品科学与食品技术的通称。涉及食品科学、食品工程、食品安全、食品营养等领域。是研究食品在加工、贮运过程中的变化规律,以及利用各种加工设备和工艺过程,达到有效提供安全、健康、营养、方便、美味的各种食品的方法和手段。

01.0003　食品科学　food science
生命科学的一个分支。与微生物学、生物化学、物理学、农学、化学和工程学等相融合的交叉学科。主要研究从食品原材料到产品的加工、贮运过程中物理、化学及生物学属性变化与改善的科学原理。

01.0004　食品技术　food technology
系统研究各类食品的性质与组分的技术。利用该技术将初期研究和开发的食品实现产业化,其研究结果服务于食品工业。

01.0005　食品工程　food engineering
综合运用食品科学及食品生产各项技术,实现工程化的应用科学。与化学工程、生物工程、机械工程紧密相关。主要研究单一或复合单元操作工艺,设备设计及参数控制,以及包装工程等的原理和工程化等,兼顾工程技术的先进性、可行性、成本、质量和环境友好,是科学技术和管理的综合集成。

01.0006　食品安全　food safety
研究食品中人体健康风险因素的产生机制及控制理论与技术的科学。主要研究内容包括食品中内源和外源污染物产生机制与控制技术,以及食品安全检测技术、溯源与预警技术、风险评估技术和食品安全管理等。其自身含义为食品及其生产经营和消费等活动对人体健康不存在现实或潜在的损害。

01.0007　食品营养　food and nutrition
研究食品中营养素和其他物质在维持机体正常生命活动与健康方面的作用的科学。主要研究内容包括食品营养价值,营养强化与强化食品,生理活性食品与配料,食品贮藏、加工、烹饪等过程中营养素的保留与损失,以及食品营养与疾病的关系等。

02. 食 品 科 学

02.01　食 品 化 学

02.0001　食品化学　food chemistry
食品科学的重要领域,主要研究食品的组成、特性及食品加工和贮藏过程中的化学变化。

02.0002 水 water
由氢、氧两种元素组成的无机物。是食品组分中最主要的组分之一,其不同的存在形式对食品的结构、外观、质构及腐败具有重要影响。

02.0003 冰 ice
水通过分子间作用力形成的结晶。为一种低密度的结构。冰晶的形成及其形式影响食品的理化性质与加工特性。

02.0004 蛋白质 protcin
由 20 余种氨基酸构成的非常复杂的聚合物。氨基酸之间通过酰胺键连接。食品加工中,蛋白质具有稳定泡沫与乳液、形成凝胶和纤维结构等功能。食物中的蛋白质主要存在于牛奶、肉类、蛋类、鱼类和豆制品等。

02.0005 氨基酸 amino acid
蛋白质的基本构成单位。除甘氨酸外,其结构是中心 α-碳原子上分别结合了一个氢原子、一个氨基、一个羧基和一个侧链基团,是构成机体、修复组织和提供能量的重要成分,并具有生理调节功能。

02.0006 肽 peptide
两个或两个以上(不超过 50 个)氨基酸通过肽键共价连接形成的聚合物。根据组成氨基酸残基数目的多少,可分为寡肽和多肽,一般由天然蛋白水解制备、生物或人工合成,具有特定功能活性。

02.0007 动物蛋白 animal protein
来源于禽、畜、鱼类和昆虫等的肉、蛋、奶中的蛋白质,如鱼蛋白、肌肉蛋白等。

02.0008 鱼蛋白 fish protein
构成鱼虾贝肉的主要成分,占干物质的 60% ~ 90%,主要包括肌原纤维蛋白、肌质蛋白、基质蛋白、胶原蛋白和结缔组织蛋白等。

02.0009 肌肉蛋白 muscle protein
肌肉所含蛋白质的总称,是肌肉的主要结构物质,约占肌肉湿重的 20%,各种动物的肌肉蛋白的组成基本相同,可分为肌原纤维蛋白、肌质蛋白和结缔组织蛋白等。

02.0010 植物蛋白 vegetable protein
存在于植物原料中可用于膳食的蛋白质。主要包括油料种子蛋白质、谷物蛋白质、豆类蛋白质和叶蛋白质等。

02.0011 小麦蛋白 wheat protein
又称"麸质"。存在于麦粒中的蛋白质,主要包括清蛋白、球蛋白、谷蛋白和醇溶蛋白。

02.0012 蛋清蛋白 egg white protein
源于蛋清的蛋白质。占蛋清的 11% ~ 13%,主要包括卵白蛋白、卵伴白蛋白、卵黏蛋白和溶菌酶等。具有丰富的营养价值和功能特性,如乳化性、起泡性和成膜性等。

02.0013 面筋蛋白 gluten
谷物中与淀粉共存于胚乳中的水不溶性蛋白质,主要包括谷蛋白和醇溶蛋白,赋予面团弹性、可塑性和延伸性。

02.0014 谷蛋白 glutelin
存在于谷类中,不溶于水、稀盐溶液、乙醇但溶于稀酸和稀碱溶液的蛋白质之总称。

02.0015 醇溶蛋白 gliadin
不溶于水和盐溶液但溶解于醇溶液的一类植物蛋白质。醇溶蛋白使面筋具有黏性和延伸性。

02.0016 球蛋白 globulin
一类不溶或微溶于水但溶于稀盐溶液的蛋白质,广泛存在于动物和植物中,如血球蛋白、肌球蛋白和植物种子球蛋白等。

02.0017　清蛋白　albumin
又称"白蛋白"。一类溶于水,在等电点不沉淀的蛋白质,存在于动物组织、体液和某些植物的种子中,包括卵白蛋白、血清蛋白、乳白蛋白和麦白蛋白等。

02.0018　碳水化合物　carbohydrate
又称"糖类"。经光合作用而形成的一种由碳、氢和氧三种元素所组成的生物分子,通式是 $C_x(H_2O)_y$,含有多羟基的醛类或酮类的化合物。包括单糖、寡糖及多糖,在生命体中既是能量的来源又是结构的组成部分。

02.0019　糖苷　glucoside
单糖半缩醛羟基与另一个分子(如醇、糖、嘌呤或嘧啶)的羟基、氨基或巯基缩合形成的含糖衍生物。

02.0020　单糖　monosaccharide
含有 3~6 个碳原子的多羟基醛或多羟基酮,不能再水解的碳水化合物,是构成各种糖分子的基本单位。

02.0021　葡萄糖　glucose
自然界分布最广且最为重要的一种单糖,是一种含有 6 个碳原子的多羟基醛,通过植物光合作用产生贮藏性多糖的基本组成单元,是生物的主要供能和贮能物质,也是果葡糖浆的原料。

02.0022　果糖　fructose
一种最为常见的己酮糖,是葡萄糖的同分异构体,以游离状态大量存在于水果的浆汁和蜂蜜中。

02.0023　半乳糖　galactose
一种由 6 个碳组成的醛类单糖,是葡萄糖的 C-4 位差向异构体,是哺乳动物乳汁中乳糖的组成成分。在 β-乳糖苷酶的催化作用下,可由乳糖水解获得。

02.0024　寡糖　oligosaccharide
又称"低聚糖"。由 2~20 个糖单位通过糖苷键连接而成的碳水化合物,天然存在的低聚糖很少,大多数低聚糖是由多糖水解或酶法合成获得的。

02.0025　蔗糖　sucrose
一分子葡萄糖和一分子果糖脱水缩合形成的二糖。广泛存在于甘蔗、甜菜和水果中,是植物贮藏、积累和运输糖分的主要形式。

02.0026　麦芽糖　maltose
由两个葡萄糖分子经 α-1,4-糖苷键连接而成的二糖。可由淀粉酶作用于淀粉而制得。

02.0027　环糊精　cyclodextrin
由 5 个及以上的葡萄糖单元以 α-1,4-糖苷键首尾相连而成的环状低聚糖。由淀粉通过酶法转化而来,典型的通常含有 6~8 个 D-吡喃葡萄糖单元,在空间呈锥形中空圆筒结构,外缘亲水而内腔疏水。

02.0028　多糖　polysaccharide
在自然界分布极广,由 20 个以上单糖通过糖苷键连接而成的糖链高分子碳水化合物。

02.0029　淀粉　starch
由葡萄糖单体组成的同聚糖。有直链淀粉和支链淀粉两种形式。

02.0030　直链淀粉　amylose
由几百至几千个葡萄糖单体通过 α-D-1,4 糖苷键(99%)连接而成的线性长链分子,且含有少量的 α-D-1,6 支链(1.0%),分支点的 α-D-1,6 糖苷键占总糖苷键的 0.3%~0.5%,其聚合度为 324~4920。

02.0031　支链淀粉　amylopectin
由 D-葡萄糖构成的一种多分支的可溶性多聚碳水化合物,主链由 D-葡萄基通过 α-1,4 糖苷键连接构成,每 24~30 个 D-葡萄糖基就有一个分支,分支点由 α-1,6 糖苷键与主链连接。

02.0032　纤维素　cellulose

由几百至上千个 D-葡萄糖基通过 β-1,4 糖苷键连接而成的线性高分子化合物。

02.0033 脂类 lipid
又称"脂质"。一类由脂肪酸与醇作用脱水缩合生成的酯及其衍生物的统称。不溶于水而易溶于醇、醚、氯仿、苯等非极性溶剂。

02.0034 脂肪酸 fatty acid
分子中带有羧基的脂肪族有机酸类的总称。根据分子结构分为饱和脂肪酸与不饱和脂肪酸两类。

02.0035 挥发性脂肪酸 volatile fatty acid
具有挥发性的低级脂肪酸。一般在 10 个碳原子以下的脂肪酸属于挥发性脂肪酸。

02.0036 游离脂肪酸 free fatty acid, non-esterified fatty acid
未与甘油等醇形成酯的脂肪酸。

02.0037 乳化剂 emulsifier
一类同时具有亲水和疏水特性的有机化合物。可以降低界面张力,具有显著的表面活性,能在液滴或气泡等周围形成界面膜并形成静电屏障。

02.0038 甘油 glycerol
又称"丙三醇"。含有三个碳原子的三羟基醇类化合物。无色无臭并具有甜味,是大多数天然脂质的常见组成单位。

02.0039 酶 enzyme
具有生物催化功能的高分子物质。在食品加工过程中,常用于组分或配料的修饰与制备。

02.0040 氧化还原酶 oxidoreductase
催化两分子间发生氧化还原作用的酶的总称。其中氧化酶(oxidase)能催化物质被氧化的过程,脱氢酶(dehydrogenase)能催化从物质分子脱去氢的过程。

02.0041 转移酶 transferase
催化两分子间的某些基团转移作用的酶的总称。

02.0042 水解酶 hydrolase
催化水解反应的一类酶的总称。

02.0043 裂合酶 lyase
催化由底物除去某个基团而残留双键的反应,或通过逆反应将某个基团加到双键上的反应的酶的总称。

02.0044 异构酶 isomerase
催化生成异构体反应的酶的总称。根据反应方式可分为差向异构酶、消旋酶和顺反异构酶等。

02.0045 连接酶 ligase
催化两个不同分子或同一分子的两个末端连接的酶。

02.01.02 食品化学基础理论

02.0046 单分子层水 monolayer water
与食物的非水组分中的离子或强极性基团如氨基、羧基等直接以离子键或氢键结合的第一个水分子层中的水。

02.0047 多分子层水 multilayer water
处于单分子层水外的几层水分子或与非水组分所含的弱极性基团如羟基、酰胺基等形成氢键的水分子。

02.0048 无定形 amorphous
一些食品组分非完全晶体无定形区(非晶区)的结构或者一些无定形固体(非晶体)的构成方式。

02.0049 玻璃态 glass state
介于结晶态和无定形态之间的一种物质状态。对流态食品转变成固态食品的操作有实际意义,如干燥、挤压、速冻等,而且对食品的机械特性、物化稳定性及货架期也具有重要意义。

02.0050　水分活度　water activity
水分与食品结合或游离的程度。可以表示为食品中水的逸度和纯水的逸度之比,其数值为0~1。用符号"aw"表示。

02.0051　水合　hydration
水以其氢基和羟基与食品分子结合形成复合物的过程。

02.0052　笼状水合物　clathrate hydrate
水通过氢键形成笼子状结构将疏水小分子以物理方式截留的包合物。是一种易挥发的固态溶液。

02.0053　持水力　water holding capacity
食品组分(通常是以低浓度存在的大分子)构成的基体通过物理方式截留水分而阻止其渗出的能力。

02.0054　结合水　bound water
存在于溶质或其他非水组分邻近处的水。并呈现与同一体系中的体相水显著不同的性质,其流动性受到限制,冰点温度下降。

02.0055　疏水水合　hydrophobic hydration
不相容的非极性基团与其邻近处的水形成特殊结构,使得熵下降的过程。

02.0056　疏水缔合　hydrophobic association
当水与非极性基团接触时,为减少水与非极性基团的界面面积,促进疏水基团之间缔合的过程。该过程为疏水水合的部分逆转。

02.0057　水分吸附等温线　moisture sorption isotherm
在恒定温度下,食品水分含量(每单位质量干物质中水的质量)与水分活度的关系曲线。

02.0058　滞后现象　hysteresis
通过水分回吸和通过解吸两种方法绘制的水分吸附等温线不重叠的现象。许多食品的水分吸附等温线呈现滞后现象。

02.0059　净结构形成效应　net structure forming effect
小离子和/或多价离子产生强电场,使溶液具有比纯水较差的流动性。

02.0060　净结构破坏效应　net structure breaking effect
大离子和/或单价离子产生较弱的电场,使溶液具有比纯水较好的流动性。

02.0061　解吸　desorption
水从高水分食品体系中脱除的过程。也用于其他气态物质的脱除。

02.0062　自由体积　free volume
没有被分子占据的空间。其随着温度的下降而减少,使分子移动和转动更加困难。

02.0063　酶促褐变反应　enzymatic browning
氧和酚类物质在多酚氧化酶催化作用下发生的引起食品褐变的一种反应。

02.0064　非酶褐变反应　non-enzymatic browning
食品组分尤其是碳水化合物在加工、贮藏过程中由组分间相互作用或受环境因素如温度、pH等影响而导致的颜色加深现象。包括焦糖化和美拉德反应。

02.0065　焦糖化　caramelization
糖类化合物在高温熬煮过程中由于强烈的脱水作用发生变色现象,同时产生浓郁的焦香风味的过程。

02.0066　美拉德反应　Maillard reaction
又称"羰氨反应"。还原糖与游离氨基酸或蛋白质分子中的游离氨基,在一定条件下,发生的一系列反应。可产生一些风味物质,最终可生成深棕色大分子物质,如类黑精。

02.0067　凝胶　gel

由多糖或蛋白质等高聚物分子连接而成的海绵状的三维网络。高聚物分子通过氢键、疏水缔合、离子桥联、缠结或共价键形成网状结构，网孔中充满由相对分子质量较低的溶质和部分高聚物组成的水溶液。

02.0068　胶凝　gelation
多糖或蛋白质等高聚物分子形成凝胶的过程。

02.0069　聚合度　degree of polymerization
衡量聚合物分子大小的指标。以重复单元数为基准，即聚合物大分子链上所含重复单元数目的平均值。

02.0070　淀粉水解　hydrolysis of starch
在一定条件（酸、热或酶）下，淀粉分子发生糖苷键的水解生成糊精、麦芽糖、葡萄糖等小分子的过程。

02.0071　糊化　gelatinization
加热破坏结晶胶束区弱的氢键后，淀粉颗粒开始吸水膨胀，结晶区消失，大部分直链淀粉溶解，溶液黏度增加，淀粉颗粒破裂，双折射消失的过程。

02.0072　液化　liquefaction
淀粉糊化后，在一定条件（酸、热或酶）下，淀粉分子长链断裂，溶解度增加，溶液黏度降低，由半固态变为溶液态的过程。

02.0073　糊化温度　gelatinization temperature
淀粉糊化过程中，双折射现象从开始消失到完全消失的温度范围。

02.0074　回生　retrogradation
又称"老化"。已糊化的淀粉在冷却的过程中，淀粉分子重新定向排列缔合的一种过程。

02.0075　葡萄糖当量　dextrose equivalent
还原糖（按葡萄糖计）在糖浆中所占的百分数（按干物质计）。

02.0076　还原糖　reducing sugar
分子中含有游离醛基或酮基等还原性基团的糖。

02.0077　酯化　esterification
分子中羟基与酸相互作用生成酯的过程。

02.0078　醚化　etherification
分子内或分子间的羟基间脱水生成醚的过程。

02.0079　取代度　degree of substitution
平均每个失水葡萄糖单元上活性羟基被取代的数目。

02.0080　同质多晶　polymorphism
同一种化学组成的物质，在不同条件下形成两种或两种以上不同晶体结构的现象。

02.0081　过氧化值　peroxide value
油脂或脂肪酸氧化早期阶段形成的过氧化物含量。是油脂或脂肪酸等被氧化程度的一种指标。

02.0082　氢化　hydrogenation
三酰甘油中不饱和脂肪酸双键在催化剂（如镍）作用下的加氢反应。

02.0083　简单蛋白质　homoprotein
仅由氨基酸组成的蛋白质。

02.0084　粗蛋白质　crude protein
含氮物质的总称。

02.0085　等电点　isoelectric point
蛋白质或两性电解质（如氨基酸）所带净电荷为零时溶液的pH，此时蛋白质或两性电解质在电场中的迁移率为零。可采用pI来表示，应用于蛋白质的沉淀。

02.0086　空间相互作用　steric interaction
蛋白质或其他大分子由于占据了空间体积而阻止其他蛋白质或大分子进入相同空间而表现出的一种排斥力。

02.0087　一级结构　primary structure

由多个单体以共价键组成的生物大分子中不同单体的排列顺序。就蛋白质的一级结构而言,是指氨基酸的序列,此外还包括共价键连接的非肽组成,即指蛋白质中所有组成的共价连接方式。

02.0088　二级结构　secondary structure
多肽链或多核苷酸链等生物大分子沿分子的一条轴所形成的旋转和折叠等,主要是由分子内的氢键维系的局部空间排列。如蛋白质的 α 螺旋、β 片层、β 转角、无规卷曲及 DNA 的双螺旋结构。

02.0089　三级结构　tertiary structure
生物大分子在二级、超二级结构的基础上进一步盘绕形成的高级结构。如多肽链和多核苷酸链所形成的不规则三维折叠。三级结构产生于肽链上氨基酸侧链之间或多核苷酸链上碱基与碱基(或核糖)之间的相互作用。

02.0090　四级结构　quaternary structure
组成蛋白质的各个亚基通过非共价键相互作用(包括疏水相互作用、氢键和盐键等)排列组装而成的立体结构。

02.0091　构象　conformation
分子中由于共价单键的旋转所表现出的原子或基团的不同空间排列。构象的改变不涉及共价键的断裂和重新组成。

02.0092　静电相互作用　electrostatic interaction
带有可电离基团的大分子之间的相互作用力,可表现为静电排斥力或静电吸引力。

02.0093　疏水相互作用　hydrophobic interaction
非极性分子在水相环境中避开水而相互聚集过程中,表现出的非极性分子之间的一种弱的、非共价的相互作用。

02.0094　氢键　hydrogen bonding
与一个电负性原子(如 N、O 或 S)共价结合的氢原子同另一个电负性原子之间的相互作用。

02.0095　范德瓦耳斯力　van der Waals force
产生于分子或原子之间的静电相互作用。是蛋白质分子中的中性原子之间偶极–诱导偶极和诱导偶极–诱导偶极的相互作用。

02.0096　变性　denaturation
蛋白质或核酸分子受环境影响,非共价键遭到破坏,使其空间结构发生改变,即二级、三级和四级结构发生变化(不涉及主链化学键的断裂),从而引起蛋白质或核酸的理化性质和生物活性发生变化。

02.0097　蛋白质氧化　protein oxidation
蛋白质在活性氧、自由基或其氧化产物的作用下,某些特定的氨基酸残基发生氧化反应,导致蛋白质结构与功能上的变化。

02.0098　热变性　thermal denaturation
非共价键在加热后变弱从而无法维系蛋白质或核酸的天然构象。

02.0099　机械剪切变性　mechanical shearing denaturation
由机械剪切导致空气泡的并入和蛋白质分子吸附至气液界面,气液界面的能量高于体相的能量,蛋白质在界面上发生构象变化。

02.0100　静水压变性　hydrostatic pressure denaturation
影响蛋白质构象的一个热力学因素。压力诱导蛋白质变性主要是因为蛋白质是柔性的,分子内存在空穴,具有可压缩性。

02.0101　蛋白质盐效应　salt effect of protein
在存在少量的中性盐条件下,蛋白质在水中的溶解度增大(盐溶,salting in);而在存在较大量的中性盐条件下,蛋白质在水中的溶解度降低(盐析,salting out)。

02.0102　界面性质　interfacial property

蛋白质能自发地迁移至气-水界面或油-水界面,在界面上形成高黏弹性薄膜,其界面体系比表面活性剂形成的界面更稳定。

02.0103 乳化性 emulsifying property
蛋白质在油-水界面吸附及形成界面膜并使其稳定的能力。

02.0104 乳化稳定性 emulsion stability
蛋白质维持乳化性不受外界条件影响的能力。

02.0105 乳化能力 emulsion capacity
在乳状液发生相转变前,单位乳化剂所能乳化的油的体积。

02.0106 起泡能力 foaming ability
乳化剂在气液界面能产生的界面面积的量。常用膨胀率或起泡力来表示。

02.0107 泡沫稳定性 foam stability
蛋白质能够稳定处在重力和机械力下的泡沫中的能力。常用的表示方式是50%液体从泡沫中排出所需的时间或者泡沫体积减小50%所需的时间。

02.0108 热凝性 thermosetting property
蛋白质经加热由溶胶状态转变成似凝胶状态的能力。

02.0109 聚沉值 coagulation value
在一定条件下引起溶胶出现聚沉的最低电解质浓度。

02.0110 肽键 peptide bond
一个氨基酸的 α-羧基和另一个氨基酸的 α-氨基脱水缩合形成的酰胺键,即—CO—NH—,具有部分双键的性质。

02.0111 蛋白质水解度 degree of hydrolysis of protein
蛋白质中被水解的肽键数目占总的肽键数目的百分比。

02.0112 热烫作用 blanching effect
水果和蔬菜加工中一种温和强度的热处理方法。目的在于使有害的酶失活、减少微生物污染和排出空隙中的空气。

02.0113 高温损伤 high temperature injury
高温破坏蛋白质空间构型,引起的蛋白质结构和功能等的改变。

02.0114 脂质氧化 lipid oxidation
油脂受光、微量金属离子等的诱发而与空气中的氧发生缓慢反应进而降解的过程,或由自由基引发和传递的变化降解过程。

02.0115 脂质改性 lipid modification
为了降低油脂对氧化的敏感度或提高其营养价值而采用的氢化和酯交换等加工方法。

02.0116 酸败 rancidity
天然油脂长时间暴露在空气中引起变质的现象。这是由于油脂的不饱和成分氧化降解生成挥发性醛、酮、羧酸,产生难闻的气味。

02.0117 酸价 acid value
中和1g油脂中游离脂肪酸所需的氢氧化钾的毫克数。

02.0118 皂化值 saponification value
在规定条件下,中和并皂化1 g油脂物质所消耗的氢氧化钾的毫克数。

02.0119 碘值 iodine value
100g物质中所能吸收碘的克数。

02.0120 自动氧化 autoxidation
由自由基引发的脂质氧化链式反应。会产生不良风味。

02.0121 光敏氧化 photosensitized oxidation
一些天然色素可以作为光敏剂,产生单重态氧,使含脂食品氧化。

02.01.03　食品风味化学

02.0122　食品风味　food flavor
食品中的一些特殊物质使人体器官中的多种感受器在大脑中产生的一种综合响应。包括味觉(滋味)、嗅觉(气味)和其他体感(如温感、痛感、触感等)。

02.0123　嗅觉　olfactory sensation
挥发性物质刺激鼻腔产生的一类化学感应。由嗅神经系统和鼻三叉神经系统参与。

02.0124　气味　odor
人类嗅觉系统对散布于空气中的某些特定分子的感应。

02.0125　滋味　taste
口腔对所尝到食物的整体感受,即食物对舌及咽部的味蕾产生的刺激。包括甜、咸、酸、辣和苦。

02.0126　味觉　gustation
食品刺激口腔的味觉器官产生的一种感觉。公认的基本味觉有4种:酸、甜、苦、咸。

02.0127　风味轮　flavor wheel
对食品特征风味、敏感性风味进行归纳,通过模拟色轮图的原理描述食品风味的评价技术。

02.0128　风味酶　flavor enzyme
在风味前体物存在的前提下,催化其形成某种风味的酶。

02.0129　指纹分析　fingerprinting analysis
对食品样品的整体定性分析,不检测具体组分,而是通过样品中不同物质组成的信号图谱特征进行快速鉴别或分类。

02.0130　电子鼻　electronic nose
一种由选择性的电化学传感器阵列和适当的识别装置组成的仪器。能识别简单和复杂的气味。

02.0131　电子舌　electronic tongue
由交互敏感传感器阵列、信号处理电路及模式识别算法构成的智能分析仪器。可在短时间内分辨和定量溶液中不同的味觉或化学成分。

02.0132　控释技术　controlled release technology
改变药物或活性物质释放的时间、过程或位置来达到控制剂量强度和作用时间的目的,可获得传统制剂不能达到的效果的技术。

02.0133　顶空捕集　headspace trapping
一种用于气相色谱的样品前处理方法。捕集管与试样瓶的顶部空间连通,吸附挥发性有机物后迅速加热,使被吸附的有机物进入气相色谱进行分析。

02.0134　直接热解吸法　direct thermal desorption method
采用直接加热的方式,提取样品中挥发性组分的预处理方法。多用于气相色谱分析。

02.0135　甜味　sweet taste
一种基本味觉。最受人们欢迎的滋味之一,改进食品的食用性质。

02.0136　相对甜度　relative sweetness
以一定浓度的蔗糖水溶液为标准,在20℃用不同浓度的其他甜味剂与之比较,获得的以蔗糖表示的甜度值。

02.0137　合成甜味剂　synthetic sweetener
人工合成的可产生甜味感觉的非糖类化学物质。甜度一般比蔗糖高10倍至数百倍。合成甜味剂包括糖精钠、安赛蜜、甜蜜素、阿斯巴甜、三氯蔗糖等。

02.0138　天然甜味剂　natural sweetener
从自然界生物体中提取加工而得到的除蔗糖以外的天然甜味物质。如罗汉果苷、甜菊糖、新橙皮苷等。

02.0139　苦味　bitter taste
一种基本味觉。往往给人带来不愉快的感受，和其他味感调配能起到改进食品风味的特殊作用。主要有生物碱、萜类、糖苷类和苦味肽类。

02.0140　苦味剂　bitterant
一种添加于产品中，使其味道或气味带有苦味的化学制剂。可作为厌恶剂加入有毒有害物质中，防止误食。

02.0141　酸味　tart flavor
一种基本味觉。主要通过酸性物质解离出的氢离子，在口腔中刺激人的味觉神经而产生。

02.0142　咸味　saline taste
一种基本味觉。像盐那样的味道。一般情况下是人的味蕾受氯化钠中的氯离子作用而产生的感觉。

02.0143　呈味物质　flavoring material
能够引起味觉反应的物质。一般化学上的"酸"呈酸味，"糖"呈甜味，"盐"呈咸味，生物碱及重金属盐则呈苦味。

02.0144　鲜味　umami
由谷氨酸单钠盐和核苷酸刺激产生的一种复杂而醇美的口腔感觉。

02.0145　辣味　piquancy
化学物质刺激口腔黏膜、鼻腔黏膜、皮肤和三叉神经而引起的一种神经热感。

02.0146　涩味　astringency
当口腔黏膜的蛋白质凝固时，所引起的收敛感觉。涩味不是基本味觉，而是刺激触觉神经末梢造成的感觉。主要是由单宁等多酚化合物引起的。

02.0147　清凉味　cooling taste
一些化合物如薄荷醇、樟脑等刺激鼻腔、口腔中的特殊味觉感受器而产生的寒凉、透爽感觉。

02.0148　碱味　alkaline taste
氢氧根离子刺激口腔中的感觉细胞产生的气味，压力、痛感、温度在体内的复杂感受。氢氧根离子浓度达到0.01%即可被感知。

02.0149　金属味　metallic taste
食物由于与容器、工具、机械的金属部分接触发生离子交换从而具有的一种味型。有较小程度的触电或电流感。

02.0150　嗅感物质　olfactory sense substance
含有挥发性成分，可以刺激鼻黏膜，再传到大脑的中枢神经而产生综合感觉的物质。

02.0151　膻味　gamy odor
一般指羊肉具有的特殊风味。主要是脂肪组织经过反刍动物瘤胃中微生物对甘油三酯的水解等反应，产生的支链脂肪酸和奇数碳脂肪酸的风味。

02.0152　豆腥味　beany flavor
大豆粉碎时，大豆中存在的脂肪氧化酶被激活，将其中的不饱和脂肪酸氧化，生成氢过氧化物，进而再降解成多种挥发性小分子化合物，并由其产生的异味。

02.0153　异味物质　off-flavor material
一些可降低食品风味品质的物质。可能是食品在生产、运输、包装等过程中，通过空气、水等与微生物、化学物质等发生反应所产生，并可能使食品失去主要风味或改变个别风味的物质。

02.0154　感官评价　sensory evaluation
用人们的感觉器官对食品的感官特性（即嗅、味、触、听、视）进行评价。其本质就是科学地量度和分析人们接触食品时,感觉器官所感知到的各种物性反应。

02.02 食品微生物学

02.0155 食品微生物学 food microbiology
以微生物与食品制造、食品质量与安全相互关系为主要内容的微生物学分支学科。研究与食品有关的病毒、细菌、真菌等的生物学特性及其与食品有关的特性。

02.0156 食品微生物 food microorganism
与食品生产制造、食品腐败变质和食品安全质量等有关的微生物的统称。

02.02.01 食品微生物主要类群

02.0157 产碱杆菌 *Alcaligenes*
一类周生鞭毛、不发酵糖类、产生碱性物质、专性好氧、能运动的革兰氏阴性杆菌或球菌。广泛存在于土壤和水中,一些菌株是脊椎动物肠道中常见的寄生菌,属条件致病菌。

02.0158 不动杆菌 *Acinetobacter*
一类不发酵糖类、专性需氧、不能运动的革兰氏阴性杆菌。主要存在于土壤中,也存在于人的皮肤、呼吸道、消化道和泌尿生殖道中,是条件致病菌。

02.0159 芽孢杆菌 *Bacillus*
一类以产生内生芽孢为主要特征的严格需氧或兼性厌氧的革兰氏阳性杆菌。

02.0160 丁酸梭菌 *Clostridium butyricum*
又称"酪酸梭菌"。一种能形成芽孢、发酵碳水化合物生成丁酸、专性厌氧的革兰氏阳性杆菌。部分菌株可用于医药和保健品中,也可作为动物饲料添加剂和植物肥料。

02.0161 平酸菌 flat sour bacteria
一类能引起罐头食品产酸变质而又不胀罐(即不产酸不产气)的微生物。主要由兼性厌氧芽孢杆菌组成。

02.0162 食源性病毒 foodborne virus
一类以食物为载体并能通过食物进行传播而导致人类患病的病毒。包括以粪口途径传播

的病毒,如脊髓灰质炎病毒、轮状病毒、冠状病毒、环状病毒和戊型肝炎病毒,以及以畜产品为载体传播的病毒,如禽流感病毒、蛋白病毒和口蹄疫病毒等。

02.0163 弯曲杆菌 *Campylobacter*
一种细胞形态呈逗点状或S形、微需氧、革兰氏染色阴性、生极端鞭毛、不形成芽孢的致病细菌。

02.0164 梭状芽孢杆菌 *Clostridium*
一类革兰氏染色阳性,严格厌氧或微需氧的芽孢杆菌。芽孢呈圆形或卵圆形,直径大于菌体,位于菌体中央、极端或次极端,使菌体膨大呈梭状。多为腐物寄生菌,少数为致病菌,能分泌外毒素和侵袭性酶类,引起人和动物患病。

02.0165 肠杆菌 *Enterobacter*
一类源于温血动物肠道、形成周生鞭毛、兼性厌氧、发酵葡萄糖产酸产气的革兰氏阴性细菌。

02.0166 醋酸菌 acetic acid bacteria
一大类革兰氏阴性、严格需氧菌。有鞭毛,无芽孢,主要栖息于含糖、酸或乙醇的原料中,能氧化乙醇生成乙酸(醋酸),是食醋生产的关键菌株。

02.0167 乳酸菌 lactic acid bacteria

一类革兰氏阳性、一般不形成芽孢、发酵碳水化合物生成乳酸的细菌的统称。

02.0168　乳球菌　*Lactococcus*
一类细胞呈球形或卵圆形、不生芽孢、不运动、无荚膜、兼性厌氧、进行乳酸发酵并以乳酸为主要代谢产物、不产气体的革兰氏阳性菌。

02.0169　唾液链球菌　*Streptococcus thermophilus*
一种革兰氏阳性、兼性厌氧、不运动、无芽孢、过氧化氢酶反应阴性的链球菌,广泛用于酸乳的发酵生产。

02.0170　德氏乳杆菌保加利亚亚种　*Lactobacillus delbrueckii* subsp. *bulgaricus*
又称"保加利亚乳杆菌"。一种革兰氏阳性、兼性厌氧、不运动、无芽孢、过氧化氢酶反应阴性的乳杆菌,广泛用于酸乳的发酵生产。

02.0171　李斯特菌　*Listeria*
一类直或稍弯,两端钝圆,常呈 V 字形排列,偶有球状、双球状、兼性厌氧、无芽孢,一般不形成荚膜的革兰氏阳性短杆菌。

02.0172　假单胞菌　*Pseudomonas*
一类专性需氧,呈杆状或略弯具端鞭毛,能运动、有些株产生荧光色素或(和)红、蓝、黄、绿等水溶性色素,不发酵糖类的革兰氏染色阴性无芽孢杆菌。

02.0173　沙门菌　*Salmonella*
一大类在血清学上相关、无芽孢、无荚膜、周生鞭毛、能运动的需氧或兼性厌氧的革兰氏阴性短杆菌。是重要的食源性致病菌,可引起肠伤寒、肠胃炎和败血症,也可能传染人类以外的其他多种动物。

02.0174　志贺菌　*Shigella*
一类革兰氏阴性,无芽孢,无鞭毛,无荚膜,需氧或兼性厌氧,可导致发生细菌性痢疾的细菌。

02.0175　葡萄球菌　*Staphylococcus*
一类革兰氏染色阳性,常堆聚成葡萄串状,主要存在于人和动物的皮肤、黏膜上,不会产生芽孢,无鞭毛和运动性的细菌。是常见的食物中毒病原菌。

02.0176　耶尔森菌　*Yersinia*
一类革兰氏阴性直杆或球杆、无芽孢,需氧或兼性厌氧,30℃以上培养不产生鞭毛,30℃以下培养形成周生鞭毛,能运动的细菌。在 0~5℃时能生长繁殖,是嗜冷菌,主要污染动物性食物使人致病。

02.0177　链格孢霉　*Alternaria*
一类有隔膜菌丝,产生分生孢子,内有十字形和纵向的隔,能够导致仁果类的水果产生棕黑色腐败的霉菌。

02.0178　枝顶孢霉　*Acremonium*
一类分布广泛,主要为腐生、植物寄生和自生的常见真菌。

02.0179　麦角菌　*Clavieps purpurea*
一类寄生在黑麦、小麦、大麦、燕麦等禾本科植物的子房内,将子房变为菌核,形状如麦粒的真菌。能导致苹果、梨、黑莓、葡萄、蓝莓、柑橘和一些核果类的水果腐败。

02.0180　葡萄孢霉属　*Botrytis*
一类无性繁殖产分生孢子,喜低温和潮湿环境,属腐生或寄生的真菌,常见种为灰色葡萄孢霉,在许多植物上寄生时引起"灰霉病",常存在于玉米籽粒和枯死的谷粒表面,也是蔬菜常见的腐败菌。

02.0181　毛霉　*Mucor*
一类隶属于毛霉目,其菌丝白色,腐生,极少寄生,生活史有无性和有性两个阶段,分解蛋白质能力强的低等真菌。

02.0182　青霉　*Penicillium*
一类菌丝有分隔,但无足细胞和顶囊,分生孢子梗顶端形成帚状枝的霉菌。可生产青霉素、灰黄霉素、酶制剂、有机酸等,某些青霉还用于制造干酪。青霉耐低温和干燥,常引起水果腐坏,某些种能产生毒素。

02.0183　匍枝根霉　*Rhizopus stolonifer*
又称"黑面包霉"。霉菌种名,分类学上属接合菌纲毛霉目毛霉科根霉属。菌丝无隔、多核、分枝状,有匍匐菌丝和假根,无性繁殖形成孢囊孢子,有性繁殖产生结合孢子。常见于甜熟的水果上,也引起面包、馒头、米饭等淀粉质食品变质。

02.0184　曲霉　*Aspergillus*
一类菌丝有分隔,有足细胞和顶囊,无性繁殖形成分生孢子的霉菌。是发酵工业的重要菌种,主要作为制酱、制酱油、酿酒、制醋曲的糖化菌种。曲霉也是重要的食品变质菌类,可引起水果、蔬菜的腐烂,以及油类的酸败及低水分粮食的霉腐。

02.0185　耐旱霉菌　*Xeromyces*
一类在水分活度 0.65 以下仍能生长的霉菌。耐受最低值为 0.61,可导致低水分活度食品发生霉变。

02.0186　根霉　*Rhizopus*
一类菌丝无隔、多核、分枝状,有匍匐菌丝和假根,无性繁殖形成孢囊孢子,有性繁殖产生结合孢子的真菌。能产生糖化酶,是酿酒工业中常用的糖化菌,也是甜酒曲的主要菌种。根霉可引起水果、蔬菜腐烂,或引起馒头、面包、米饭等淀粉质食品和潮湿粮食的发霉变质。

02.0187　接合酵母　*Zygosaccharomyces*
一类有性繁殖产生子囊孢子的酵母。鲁氏接合酵母(*Zygosaccharomyces rouxii*)是最常见的该属菌种,耐高糖(50%~60%)、高乙醇(18%),可在水分活度 0.62 的条件下生长,是蛋黄酱和沙拉中常见的腐败菌。

02.0188　假丝酵母　*Candida*
一类通过出芽繁殖产生藕节状假菌丝,通常以共生体的形式与宿主和平共处,某些种是人和动物的致病菌。

02.0189　红酵母　*Rhodotorula*
一类产黄色至红色色素,多边芽殖的酵母菌。无乙醇发酵能力,普遍存在于外界环境中,少数几种为致病菌,部分嗜冷菌株可导致食品变质。

02.0190　毕赤酵母　*Pichia pastoris*
酵母菌种名。分类学上属于子囊菌亚门半子囊菌纲内孢霉目酵母科,多数种可形成假菌丝,无性繁殖为多边芽殖,有性繁殖形成 1~4 个子囊孢子,常引起泡菜、啤酒和乳制品的变质。

02.0191　酿酒酵母　*Saccharomyces cerevisiae*
一种菌落圆形、乳白色、平坦、不透明、有光泽,无性繁殖为典型芽殖,有性繁殖产生 1~4 个子囊孢子的单细胞真菌。广泛存在于果园土壤、各种水果表皮、发酵果汁、酒曲和食品中,可用于啤酒、白酒和果酒的酿造,以及乙醇发酵和面包制作。

02.0192　米曲霉　*Aspergillus oryzae*
霉菌种名。一种分类学上属于半知菌亚门丝孢纲丝孢目丛梗孢科,菌丝有隔,无性繁殖形成分生孢子的丝状真菌。可产生淀粉酶、蛋白酶和果胶酶等,多用于生产白酒和黄酒等。该菌也会引起粮食、饲料和食品等工农业产品的霉变。

02.0193　少孢根霉　*Rhizopus oligosporus*
霉菌种名。一种分类学上属于接合菌亚门接合菌纲毛霉目毛霉科,有假根和匍匐菌丝,无性繁殖形成孢囊孢子,有性繁殖产生接合孢子的根霉。常引起馒头、面包、米饭、甘薯等淀粉质食品和潮湿粮食的发霉变质,或引起水果、蔬菜的腐烂。

02.02.02 食品微生物营养与代谢

02.0194 相对湿度 relative humidity, RH
空气中水汽压与饱和水汽压的百分比。用于表征食品所处环境的湿度状况。

02.0195 平衡相对湿度 equilibrium relative humidity
当一种物质不能获得或失去水分时周围环境空气的相对湿度。

02.0196 最低生长温度 minimum growth temperature
微生物能生长和繁殖的最低温度。处于这种温度条件下的微生物生长速率很低,如果低于此温度则生长完全停止。

02.0197 生长温度范围 growth temperature range
微生物能正常生长与繁殖的温度范围。

02.0198 生长 pH 范围 growth pH range
微生物能正常生长与繁殖的 pH 范围。

02.0199 鉴别培养基 differential medium
在成分中加有能与目的菌的无色代谢产物发生显色反应的指示剂,从而达到只需用肉眼辨别颜色就能方便地从近似菌落中找到目的菌菌落的培养基。

02.0200 选择性培养基 selective culture medium
根据某微生物的特殊营养要求或其对某化学、物理因素抗性的原理而设计的培养基。可使混合菌样中的劣势菌变成优势菌,广泛用于菌种筛选等领域。

02.0201 同型乳酸发酵 homolactic fermentation
葡萄糖经糖酵解途径,主要生成乳酸的发酵类型。

02.0202 异型乳酸发酵 heterolactic fermentation
每个葡萄糖分子经磷酸戊糖(HMP)途径,除主要产生乳酸外,还产生乙醇、乙酸和二氧化碳等多种产物的乳酸发酵类型。

02.0203 苹果酸-乳酸发酵 malic acid-lactic acid fermentation
乳酸菌将苹果酸转化为乳酸,并且释放出二氧化碳的发酵类型。

02.0204 初级代谢 primary metabolism
微生物把营养物质转变成细胞的结构物质,或具有生理活性的物质,或能量物质的一类代谢类型。

02.0205 次级代谢 secondary metabolism
微生物在一定的生长时期(一般是稳定生长期),以初级代谢产物为前体,合成一些对微生物的生命活动没有明确功能的物质的代谢过程。

02.0206 存活不可培养 viable but non-culturable, VBNC
又称"活的非可培养状态"。某些细菌在不良外界环境条件下,细胞发生形态变化并仍然具有代谢活性及致病力,但无法采用常规培养基和常规培养条件进行培养的一种休眠状态。

02.0207 胁迫应答 stress response
微生物为应对某种物理、化学或生物因素的不利影响而做出的应答现象。

02.0208 芽孢 spore
又称"芽胞"。某些细菌(芽孢杆菌、梭状芽孢杆菌、少数球菌等)在其生长发育后期,在细胞内形成的一个圆形或椭圆形、厚壁、含水量低、抗逆性强的休眠体构造。在适宜条件下又会重新萌发成为营养体进行生长繁殖。

02.0209 菌落 colony
一个或少数几个微生物细胞在适宜的固体培养基表面或内部生长繁殖到一定程度而形成肉眼可见、具有一定形态特征的子细胞群体。

02.0210 生物膜 biofilm
某些微生物依靠自身所形成的特殊胞外产物吸附于外界环境表面而形成的包含复杂理化过程和生物群落的微生物集落复合体。

02.0211 荚膜 capsule
包被于某些细菌细胞壁外,化学成分为多糖、多肽或蛋白质,具有一定厚度的并能赋予细菌抵御不良环境、保护细胞不受细胞吞噬和黏附能力的一层透明胶状结构。

02.0212 溶原菌 lysogenic bacterium
含有温和噬菌体的寄主细菌。溶原菌在正常情况下,以极低的频率发生自发裂解,在用物理或化学方式处理后,会发生大量裂解。

02.0213 烈性噬菌体 virulent phage
感染细菌细胞后在细胞内积极进行核酸的复制、装配和增殖并导致寄主细胞裂解释放出子代噬菌体的一种噬菌体。

02.0214 温和噬菌体 temperate phage
又称"溶原性噬菌体(lysogenic phage)"。感染菌体细胞后并不马上引起细胞裂解,而是以原噬菌体方式将自身核酸整合在寄主DNA上,同寄主细胞同步复制并传给子代细胞的一种噬菌体。

02.0215 原噬菌体 prophage
整合到溶原性细菌染色体中的温和噬菌体DNA,与细菌染色体一起复制,诱导后能增殖和裂解细菌。

02.0216 丁酸发酵 butyric acid fermentation
在厌氧条件下,某些微生物分解糖产生丁酸的发酵过程。引起发酵的主要微生物是专性厌氧性丁酸细菌。

02.0217 营养缺陷型 auxotroph
某些必需的营养物质(如氨基酸)或生长因子的合成能力出现缺陷的变异菌株或细胞。必须在基本培养基(如由葡萄糖和无机盐组成的培养基)中补加相应的营养成分才能正常生长。

02.0218 代谢产物 metabolite
微生物新陈代谢中的中间代谢产物和最终代谢产物。

02.0219 代谢 metabolism
生物体从环境摄取营养物转变为自身物质,同时将自身原有组分转变为废物排出到环境中的不断更新的过程。

02.0220 合成代谢 anabolism
细胞利用简单的小分子物质合成复杂大分子的代谢过程。

02.0221 分解代谢 catabolism
细胞将大分子物质降解成小分子物质并产生能量的代谢过程。

02.0222 代谢途径 metabolic pathway
多种代谢反应相互连接起来而完成物质的分解或合成的一系列连续反应。

02.0223 途径工程 pathway engineering
利用分子生物学原理,系统分析细胞代谢网络,并通过DNA重组技术合理设计细胞代谢途径和遗传修饰,进而完成细胞特性改造的过程。

02.0224 代谢工程 metabolic engineering
利用多基因重组技术有目的地对细胞代谢途径进行修饰、改造,改变细胞特性,并与细胞基因调控、代谢调控及生化工程相结合,从而实现构建新的代谢途径并生产特定目的产物的一种过程。

02.0225 代谢网络 metabolic network

不同代谢途径通过交叉点上的共同中间代谢产物得以沟通,形成经济有效、运转良好的网络。

02.0226 代谢流 metabolic flux
在特定环境条件下物质在代谢网络有关代谢途径中按一定规律进行生物代谢、转化和流动而形成的物质流。

02.0227 代谢组 metabolome
细胞内在某一特定生理和发育阶段的所有小分子量的代谢物质,是生物体内源性代谢物质的动态整体。

02.0228 系统代谢工程 system metabolic
engineering
利用多基因重组技术有目的地对细胞代谢途径进行修饰、改造,改变细胞特性,并与细胞基因调控、代谢调控及生化工程相结合,为实现构建新的代谢途径生产特定目的产物而发展起来的一个新的学科领域。

02.0229 合成生物学 synthetic biology
以工程学理论为依据,通过设计和合成新的生物元件、装置和系统,或是对已有的生物系统进行重新设计和改造实现特定的生物功能的新兴学科。

02.02.03 食品制造微生物

02.0230 酸性食品 acidic food
经过加工的最终平衡 pH 小于 4.5 的食品。

02.0231 非酸性食品 non-acidic food
经过加工的最终平衡 pH 大于 4.5 及水分活度大于 0.85 的非酒精性食品。

02.0232 乳酸菌饮料 lactic bacteria beverage
以牛奶(或奶粉)为主要原料,经过乳酸菌发酵并用糖、酸、香料等进行复合调配而制成的饮料产品。

02.0233 发酵食品 fermented food
经过微生物(细菌、酵母和霉菌等)的发酵作用或经过生物酶的作用使加工原料发生重要的生物化学变化及物理变化后制成的食品。

02.0234 发酵调味品 fermented condiment
一类以豆类、谷物或蔬菜为原料,利用特定微生物代谢和生物转化作用而制成的具有特定风味特征的发酵食品的统称,如酱油、酱品、醋、腐乳、豆豉、酱腌菜等副食佐餐食品。

02.0235 面包酵母 baker's yeast
用于面团发酵和面包生产的食用酵母。

02.0236 烘焙酵母 baking yeast
在食品烘焙中用到的特殊质量的酵母。

02.0237 葡萄酒酵母 wine yeast
在葡萄酒发酵过程中用到的酵母。

02.0238 上面酵母 top yeast
啤酒发酵中酵母在液体基质内繁殖时,增殖的浮游于发酵液上层的酵母细胞。

02.0239 下面酵母 bottom yeast
啤酒发酵中酵母在液体基质内繁殖时,增殖的沉降于发酵液底层的酵母细胞。

02.02.04 食品微生物污染

02.0240 本土微生物 local microorganism
在一个特定生产环境中长期生存、生长和进行活跃代谢的微生物。能与来自其他群落的微生物进行有效的营养和空间竞争。

02.0241 外来微生物 foreign microorganism
起初独立于特定生态系统之外,因为人为添

加或环境变动作为一个外来物进入该特定环境之中的微生物。

02.0242　细菌总数　total bacteria count
样本经预处理之后,在营养琼脂中于 37℃ 培养 24~48h 后,所得单位样品中形成的细菌菌落总数。常用来判定食品被细菌污染的程度及卫生质量。

02.0243　标准平板计数　standard plate count, SPC
一种测定物品中活细胞总数的方法。将样品混合均匀,采用适当的稀释液来进行梯度稀释、涂布或浇注琼脂平板,在合适温度下培养一定时间之后对所有可见菌落进行计数。

02.0244　菌落形成单位　colony forming unit
将稀释之后的一定量的样品菌液浇注或涂布在平板上,让微生物的单细胞一一分散在平板上,培养之后每一个活细胞就形成一个单一菌落,即一个菌落形成单位。

02.0245　最大概率数　most probable number, MPN
一种利用统计学方法检测样品中微生物数量的方法。将一定稀释度的样品接种至 9 支或 15 支液体培养基培养细菌,再根据阳性管数查阅标准 MPN 表获得结果。由于是采用液体培养的方法检测微生物,因此具有比平板培养的方法更低的检测限。

02.0246　染料还原技术　dyeing reduction technology
一种用来估计样品中微生物细胞数量的方法。通常使用亚甲蓝和刃天青做染料,亚甲蓝从蓝色还原成白色,刃天青从暗蓝色还原成粉红色或白色,使染料还原的时间和微生物的数量成正比。

02.0247　直接显微计数　direct microscopic count
一种将菌悬液置于细菌计数板或血球计数板中,在显微镜下直接观察计数的方法,适用于单细胞微生物或孢子。

02.0248　食品腐败　food spoilage
食品成分在微生物的作用或自身组织酶的作用下发生特定的生物化学反应而失去可食性的过程和现象。

02.0249　胀袋　swollen package
食品包装过程中或食品本身灭菌不彻底,导致在储存过程中特定微生物繁殖代谢产生二氧化碳等气体代谢产物,形成包装不正常鼓起的腐败变质现象。

02.0250　防腐　antisepsis
通过抑菌作用防止食品或生物制品等出现微生物生长的措施。

02.0251　食品消毒剂　food disinfectant
在食品中应用的破坏微生物繁殖体,杀灭传播媒介上的微生物使其达到消毒或灭菌要求的制剂。按照作用水平可分为灭菌剂、高效消毒剂、中效消毒剂和低效消毒剂等。

02.0252　抗生素　antibiotic
又称“抗菌素”。由细菌、霉菌或其他微生物产生的次级代谢产物或人工合成的类似物。在较低浓度下就具有显著的抗微生物作用。主要用于治疗各种细菌感染或致病微生物感染类疾病,一般情况下对其宿主相对安全。

02.0253　细菌素　bacteriocin
由某些细菌在代谢过程中通过核糖体合成机制产生的一类具有抑菌活性的多肽或前体多肽。

02.0254　热致死温度　thermal death point
在 10min 内杀死某种微生物悬浮液中所有个体所需的最低温度。

02.0255　热致死时间　thermal death time
在一定温度下,杀死样品中所有微生物所需要的时间。

02.0256　热致死曲线　thermal death curve

又称"耐热性曲线"。在一定温度条件下,以作用时间为横坐标,以残存的活细胞数为纵坐标,所得到的微生物细胞在高温作用下的死亡规律曲线。

02.0257　*D*值　*D* value
在一定温度下,活菌数减少一个对数周期(即90%的活菌被杀死)所需要的时间。

02.0258　*Z*值　*Z* value
在热致死曲线中杀死一定数量的微生物细胞时缩短90%的杀菌时间所需要升高的温度。

02.0259　*F*值　*F* value
在一定致死温度下,将某一数量的微生物全部杀死所需的时间。

02.0260　指示微生物　microbial indicator
在常规环境检测中,用以指示产品的污染性质与程度,并用来评价产品的卫生状况的指标性微生物。

02.0261　预测食品微生物学　predictive food microbiology
建立在计算机统计分析基础上,对食品中微生物的生长、存活、毒素产生进行量化预测的科学。它将食品微生物学、统计学等学科相结合,建立环境因素(温度、pH、防腐剂等)与食品微生物之间关系的数学模型。

02.0262　细菌性软腐　bacterial soft rot
一种主要由欧文氏菌属(*Erwinia*)细菌引起的可使植物组织或器官发生腐烂的腐败变质类型。病菌均为弱寄生菌,主要危害植物的多汁肥厚器官,如块根、块茎、果实、茎基等。病菌从植物表面的伤口侵入,在扩展过程中分泌原果胶酶,分解寄主细胞中胶层的果胶质,使细胞解离崩溃、水分外渗,致病组织呈软腐状。

02.0263　平酸败　flat sour spoilage
一种由可分解碳水化合物产酸不产气的平酸菌引起的一种腐败变质现象。是罐头食品常见的腐败变质,表现为罐头内容物酸度增加而外观完全正常。

02.0264　制霉菌素　mycostatin
多烯类抗真菌抗生素。具广谱抗真菌作用,对白念珠菌、隐球菌、球孢子菌和滴虫有抑制作用。

02.0265　片球菌素　pediocin
一种由片球菌通过核糖体合成机制产生的具有抗菌活性的蛋白质。对单核细胞增多李斯特菌、植物乳杆菌等多种革兰氏阳性菌具有明显的抑制作用。

02.0266　纳他霉素　natamycin
一种由纳他链霉菌发酵产生的多烯大环内酯类抗真菌化合物。能抑制各种霉菌和酵母菌的生长,但不能抑制细菌,主要用于食品防腐保鲜。

02.0267　*ε*-聚赖氨酸　*ε*-polylysine
由小白链霉菌 PD-1 经过液体深层有氧发酵制得的食品添加剂。主要用于防腐保鲜。

02.03　食 品 物 理

02.0268　食品物性　food physical property
食品原料及其加工过程中的热学性质、力学性质、电学性质、光学性质等物理性质。

02.0269　食品质构　food texture

通过触觉、视觉、听觉对食品产生的综合感觉（软硬、黏稠、酥脆、滑爽等）所表现出来的食品物理性质。

02.0270　识别阈　differential threshold

能引起明确的感觉的最小刺激量。如可以感觉到气味的最小挥发物浓度，可以感觉到滋味的该呈味物质的最小浓度。

02.0271　硬度　hardness, firmness

材料局部抵抗硬物压入其表面的能力。食品领域用来描述食物软硬、咀嚼需要的力度大小的物理指标。

02.0272　脆度　brittleness

物体（整体或表面）承受冲击载荷的能力的量度。材料受到外力时，其内部容易产生裂纹并破坏的性质，当外力达到一定限度时，材料发生无先兆的突然破坏，且破坏时无明显塑性变形。

02.0273　黏着性　adhesiveness

咀嚼时食物对上腭、牙齿或舌头等接触面黏着的性质。

02.0274　口感　mouth feel

口腔对食品质地感觉的总称。包括稀稠、干湿、老嫩、松脆、油性、冷热、蜡质、粉质、丝滑、清凉等多种感觉。

02.0275　流变仪　rheometer

用于测定流体、黏弹性或弹性食品的黏度、黏弹性等流体特性的仪器，包括旋转黏度计、毛细管黏度计、转矩流变仪及界面流变仪等。

02.0276　布拉本德粉质仪　Brabender farinograph

应用最广泛的粉质测量仪器，用于测定小麦、燕麦等的吸水率和揉混性能。以旋转搅动对面团施加确定的机械剪切力，以力矩对时间图线实时记录粉质变化。

02.0277　吸水率　water absorption, ab

表示食品原料在正常大气压下吸水程度的物理量，用百分率来表示。

02.0278　面团形成时间　dough development time, dt

从揉面开始至达到最高黏度值后，此值开始下降时所需要的时间。初达到最高点的时间称为 PT。

02.0279　面团衰落度　dough weakness, wk

又称"面团弱化度"。阻力曲线从开始下降时起 12min 后曲线的下降值。wk 越小，面团筋力越强。

02.0280　综合评价值　valorimeter value, vv

面团形成时间和衰减度综合评价的指标。根据面团阻力曲线的形状，也可以大体判断面粉的性质。

02.0281　耐性指数　tolerance index

从面团阻力曲线最高点起 5min 后曲线的落差。

02.0282　糊化开始温度　gelatinization start temperature

淀粉颗粒开始发生糊化的温度，即淀粉与水共热后体系黏度开始陡增处对应的温度。

02.0283　最高黏度时温度　maximum viscosity temperature

当流体在黏度达到最高值时的温度。

02.0284　淀粉粉力测定仪　amylograph

用于测定淀粉或面粉的糊化特性及淀粉糊品

质的仪器。

02.0285　应力松弛　stress relaxation
在维持恒定变形的材料中,应力随时间的增长而减小的现象。

02.0286　能谱法　spectroscopy
用具有一定能量的粒子束轰击试样,根据被激发的粒子能量(或被测试样反射的粒子能量和强度)与入射粒子束强度的关系图,实现试样的非破坏性元素分析、结构分析和表面物化特性分析的方法。

02.03.02　食品流变学特性

02.0287　食品流变学　food rheology
研究食品在外力作用下发生的应变与其应力之间的定量关系的学科。这种应变(流动或变形)与物体的性质和内部结构有关,常见的食品流变学特性有:黏性、塑性、触变性和黏弹性等。

02.0288　黏度　viscosity
在剪切应力和拉伸应力的作用下,液体抗形变的能力。

02.0289　剪切黏度　shear viscosity
流体在剪切流中的抵抗力,为剪切应力与剪切速率的比值。

02.0290　延伸黏度　tensile viscosity
流体垂直于流动方向的横断面积上所承受的拉应力与拉伸应变速率的比值。

02.0291　体积黏度　volume viscosity
流体在静压作用下压力与体积应变速率的比值。

02.0292　剪切速率　shear rate
流体流动时,垂直于流动方向上的速度梯度。

02.0293　应变　strain
材料在外力(载荷、温度变化等)作用下,其几何形状和尺寸所发生的相对改变。

02.0294　应力　stress
物体由于外因(压力、温度变化等)而发生形变时,其内部可产生相互作用力,任一剪切面上单位面积受到的力为应力。

02.0295　剪切应力　shear stress
相切于剪切面的应力分量。

02.0296　牛顿流体　Newtonian fluid
流动特性符合牛顿黏性定律的流体。即剪切应力与剪切速率之间的关系是一条过原点的直线。

02.0297　非牛顿流体　non-Newtonian fluid
不满足牛顿黏性实验定律的流体。即其剪切应力与剪切速率之间不呈线性关系的流体。

02.0298　比黏度　specific viscosity
对于高分子溶液,黏度相对增量往往随溶液浓度的增加而增大,因此常用其与浓度之比来表示溶液的黏度。

02.0299　表观黏度　apparent viscosity
在一定剪切速率下,剪切应力与剪切速率的比值。

02.0300　特性黏度　intrinsic viscosity
又称"极限黏度数(intrinsic viscosity number)"。当高分子溶液浓度趋于0时的比浓黏度。常用于高分子聚合物分子量的测定。

02.0301　相对黏度　relative viscosity
溶液的黏度与溶剂的黏度之比。若纯溶剂的黏度为 η_s,同温度下聚合物溶液的黏度为 η,则相对黏度 $\eta_r = \eta/\eta_s$。

02.0302　复黏度　complex viscosity
动态模式(振荡模式)下所测到的黏度。由实部和虚部组成,是一个复数,所显示的数是它的模。

02.0303　绝对黏度　absolute viscosity
又称"动力黏度(dynamic viscosity)"。剪切应力与剪切速率之比,其数值上等于面积为 $1m^2$、相距 $1m$ 的两平板,以 $1m/s$ 的速度做相对运动时,因之间存在的流体相互作用所产生的内摩擦力。单位:$N \cdot s/m^2$,即 $Pa \cdot s$(帕秒)。

02.0304　运动黏度　kinematic viscosity
流体的绝对黏度与同温度下该流体密度之比。单位为 m^2/s。

02.0305　流度　fluidity
动力黏度的倒数。流体流度的大小,表征了流体在多孔介质中的渗流能力,流度值越大,渗流能力越强。

02.0306　假塑性流体　pseudoplastic fluid
在非牛顿流动状态方程式中,$0<n<1$,即表观黏度随着剪切速率的增大而减小的流体。色拉酱为典型的代表。

02.0307　剪切稀化流动　shear thinning flow
表观黏度随剪切时间延长而下降,而且这种改变是不可逆的,也就是当剪切力撤去后流体还是稀的状态。一些淀粉糊和食用胶属于这一类。

02.0308　胀塑性流体　dilatant fluid
在非牛顿流动状态方程式中,$0<n<\infty$,即表观黏度随着剪切速率的增大而增加的流体。如生淀粉糊和一些巧克力浆。

02.0309　剪切增稠流动　shear thickening flow
表观黏度随剪切时间延长而增加,且这种变化是不可逆的,也就是仍保持黏稠。搅打蛋白质和浓奶油时它们的黏度不断增大直至变硬。

02.0310　塑性流动　plastic flow
在受到外力作用时并不立即流动而要待外力

增大到某一程度时才开始流动的流体。具有屈服值的特性。可随作用力(如剪切力)的施加而产生变形,当外力撤除后并不恢复原型。

02.0311　宾厄姆流体　Bingham fluid
剪切应力超过屈服应力后,开始产生流动,流动时剪切应力随剪切速率的增加呈线性变化的液体。

02.0312　触变性流动　thixotropy
又称"摇溶性流动"。表观黏度随剪切时间延长而下降,但这种改变是可逆的,即在停止剪切时流体会恢复到原来不流动的性态(重建自己)。一些淀粉糊胶属于这一类。

02.0313　胀容现象　dilatancy
粒子在强烈的剪切作用下,结构排列疏松、外观体积增大的现象。

02.0314　滞变回环　hysteresis loop
加载曲线在卸载曲线之下,也能形成与流动时间有关的履历曲线的现象。

02.0315　胶变性流动　rheopexy
又称"逆触变流动"。表观黏度随剪切时间延长而增加,且其改变是可逆的,也就是说静置以后,食品恢复到原来的表观黏度。在食品中很少发现这类现象。有这种现象的食品往往给人黏稠的感觉。

02.0316　逆触变现象　negative thixotropy
液体在震动、搅拌、摇动时流动性降低,加载曲线在卸载曲线之下,并形成了与流动时间有关的滞变回环的现象。

02.0317　形变　deformation
又称"变形"。在应力作用下,形状发生变化的现象。

02.0318　内应力　internal stress
材料去掉外部载荷后由于内部宏观或微观的组织发生了不均匀的体积变化而残存在内部

的应力。

02.0319　弹性　elasticity
物体受外力作用而产生形变,当外力撤销后又恢复到原状的能力。

02.0320　延展性　gluten extensibility
又称"拉伸性"。材料在受力而产生破裂之前,其塑性变形的能力。

02.0321　黏弹性　viscoelasticity
物体中流体成分的黏性及同时残留的弹性的综合。

02.0322　黏聚性　cohesiveness
该值可模拟表示样品内部黏合力,当黏聚性大于黏着性,探头与样品充分接触时,探头仍可保持清洁而无样品黏着物。在曲线上表现为两次压缩所做正功之比。

02.0323　咀嚼性　chewiness
该值可模拟表示将半固体样品咀嚼成吞咽时的稳定状态所需的能量。

02.0324　屈服应力　yield stress
又称"屈服强度"。对应于变形过程中某一瞬时进行塑性流动所需的真实应力。

02.0325　屈服点　yield point
产生屈服现象时的最小应力值。

02.0326　弹性极限　elastic limit
外力超过某一临界值时,外力撤去而弹性体的变形无法恢复,这一临界值被称为弹性极限。

02.0327　破断强度　rupture stress, rupture strength
应力-应变曲线上,作用力引起物质破碎或断裂的点。

02.0328　刚度　rigidity
材料或结构在受力时抵抗弹性变形的能力。

02.0329　塑性　plasticity

在外力作用下,材料能稳定地发生永久变形而不破坏其完整性的能力。

02.0330　滞后　hysteresis
在载荷的加除过程中物质吸收的能量,也就是物质在变形过程中转化为热能损失的能量。

02.0331　泊松比　Poisson's ratio
材料在单向受拉或受压时,横向正应变与轴向正应变的绝对值的比值。是反映材料横向变形的弹性常数。

02.0332　体积模量　bulk modulus
弹性模量的一种。用来反映材料的宏观特性,即物体的体应变与平均应力(某一点三个主应力的平均值)之间的关系。

02.0333　剪切模量　shear modulus
剪切应力与应变的比值。

02.0334　柔量　compliance
应变(或应变分量)对应力(或应力分量)之比。

02.0335　[内]能弹性　energy elasticity
由内能变化引起的弹性。等温条件下物体的弹性形变由内能变化和熵变化两者共同决定。

02.0336　熵弹性　entropy elasticity
又称"橡胶弹性"。由系统熵变而引起的弹性。是高分子物质的本质特性,在橡胶中表现比较明显。

02.0337　魏森贝格效应　Weissenberg effect
又称"爬杆效应"。将黏弹性液体放入圆桶中,垂直液面插入一根玻璃棒,当急速转动玻璃棒或容器时,可观察到液体会缠绕玻璃棒而上的现象。许多面团具有这种现象。

02.0338　胡克模型　Hooker model
又称"弹簧模型(spring model)"。用一根理想的弹簧表示弹性的模型。

02.0339　阻尼模型　dashpot model
用于表示物体黏性的理想结构,阻尼模型瞬间加载时,阻尼体开始运动,去载时则立刻停止运动,保持其变形,没有弹性恢复。

02.0340　滑块模型　slider model
不能独立地表示某种流变性质,但常与其他流变元件组合,表示有屈服应力存在的塑性流体性质。

02.0341　麦克斯韦模型　Maxwell model
由胡克模型(一个弹簧)和阻尼模型(一个黏壶)串联组成。胡克体和阻尼体所受的应力 σ 相同,应变为两者之和。

02.0342　开尔文-沃伊特模型　Kelvin-Voigt model
研究蠕变特性的模型。由胡克体和阻尼体并联组成。当模型全体受应力 σ 作用时,阻尼体和胡克体所发生的应变相同,所受的应力 σ 为两者所受应力之和。

02.0343　弹性滞后　retardation elasticity
弹性元件在弹性区内加载、卸载时,应变落后于应力,使加载线与卸载线不重合而形成一封闭回线。

02.0344　伯格模型　Burger's model
又称"四要素模型"。由麦克斯韦单元和开尔文单元串联而成的线性黏弹性体的一种模型。

02.0345　静黏弹性　static viscoelasticity
材料在恒定应力或恒定应变作用下的黏弹性行为。如蠕变和应力松弛。

02.0346　蠕变试验　creep test
检测材料在一定温度和压力作用下所发生的蠕变变形和蠕变速度等数据的试验。

02.0347　滞变曲线　hysteresis curve
又称"滞回曲线"。在力循环往复作用下,得到结构的荷载-变形曲线。

02.0348　弹性模量　modulus of elasticity
材料在弹性变形阶段,其应力和应变成正比例关系(即符合胡克定律),其比例系数称为弹性模量。

02.0349　复数弹性模量　complex modulus of elasticity
又称"复数弹性率"。黏弹材料经受正弦负荷的应力-应变之比。

02.0350　损耗模量　loss modulus
材料在发生形变时,由于黏性形变(不可逆)而损耗的能量大小。反映材料黏性大小。

02.0351　损耗角正切　loss tangent
$\tan = G''/G'$,即损耗模量与储能模量的比值。

02.0352　储能模量　storage modulus
材料存储弹性变形能量的能力。

02.0353　动态黏弹性　dynamic viscoelasticity
材料在交变应力或应变作用下的黏弹性行为。主要表现为应力和应变周期相位的不一致性。

02.0354　赫-巴模型　Herschel-Bulkley model
塑性体流动以后其流动规律遵从幂定律。

02.0355　加速模型　accelerated model
利用高应力条件下的特征寿命去模拟正常应力下的特征寿命的模型。

02.0356　阿伦尼乌斯模型　Arrhenius model
表征升高反应温度必然会提高化学反应速度的模型。针对某些有机化学反应,温度提高10℃意味着反应速率会提高2~3倍。

02.0357　幂律模型　power law model
工程应用上最著名和最为广泛采用的非牛顿黏度模型。它在一定的变形速率范围内可以描述许多黏性流体的流变行为。

02.0358　线性黏弹性　linear viscoelasticity
用胡克固体和牛顿流体线性组合进行描述的

黏弹性行为。

02.0359　应力应变关系　stress-strain relation
根据胡克定律,在一定的比例极限范围内应力与应变成线性比例关系。

02.0360　考克斯-默茨规则　Cox-Merz rule

在较低的振荡频率下,当剪切速率与振荡速率相当时,许多高分子流体在动态测量中复数黏度的绝对值等于其在稳态测量中表观剪切黏度的值,而动态黏度的值等于其在稳态测量中微分剪切黏度的值。

02.03.03　食品热力学特性

02.0361　有效导热系数　effective thermal conductivity
非均质分散系统的宏观导热系数。

02.0362　表面传热系数　surface heat transfer coefficient
又称"对流换热系数"。对流传热基本计算式——牛顿冷却公式中的比例系数。一般记为 h,含义是对流换热速率。

02.0363　热流量　heat flow
一定面积的物体两侧存在温差时,单位时间内由导热、对流、辐射方式通过该物体所传递的热量。通过物体的热流量与两侧温度差成正比,与厚度成反比,并与材料的导热性能有关。

02.0364　比热容　specific heat capacity
单位质量物质的热容量。即使单位质量物体改变单位温度时吸收或释放的内能。是表示物质热性质的物理量。通常用符号 c 表示。

02.0365　差示扫描量热法　differential scanning calorimetry, DSC
在程序升温的条件下,测量试样与参比物之间的能量差随温度变化的一种分析方法。有功率补偿式和热流式两种。为使试样和参比物的温差保持为零,单位时间内所需的热量与温度的关系曲线为 DSC 曲线。曲线的纵轴为单位时间所加热量,横轴为温度或时间。曲线的面积正比于热焓的变化。

02.0366　差[示]热分析　differential thermal analysis, DTA

在程序控温下,测量物质和参比物的温度差与温度或时间的关系的一种测试技术。

02.0367　温谱图　thermogram
在设定的温度范围内,以任意的升温速度扫描测定并记录升温过程中能量吸收或放出的图谱。温谱曲线所包围的面积与加热过程中试样吸收或放出的热能成正比。

02.0368　热重法　thermogravimetry
在程序控制温度下,测量待测样品的质量与温度变化关系的一种热分析技术,用来研究样品的热稳定性和组分。

02.0369　糊化峰值温度　gelatinization peak temperature
淀粉糊化时,淀粉颗粒形状开始破坏,偏光十字开始模糊,吸热达峰值时的温度。

02.0370　相变点　phase transition temperature
物质在加热或冷却过程中,发生相变的临界温度。

02.0371　玻璃化转变温度　glass transition temperature
高分子非晶态聚合物在高弹态和玻璃态之间转变时的温度,是无定形聚合物大分子链段自由运动的最低温度。

02.0372　糊化终了温度　gelatinization completion temperature
淀粉糊化时,淀粉颗粒形状完全破坏,偏光十字完全消失时的温度。

02.03.04　食品胶体

02.0373　胶体　colloid
连续相中分散着胶粒的体系。胶粒的尺寸远大于分散相的分子，又不至于因为其重力而影响它们的分子热运动。粒子的尺寸为1~1000nm。

02.0374　表观比体积　apparent specific volume
单位质量粉末所填充的体积。即单位质量粉末占有的体积和同样质量水所占体积之比。

02.0375　表观密度　apparent density
包括粉末间隙在内的单位体积粉体的质量。是表观比体积的倒数。

02.0376　孔隙率　porosity
在块状材料中，孔隙体积占材料在自然状态下总体积的百分比；散粒状材料在堆积状态下，颗粒之间孔隙体积与松散体积的百分比；在多孔介质中，介质内微小孔隙的总体积与该多孔介质的总体积的比值。

02.0377　气泡　bubble
一个由液体中膜包裹的球形或类球形气体。可离开被包裹的液体或存在于液体中。

02.0378　溶胶　sol
分散相粒子小于1000nm的固/液分散系统。是多相分散体系，在介质中不溶，有明显的相界面，为疏液胶体。

02.0379　干凝胶　xerogel
凝胶放置后，逐渐离浆脱水成为干燥状态，称为干凝胶。干粉丝、方便面、干木耳等都可以称为干凝胶。

02.0380　固体泡　solid foam
固体中分散有大量气体泡。馒头、面包、蛋糕等可称为软质固体泡；饼干、酥饼、蛋卷等可称为硬质固体泡。

02.03.05　食品光学特性

02.0381　光反射率　light reflectance
描写光从物体表面反射的百分率，即反射光强度与入射光强度的比值。

02.0382　全反射率　total reflectance
镜面反射和漫反射光占总光量的百分比。

02.0383　荧光现象　fluorescence phenomenon
一种光致发光的冷发光现象。当某种常温物质经某种波长的入射光(通常是紫外线或X射线)照射，吸收光能后进入激发态，并且立即退激发并发出比入射光的波长长的出射光(通常波长在可见光波段)；而且一旦停止入射光，发光现象也随之立即消失。

02.0384　延迟发光　delayed light emmision
当用一种光波照射物体，在照射停止后，所激发的光仍能继续放射一段时间的现象。

02.0385　微分光谱　derivative spectrum
又称"导数光谱"。对原始光谱数据进行微分处理而得到的吸光度对波长(或波数)的变化率曲线。

02.0386　混色现象　color mixture
人眼将多束不同颜色的光混合在一起看成一种颜色的现象。

02.0387　异谱同色　metameric color
又称"假同色"。某两种物质在一种光源下

呈现相同的颜色但在另一种光源下却呈现不同的颜色的现象。

02.0388　三色系数　trichromatic coefficients
又称"三刺激比值"。表示引起人体视网膜对某种颜色感觉的三种原色的刺激程度之量。用 X(红原色刺激量)、Y(绿原色刺激量)和 Z(蓝原色刺激量)表示。

02.0389　光谱轨迹　spectrum locus
色品图上或三刺激空间里,表示单色刺激的点的轨迹。

02.0390　XYZ 表色系统　XYZ color model
1931 年国际照明委员会在 RGB 表色系统基础上,改用三个假想的原色 X、Y、Z 建立的一个新的色度系统。

02.0391　L*a*b* 表色系统　CIELAB color scale
使用 b^*、a^* 和 L^* 坐标轴定义国际照明委员会颜色区间。其中,L^* 值代表色明度,其值从 0(黑色)至 100(白色)。b^* 和 a^* 代表色度坐标,其中 a^* 代表+红−绿,b^* 代表+黄−蓝,它们的值从 0 至 10。

02.0392　RGB 表色系统　RGB color model
采用 R、G、B 相加混色的原理,通过发射出三种不同强度的电子束,使屏幕内侧覆盖的红、绿、蓝磷光材料发光而产生颜色的色度系统。

02.0393　朗伯定律　Lambert's law
解释物质对单色光吸收的强弱与液层厚度间的关系。

02.0394　朗伯-比尔定律　Lambert-Beer law
分光光度法的基本定律。描述了某一物质对某一波长光吸收的强弱与吸光物质浓度及其液层厚度间的关系。

02.0395　反色学说　opponent-color theory
设想在视网膜内有三种视觉物质,并认为色感觉是由它们的异化(分解)和同化(再合成)而产生的。白黑物质的异化或同化分别产生白或黑的感觉,红绿物质的异化或同化分别产生红或绿的感觉,黄蓝物质的异化或同化分别产生黄或蓝的感觉。这一理论在以前是与三原色说相对立的,是试图解释色觉机制的有代表性的假说。

02.0396　残留影像　after image
当人眼盯住一种颜色观察,然后突然闭眼或者转移到黑暗的环境中时,视觉中出现残留颜色的现象。残留的颜色为原来颜色的反色。

02.0397　色差　chromatic aberration
定量表示色知觉差异的物理量。

02.0398　光度视阈　luminance difference threshold
能产生视觉的最高限度和最低限度的刺激强度。

02.0399　绝对视阈　absolute threshold of luminance
发光率的绝对阈值。

02.0400　韦伯分数　Weber fraction
色品相同但光度稍有差别的两色光,分别照在光度计的两边视野。一边光度为 L,另一边光度为 $L+\Delta L$,两边光度差为 ΔL。$\Delta L/L$ 称为韦伯分数。

02.0401　明度　lightness value
又称"光值"。色彩的明暗程度。各种有色物体由于它们反射光量的区别而产生颜色的明暗强弱。

02.0402　彩度　chromaticity
用距离等明度无彩点的视知觉特性来表示物体表面颜色的浓淡,并给予分度,即色彩的鲜艳程度。

02.0403　芒塞尔色系　Munsell color system
以色光三原色波长范围为坐标形成的坐标空

间。在该空间中,每一点的坐标确定一定波长的色光。

02.0404 日本颜色体系 Chroma Cosmos 5000
日本1978年12月出版的一套色样卡,色调有48种,明度分为18个等级,彩度分为14个等级,共包括5000块颜色。

02.0405 透光率 transmittance
透过透明或半透明体的光通量与其入射光通量的百分率。

02.0406 物质内部透光率 internal transmittance
光波离开介质前的光强与进入介质前光强的比值。

02.0407 吸光率 absorbance

又称"吸光度"。物质内部光透过率的负对数值。

02.0408 光密度 optical density
入射光与透射光比值的对数。

02.0409 反射密度 reflection density
感光材料样品的反射通量与绝对反射通量之比的倒数的常用对数。

02.0410 D65标准光源 artificial daylight 6500K
又称"国际标准人工日光"。色温为6500K的标准光源。能模拟人工日光,保证在室内、阴雨天观测物品的颜色效果时,有一个近似在太阳光底下观测的照明效果。

02.03.06 食品电学特性

02.0411 电渗透 electro-osmosis
利用食品胶体粒子的荷电性质和动电现象,用电渗透的方法对食品进行固液分离或脱水处理。

02.0412 电渗析 electrodialysis
利用离子交换膜的选择透过性,将带电部分从不带电组分中分离的技术。实现对溶液的浓缩、淡化、精炼和提纯。

02.0413 极化 polarization
在外电场的作用下,束缚电荷的局部移动导致宏观上显示出电性,在电介质的表面和内部不均匀的地方出现电荷。

02.0414 极化电荷 polarization charge
将电介质放入电场中,在电场的作用下电介质被极化,介质内部或表面上出现净的束缚电荷。

02.0415 电子位移极化 electronic displacement polarization

在外电场的作用下,构成电介质的分子、原子或离子中的外围电子云相对原子核发生弹性位移而产生感应偶极矩的现象。

02.0416 原子极化 atomic polarization
构成分子的各原子或原子团在外电场的作用下发生了偏移而产生极化的现象。

02.0417 取向极化 orientation polarization
外电场对电偶极矩的力矩作用,使分子倾向于定向排列而产生极化的现象。

02.0418 弛豫时间 relaxation time
极化时,由非极化状态到极化状态需要的时间。

02.0419 本征频率 eigen frequency
弛豫时间的倒数。

02.0420 介电损耗 dielectric loss
电介质所处的电场频率与特征频率接近时,极化运动对于外电场产生滞后,引起分子内摩擦而产生的热损耗。

02.0421 热辐射 thermal radiation
物质中带电粒子热运动产生的电磁辐射。

02.0422 静电分离 electrostatic separation
带电离子在静电场中吸附到粒子表面形成的荷电粒子,因各自电荷的不同,在电场中移动的轨迹也不同,从而将各种成分分离的现象。

02.0423 离子气氛 ionic atmosphere
中性或碱性水溶液中的蛋白质 ζ 电位使其周围的水分子以水合氢离子存在,形成离子气氛。

02.0424 维德曼定律 Wiedemann law
食品电渗透脱水过程中形成的电渗透流量与影响因素之间的关系。$Q = \varepsilon \zeta Ip/\mu$。式中,$Q$:电渗透流量;$\varepsilon$:介质的电容;$\zeta$:极板间电位差;$I$:电流;$\rho$:阻抗;$\mu$:液体的黏度。

02.0425 欧姆加热 ohmic heating
电流通过物体时,阻抗损失、介电损耗等的存在,使电能转化为热能从而使食品加热。

02.0426 高频波 high frequency wave
0.01~300MHz 频率范围的电磁波。在食品工业中通过对高频波的吸收可进行加热。

02.0427 棱角效应 edge effect
又称"尖角集中效应"。电场易在有棱角的地方集中,并有较大场强,产热多、升温快的现象。

02.0428 热点 hot spot
由于微波加热的选择性和棱角效应,以及加热过程中受反射、穿透、折射吸收等的影响,被加热食品上一些温度上升特别快的局部区域。

02.0429 电穿孔 electroporation
当外加电场使细胞的跨膜电压达到 1V 左右时,膜上的蛋白质通道打开,磷脂分子再定位形成许多新的膜孔,引起生物膜通透性改变。

02.0430 交流高场强技术 high-electric field AC, HEF-AC
对液态食品施加高频高压交流电场,在极短时间内有数安的电流从待灭菌食品中流过,以杀灭食品中大部分微生物的技术。

02.04 食品生物技术

02.04.01 食品酶工程

02.0431 活性部位 active site
酶分子中直接与底物结合,并和酶催化作用直接相关的部位。由一级结构相距很远、三维结构比较靠近的少数几个氨基酸残基或残基上的某些基团组成。

02.0432 酶原 zymogen
酶的无活性前体。在特异位点水解后,转变为具有活性的酶。

02.0433 寡聚酶 oligomeric enzyme
由两个或两个以上的亚基组成的酶。

02.0434 多酶复合体 multienzyme complex
由两个或两个以上的酶靠非共价键连接而成的生物大分子。

02.0435 杂合酶 hybrid enzyme
将来自不同酶分子的结构单元或酶分子进行组合或交换,以产生具有所需性质的优化酶杂合体。

02.0436 辅酶 coenzyme
可以特定地催化某一类型的反应,且与酶蛋白结合较松(非共价键),通过透析或其他方法可将其除去的小分子物质。

02.0437 胞内酶 endoenzyme
由细胞内产生并在细胞内部起作用的酶。

02.0438 胞外酶 exoenzyme
在细胞内合成后再分泌至细胞外的酶。

02.0439 诱导酶 inducible enzyme
又称"适应酶"。在正常细胞中没有或只有很少量存在,但在特定条件下,由于诱导物的作用而被大量合成的酶。

02.0440 辅因子 cofactor
一些对热稳定的非蛋白质小分子物质或金属离子。包括辅酶和辅基。通常作为电子、原子或某些化学基团的载体决定反应的性质。

02.0441 酶工程 enzyme engineering
酶的生产及其在生物反应器中进行催化应用的技术过程。

02.0442 前体 precursor
(1)被加入培养基后,能够直接在生物合成过程中结合到产物分子中,而自身结构并未发生太大变化,却能提高产物产量的一类小分子物质。(2)多步分子形成反应过程中的上一步中间分子。

02.0443 促进剂 promoter
一类能影响微生物的正常代谢,或促进中间代谢产物的积累,或提高次级代谢产物产量的物质。

02.0444 抑制剂 inhibitor
能够引起酶的抑制作用的化合物。

02.0445 诱导物 inducer
诱导酶起始合成的物质。可以引起阻遏蛋白的构象变化,使之不利于与操纵基因结合。

02.0446 竞争性抑制 competitive inhibition
抑制剂和底物竞争与酶分子上同一位点结合而引起的抑制作用。

02.0447 非竞争性抑制 non-competitive inhibition
抑制剂与底物分别与酶分子上的不同位点结合而引起酶活性降低的抑制作用。

02.0448 反竞争性抑制 uncompetitive inhibition
在底物与酶分子结合生成中间复合物后,抑制剂再与中间复合物结合而引起的抑制作用。

02.0449 协同反馈抑制 concerted feedback inhibition
在分支代谢途径中,几种末端产物同时都过量时才能抑制共同途径中第一个酶的调节方式。

02.0450 积累反馈抑制 cumulative feedback inhibition
每一分支途径的终产物按一定百分率单独抑制共同途径前端的酶;当几种终产物共同存在时,它们的抑制作用是累积的;各终产物所引起的抑制作用互不影响。

02.0451 前馈激活 feedforward activation
代谢途径中一个酶被该途径中前端产生的代谢物激活的现象。

02.0452 前馈抑制 feedforward inhibition
代谢途径中一个酶被该途径中前端产生的代谢物抑制的现象。

02.0453 别构调节 allosteric regulation
酶活性调节的一种机制。小分子化合物与酶蛋白分子活性中心以外的某一部位特异结合,引起酶蛋白分子构象变化从而改变酶的活性。

02.0454 酶的非水相催化 enzymatic catalysis in non-aqueous system
酶在非水介质中进行的催化作用。

02.0455 固定化酶 immobilized enzyme
固定在一定载体上,并在一定的空间范围内进行催化反应的酶。

02.0456 酶反应器 enzyme reactor

用于酶进行催化反应的容器及其附属设备。

02.0457 操作半衰期 half-life of operation
衡量稳定性的指标。连续测活条件下固定化酶活力下降为最初活力一半所需的时间。

02.0458 酶分子修饰 enzyme molecular modification
通过各种方法可使酶分子结构发生某些改变，从而改变酶的某些特性和功能的技术过程。

02.0459 酶的分子定向进化 directed molecular evolution of enzyme
从一个或多个已经存在的亲本酶出发经过基因的突变和重组，构建一个人工突变酶库，通过筛选最终获得预先期望的具有某些特征的进化酶。

02.0460 酶的定点突变 site-directed mutagenesis of enzyme
在已知 DNA 序列中取代、插入或删除特定的核苷酸，从而产生具有新性状的突变酶分子的工程技术。

02.0461 pH 记忆 pH memory
将酶分子从水溶液转移到有机溶剂中，酶能保持原有的离子化状态，此时的环境因素也不能改变酶分子的这种状态。

02.04.02 食品发酵工程

02.0462 发酵 fermentation
利用特定的微生物，控制适宜的工艺条件，生产人们所需的产品或达到某些特定目的的过程。

02.0463 发酵工程 fermentation engineering
又称"微生物工程"。利用微生物的生长繁殖和代谢活动，大量生产人们所需产品的过程的理论和工程技术。

02.0464 富集培养 enrichment culture
从微生物混合群开始，使特定种的数量比例不断增高而引向纯培养的一种培养方法。

02.0465 菌种退化 strain degeneration
菌种经过长期人工培养或保藏，由自发突变的作用而引起某些优良特性变弱或消失的现象。

02.0466 半连续发酵 semi-continuous fermentation
根据物料和产物的进出方式进行分类的一种发酵方式，在补料分批发酵的基础上间歇放掉部分发酵液的发酵方式。

02.0467 生长产物合成偶联型发酵 growth associated product accumulation
又称"I 型发酵"。发酵产物的合成与菌体的生长直接相关，产物合成速率与菌体生长速率呈线性关系，且菌体的生长与基质的消耗呈准定量关系。

02.0468 生长产物合成非偶联型发酵 growth unassociated product accumulation
又称"III 型发酵"。发酵产物的合成与菌体的生长不相关，发酵产物的合成速率只与现有的菌体数量有关，产物的合成高峰要比菌体的生长高峰滞后。

02.0469 生长产物合成半偶联型发酵 growth partial associated product accumulation
又称"II 型发酵"。发酵产物的合成与菌体的生长存在相关联和不相关联两部分，产物的合成间接与基质的消耗有关，产物的比生长速率的最高时刻要迟于菌体的比生长速率的最高时刻。

02.0470 自然选育 natural breeding
不经人工处理，利用微生物的自然突变进行

菌种选育的过程。

02.0471 诱变育种 induced mutation breeding
利用物理、化学等诱变剂,使微生物发生突变而进行菌种选育的过程。

02.0472 杂交育种 cross breeding
通过杂交方法,将不同菌株的遗传物质进行交换、重组,使不同菌株的优良性状集中在重组体中,克服长期诱变引起的生活力下降等缺陷的菌种选育过程。

02.0473 基因工程育种 genetic engineering breeding
使用人为的方法将所需的某一供体生物的遗传物质 DNA 分子提取出来,在体外进行切割或重组,获得代表某一性状的目的基因,把该目的基因与作为载体的 DNA 分子连接起来,然后导入某一受体细胞中,让外源的目的基因在受体细胞中进行正常的复制和表达,从而获得目的产物的菌种选育过程。

02.0474 种子培养基 seed culture medium
供孢子发芽、生长和菌体繁殖的培养基。

02.0475 发酵培养基 fermentation medium
供菌体生长、繁殖和合成大量代谢产物用的培养基。

02.0476 分批灭菌 batch sterilization
通过加热容器的方式,以降低污染微生物的数量,将容器内的介质整批灭菌。

02.0477 连续灭菌 continuous sterilization
将培养基在发酵罐外连续不断进行加热、维持和冷却而被灭菌,最后进入发酵罐的过程。

02.0478 比生长速率 specific growth rate
单位细胞浓度的生长速率,即菌体生长速率与培养基中菌体浓度之比。

02.0479 初级代谢产物 primary metabolite
微生物通过代谢活动所产生的,自身生长和繁殖所必需的物质。

02.0480 次级代谢产物 secondary metabolite
微生物生长到一定阶段后通过次级代谢合成的,并非是微生物生长和繁殖所必需的物质。

02.0481 糖酵解 glycolysis
葡萄糖转化生成 1,6-二磷酸果糖,进一步生成 3-磷酸甘油醛,最终降解生成丙酮酸并产生少量腺苷三磷酸(ATP)的代谢过程。

02.0482 葡萄糖效应 glucose effect
葡萄糖的分解代谢产物阻遏了分解利用乳糖等其他糖类的有关酶合成的现象。

02.04.03 食品微生物基因工程

02.0483 基因 gene
脱氧核糖核酸(DNA)分子上具有遗传信息的特定核苷酸序列的总称,是遗传的物质基础。

02.0484 基因组 genome
单倍体细胞中包括编码序列和非编码序列在内的全部 DNA 分子。

02.0485 基因工程 genetic engineering
(1)狭义的基因工程指用体外重组 DNA 技术去获得新的重组基因。(2)广义的基因工程则指按人们意愿设计,通过改造基因或基

因组而改变生物的遗传特性。

02.0486 重组 DNA 技术 recombinant DNA technique
在体外将两个或多个不同的 DNA 片段全部或部分构建成一个 DNA 分子的方法。

02.0487 基因扩增 gene amplification
某个或某些基因的拷贝数选择性增加的过程。

02.0488 基因表达 gene expression

细胞在生命过程中,把储存在 DNA 顺序中的遗传信息经过转录和翻译,转变成具有生物活性的蛋白质分子。

02.0489 基因图谱 gene mapping
基因在一个 DNA 分子(染色体或质粒)上的相对位置、连锁关系或物理组成(序列)的图示。

02.0490 基因文库 gene library
将所有的重组 DNA 分子都导入宿主细胞进行扩增,得到分子克隆的混合体。

02.0491 cDNA 文库 cDNA library
将某种生物体基因组转录的全部 mRNA 经反转录产生的 cDNA 片段,分别与克隆载体重组,导入宿主细胞进行扩增,得到分子克隆的混合体。

02.0492 基因敲除 gene knockout
一种向正常生物个体内引入某个突变的基因位点而选择性地使某特定基因功能失活的技术。

02.0493 基因缺失 gene deletion
DNA 缺失含氮碱基或基因片段的现象。

02.0494 基因多效性 gene pleiotropism
一个基因产生多种表型效应的现象。

02.0495 基因失活 gene inactivation
由于调控元件的突变,基因移位至异染色质部位,或编码序列出现突变、移框等基因不能正常表达的现象。

02.0496 遗传标记 genetic marker
易于识别,遵守孟德尔遗传模式,具有个体特异性或其分布规律具有种质特征的某一类表型特征或遗传物质。

02.0497 限制性内切核酸酶 restriction endo-nuclease
一类能够识别双链 DNA 分子中的某种特定核苷酸序列,并由此切割 DNA 双链结构的核

酸水解酶。

02.0498 DNA 聚合酶 DNA polymerase
一类能在引物和模板的存在下将脱氧核糖核酸连续加到双链 DNA 分子引物链的 3′-OH 端,催化核苷酸的聚合作用的酶。

02.0499 DNA 连接酶 DNA ligase
一类能够催化双链 DNA 片段的 3′-OH 和 5′-磷酸形成磷酸二酯键使末端连接的酶。

02.0500 核酸酶 nuclease
可以水解核酸的酶。在细胞内催化核酸的降解,以维持核酸(尤其是 RNA)的水平与细胞功能相适应。

02.0501 修饰酶 modification enzyme
催化稀有碱基掺入 RNA 或 DNA,或对原有碱基进行修饰的酶。以防止限制性内切酶被破坏。

02.0502 克隆载体 cloning vector
可携带插入的目的 DNA 进入宿主细胞内并能自我复制的 DNA 分子。

02.0503 表达载体 expression vector
携带外源 DNA 并使之在宿主细胞中表达的载体。

02.0504 转化 transformation
外源遗传物质(如质粒、DNA 等)进入受体细胞,使后者遗传物质变化的现象。

02.0505 转染 transfection
外源基因通过病毒或噬菌体感染细胞或个体,导致其遗传改变的过程。

02.0506 转导 transduction
通过噬菌体感染将 DNA 转入宿主细胞并产生新性状的过程。

02.0507 目的基因 target gene
那些已被或准备要分离、改造、扩增或表达的特定基因或 DNA 片段。

02.0508 克隆 cloning
利用体外重组技术将某特定的基因或 DNA
序列插入载体分子的操作过程。

02.0509 操纵子 operon
由功能紧密相关的结构基因、操纵基因和启
动基因构成。操纵子与它的调节基因构成了
原核生物基因调控系统。

02.0510 启动子 promoter
DNA 分子上能与 RNA 聚合酶结合并形成转
录起始复合体的区域。在许多情况下,还包
括促进这一过程的调节蛋白的结合位点。

02.0511 增强子 enhancer
一种能够提高转录效率的顺式调控元件。通
常长度为 100~200bp,也和启动子一样由若
干组件构成,基本核心组件常为 8~12bp,可
以单拷贝或多拷贝串联形式存在。

02.0512 引物 primer
与待扩增的 DNA 片段两端的核苷酸序列特
异性互补的人工合成的寡核苷酸序列。

02.0513 插入失活 insertional inactivation
外源 DNA 的插入而导致基因失活的现象。
一般会使载体某种生物功能丧失。

**02.0514 高度保守序列 highly conserved
            sequence**
DNA 分子中的部分核苷酸片段或蛋白质中
的氨基酸片段。在进化过程中基本保持
不变。

02.0515 多克隆位点 multiple cloning site
DNA 载体序列上人工合成的一段序列。含
有多个限制内切酶识别位点,能为外源 DNA
提供多种可插入的位置或插入方案。

02.0516 感受态细胞 competent cell
经过适当处理后容易接受外源 DNA 进入的
细胞。

02.0517 α 互补 alpha complementation
噬菌体载体的基因间隔区插入大肠杆菌的一
段调节基因及 *lacZ* 的 N 端 146 个氨基酸残
基编码基因,其编码产物为 β-半乳糖苷酶的
α 片段。突变型可表达该酶的 W 片段(酶的
C 端)。单独存在的 α 片段及 W 片段均无
β-半乳糖苷酶活性,只有宿主细胞与克隆载
体同时共表达两种片段时,宿主细胞内才有
β-半乳糖苷酶活性。

02.0518 宿主细胞 host cell
能摄取外源 DNA 并使其稳定维持的细胞。

**02.0519 限制修饰系统 restriction modifi-
            cation system**
原核细胞的限制酶和修饰酶选择性地降解外
源 DNA 的系统。是原核细胞的一种保护
机制。

02.0520 DNA 复制 DNA replication
以亲代 DNA 分子为模板,经多种酶的作用,
合成一个具有相同序列的新的子代 DNA 分
子的过程。

02.0521 DNA 测序 DNA sequencing
对 DNA 分子的核苷酸排列顺序的测定,也就
是测定组成 DNA 分子中 A、T、G、C 的排列顺
序。常用的方法有桑格 - 库森法和马克萨
姆-吉尔伯特法等。

**02.0522 荧光原位杂交 fluorescence *in situ*
            hybridization, FISH**
用荧光标记的核酸探针在染色体上进行的杂
交方法。以确定与探针互补的核酸序列在染
色体上的位置和分布。

02.0523 物理图谱 physical map
表示某些基因与遗传标志之间在基因组上的
直线相对位置和距离的图谱。

02.0524 基因多态性 gene polymorphism
由于等位基因受影响而产生不同的基因型,
由此形成个体之间的多态性。

02.0525 随机扩增多态性 DNA randomly amplified polymorphic DNA，RAPD
一种利用 PCR 技术进行随机扩增，把扩增的 DNA 片段进行琼脂糖凝胶电泳，根据 DNA 条带的多态性来反映模板 DNA 序列上的多态性的方法。

02.0526 DNA 印迹法 Southern blotting
采用毛细管作用或电泳等方法，将经过凝胶电泳分离的 DNA 转移到适当的膜（如硝酸纤维素膜、尼龙膜等）上，再与标记的特异核酸探针杂交，以检测特定 DNA 序列的技术。

02.0527 蛋白质印迹法 Western blotting
将混杂的蛋白质经聚丙烯酰胺凝胶电泳分离后，转移至固相膜上，再用标记的抗体或二抗与之反应，以显示膜上特定的蛋白质条带的方法。

02.0528 转基因食品 genetically modified food
利用基因工程技术改变基因组构成的动物、植物和微生物生产的食品与食品添加剂。

02.05 食 品 分 析

02.05.01 食品物性分析

02.0529 食品分析 food analysis
以食品为研究对象的分析。包括食品的元素分析、化合物分析、添加剂分析、毒物与药物残留分析、食品色香味品质分析、营养分析、快速检测分析、微生物检验和有关食品基础研究与新食品开发分析等。

02.0530 食品物性分析 analysis of food physical property
以食品物性为研究对象的分析。包括热学性质、力学性质、电学性质、光学性质等。

02.0531 质地 texture
除温度感觉和痛感以外的食品物性感觉。

02.0532 力学性能 mechanical property
物料在力作用下所显示的与弹性和非弹性反应相关或涉及应力-应变关系的性能。

02.0533 弹性常数 elastic constant
在弹性变形范围内，物料的变形与引起变形的外力成正比的比例系数。

02.0534 扭转模量 torsional modulus
物料在扭转力矩作用下，表面切应力与切应变的比例系数。

02.0535 抗压强度 compressive strength
物料抵抗压缩载荷而不失效的最大压应力。为试样压缩失效承受的最大载荷与试样原始横截面积之比。

02.0536 抗剪强度 shear strength
物料抵抗剪切载荷而不失效的最大剪切应力。为剪切或扭转试验中试样失效时的最大剪切载荷与试样原始横截面积之比。

02.0537 屈服效应 yield effect
物料发生塑性变形时，出现应力明显降低的现象。

02.0538 全容积测定法 whole volume method
通过种子置换方式测定烘烤制品体积的方法。

02.0539 粒径 partical size
描述单个颗粒大小和粒子群平均大小的总称。

02.0540 比体积 specific volume
单位质量的物质所占有的体积。

02.0541 休止角 angle of repose
粉体堆积成锥体时,母线与水平面的夹角。

02.0542 滑落角 angle of slide
堆积于固体平面的粉体,在平面倾斜时粉体开始滑落时的倾斜角。

02.0543 亮度 luminance
发光体单位面积在指定方向的明亮程度。

02.0544 三原色 red green blue, RGB
红、绿、蓝三种颜色。一般认为人眼的色觉是由这三种颜色组合而成的。

02.0545 吸收系数 absorption coefficient
在给定波长、溶剂和温度等条件下,吸光物质在单位浓度、单位液层厚度时的吸收度。

02.0546 电偶极矩 electric dipole moment
两个点电荷矢径和电量的乘积。

02.0547 介电常数 dielectric constant
原外加电场(真空中)与介质中电场的比值。

02.0548 干基重 dry weight basis
物体去除水分后的干物质质量。

02.05.02 食品化学分析

02.0549 分子量 molecular weight, MW
又称"相对分子质量"。化学式中各个原子的相对原子质量的总和。

02.0550 质荷比 mass-to-charge ratio
离子的质量与其电荷之商。

02.0551 安全限 safe level, SL
对包括食品在内的各种环境介质的化学、物理和生物有害因素规定的限量要求。

02.0552 总固形物 total solid, TS
食品的可溶性固形物和不可溶性固形物的含量总和。

02.0553 挥发性有机组分 volatile organic
compound, VOC
在常温下以蒸汽形式存在于空气中的一类有机物组分。

02.0554 嗅味阈值 odor threshold
人的嗅觉能够闻到气味的浓度值。

02.0555 铬黑 T eriochrome black T, EBT
用于检验金属离子和水质测定的一种化学试剂。

02.0556 相对迁移率 relative mobility
相同时间内,某一组分在固定相中移动的距离与某一标准物质在固定相中移动的距离之比值。

02.0557 标准偏差 standard deviation, SD
各数据偏离平均数的距离(离均差)的平均数。

02.0558 系统误差 systemic error
在重复性条件下,对同一被测量进行无限多次测量所得结果的平均值与被测量的真值之差。

02.0559 随机误差 random error
测量结果与同一待测量的大量重复测量的平均结果之差。

02.0560 过失误差 mistake error
由过程中的非随机事件引发的测量数据严重失真现象,致使测量数据的真实值与测量值之间出现显著差异的误差。

02.0561 偏差 deviation
测定值与测定平均值的差。

02.0562 准确度 accuracy
一定实验条件下多次测定的平均值与真值相符合的程度。

02.0563　化学计量学　chemometrics

以计算机和近代计算技术为基础,以化学量测的基础理论与方法为研究对象,化学与统计学、数学和计算机科学交叉所产生的一门化学分支学科。

02.0564　响应面　response surface

响应变量 η 与一组输入变量 $(\zeta_1, \zeta_2, \zeta_3, \cdots, \zeta_k)$ 之间的函数关系式。

02.0565　聚类分析法　cluster analysis method

研究分类的一种多元统计方法。

02.0566　凯氏定氮法　Kjeldahl determination

一种测量样品中总氮含量的分析方法。即在催化剂的条件下,浓硫酸消化样品将其有机氮转变成无机铵盐,然后在碱性条件下将铵盐转化为氨,过量的硼酸液吸收随水蒸气蒸馏出来的氨并用标准碱滴定来测定样品中的氮含量。

02.0567　劳里法　Lowry method

一种测量蛋白质浓度的分析方法。蛋白质分子中含酚基的氨基酸(如酪氨酸、色氨酸等)可与福林酚反应,生成深蓝色复合物,其溶液的发色程度与蛋白质含量呈一定的比例关系,据此可通过分光光度法测定蛋白质。

02.0568　考马斯亮蓝法　Coomassie brilliant blue method

一种测量蛋白质浓度的分析方法。游离状态的考马斯亮蓝呈红色,当它与蛋白质结合后变为青色,蛋白质-色素结合物在 595nm 波长下有最大光吸收值,其光吸收值与蛋白质含量呈一定的比例关系,据此可通过分光光度法测定蛋白质浓度。

02.0569　BCA 法　bicinchoninic acid method, BCA method

一种测量蛋白质浓度的分析方法。在碱性环境下蛋白质与 Cu^{2+} 络合并将 Cu^{2+} 还原成 Cu^+。BCA(2,2-联喹啉-4,4-二甲酸二钠)与 Cu^+ 结合形成稳定的紫蓝色复合物,在 562nm 处有最大光吸收值并与蛋白质浓度呈一定的比例关系,据此可测定蛋白质浓度。

02.0570　双缩脲法　biuret method

一种测量蛋白质浓度的分析方法。双缩脲是一种碱性的含铜试液,当底物中含有肽键(多肽)时,试液中的铜与多肽配位,配合物呈紫色,配合物在 540nm 波长下有最大光吸收值,其光吸收值与蛋白质含量呈一定的比例关系,据此可通过分光光度法测定蛋白质浓度。

02.0571　电泳　electrophoresis

在外加直流电源作用下,带电粒子在分散介质中因移动速度不同而分离的现象。

02.0572　聚丙烯酰胺凝胶电泳　polyacrylamide gel electrophoresis, PAGE

在自由基催化剂存在条件下,单体丙烯酰胺和甲叉双丙烯酰胺聚合成具有网状结构的聚丙烯酰胺凝胶,在蛋白质电泳的过程中,聚丙烯酰胺凝胶可以起到分子筛作用,依据蛋白质的分子量大小、蛋白质的形状及其所附带的电荷量而逐渐呈梯度分开,据此可测定蛋白质的组成。

02.0573　等电聚焦电泳　isoelectric focusing electrophoresis, IFE

在电泳场中附加一个 pH 梯度,各种蛋白质分子将按照它们各自的等电点大小在 pH 梯度中相对应的位置处进行聚焦,据此对蛋白质进行分离、测定的一种分析方法。

02.0574　毛细管电泳　capillary electrophoresis

一类以毛细管为分离通道、以高压直流电场为驱动力的电泳分离技术。

02.0575　索氏抽提法　Soxhlet extraction

一种测量脂肪含量的分析方法。用低沸点有机溶剂(乙醚或石油醚)在索氏提取装置中回流抽提,除去样品中的粗脂肪,样品与残渣质量之差即粗脂肪含量,据此可测定脂肪含量。

02.0576 活性氧法 active oxygen method, AOM

一种测量脂肪过氧化值的分析方法。在97.8℃恒温条件下迅速连续通入2.33mL/s的空气,过氧化值达到100(植物油)或20(动物油)时所需的时间。

02.0577 折射率 refractive index, RI

光在真空中与在介质中传播速度的比值。油脂的折射率指光在真空中与在油中传播速度的比值,是油脂的特征常数,随油脂的不饱和度、氧化程度、热处理方法、分析温度及脂肪含量的变化而变化。

02.0578 硫代巴比妥酸法 thiobarbituric acid method, TBA

一种测量脂肪过氧化值的分析方法。不饱和脂肪酸的氧化产物醛类,可与硫代巴比妥酸生成有色化合物,有色化合物的光吸收值与不饱和脂肪酸的氧化产物含量成正比,据此可通过分光光度法测定脂肪氧化程度。

02.0579 油稳定性指数 oil stability index, OSI

将纯化空气通入加热的待测油脂样品,然后将易挥发性酸通入去离子水收集器,连续测定水的电导率,电导率与脂肪氧化值成正比,据此可测定脂肪氧化程度。

02.0580 固体脂肪指数 solid fat index, SFI

一定温度条件下25g油脂固态和液态体积的比值。

02.0581 苯酚–硫酸法 phenol-sulfuric acid method

一种测量还原糖浓度的分析方法。多糖在硫酸的作用下先水解成单糖,之后脱水生成糖醛衍生物,糖醛衍生物和苯酚生成的橙黄色化合物与还原糖浓度呈一定的比例关系,据此可通过分光光度法测定还原糖浓度。

02.0582 纳尔逊–索莫吉法 Nelson-Somogyi method

一种测量还原糖浓度的分析方法。还原糖将二价铜离子还原成一价铜离子,硫酸溶液中由钼酸铵和砷酸钠形成的砷钼酸盐络合物可被一价铜离子还原并产生稳定的蓝色,而蓝色的深浅与还原糖含量呈一定的比例关系,据此可通过分光光度法测定还原糖浓度。

02.0583 二硝基水杨酸法 3,5-dinitrosalicylic acid colorimetric method, DNS method

一种测量还原糖浓度的分析方法。3,5-二硝基水杨酸和还原糖反应后被还原为3-氨基-5-硝基水杨酸(棕红色物质),棕红色物质颜色深浅与还原糖含量呈一定的比例关系,据此可通过分光光度法测定还原糖浓度。

02.0584 络合滴定法 complexometric titration

基于络合反应的滴定分析方法。

02.0585 可滴定酸度 titratable acidity

基于滴定分析方法所得到的酸度值。

02.05.03 食品生物分析

02.0586 生化需氧量 biochemical oxygen demand, BOD

生物呼吸所消耗水中溶解氧的量。

02.0587 免疫吸附 immunoadsorption

基于抗原与抗体之间的特异性结合,将某种抗原或抗体固相化,成为吸附剂,用以从混合物中特异地吸附相应的配体(抗体或抗原),达到分离或分析目的的方法。

02.0588 免疫印迹法 Western blotting

根据凝胶电泳和固相免疫测定技术检测复杂样品中的某种蛋白质的方法。

02.05.04 食品仪器分析

02.0589 光谱仪 spectrometer
由光入射系统、色散或调制系统、检测系统、显示或记录系统、控制和数据处理系统构成的用来获得、记录和分析复色光分解为光谱的仪器。

02.0590 原子吸收光谱 atomic absorption spectroscopy
基于被测元素的基态原子对特征辐射的吸收程度进行定量分析的一种仪器分析方法。

02.0591 原子发射光谱 atomic emission spectroscopy
利用原子或离子发射的特征光谱对物质进行定性和定量分析的方法。

02.0592 衰减全反射 attenuated total reflectance，ATR
一定条件下，在折射率不同但在光学上又是互相衔接的两种介质界面处产生的光衰减现象。当光以大于临界角的入射角从折射率高的介质抵达界面时，大部分被反射回高折射率介质，少部分进入低折射率介质表面层衰减后再反射回去。

02.0593 红外光谱 infrared spectrum，IR
表征红外辐射强度或其他与之相关性质随波长（波数）变化的谱图。根据波长范围不同，相应地称为近红外光谱、中红外光谱和远红外光谱。利用物质的红外吸收光谱、红外发射光谱或其他相关特性可以进行组成、结构鉴定和成分测定。

02.0594 傅里叶变换红外光谱仪 Fourier transform infrared spectrometer，FTIR
经干涉仪调制的红外光通过样品后，对检测到的红外光干涉图进行傅里叶变换，从而得到样品红外吸收光谱的仪器。也能测定样品

的红外发射光谱。

02.0595 瑞利散射分光光度法 Rayleigh scattering spectrophotometry
基于瑞利散射原理，利用共振瑞利散射强度在一定条件下与溶液中散射分子的浓度成正比的关系实现物质痕量分析的方法。

02.0596 紫外-可见光谱法 ultraviolet-visible spectroscopy
利用物质的分子或离子对紫外光与可见光的吸收所产生的紫外可见光谱及吸收程度对物质的组成、含量和结构进行分析、测定、推断的方法。

02.0597 近红外光谱法 near infrared spectrometry，NIRS
波长在 $0.78 \sim 2.5 \mu m$（波数在 $4000 \sim 12\,820$ cm^{-1}）的红外光谱法。

02.0598 扫描电子显微镜 scanning electron microscope，SEM
用电子束和电子透镜代替光束和光学透镜，利用二次电子信号成像来观察样品的表面形态，使物质的细微结构在非常高的放大倍数下成像的仪器。

02.0599 傅里叶变换红外光谱 Fourier transform infrared spectrum
通过测量干涉图和对干涉图进行傅里叶变换的方法来测定红外光谱。红外光谱的强度与形成该光的两束相干光的光程差之间有傅里叶变换的函数关系。

02.0600 原子荧光光谱法 atomic fluorescence spectrometry，AFS
通过测量元素原子蒸气在辐射能激发下所发射的原子荧光强度进行元素定量分析的仪器

分析方法。

02.0601　可见分光光谱法　visible spectro-photometry

根据被测量物质分子本身或借助显色剂显色后对可见波段范围单色光的吸收或反射光谱特性来进行物质的定量、定性或结构分析的一种方法。

02.0602　红外分光光谱法　infrared spectro-photometry

根据物质对红外辐射（波长范围 0.78 ~ 1000μm）的吸收或利用它的红外辐射，对物质进行定量、定性或结构分析的一种方法。

02.0603　紫外分光光谱法　ultraviolet spectro-photometry

根据被测量物质分子对紫外波段范围单色光的吸收或反射光谱特性来进行物质的定量、定性或结构分析的一种方法。

02.0604　紫外–可见分光光度计　ultraviolet-visible spectrophotometer

能采用可见光或紫外光作光源的一类分光光度计。

02.0605　荧光分光光度法　fluorescence spec-trophotometry

根据物质分子吸收单色光后所发射荧光的光谱、强度、寿命、偏振等特性实现其定性或定量测定的方法。

02.0606　质谱　mass spectrometry, MS

通过将原子或分子离子化并按质量–电荷比（质荷比）的大小将其分离并测量的一种分析方法。

02.0607　飞行时间质谱仪　time-of-flight mass spectrometer, TOFMS

质谱仪的一种类型。工作原理是基于在无场区初始动能相同但具有不同质荷比的离子飞越给定距离所需时间的差异。

02.0608　热喷雾质谱法　thermospray-mass spectrometry, TS-MS

使用热喷雾电离方式为离子源的质谱分析。

02.0609　排阻色谱　exclusion chromatography

根据分子尺寸和/或形状的差异形成的排阻效应实现分离的色谱法。

02.0610　薄层色谱法　thin-layer chromatogra-phy, TLC

以涂布于支持板上的支持物作为固定相，以合适的溶剂为流动相，对混合样品进行分离、鉴定和定量的一种层析分离技术。

02.0611　液相色谱法　liquid chromatography, LC

流动相为液体的色谱分析方法。

02.0612　气相色谱法　gas chromatography, GC

以气体如氮气、氢气或氦气等作为流动相，利用物质的沸点、极性及吸附性质的差异实现混合物分离的柱色谱方法。

02.0613　液质色谱–质谱法　liquid chromatog-raphy-mass spectroscopy, LC-MS

样品以液相色谱进行预分离后通过接口导入质谱仪进行分析的技术。

02.0614　气相色谱–质谱法　gas chromatogra-phy-mass spectrometry, GC-MS

样品以气体色谱进行预分离后通过接口导入质谱仪进行分析的技术。

02.0615　凝胶过滤色谱法　gel-filtration chro-matography, GFC

以水或水溶液作为流动相的尺寸排阻色谱方法。

02.0616　高效液相色谱法　high performance liquid chromatography, HPLC

相对于经典液相色谱而言，主要指采用小粒度（<10μm）的分离填料，使用高压输液泵驱动流动相的现代液相色谱法。

02.0617 热力分析 thermomechanical analysis，TMA

在程序控温和一定气氛下，测量试样的某种物理性质与温度或时间关系的一类技术。

02.0618 热重分析 thermogravimetric analysis，TGA

在程序控制温度下测量待测样品的质量与温度变化关系的一种热分析技术。

02.0619 火焰离子化检测器 flame ionization detector，FID

以氢气与空气燃烧生成的火焰为离子化源，样品在其中发生离子化反应，在外加电场的作用下，形成离子流的质量型检测器。

02.0620 火焰光度检测器 flame photometric detector，FPD

利用富氢火焰使有机物分解，形成激发态分子，当它们回到基态时，发射出一定波长的光，发射光由光电倍增管转换成电信号，是对含磷、硫化合物有高选择性和高灵敏性的质量型检测器。由燃烧系统和光学系统两部分组成。

02.0621 核磁共振 nuclear magnetic resonance

置于磁场中具有磁矩的原子核，吸收和释放特定共振频率电磁能量的现象。

02.0622 核磁共振波谱法 nuclear magnetic resonance spectroscopy，NMR spectroscopy

利用核磁共振获取物质内分子结构、排列和相互作用的方法。

02.0623 电子捕获检测器 electron capture detector，ECD

一种有选择性的高灵敏度的检测器。它只对具有电负性的物质如含卤素、硫、磷、氮的物质有信号，物质的电负性越强，也就是电子吸收系数越大，检测器的灵敏度越高，而对电中性(无电负性)的物质如烷烃等则无信号。

02.0624 电导检测器 electrolytic conductivity detector，ELCD

对含卤素、硫、氮化合物具有高选择性和高灵敏度的电化学检测器。将被测组分变成杂原子氢化物或氧化物，在去离子的溶剂中电离，根据溶剂电导率的变化来检测原组分的含量。

02.0625 电感耦合等离子体原子发射光谱法 inductively coupled plasma-atomic emission spectroscopy，ICP-AES

以电感耦合等离子体为激发光源的原子发射光谱法。

02.0626 快速黏度分析仪 rapid visco analyzer，RVA

带有程序升温和可变的剪切力，可以优化最佳条件检测淀粉、谷物、面粉和食品黏度特性的仪器。

02.0627 质构分析 texture profile analysis，TPA

对产品(通常为食品)与人们感官感觉相关的机械特性进行测量评估，通过施加一个可控的负载值产品，并以负载/形变和时间的形式记录产品的受力响应，从而产生形变曲线的一种分析方法。

02.05.05 食品感官分析

02.0628 感官分析 sensory analysis

用感觉器官检验产品感官特性的科学。

02.0629 感觉器官 sensory organ

人体与外界环境发生联系，感知周围事物的变化的一类器官。主要包括眼、耳、鼻、舌、牙齿、皮肤等。

02.0630 刺激 stimulus
能被机体、组织、细胞所感受到的生存环境的变化。

02.0631 主观评价法 subjective method
通过感官评价食品品质的方法。

02.0632 客观评价法 objective method
通过仪器定量评价食品品质的方法。

02.0633 胶着性 gumminess
用来分离半固体食品以达到可吞咽状态所需的能量。

02.0634 滑腻 smooth
组织感觉不出颗粒存在,均匀细腻的质感。

多用来形容冰淇淋的柔软爽滑、汤汁的爽口。

02.0635 评审组 panel
参加感官评定人员的总称。

02.0636 2点识别实验法 paired difference test
提供两个某项性质在客观上有差别的式样 X、Y,然后测试评审人员能否正确判断出试样的刺激强度顺序。主要用来测试评审人员个人的识别能力。

02.0637 2点嗜好实验法 paired preference test
在两种试样中嗜好选优的品质评价方法。

02.06 食品添加剂与配料

02.06.01 食品添加剂

02.0638 食品添加剂 food additive
为改善食品品质和色、香、味,以及为防腐和加工工艺的需要而加入食品中的化学合成或天然物质。

02.0639 食品防腐剂 food preservative
一类能防止或减缓由微生物引起的食品腐败变质、延长食品储存期的食品添加剂。

02.0640 酸性防腐剂 acidic preservative
一类在酸性条件下发挥防腐作用的食品添加剂。

02.0641 苯甲酸钠 sodium benzoate
酸性防腐剂。白色颗粒或晶体粉末,无臭或微带安息香气味,味微甜,有收敛性,易溶于水和乙醇,在空气中稳定。分子式:C_6H_5COONa。

02.0642 山梨酸钾 potassium sorbate
酸性防腐剂。无色至白色鳞片状结晶或结晶性粉末,无臭或稍有臭味,易溶于水、乙醇且

溶解状态稳定。

02.0643 丙酸钠 sodium propanoate
酸性防腐剂。白色结晶或白色晶体粉末或颗粒,无臭或微带特殊臭味,易溶于水。

02.0644 丙酸钙 calcium propanoate
酸性防腐剂。白色结晶或白色晶体粉末或颗粒,无臭或微带丙酸气味,对光和热稳定。

02.0645 对羟基苯甲酸酯类 p-hydroxybenzoate
酯类防腐剂。适用于偏中性食品的防腐,包括甲酯、乙酯、丙酯、异丙酯、丁酯、异丁酯、庚酯等酯类,难溶于水。

02.0646 二氧化硫 sulfur dioxide
无色透明有刺激性臭味气体,无自燃和助燃性,溶于水、乙醇和乙醚,能够抑制霉菌和细菌的滋生,可以用作食物和干果的防腐剂。

02.0647 焦亚硫酸钠 sodium pyrosulfite
白色晶体或白至黄色晶体粉末,有二氧化硫

气味,在空气中能分解,放出二氧化硫,易溶于水,微溶于乙醇。

02.0648 焦亚硫酸钾 potassium pyrosulfite
白色单斜晶系结晶或白色晶体粉末或颗粒,通常具有二氧化硫气味,可溶于水,难溶于乙醇,不溶于乙醚。

02.0649 天然防腐剂 natural antiseptics
由生物体分泌或体内存在的具有抑菌作用的物质,经人工提取或加工而成的食品防腐剂。

02.0650 乳酸链球菌素 nisin
一种由乳酸链球菌产生的由 34 种氨基酸构成的多肽抗菌类物质。

02.0651 溶菌酶 lysozyme
存在于卵清、唾液等生物分泌液中,催化细菌细胞壁肽聚糖 N-乙酰氨基葡糖与 N-乙酰胞壁酸之间的 1,4-β-糖苷键水解的酶。

02.0652 丁基羟基茴香醚 butylated hydroxyanisole
脂溶性抗氧化剂。无色至微黄色蜡样结晶粉末,有酚类的特异臭和刺激性味道,熔点 57~65℃。

02.0653 二丁基羟基甲苯 dibutyl hydroxy toluene
脂溶性抗氧化剂。无色结晶或白色结晶粉末,无臭、无味,熔点 69.5 ~ 70.5℃,沸点 265℃。与金属离子反应不显色,对热相当稳定。

02.0654 没食子酸丙酯 propyl gallate
脂溶性抗氧化剂。白色至浅黄褐色晶体粉末,或乳白色针状晶体,无臭、微有苦味,水溶液无味,熔点 146~150℃,易溶于乙醇等有机溶剂,微溶于油脂和水。

02.0655 特丁基对苯二酚 tertiary butyl hydroquinone
脂溶性抗氧化剂。白色结晶粉末,有极轻微的特异臭,熔点 126.5 ~ 128.5℃,沸点 300℃,溶于乙醇、乙酸等,几乎不溶于水。

02.0656 抗坏血酸棕榈酸酯 ascorbyl palmitate
脂溶性抗氧化剂。白色至微黄色粉末,几乎无臭,难溶于水,易溶于乙醇,可溶于油脂。

02.0657 异抗坏血酸 erythorbic acid
水溶性抗氧化剂。白色至浅黄色的结晶或结晶性粉末,无臭,有酸味,极易溶于水,易溶于乙醇,难溶于甘油,不溶于苯、乙醚等。

02.0658 异抗坏血酸钠 sodium erythorbic acid
水溶性抗氧化剂。白色至黄白色的结晶或结晶粉末,无臭,微有咸味,易溶于水,几乎不溶于乙醇。

02.0659 乙二胺四乙酸二钠 disodium ethylenediamine tetraacetic acid
水溶性抗氧化剂。白色结晶颗粒或粉末,无臭、无味,易溶于水,极难溶于乙醇。

02.0660 天然抗氧化剂 natural antioxidant
由天然资源获得的防止或延缓食品氧化、提高食品稳定性和延长食品贮藏期的食品添加剂。主要指植物中所含的抗氧化剂。

02.0661 植酸 phytic acid
肌醇的 6 个羟基均被磷酸酯化生成的化合物。为植物中贮存磷酸盐的重要形式。

02.0662 茶多酚 tea polyphenol
一类多酚化合物的总称。包括 60%~80% 儿茶素,为天然抗氧化剂。浅黄色或浅绿色粉末,有茶叶味,易溶于水、乙醇、乙酸乙酯。

02.0663 愈创树脂 guaiac resin
天然抗氧化剂。绿褐色至红褐色玻璃样块状物。有香脂的气味,稍有辛辣味,熔点 85 ~ 90℃,易溶于乙醇、乙醚、氯仿和碱性溶液,难溶于二硫化碳和苯,不溶于水。

02.0664 着色剂 colorant

以食品着色为主要目的,赋予和改善食品色泽的物质。

02.0665 色素 pigment

又称"天然着色剂"。从动植物和微生物中提取的着色剂。

02.0666 栀子黄 gardenia yellow

由茜草科植物栀子果实用水或乙醇提取的黄色色素,主要着色物质为藏花素。

02.0667 栀子蓝 gardenia blue

以栀子为基本原料,经微生物酶的作用制得的天然色素。

02.0668 辣椒红 paprika red

将辣椒属植物的果实用溶剂提取后去除辣椒素制得的四萜类橙红色色素。

02.0669 姜黄 turmeric yellow

一种天然黄色素,具有着色力强、色泽鲜艳、热稳定性强、安全无毒等特性,可作为着色剂广泛用于糕点、糖果、饮料、冰淇淋、有色酒等食品中。

02.0670 红曲米 red kojic rice

稻米蒸熟后接种红曲霉发酵制得的天然着色剂。

02.0671 叶绿素铜钠 sodium copper chlorophyllin

青草、苜蓿或蚕沙(蚕粪)用有机溶剂抽提出叶绿素后,经皂化、加入铜盐制得的天然着色剂。

02.0672 甜菜红 beet red

从红甜菜(紫菜头)中提取的色素。主要着色物质为甜菜苷。

02.0673 天然苋菜红 natural amaranth red

从苋科苋属天然苋菜中提取制得的色素。主要着色物质是苋菜苷和甜菜苷。

02.0674 焦糖色素 caramel pigment

食品级的糖类物质经高温焦化而成的复杂红褐色或黑褐色混合物。是应用较广泛的半天然食品着色剂。

02.0675 血红素 heme

高等动物血液和肌肉中的红色色素。是原卟啉IX的Fe^{2+}络合物,为血红蛋白、肌红蛋白等的辅基。

02.0676 甜菜色素 betalain

存在于食用红甜菜中的天然植物色素。由红色的甜菜红素和黄色的甜菜黄素所组成。

02.0677 单宁酸 tannic acid

由五倍子中得到的一种鞣质。为黄色或淡棕色轻质无晶性粉末或鳞片,无臭,微有特殊气味,味极涩。溶于水及乙醇,易溶于甘油,几乎不溶于乙醚、氯仿或苯。

02.0678 护色剂 color fixative

能与肉及肉制品中呈色物质作用,使之在食品加工、贮藏等过程中不致分解、破坏,呈现良好色泽的物质。

02.0679 漂白剂 bleaching agent

破坏、抑制食品发色基团,使其褪色或使食品免于褐变的食品添加剂。

02.0680 调味剂 flavoring agent

改善食品的感官性质,使食品更加美味可口,并能促进消化液的分泌和增进食欲的食品添加剂。

02.0681 酸度调节剂 acidifier

维持或改变食品酸碱度的食品添加剂。除赋予食品酸味外,还具有调节食品 pH、用作抗氧化剂增效剂、防止食品酸败或褐变、抑制微生物生长等作用。

02.0682 柠檬酸 citric acid

三羧酸循环中草酰乙酸与乙酰辅酶 A 首先合成的三羧酸化合物。

02.0683 乳酸 lactic acid
无氧糖酵解的终产物。由乳酸脱氢酶的作用使丙酮酸还原生成。

02.0684 苹果酸 malic acid
三羧酸循环中重要的中间产物,是四碳的羟基丁二酸。在苹果酸-天冬氨酸循环中也起重要的作用。

02.0685 酒石酸 tartaric acid
一种羧酸。有很强烈的酸味,在葡萄、酸橙饮料中广泛用作风味增强剂及调节饮料酸度,还可作抗氧化剂的增效剂。

02.0686 甜味剂 sweetener
使食品呈现甜味的食品添加剂。

02.0687 糖精 saccharin
白色结晶性粉末,其难溶于水,而其钠盐易溶于水,对热稳定,其甜度为蔗糖的 $300 \sim 500$ 倍。

02.0688 甜蜜素 sodium cyclohexyl sulfamate
环己基氨基磺酸、环己基氨基磺酸钠和环己基磺酸钙的统称。环己基氨基磺酸呈白色结晶状粉末,易溶于水,有酸柠檬的甜感,是一种强酸。

02.0689 乙酰磺胺酸钠 acesulfame potassium
由叔丁基乙酰乙酸酯异氰酸氟磺酰加成反应后,在 KOH 作用下环化而成的一类化合物。纯品为无臭白色斜晶型结晶状粉末,易溶于水,溶液呈中性,不易潮解,对光、热稳定,是稳定性最好的甜味剂之一。

02.0690 木糖醇 xylitol
白色晶体或结晶状粉末,存在于大多数水果和蔬菜中的一种五碳糖醇。结构上不具有醛基或酮基,加热不产生美拉德褐变反应。

02.0691 甜菊苷 stevioside
从多年生草本植物甜叶菊(*Stevia rebaudiana*)干叶中提取的一种天然非营养型甜味剂。

02.0692 甘草甜素 glycyrrhizin
从甘草中提炼制成的甜味剂。呈白色结晶状粉末,无热量。纯品甘草甜素甜度约为蔗糖的 200 倍,甜味感受较慢,并有后苦味。

02.0693 三氯蔗糖 sucralose
又称"蔗糖素"。以蔗糖为原料经氯化作用而制得的一类功能性甜味剂。纯品为白色粉末状产品,耐高温,耐酸碱。

02.0694 阿巴斯甜 aspartame, APM
一种由氨基酸组成的合成甜味剂。

02.0695 阿力甜 alitame
一种二肽类甜味剂。甜度为蔗糖的 2000 倍以上。学名:L-天门冬酰-*N*-(2,2,4,4-四甲基-3-硫杂环丁基)-D-丙氨酰胺。

02.0696 索马甜 thaumatin
一种非洲竹芋甜素。从天然植物 *Thaumatococcus daniellii* 的坚果皮中提取出的超甜物质,属天然蛋白质。

02.0697 新橙皮苷二氢查耳酮 neohesperidosyl dihydrochalcone
从柑橘类天然植物中提取的新橙皮苷经过氢化而成的黄酮类衍生物,是一种具有苦味抑制和风味改良的功能性甜味剂。

02.0698 增味剂 flavor enhancer
补充或增强食品原有风味的物质。

02.0699 L-谷氨酸钠 monosodium L-glutamate
味精的主要成分。国内外应用最为广泛的鲜味剂。

02.0700 5′-肌苷酸二钠 disodium inosine-5′-monophosphate
无色至白色结晶,或白色结晶状粉末,约含 7.5 分子结晶水。味鲜不吸湿,溶于水,水溶液稳定。

02.0701　5′-鸟苷酸二钠　disodium guanosine-5′-monophosphate

无色至白色结晶,或白色结晶状粉末,含约7分子结晶水。味鲜不吸湿,溶于水,水溶液稳定,是一种常见的增味剂。

02.0702　增稠剂　thickening agent

用于改善和增加食品黏稠度,保持流态食品、胶冻食品的色、香、味和稳定性的食品添加剂。通过提高食品的黏稠度或形成凝胶,从而改变食品的物理性状,赋予食品黏润、适宜的口感,并兼有乳化、稳定或使其呈悬浮状态的作用。

02.0703　明胶　gelatin

水溶性蛋白质混合物。皮肤、韧带、肌腱中的胶原经酸或碱部分水解或在水中煮沸而产生,无色或微黄透明的脆片或粗粉状,在35~40℃水中溶胀形成凝胶(含水为自重的5~10倍)。是营养不完全蛋白质,缺乏某些必需氨基酸,尤其是色氨酸。

02.0704　酪蛋白酸钠　sodium casinate

酪蛋白的钠盐,是一种安全无害的增稠剂和乳化剂,因为含有人体所需的各种氨基酸,营养价值很高,也可作为营养强化剂食用。

02.0705　阿拉伯[树]胶　gum arabic

金合欢属的树干渗出物。主要成分为高分子多糖类及其钙盐、镁盐和钾盐,是一种无公害的天然增稠剂。

02.0706　罗望子多糖　tamarind polysaccharide

从罗望子的种子胚乳中提取分离出来的一种中性多糖。由半乳糖、木糖与葡萄糖组成。具有良好的耐热、耐盐、耐酸、耐冷冻和解冻性,并具有稳定、乳化、增稠、凝结、保水、成膜的作用,其水溶液的黏稠性较强,黏度不受酸类和盐类等的影响,是一种用途广泛的食用胶。

02.0707　琼脂　agar

用石花菜提取的混合多糖,用作细菌培养基、食品凝胶剂和纺织业的浆料。

02.0708　海藻酸钠　sodium alginate

由海藻酸的钠盐组成。由 β-D-甘露糖醛酸与 α-L-古洛糖醛酸依靠 β-1,4-糖苷键连接并由不同比例的 GM、MM 和 GG 片段组成的共聚物。一种天然多糖,具有药物制剂辅料所需的稳定性、溶解性、黏性和安全性。它具有浓缩溶液、形成凝胶和成膜的能力。

02.0709　果胶　pectin

植物中的一种酸性多糖。是细胞壁的重要组分。最常见的结构是 α-1,4 连接的多聚半乳糖醛酸。此外,还有鼠李糖等其他单糖共同组成的果胶类物质。

02.0710　卡拉胶　carrageenan

由 1,3-β-D-吡喃半乳糖和 1,4-β-D-吡喃半乳糖相间结合而成的直链多糖硫酸酯。有抗凝血和降血脂作用。可用角叉菜等红藻提取。

02.0711　黄原胶　xanthan gum

一种由微生物发酵提取制成的高分子杂多糖(由葡萄糖、甘露糖和葡萄糖醛酸组成)。分子量在 100 万以上。

02.0712　羧甲基纤维素钠　sodium carboxy-methyl cellulose, CMC-Na

葡萄糖聚合度为 100~2000 的纤维素衍生物。为白色纤维状或颗粒状粉末,无臭无味,有吸湿性。易分散在水中形成透明的胶体溶液,溶液的黏度随温度的升高而降低。

02.0713　大豆磷脂　soybean phospholipid

从生产大豆油的油脚中提取的酯产物。由甘油、脂肪酸、胆碱或胆胺所组成,能溶于油脂和非极性溶剂。浅黄色至棕色的黏稠液体或白色至浅棕色的固体粉末。

02.0714　改性大豆磷脂　modified soybean phospholipid

以天然磷脂为原料,经过氧化氢、过氧化苯酰、乳酸和氢氧化钠或过氧化氢、乙酸和氢氧化钠羟基化后,再经物化处理、丙酮脱脂得到粉粒状无油无载体的大豆磷脂。

02.0715 硬脂酰乳酸钙 calcium stearoyl lactylate

白色至黄色粉末或薄片状固体,有特殊的气味。在小麦面粉中与面筋结合,可增强面的弹性和稳定性,因而增高面团的弹性和韧性,减小糊化,使面团膨松柔和,防止面包老化。

02.0716 硬脂酰乳酸钠 sodium stearoyl lactylate

白色或浅黄白色粉末或脆性固体,微有焦糖气味,难溶于水,溶于有机溶剂,加热时易溶于植物油、猪油。

02.0717 蔗糖脂肪酸酯 sucrose ester of fatty acid

一种非离子表面活性剂。由蔗糖和脂肪酸经酯化反应生成的单质或混合物。白色至黄色的粉末,或无色至微黄色的黏稠液体或软固体,无臭或稍有特殊的气味。易溶于乙醇、丙酮。

02.0718 丙二醇脂肪酸酯 propylene glycol fatty acid ester

由脂肪酸和1,2-丙二醇酯化反应得到,具有良好的发泡性和乳化性。

02.0719 三聚甘油单硬脂酸酯 tripolyglycerol monostearate

由甘油进行控制缩合后,再与硬脂酸进行酯化反应而得,具有较好的乳化性。

02.0720 甘油双乙酰酒石酸单酯 diacetyl tartaric acid ester of monoglyceride

由无水双乙酰酒石酸与单甘油酯酯化合成,有较好的乳化性。

02.0721 司盘类乳化剂 sorbitan fatty acid ester, Span

具有很强的乳化、分散、润滑作用的 W/O 型乳化剂。可与各类表面活性剂混用。

02.0722 吐温类乳化剂 polysorbate,Tween

由司盘类乳化剂在碱性催化剂存在下和环氧乙烷加成、精制而成的非离子型表面活性剂。

02.0723 食品用香料 food perfume

能够用于调配食用香精并增强食品香味的物质。有增强食欲、增强食品的花色品种和提高食品质量的作用。

02.0724 天然香料 natural perfume

用纯粹物理方法从天然芳香植物或动物原料中分离得到的保持原有动植物香气特征的香味物质。

02.0725 合成香料 synthetic perfume

人类运用化学方法合成的,尚未在天然产品中发现的香味物质。

02.0726 酶制剂 enzyme preparation

由动物或植物的可食或非可食部分直接提取,或由传统或通过基因修饰的微生物发酵、提取制得,用于食品加工,具有特殊催化功能的生物制品。

02.0727 糖酶 carbohydrase

能水解淀粉、乳糖、纤维素和果胶等糖类物质中糖苷键的酶。

02.0728 淀粉酶 amylase

能水解淀粉、糖原和有关多糖中的 O-葡萄糖键的酶。

02.0729 纤维素酶 cellulase

由多种水解酶组成的一个复杂酶系。自然界中很多真菌都能分泌纤维素酶。习惯上,将纤维素酶分成三类:C1 酶、Cx 酶和 β 葡糖苷酶。C1 酶是对纤维素最初起作用的酶,破坏纤维素链的结晶结构。Cx 酶是作用于经 C1 酶活化的纤维素、分解 β-1,4-糖苷键的纤维素酶。β 葡糖苷酶可以将纤维二糖、纤维三糖及其他低分子纤维糊精分解为葡萄糖。

02.0730 果胶酶 pectinase

分解果胶的一个多酶复合物。通常包括原果胶酶、果胶甲酯水解酶、果胶酸酶。它们的联合作用使果胶质得以完全分解。天然的果胶质在原果胶酶作用下,转化成水可溶性的果胶;果胶被果胶甲酯水解酶催化去掉甲酯基团,生成果胶酸;果胶酸经果胶酸水解酶类和果胶酸裂合酶类降解生成半乳糖醛酸。

02.0731 蛋白酶 protease
催化蛋白质中肽键水解的酶。根据酶的活性中心起催化作用的基团属性,可分为:丝氨酸/苏氨酸蛋白酶(编号:EC 3. 4. 21. -/EC 3. 4. 25. -)、巯基蛋白酶(编号:EC 3. 4. 22. -)、金属蛋白酶(编号:EC 3. 4. 24. -)和天冬氨酸蛋白酶(编号:EC 3. 4. 23. -)等。

02.0732 脂肪酶 lipase
催化脂肪水解为甘油和脂肪酸的酶。编号:3. 1. 3. 3。

02.0733 磷脂酶 phospholipase
催化水解磷脂酰、溶血磷脂酰化合物中的羧酸酯键、磷酸酯键和磷酸与胆碱之间酯键的酯。依水解部位不同,分为磷脂酶 A1(编号:EC 3. 1. 1. 32)、磷脂酶 A2(编号:EC 3. 1. 1. 4)、磷脂酶 B(编号:EC 3. 1. 1. 5)、磷脂酶 C(编号:EC 3. 1. 4. 3)、磷脂酶 D(编号:EC 3. 1. 4. 4)。

02.0734 葡萄糖氧化酶 glucose oxidase
催化 β-D-葡萄糖生成葡萄糖酸和过氧化氢的酶。

02.0735 过氧化氢酶 catalase
催化过氧化氢分解成氧和水的酶。存在于细胞的过氧化物体内。

02.0736 转谷氨酰胺酶 transglutaminase
一种催化蛋白质间(或内)酰基转移反应,从而导致蛋白质(或多肽)之间发生共价交联的酶。

02.0737 凝固剂 coagulator
使食品结构稳定、使加工食品的形态固化、降低或消除其流动性且使组织结构不变形、增加固形物而加入的物质。

02.0738 膨松剂 leavening agent
食品加工中添加于生产焙烤食品的主要原料小麦粉中,并在加工过程中受热分解,产生气体,使面坯起发,形成致密多孔组织,从而使制品具有膨松、柔软或酥脆的一类物质。

02.0739 抗结剂 anticaking agent
添加于颗粒、粉末状食品中,防止颗粒或粉状食品聚集结块、保持其松散或自由流动的物质。

02.0740 水分保持剂 moisture-retaining agent
在食品加工过程中,加入后可以提高产品的稳定性,保持食品内部持水性,改善食品的形态、风味、色泽等的一类物质。

02.0741 消泡剂 antifoaming
在食品加工过程中降低表面张力,抑制泡沫产生或消除已产生泡沫的食品添加剂。

02.0742 被膜剂 coating agent
任何可以在需要保护的物质表面形成连续保护层的物质。

02.0743 抗氧化剂 antioxidant
一种能延长油品氧化反应的诱导期,减缓油品氧化速度、延长油品使用寿命的抑制剂。

02.0744 稳定剂 stabilizer
一类能使食品成型并保持形态、质地稳定的食品添加剂。主要包括胶质、糊精和糖酯等糖类衍生物。

02.0745 面粉处理剂 flour treatment agent
使面粉增白、提高焙烤制品质量的一类添加剂。

02.0746 食品工业用加工助剂 food processing aid
有助于食品加工顺利进行的各种物质。这些

物质与食品本身无关,如助滤、澄清、吸附、润滑、脱模、脱色、脱皮、提取溶剂、发酵用营养物质等。

02.0747 胶基糖果中基础剂物质 based ma-

terial in gum candy

赋予胶基糖果起泡、增塑、耐咀嚼等作用的物质。胶基物质主要由食品级的聚合物、蜡类和软化剂等物质组成。

02.06.02 食 品 配 料

02.0748 食品配料 food ingredient

公认安全的可食用物质。指用于生产制备某种食品并在成品中出现的任何物质,但不包括食品添加剂。一般无用量限制,具有改善食品品质和提高加工性能的作用。

02.0749 植物油 vegetable oil

由不饱和脂肪酸和甘油化合而成的化合物。可从植物的果实、种子、胚芽中榨取。

02.0750 动物油脂 animal oil

动物的脂肪。含饱和脂肪酸和胆固醇较多。供人类食用的动物油一般来源于猪、牛、鱼等,可用于加工食物,令食物具有肉类的鲜香。

02.0751 变性淀粉 modified starch

利用物理、化学或酶的手段来改变天然淀粉的性质。通过分子切断、重排、氧化或淀粉分子中引入取代基可制得性质发生变化、加强或具有新的性质的淀粉衍生物。

02.0752 羧甲基淀粉 carboxymethyl starch

改性淀粉的代表产品,醚类淀粉的一种。以小麦、玉米、土豆、红薯(任何一种均可)等淀粉为原料,经物理、化学反应精制而成。

02.0753 预糊化淀粉 pregelatinized starch

一种加工简单,用途广泛的变性淀粉。应用时只要用冷水调成糊,免除了加热糊化的麻烦。

02.0754 玉米淀粉 corn starch

将玉米用0.3%亚硫酸浸渍后,通过破碎、过筛、沉淀、干燥、磨细等工序而制成的淀粉。

02.0755 麦芽糖糊精 maltodextrin

α淀粉酶水解淀粉产物中含有6~8个葡萄糖单位的糊精。

02.0756 淀粉糖浆 starch syrup

淀粉水解脱色后加工而成的黏稠液体。甜味柔和,容易被人体直接吸收。

02.0757 果葡糖浆 high fructose corn syrup, HFCS

由植物淀粉水解和异构化制成的淀粉糖晶。

02.0758 高麦芽糖浆 high maltose syrup

以精制淀粉为原料,用酶制剂液化、糖化后,经精制、浓缩而成的一种淀粉糖浆。含麦芽二糖(≥50%)、葡萄糖、麦芽三糖、麦芽四糖及四糖以上等。

02.0759 低聚果糖 fructo-oligosaccharide

由蔗糖和1~3个果糖基通过β-2,1键与蔗糖中的果糖基结合而成的蔗果三糖、蔗果四糖和蔗果五糖组成的混合物。

02.0760 低聚半乳糖 galato-oligosaccharide

由β-D-半乳糖苷酶水解乳糖产生的葡萄糖和半乳糖组成的化合物。

02.0761 低聚异麦芽糖 isomalto-oligosaccha-ride

葡萄糖残基之间至少有一个以α-1,6糖苷键结合而成的单糖数在2~5的一类低聚糖。

02.0762 植物提取物 phytochemical extract

采用适当的溶剂或方法,以植物(植物的全部或某一部分)为原料提取或加工而成的物质。

02.0763 植物活性成分 vegetable bioactive

component

植物体内的次生代谢产物（如萜类、黄酮、生物碱、甾体、木质素、矿物质等），对人类及各种生物具有生理促进作用。

02.0764　蛋黄粉　egg yolk powder
以新鲜鸡蛋黄为原料，经清洗、磕蛋、分离、巴氏杀菌、喷雾干燥而制成的粉状蛋制品。

02.0765　花生蛋白粉　peanut protein flour
精选优质花生米，通过去红衣、60℃低温冷榨、过滤工艺生产出花生油后的一种无蛋白质热变性、营养价值较高的植物蛋白粉。

02.0766　水解植物蛋白　hydrolyzed vegetable protein
植物性蛋白质在酸催化作用下的水解产物。

02.0767　水解动物蛋白　hydrolyzed animal protein
动物性蛋白在酸或酶作用下的水解产物。

02.0768　分离乳清蛋白　whey protein isolate
在浓缩乳清蛋白的基础上经过进一步的工艺处理得到的高纯度乳清蛋白。

02.0769　谷胱甘肽　glutathione，GSH
存在于动植物和微生物细胞中的一种含有巯基的三肽。由谷氨酸、半胱氨酸和甘氨酸组成，具有抗氧化作用和整合解毒作用。谷胱甘肽还能帮助保持正常的免疫系统的功能。

02.0770　F值　F value
寡肽分子支链氨基酸与芳香族氨基酸的摩尔比值。

02.0771　高 F 值低聚肽　high F value oligopeptide
由 $2\sim9$ 个氨基酸残基所组成的混合寡肽体系或由蛋白质降解到 $2\sim9$ 个氨基酸的生理活性肽，其中支链氨基酸含量高于芳香族氨基酸含量，F 值一般大于20，具有独特的氨基酸组成和生理功能。

02.0772　酪蛋白磷酸肽　casein phosphopeptide
以牛乳酪蛋白为原料，通过生物技术制得的具有生物活性的多肽。能有效促进人体对钙、铁、锌等二价矿物营养素的吸收和利用。

02.0773　饮料浓缩液　beverage concentrate
以水果、蔬菜、茶叶、咖啡等为原料，经加工制成的用于生产饮料的浓缩液。

02.0774　浓缩果汁　fruit juice concentrate
在水果榨成原汁后再采用低温真空浓缩的方法蒸发掉一部分水分所制成的浓缩液。向其中补入失去的水分可获得具有原水果果肉的色泽、风味和可溶性固形物含量的制品。

02.0775　果汁饮料主剂　fruit juice concentrate
预先将浓缩果汁、果架及香精、色素、营养强化剂、稳定剂、抗氧化剂调制成的质量标准化果汁饮料半成品。

02.0776　可乐饮料主剂　cola concentrate
在一定浓度的糖溶液中加入甜味剂、酸味剂、香精香料、色素、防腐剂等，并充分混合后得到的浓稠状调和糖浆，用于制备可乐。

02.0777　水果粉　fruit powder
由水果制成粉，加入柠檬酸、葡萄糖、维生素、花生四烯酸粉剂等混合制成的食品。

02.0778　速溶茶粉　instant tea powder
通过萃取手段提炼茶叶中的有效成分，并对萃取出的组分进行配比形成的固体茶饮料。一般可以直接饮用或调配后饮用。

02.0779　代脂肪　fat replacer
脂肪酸的酯化衍生物。具有与日常食用油脂类似的物理性质。但由于代脂肪的酯键能抵抗人体内脂肪酶的酶解，故不参与能量代谢。

02.0780　模拟脂肪　simulated fat
以蛋白质和碳水化合物为基质，通过加热、微粒化、高剪切处理，改变其原有的水结合特性和乳化特性,提供的口感类似于水包油型乳化体系食品中的脂肪。可用来模拟这类食品中的脂肪,多用于乳制品、色拉调味料、冷冻甜食等食品中。

02.0781 可可制品 cocoa product
以发酵和干燥处理的商品可可豆为原料,经过焙炒、破碎、壳仁分离、研磨等工艺制成的食品。常见的有可可液块、可可脂、可可粉等。

02.0782 馅料 stuffing
以植物的果实或块茎、畜禽肉制品、水产制品等为原料,加糖或不加糖,添加或不添加其他辅料,经加热、杀菌、包装的产品。

02.0783 酵母制品 leaven product
以各类酵母为原料,经灭活、酶解、分离、纯化等工艺制成的酵母衍生产品。

02.0784 酵母抽提物 yeast extract
以面包酵母、啤酒酵母、圆酵母等为原料,通过自溶法制备的营养型多功能鲜味剂和风味增强剂。

02.0785 干酵母 dried yeast
新鲜酵母经过低温(40℃以下)烘干所制得的酵母干品。成品含有80%以上活酵母细胞。

02.0786 全蛋粉 dried whole-egg
新鲜鸡蛋经清洗、磕蛋、巴氏杀菌、喷雾干燥而制成的粉状蛋制品。是新鲜鸡蛋的理想替代品。

02.0787 蛋清粉 egg-white powder
以新鲜鸡蛋清为原料,经清洗、磕蛋、分离、巴氏杀菌、喷雾干燥而制成的粉状蛋制品。具有脱糖、脱腥、纯度高、溶解迅速等特点,富含蛋白质。

03. 食品工程

03.01 食品专用技术与装备

03.01.01 粉碎与筛分

03.0001 粉碎 comminution, size reduction
通过施加机械力的方法克服固体物料内部凝聚力,使物料达到破碎效果的操作。

03.0002 破碎 crushing, cracking
将大块物料分裂成小块物料的操作。

03.0003 研磨 grinding
又称"磨碎"。将小块物料分裂成细粉的操作。

03.0004 粗粉碎 coarse grinding
原料粒度40~1500mm,成品粒度5~50mm的粉碎方式。

03.0005 中粉碎 intermediate grinding
又称"中碎"。原料粒度10~100mm,成品粒度5~10mm的粉碎方式。

03.0006 微粉碎 fine grinding
又称"细粉碎"。原料粒度5~10mm,成品粒度100μm以下的粉碎方式。

03.0007 超微粉碎 ultrafine grinding
又称"超细粉碎"。原料粒度0.5~5mm,成品粒度10~25μm的粉碎方式。

03.0008 粉碎比 comminution degree
又称"粉碎度"。物料在粉碎前后的颗粒粒径之比。可间接反映出粉碎设备的作业情况。

03.0009 开路粉碎 open-circuit grinding

物料只通过粉碎机一次即作为产品卸出的粉碎方式。

03.0010 自由粉碎 free grinding
物料在作用区的停留时间很短,当与开路磨碎结合时,让物料借重力落入作用区的粉碎方式。

03.0011 滞塞进料粉碎 choke-fed grinding
在粉碎机出口处插入筛网,对于给定的进料速率,物料滞塞于粉碎区直至粉碎成通过筛孔大小为止的粉碎方式。

03.0012 闭路粉碎 closed-circuit grinding
从粉碎机出来的物料先经分粒系统,分出粒径大于要求的料粒重新返回粉碎机的粉碎方式。

03.0013 湿法粉碎 wet grinding
将原料悬浮于载体液流(常用水)中进行的粉碎方式。一般物料含水量超过50%。

03.0014 干法粉碎 dry grinding
进行粉碎作业时物料含水量不超过4%的粉碎方式。

03.0015 粉碎力 comminuting force
物料粉碎时受到的作用力。

03.0016 压碎 crushing
将物料置于两个施压面之间,施加压力后物料因压应力达到其抗压强度极限而被粉碎的一种粉碎方式。

03.0017 劈碎 cleaving
将物料置于一个平面和一个带尖棱的工作平面之间,当带尖棱的工作平面对物料挤压时,劈裂平面的拉应力达到或超过物料拉伸强度极限而导致的物料沿压力作用线的方向劈裂的一种粉碎方式。

03.0018 折断 breaking off
将物料作为承受集中载荷的两支点或多支点梁,当物料内的弯曲应力达到物料的弯曲强度极限时而被折断的一种粉碎方式。

03.0019 冲击破碎 impact grinding
物料在瞬间受到外来的冲击力而粉碎的一种粉碎方式。

03.0020 粒度 particle size
物料颗粒的大小。是粉碎程度的代表性尺寸。通常球形颗粒的粒度即为直径,非球形颗粒的粒度可以面积、体积或质量为基准的各种名义粒度表示。

03.0021 平均粒度 mean particle size
用于表征整个粉末体的一种粒度参数,多以粒数的频率分布进行加权平均。可以采用算术平均数、几何平均数和调和平均数等计算方法进行表征。

03.0022 低温粉碎 cryogenic grinding
又称"冷冻粉碎"。将物料冷却到脆化点温度后,在外力作用下破碎成粒径较小的颗粒或粉体的操作。

03.0023 干法粉碎机 dry mill
将经过一定程度干燥处理的物料进行粉碎的设备。

03.0024 锤式粉碎机 hammer mill
利用高速旋转的锤头或锤片对物料进行撞击粉碎,再用筛片进行筛分和细化的设备。包括锤头式粉碎机、锤片式粉碎机等。

03.0025 爪式粉碎机 disk mill
利用齿爪在高速回转时产生的冲击力来粉碎物料的设备。

03.0026 齿盘式粉碎机 toothed disc mill
利用活动齿盘和固定齿盘间的高速相对运动,使物料经齿冲击、摩擦及物料间冲击等综合作用而被粉碎的设备。

03.0027 颚式压碎机 jaw crusher
利用挤压力作用为主来进行物料粉碎的设备。属于干法粉碎机械中的压碎设备。

03.0028 环动压碎机 gyratory crusher

又称"悬轴式锥形轧碎机"。利用轧头作偏心运动所产生的挤压力将小块物料粉碎,同时又产生挤压弯曲力将大块物料破碎的设备。属于干法粉碎设备中的粗粉碎设备。

03.0029　圆锥粉碎机　cone crusher
利用动锥和静锥的多次挤压与撞击来粉碎物料的设备。属于干法粉碎设备中的中粉碎设备。

03.0030　锤碎机　swing hammer mill
利用离心锤击与劈裂的作用来粉碎物料的设备。属于干法粉碎设备中的中粉碎设备。

03.0031　双滚筒轧碎机　double roll crusher
利用两个滚筒彼此反方向转动产生的挤压力和摩擦力将物料粉碎的设备。该设备常用于中粉碎和细粉碎。

03.0032　球磨机　ball mill
利用球体之间、球体与球磨机内壁之间的撞击和研磨作用将物料粉碎的设备。

03.0033　棒磨机　rod mill
利用棒状研磨体之间、研磨体与棒磨机筒内壁的摩擦作用将物料粉碎的设备。

03.0034　轮碾机　pan mill, edge runner
又称"盘磨"。利用磨盘和碾轮的挤压力与剪切力将物料碾磨粉碎的设备。

03.0035　胶体磨　colloid mill
由动磨盘和静磨盘构成,当动磨盘高速旋转时,物料在两磨盘间的狭窄间隙内受到摩擦和碾压而被粉碎,并在离心力的作用下向转盘四周抛出的超微粉碎设备。分为干式和湿式两种类型。

03.0036　螺旋输送锤磨机　screw conveying hammer mill
利用锤的冲击力及其与壁之间的狭窄间隙所造成的剪切力,将物料粉碎的一种设备。

03.0037　摩擦型碾磨机　friction-typed mill
通过两个圆盘夹住原料,利用圆盘旋转所产生的摩擦力将物料碾磨粉碎的设备。属于超微粉碎设备。

03.0038　气流粉碎机　jet mill
又称"流能磨"。利用压缩空气产生的高速气流或热蒸汽对物料进行冲击,使物料间发生碰撞和摩擦作用,将物料粉碎的设备。属于超微粉碎设备。

03.0039　搅拌磨　stirred mill
以球磨机为基础,筒体(容器)不转动,增添搅拌机构以使磨介上下翻动,将物料粉碎的设备。属于超微粉碎设备。

03.0040　行星磨　planetary mill
由2~4个做自转、同时围绕主轴做公转的研磨罐组成,利用研磨罐内研磨介质产生强烈的剪切、摩擦、冲击等作用使物料颗粒粉碎的设备。

03.0041　双锥磨　biconical mill
利用两个锥形容器的间隙构成研磨区,内锥体为转子、外锥体为定子的一种高能量密度的超微粉碎设备。

03.0042　筛分　sieving, screening
利用筛网的网孔大小不同,对物料进行分离或分级的操作。

03.0043　筛过物　undersize product
又称"筛下物"。经筛分通过某一尺寸筛孔的物料量。以质量百分数表示。

03.0044　筛余物　oversize product
又称"筛上物"。经筛分未通过某一尺寸筛孔的物料量。以质量百分数表示。

03.0045　筛分效率　sieving efficiency
实际得到的筛下物总质量与入筛原料中小于筛孔尺寸的物料的质量之比。

03.0046　开孔率　percentage of open area
又称"筛面利用系数""筛孔系数"。整个筛面上筛孔所占的面积与总面积之比。

03.0047 筛面 sieve surface
筛分机械中具有规则排列且形状、尺寸相同的孔的工作面。可分为栅筛面、板筛面、金属丝编织筛面和绢筛面。

03.0048 静止筛面 stationary screening surface
不做运动的筛面。通过改变筛面的倾角以改变物料的流速和滞留时间的运动方式。

03.0049 往复运动筛面 reciprocating sieve surface
做直线往复运动的筛面。使物料沿筛面做正反两个方向相对滑动的运动方式。

03.0050 垂直圆运动筛面 vertical circular motion sieve surface
在其垂直平面内做较高频率的圆或椭圆形运动的筛面。使物料做相应运动的运动方式。

03.0051 平面回转筛面 planar rotating sieve surface
在水平面内做圆形轨迹运动的筛面。使物料做相应运动的运动方式。

03.0052 旋转筛面 rotary sieve surface
圆筒形或六角筒形、绕水平轴或倾斜轴旋转的筛面。使物料做相应运动的运动方式。

03.0053 往复振动式筛分 reciprocating vibrating sieving
采用往复运动筛面进行筛分的方法。

03.0054 高速振动式筛分 high speed vibrating sieving
采用旋转筛面进行筛分的方法。

03.0055 平面回转式筛分 planar rotating sieving
采用平面回转筛面进行筛分的方法。

03.0056 转筒式筛分 rotary drum sieving
采用旋转筒筛面进行筛分的方法。

03.0057 筛分分析 sieving analysis
用机械力摇动或振动物料使之通过一系列一级比一级小的筛孔,并称量每个筛面上保留的物料质量的一种方法。

03.0058 标准筛 standard sieve
通过网孔大小对物料颗粒的粒度进行分级及检测的工具,按不同筛制划分大小。

03.0059 泰勒标准筛 Tyler standard sieve
以每英寸(1in=2.54cm)长筛丝上的网眼数表示筛号的标准筛。

03.01.02 浓缩与分离

03.0060 浓缩 concentration
将溶液中的一部分溶剂蒸发,使溶液中存在的所有溶质的浓度都同等程度提高的过程。

03.0061 真空浓缩 vacuum concentration
在低压状态下,用蒸汽以间接加热方式对料液加热,使料液在低于沸点温度下沸腾蒸发以实现浓缩的过程。

03.0062 冷冻浓缩 freeze concentration
当水溶液中所含溶质浓度低于共溶浓度时,对溶液进行冷却,使水(溶剂)部分成冰晶析出,剩余溶液的溶质浓度得到提高的过程。

03.0063 结晶浓缩 crystallization concentration
物料的浓度随着水分的蒸发而不断提高,达到饱和浓度后逐渐析出晶体而实现浓缩目的的过程。

03.0064 蒸发浓缩 evaporation concentration
将物料加热至相应压力条件下溶剂的沸点后,物料中溶剂气化排出,使料液的浓度不断提高达到所规定浓度的过程。

03.0065　单效蒸发　single-effect evaporation

将溶液加热至沸腾,使其中的部分溶剂气化排出,从而提高溶液中溶质浓度的蒸发浓缩方法。

03.0066　多效蒸发　multi-effect evaporation

将多个蒸发器相连接,以实现前一蒸发器内蒸发时产生的二次蒸汽作为后一蒸发器加热蒸汽的蒸发浓缩方法。

03.0067　升膜蒸发器　climbing-film evaporator

从底部进入管内的物料,在由上方通入的加热蒸汽作用下,形成膜状,在不断上升过程中受热蒸发而达到浓缩目的的装置。

03.0068　降膜蒸发器　falling-film evaporator

料液和加热蒸汽同时由顶部加入,液体在重力作用下,沿管内壁成液膜状向下流动的过程中受热蒸发而达到浓缩目的的装置。

03.0069　刮板式薄膜蒸发器　scraper type evaporator

利用转轴上的刮板把料液刮成薄膜,使料液在加热面上受热蒸发而达到浓缩目的的装置。

03.0070　多效浓缩设备　multi-effect concentration equipment

为充分利用二次蒸汽热量以降低蒸汽消耗量而采用多效蒸发方式来达到浓缩目的的设备。

03.0071　中央循环管式浓缩锅　central cycle tube concentration pan

利用中央循环管和沸腾加热器管形成加热面对需浓缩的物料进行加热,使溶剂不断蒸发以达到浓缩目的的装置。

03.0072　盘管式浓缩锅　coin type concentration pan

利用锅体内的盘管通入加热蒸汽形成加热面对盘管周围空间的料液进行加热,使溶剂不断蒸发以达到浓缩目的的装置。

03.0073　分离　separation

利用混合物中各组分在物理性质或化学性质上的差异,通过适当的装置或方法,使各组分分配至不同的空间区域或在不同的时间一次分配至同一空间区域的过程。

03.0074　离心分离　centrifugal separation

利用物质颗粒的沉降系数、质量、密度及浮力等因子的不同,在离心力场中表现不同而进行分离的方法。

03.0075　离心过滤　centrifugal filtration

将料液送入有孔转鼓并利用离心力场进行过滤的分离过程。

03.0076　离心沉降　centrifugal sedimentation

依靠惯性离心力的作用而实现的沉降过程。

03.0077　离心机　centrifuge

利用离心力分离液体与固体颗粒或液体与液体混合物中各组分的装置。

03.0078　离心分离因数　centrifuging factor

离心机转鼓内的悬浮液或乳浊液在离心力场中所受的离心力与其重力的比值,即离心加速度与重力加速度的比值。

03.0079　常速离心机　normal speed centrifuge

转速较低,转鼓直径较大,离心分离因数低于3 500(一般为 600~1 200)的离心机。

03.0080　高速离心机　high speed centrifuge

转速较高,转鼓直径较小,长度较长,离心分离因数为 3 500~50 000 的离心机。

03.0081　超高速离心机　hypervelocity centrifuge

离心分离因数大于 50 000 的细长管式离心机。

03.0082　沉降式离心机　sedimentation-type centrifuge, settling centrifugal machine

利用离心沉降的原理分离悬浮液或乳浊液的

设备。

03.0083 过滤 filtration
利用布、网等多孔性材料,对含有固体颗粒的非均相物系实现固液分离的过程。

03.0084 深层过滤 deep-bed filtration
利用静电及分子力的作用将悬浮液中含量很少且粒径很小的颗粒吸附在粒状床层过滤介质细长而弯曲的孔道壁上且无滤饼形成的过滤方法。

03.0085 滤饼过滤 cake filtration
利用滤渣颗粒在过滤介质的表面堆积形成的有效过滤介质,使通过的悬浮液澄清的过滤方法。

03.0086 助滤剂 filter aid
在过滤前预覆在滤布上或添加在滤浆中以提高过滤效率的物质。

03.0087 萃取 extraction
利用溶质在两种互不相溶(或微溶)的溶剂中溶解度或分配系数的差异,将溶质从一种溶剂转移至另一种溶剂的方法。

03.0088 萃取相 extraction phase
溶剂萃取后剩余的含稀释剂较多的混合物液相,包括未被萃取出的所有物质及在萃取过程中溶入的少量萃取剂。

03.0089 液-液萃取 liquid-liquid extraction
利用液体混合物中各组分在两种互不相溶(或微溶)的溶剂中溶解度或分配系数的差异而分离该混合物组分的方法。

03.0090 固-液萃取 solid-liquid extraction
又称"浸取"。利用溶剂将有效成分从固态物质中分离出来的方法。

03.0091 双水相萃取 aqueous two-phase extraction
利用待分离物质在双水相(两种以水作为溶剂的聚合物相混合后形成不互溶的两个液相

体系)中分配系数的差异进行分离的方法。

03.0092 单级萃取 single stage extraction
原料液和萃取剂在萃取器中只进行一次性接触的萃取方法。

03.0093 多级萃取 multi-stage extraction
将溶剂和溶质进行多次接触以进一步萃取出溶质的萃取方法。

03.0094 蒸馏 distillation
利用液体混合物中各组分挥发性的差异而实现分离的传质过程。

03.0095 精馏 rectification
在一个设备内同时进行多次部分气化和部分冷凝以精细分离液体混合物中组分的蒸馏方法。

03.0096 泡点 bubble point
一定组成的液体在一定压力下与蒸气达到气液平衡时的温度。

03.0097 简单蒸馏 simple distillation
按照不同组分阶段分罐收集馏出液的蒸馏方法。

03.0098 平衡蒸馏 equilibrium distillation
又称"闪蒸"。将液体混合物在精馏釜内部分气化并使气液两相达到平衡状态,从而将气液两相分离的蒸馏方法。

03.0099 分子蒸馏 molecular distillation
又称"短程蒸馏"。在高真空下依据不同物质分子运动平均自由程的差异而实现物质分离的方法。

03.0100 常压蒸馏 atmospheric distillation
常压条件下使液体混合物分离的蒸馏方法。

03.0101 加压蒸馏 pressure distillation
加压条件下使液体混合物分离的蒸馏方法。

03.0102 减压蒸馏 vacuum distillation
又称"真空蒸馏"。利用真空泵降低系统内

压力而降低液体的沸点,在较低压力条件下进行蒸馏的方法。

03.0103　间歇蒸馏　batch distillation
又称"分批蒸馏""不连续蒸馏"。原料液在间歇精馏釜中达到指定的组分含量后排出残液,再送入新的原料液重新开始蒸馏的方法。

03.0104　连续蒸馏　continuous distillation
将原料连续送入精馏塔内,并不断排出馏出液和残液的蒸馏方法。

03.0105　双组分蒸馏　two-component distillation
分离二组分液态混合物的连续精馏方法。

03.0106　多组分蒸馏　multicomponent distillation
分离二组分以上液态混合物的连续精馏方法。

03.0107　分子蒸馏设备　molecular distillation equipment
极高真空度下,利用液态混合物分子运动平均自由程的差异将液体在远低于共沸点的温度下分离的设备。

03.0108　降膜式分子蒸馏器　falling-film molecular distillator
利用重力的作用,将物料在蒸发面上形成连续的液膜,按照物料组分沸点不同受热蒸发并在相对方向的冷凝面上凝缩,以达到蒸馏目的的装置。

03.0109　刮膜式分子蒸馏器　scraped-film molecular distillator
利用可转动的刮板把物料迅速刮成厚度均匀、连续的液膜,并按照物料组分沸点不同而达到蒸馏目的的装置。

03.0110　离心式分子蒸馏器　centrifugal molecular distillator
利用离心力的作用使物料在蒸发面形成厚度

均匀的液膜,经很短时间(0.05~1.5s)蒸发并经冷凝面凝缩以达到蒸馏目的的装置。

03.0111　结晶　crystallization
固体物质从蒸气、溶液或熔融物中以晶态固体析出的过程。

03.0112　超声结晶法　ultrasound-assisted crystallization
利用超声波作用于过饱和溶液,使溶液中的溶质以晶态固体析出的方法。

03.0113　降温结晶法　lowering temperature crystallization
通过降低温度使溶液变为过饱和态,使其中的溶质以晶态固体析出的方法。

03.0114　蒸发结晶法　evaporation crystallization
依靠加热使溶剂气化从而使溶液中的溶质以晶态固体析出的方法。

03.0115　升华结晶法　sublimation crystallization
固态物质吸热并在熔点以下由固态直接转变为气态,再在一定温度条件下重新以晶态固体析出的方法。

03.0116　重结晶法　recrystallization
将晶体溶于溶剂或熔融以后,又重新从溶液或熔体中以晶态固体析出的方法。

03.0117　蒸发结晶设备　evaporative crystallizer
一类通过蒸发溶剂使溶液浓缩并析出晶体的设备。

03.0118　连续结晶设备　continuous crystallizer
不断输送料液形成过饱和溶液后产生晶核且晶体生长,利用分级排料的方法得到符合质量要求的晶粒的设备。

03.0119　吸附分离　adsorption and separation

利用吸附剂对被分离物质具有较强的吸附力和良好的选择性,从而将结构类似、物化性质接近的物质进行分离的过程。

03.0120 物理吸附 physical adsorption
又称"范德瓦耳斯吸附""非极性吸附"。在较低温度条件下,在气体-固体或液体-固体表面,通过分子之间的相互作用力(范德瓦耳斯力)形成的一种吸附现象。

03.0121 化学吸附 chemisorption
在气体-固体或液体-固体表面,通过具有化学键性质的分子间相互作用而形成的一种吸附现象。

03.0122 离子交换吸附 ion exchange adsorption
吸附剂吸附一种离子的同时,其本身释放另一种相同符号电荷的离子到溶液中进行同号电荷交换的吸附方法。

03.0123 吸附脱色 adsorption decoloring
利用具有较强吸附作用的物质在一定条件下吸附溶液中色素及其他杂质以达到脱色目的的方法。

03.0124 吸附平衡 adsorption equilibrium
流体与固体吸附剂在一定温度和压力下充分接触后,吸附质浓度在流体相和固体相中达到的平衡状态。

03.0125 外扩散 external diffusion
吸附质从流体主体扩散到吸附剂外表面的传质过程。

03.0126 内扩散 internal diffusion
吸附质由颗粒的外表面经颗粒内的毛细孔扩散到颗粒内表面的传质过程。

03.0127 外扩散控制 external diffusion control
吸附剂从流体中吸附吸附质的传质速率由速度很慢、阻力很大的外扩散决定的控制现象。

03.0128 内扩散控制 internal diffusion control
吸附剂从流体中吸附吸附质的传质速率由速度很慢、阻力很大的内扩散决定的控制现象。

03.0129 吸附速率 adsorption rate
单位质量的吸附剂在单位时间内所吸附物质的质量。

03.0130 离子交换剂 ion exchanger
所带的电离基团能够在溶液中产生离子并与溶液中的离子起交换反应且保持自身不变的不溶物质。

03.0131 离子交换树脂 ion exchange resin
由一种不溶高分子骨架和若干活性基团组成的具有离子交换能力的树脂。

03.0132 离子交换树脂再生 regeneration of ion exchange resin
离子交换树脂在使用中交换基团逐渐减少,交换容量逐渐降低,经重新处理,使其交换容量恢复到原来水平的过程。

03.0133 交联度 crosslinking degree
表征离子交换树脂中高分子链的交联程度。通常用交联密度或两个相邻交联点之间的数均分子量或每立方厘米交联点的摩尔数来表示。

03.0134 溶胀性 swelling property
干的离子交换树脂浸入水中其体积发生膨胀的特性。

03.0135 交换选择性 exchange selectivity
离子交换树脂对水中各种离子吸附能力不同导致被吸附的离子在再生过程中被置换的难易程度产生差异的性能。

03.0136 交换容量 exchange capacity
离子交换剂能够交换离子的数量。

03.0137 膜分离 membrane separation
用天然或人工合成的高分子薄膜,以外界能

量或化学梯度为推动力,将双组分或多组分的溶质和溶剂进行分离、分级、提纯与富集的过程。

03.0138 膜通量 membrane flux

在流体运动中,单位时间流经单位面积膜的流体体积或质量。

03.0139 渗析 dialysis

又称"透析"。一种以浓度差为推动力的膜分离操作。利用膜对溶质的选择透过性,实现不同性质溶质的分离。

03.0140 渗透 osmosis

在相同的外压下溶液与纯溶剂被半透膜隔开时,纯溶剂通过半透膜的过程。

03.0141 气体渗透 gas permeation

又称"气体膜分离"。利用半透膜对气体混合物中各组分渗透率的不同来实现分离的一种方法。

03.0142 微滤 microfiltration

全称"微孔过滤"。在操作压差为 $0.01 \sim 0.2$MPa 下,利用平均孔径为 $0.02 \sim 10 \mu m$ 的微孔膜截留直径 $0.05 \sim 10 \mu m$ 的微粒或分子量大于 1000k 的高分子物质的膜分离过程。

03.0143 超滤 ultrafiltration

在外界推动力(压力)作用下截留水中胶体、颗粒和分子量相对较高的物质,而水和小的溶质颗粒透过膜的分离过程。超滤膜的过滤孔径为 $0.001 \sim 0.01 \mu m$,截留分子量为 $1 \sim 300k$。

03.0144 纳滤 nanofiltration

以孔径为纳米级的滤膜实现的过滤。

03.0145 渗透蒸发 pervaporation

又称"渗透汽化"。在液体混合物中组分蒸汽分压差的推动下,利用组分通过致密膜溶解和扩散速度的不同实现分离的过程。

03.0146 切向流过滤 tangential flow filtration

又称"错流过滤"。液体流动方向与过滤方向呈垂直方向的过滤形式。

03.0147 半透膜 semipermeable membrane

部分物质可以透过,另一部分物质不可以透过的多孔性薄膜。

03.0148 渗透压 osmotic pressure

用半透膜把两种不同浓度的溶液隔开时发生渗透现象,到达平衡时半透膜两侧溶液产生的位能差。

03.0149 反渗透 reverse osmosis

在压力驱动下使溶液中的溶剂以与自然渗透相反的方向通过半透膜进入膜的低压侧,以达到有效分离、提取、浓缩目的的过程。

03.0150 离子交换膜 ion exchange membrane

含有离子基团、对溶液中的离子具有选择透过能力的高分子膜。

03.0151 陶瓷膜 ceramic membrane

在传统多孔陶瓷材料基础上通过固定粒子烧结或溶胶-凝胶技术发展的一种具有孔梯度的膜过滤材料。

03.0152 膜分离设备 membrane separation equipment

由各种分离膜材组装成膜组件,与泵、过滤器、阀、仪表及管路等装配在一起,在一定驱动力作用下完成对混合物中组分分离的设备。

03.0153 板框式膜分离器 plate and frame module

把膜、多孔膜的支撑板、隔板等和所形成的液流流道叠压在两块盖板之间,并用系紧螺栓固定而成的过滤装置。

03.0154 螺旋卷式膜分离器 spiral-wound module

用带有小孔的多孔管卷绕依次置放多层由三边密封的两张膜组成并铺有隔网的膜叶,形成膜卷后装入圆筒形的外壳,制成的膜分离器。

03.0155　管式膜分离器　tubular module
将膜装在多孔的不锈钢管或用剥离纤维增强的塑料承压管组成的过滤装置。分为内压管式膜分离器和外压管式膜分离器。

03.0156　中空纤维式膜分离器　hollow fiber module
把数百万根具有选择透过性的中空纤维膜装入圆柱形耐压容器内,并用环氧树脂管板固定膜开口端的膜分离器。

03.01.03　乳化与均质

03.0157　乳化　emulsification
一种液体以极微小液滴均匀地分散在互不相溶(或部分相溶)的另一种液体中的过程。

03.0158　均质　homogenization
又称"匀浆"。使悬浮液(或乳化液)体系中的分散物微粒化、均匀化的处理过程。

03.0159　表面张力　surface tension
液体表面任意两相邻部分之间垂直于它们的单位长度分界线相互作用的拉力。

03.0160　界面张力　interfacial tension
在恒温和恒压界面组分下,作用在单位长度界面上的收缩力。

03.0161　表面活性剂　surfactant, surface active agent
加入少量就可以显著降低溶液体系的表面和界面张力,改变其表(界)面的物理化学性质的物质。

03.0162　助表面活性剂　cosurfactant
能改变表面活性剂的表面活性及亲水亲油平衡性、调整水和油的极性的一类物质。

03.0163　沉降　sedimentation
液滴移动到乳状液的底部而发生相分离的现象。

03.0164　乳析　creaming
液滴移动到乳状液的顶部而发生相分离的现象。

03.0165　聚结　coalescence
两个互相接触的液滴之间或一液滴与体相之间的边界消失,随之形状改变,导致总面积减少的现象。

03.0166　陈化　ripening
又称"奥斯特瓦尔德熟化(Ostwald ripening)"。溶质中较小型的结晶或溶胶颗粒溶解并再次沉积到较大型的结晶或溶胶颗粒上的现象。

03.0167　稠化　bodying
利用某些方法或加入增稠剂使得液体的黏度增大的过程。

03.0168　自稠化作用　self-bodying action
不添加增稠剂,利用自身配方中必要的成分复配达到稠化的效果。

03.0169　分散相　dispersed phase
又称"弥散相"。分散体由两个或几个相组成,其中一个为连续相,至少还有一个是很细的分散相,分散相是指分散体中的不连续相。

03.0170　连续相　continuous phase
分散体中分散其他物质的连续的相。

03.0171　水合数　hydration number
在溶液中与离子缔合的水分子数。金属离子的水合数是配位体在它周围直接与之键合的水分子数,也就是以水作为配体的金属离子的配位数。

03.0172 分层 layered

由自发或外界因素导致原先均匀一致的乳状液出现不连续、分开的现象。

03.0173 破乳 demulsification

又称"反乳化作用"。破坏乳滴表面的保护膜,乳状液的分散相小液珠聚集成团,形成大液滴,最终使油水两相分层析出的过程。

03.0174 微乳液凝胶 microemulsion based organogel

向微乳液中加入明胶、纤维素衍生物、嵌段聚合物等水溶性高分子,形成透明、稳定的网状结构,其网络中含有微乳液液滴。

03.0175 亲油基 lipophilic group, hydrophobic group

又称"疏水基团"。不溶于水或溶解度极小,对水无亲和力的基团。

03.0176 亲水基 hydrophilic group

又称"疏油基团"。易溶于水,与水有亲和力的基团。

03.0177 亲水亲油平衡值 hydrophile-lipophile balance value, HLB

又称"HLB 值"。表征表面活性剂的亲水亲油性。规定亲油性强的石蜡(完全无亲水性)的 HLB 值为 0;亲水性强的聚乙二醇(完全是亲水基)的 HLB 值为 20,以此标准制定出其他表面活性剂的 HLB 值。

03.0178 微乳液 microemulsion

由两种或两种以上互不相溶液体与表面活性剂和助表面活性剂组成(或乳化形成)的一种流动、透明、热力学稳定、各向同性的液体,其分散液滴粒径大小为 $1\sim100$nm。

03.0179 油包水型乳液 water in oil emulsion

由油、水和乳化剂混合形成的一种水相是内相或分散相,油是外相或分散介质的乳状液。

03.0180 水包油型乳液 oil in water emulsion

由油、水和乳化剂混合形成的一种油相是内相或分散相,水是外相或分散介质的乳状液。

03.0181 双连续[微]乳液 bicontinuous microemulsion

一种油与水同时成为连续相,二者无规则连接、相互贯通形成的网络结构的微乳液。

03.0182 凝聚法 coacervation method

又称"相分离法"。制备微胶囊过程中,使用一种或多种高分子材料作为壁材,将芯材分散在壁材溶液中,在适当的条件下使壁材的溶解度降低而凝聚出来,形成微胶囊的方法。

03.0183 分散法 dispersion method

从大块物质出发,利用机械研磨或超声分散等分散手段将其粉碎,制成分散体系的一种方法。

03.0184 溶剂蒸发法 solvent evaporation method

将载体材料用有机溶剂溶解,并将所需物料分散或溶解在该溶液中,用机械搅拌等形成分散体系,然后分散相在外相中乳化形成小液滴,同时使得溶剂挥发移除,形成所需的微球的方法。

03.0185 转相乳化 phase inversion emulsification

通过在特定温度下改变原料组分或在固定原料成分下改变温度使得相反转,从而达到乳化的过程。

03.0186 超声乳化 ultrasonic emulsification

在超声波能量作用下,使两种(或两种以上)不相溶液体混合均匀形成分散物系,其中一种液体均匀分布在另一液体之中而形成乳状液的方法。

03.0187 自然乳化 self-emulsifying

油相与水接触时,自然地形成乳状液的过程。

03.0188 高剪切分散乳化 high shear disper-

sing emulsification

利用转子高速旋转所产生的高圆周线速度和高频机械效应带来的强劲功能，使物料受到强烈的剪切、挤压、摩擦、撞击和湍流等综合作用，从而瞬间均匀精细地分散乳化的方法。

03.0189　膜乳化方法　membrane emulsification method

将分散相在压力的作用下透过膜孔而在另一侧膜表面形成液滴，在流动的连续相的冲刷下从膜表面剥离，从而形成粒径均一的乳液的方法。

03.0190　剪切效应　shear effect

流体在高速流动时，不同物料层之间的速度不同，物料受到高速剪切力，使物料均质的效应。

03.0191　碰撞效应　collision effect

物料在高压下的亚空间碰撞现象。如三柱塞往复泵的高压作用，使流体中的脂肪球和均质阀发生高速撞击的现象。

03.0192　空穴作用　cavitation

被柱塞压缩着的高压物料的内部积累了很大的能量，在通过阀口狭缝时突然失压，物料内部的巨大能量被强烈释放出来，引起它的气穴爆炸。

03.0193　搅拌乳化机　stirring emulsifier

带有强力剪切力的螺旋桨搅拌器，通过高速搅拌的剪切作用使两种或两种以上互不相溶液体剧烈混合乳化的设备。

03.0194　超声乳化机　ultrasonic emulsifier

利用超声波的空化作用使互不相溶的两种液体相互分散乳化的设备。

03.0195　均质阀　homogenizing valve

均质机中接受集流管输送过来的高压液料，完成超细粉碎、乳化、匀浆任务的一个重要部件。

03.0196　高压均质机　high pressure homogenizer

主要由高压往复泵和均质阀组成，能在高压下产生强烈的剪切、撞击、空穴和湍流蜗旋作用，从而使液态物料或以液体为载体的固体颗粒超微细化的机器。

03.0197　离心式均质机　centrifugal homogenizer

又称"净化均质机"。配有一个分离转鼓，当其高速旋转时，料液在瞬间产生空穴作用而被均质，同时杂质会被甩至转鼓四周的设备。

03.0198　喷射式均质机　jet homogenizer

又称"射流式均质机"。利用压缩空气流来供给物料均质的能量，借高速运动的物料间相互碰撞或使颗粒与金属表面高速撞击，达到料液均质化的设备。

03.0199　高剪切均质机　high shear homogenizer

配有一对或多对配合精密的定子和转子，利用转子和定子间高相对速度旋转时产生的剪切等作用使料液均质化的设备。

03.0200　超声波均质机　ultrasonic homogenizer

利用大功率超声波在液体物料中传播时产生的高频空化冲击效应，将悬浮物粒破碎和弥散乳化，并保持原有活性，使其制品不分层、不沉淀和微细化的均质机。

03.01.04　干燥与干制

03.0201　干燥　drying

在自然或人工条件下减少物料中水分的过程。

03.0202　食品干制　food drying

以干燥为主要工艺进行的食品加工。所得产品称为干制食品。

03.0203 干基含水率 moisture content of dry basis

物料中水分的质量与物料中绝干物料的质量之比。

03.0204 湿基含水率 moisture content of wet basis

物料中的水分在物料中的质量分数。

03.0205 平衡湿含量 equilibrium moisture content

当一定状态的空气与湿物料接触达到平衡时物料中的水分含量。

03.0206 吸附等温线 adsorption isotherm

在一定温度下,反映物料中水分活度与水分含量关系的平衡曲线。

03.0207 临界水分点 critical moisture content point

恒速干燥阶段和降速干燥阶段的分界点时物料水分含量。

03.0208 干缩 dry shrinkage

弹性良好并呈饱满状态的新鲜食品物料全面均匀地失水时,物料随着水分消失均衡地进行线性收缩的过程。

03.0209 表面硬化 case hardening

溶质迁移引起表面形成结晶的现象,或物料快速干燥时,内部水分不能及时迁移至表面而使表面形成一层干硬膜的现象。

03.0210 溶质迁移 solute transport

干燥过程中,物料内部溶质成分随水分迁移的现象。

03.0211 热塑性 thermoplasticity

物质在加热时能发生流动变形,冷却后仍可以保持这样形状的性质。

03.0212 复水性 rehydration capacity

干制食品吸水后恢复至原来新鲜程度的能力,通常用质量的增加程度表示。

03.0213 干燥动力学 drying kinetics

研究干燥过程中的速率和传热传质机制的学科。

03.0214 干燥曲线 drying curve

干燥过程中物料的平均水分含量和干燥时间的关系曲线。

03.0215 干燥速率 drying rate

单位时间单位干燥表面积蒸发的水分量。

03.0216 干燥速率曲线 drying rate curve

表示干燥过程中任何时间点的干燥速率与该时间点的物料绝对水分之间关系的曲线。

03.0217 干燥温度曲线 drying temperature curve

干燥过程中物料温度和干燥时间的关系曲线。

03.0218 升速阶段 increasing rate drying stage

又称"预热阶段"。物料开始受热,温度呈线性上升,物料水分降低很少的阶段。

03.0219 恒速阶段 constant rate drying stage

又称"第一干燥阶段"。物料水分呈直线下降,干燥速率稳定不变的阶段。

03.0220 降速阶段 falling rate drying stage

又称"第二干燥阶段"。干燥进入后期,物料水分下降速度减慢的阶段。

03.0221 表面蒸发阶段 surface evaporation stage

外部传质速度小于内部传质速度,水分迅速到达物料表面使其保持充分湿润的干燥阶段。

03.0222 内部扩散阶段 internal diffusion stage

外部传质速度大于内部传质速度,内部水分来不及扩散到物料表面供汽化的干燥阶段。

03.0223　干球温度　dry-bulb temperature
空气的真实温度。可用普通温度计直接
测得。

03.0224　湿球温度　wet-bulb temperature
同等焓值空气状态下,空气中水蒸气达到饱
和时的空气温度。

03.0225　温度梯度　temperature gradient
在特定的区域环境内,空气、水分及土壤等的
温度随环境变化而出现的阶梯式递增或
递减。

03.0226　湿度梯度　moisture gradient
在特定的区域环境内,两点间的水分含量差
与其间距之比。

**03.0227　水分扩散系数　moisture diffusion
　　　　　coefficient**
沿扩散方向,在单位时间和单位浓度梯度下,
垂直通过单位面积所扩散水分的质量或摩尔
数。表示水分的扩散能力。

**03.0228　对流传质系数　convective mass
　　　　　transfer coefficient**
在单位面积、单位浓度或压力差时,单位时间
内物质从一相传递入另一相内的数量。反映
运动流体与固体壁面或两股直接接触的流体
之间的质量传递能力。

03.0229　太阳能干燥　solar drying
利用太阳能为直接能源对物料进行干燥的方
式。

03.0230　热风干燥　hot air drying
以热空气为干燥介质,采用自然或强制对流
循环方式与物料进行湿热交换使物料干燥脱
水的过程。

03.0231　热泵干燥　heat pump drying
利用热泵除去干燥室内湿热空气中水分并使
除湿后的空气重新加热,从而使物料干燥脱
水的过程。

03.0232　滚筒干燥　drum drying
热量由滚筒的内壁传到外壁,穿过附在滚筒
外壁面上被干燥的食品物料,使物料干燥脱
水的过程。

03.0233　喷雾干燥　spray drying
采用雾化器将料液分散为雾滴,并由热空气
干燥雾滴而完成干燥脱水的过程。

03.0234　流化床干燥　fluidized bed drying
利用干燥介质使固体颗粒物料在流化状态下
进行干燥脱水的过程。

**03.0235　离心式流化床干燥　centrifugal flu-
　　　　　idized bed drying**
在机械转动造成的离心力场作用下使粒状物
料分布在丝网覆盖的圆筒型多孔壁上,利用
热气流穿过多孔壁使之流化干燥脱水的
过程。

03.0236　冷冻干燥　freeze drying
又称"升华干燥"。将含水物料冷冻到冰点
以下,使水转变为冰,然后在较高真空下将冰
直接升华而除去水分的干燥脱水的过程。

03.0237　介电干燥　dielectric drying
以电磁波代替热源,亦即用高频或超高频电
磁场使物料干燥脱水的过程。

03.0238　渗透压脱水　osmotic dehydration
又称"渗透脱水"。物料浸入一定温度的高渗
透压溶液(糖或盐溶液)中,细胞中的水分透
过细胞膜进入溶液中使物料进行脱水的过程。

03.0239　真空干燥　vacuum drying
又称"解析干燥"。将物料置于真空负压条
件下,并适当通过加热或降温来干燥物料的
过程。

03.0240　微波干燥　microwave drying
由微波发生器提供的辐射能进行干燥的过
程。

03.0241　脉冲微波干燥　pulsed microwave dr-

ying

采用脉冲方式输入微波能,即短时间的微波加热和较长时间的间断,完成微波干燥的过程。

03.0242 射频干燥 radio frequency drying

利用电磁波的辐射能进行干燥的过程。

03.0243 红外干燥 infrared drying

由红外线(包括远红外线)提供的辐射能进行干燥的过程。

03.0244 卤素[灯]干燥 halogen lamp drying

由卤素灯提供的热量对物料进行加热干燥的过程。

03.0245 膨化干燥 puffing drying

物料在真空(膨化)状态下去除水分的过程。

03.0246 CO₂膨化 CO$_2$ puffing

利用超临界二氧化碳和二氧化碳气体使食品物料形成多孔蓬松结构的过程。

03.0247 微波膨化 microwave puffing

利用微波的加热特性使水分子定速气化,从而使细胞内部的空气、水蒸气产生一定的压力导致果蔬等原料膨胀的过程。

03.0248 低温高压膨化 puffing at low temperature and high pressure

在低温(80~105℃)高压(0.1~0.5MPa)条件下,原料内部产生的水蒸气在瞬间泄压时突然释放而使组织膨化,同时水分被抽除的过程。

03.0249 低温真空油炸 low-temperature vacuum frying

以热油为媒介,使预处理过的物料在真空条件下干燥的过程。

03.0250 组合干燥 combined drying

根据物料特性,将两种或两种以上的干燥方式依照优势互补的原则,同时应用或分阶段先后应用于物料的复合干燥技术。

03.0251 热风-微波联合干燥 hot air combined with microwave drying

包含热风与微波的组合干燥。

03.0252 热风-冷冻联合干燥 hot air combined with freeze drying

包含热风与冷冻的组合干燥。

03.0253 热风-微波真空联合干燥 hot air combined with microwave vacuum drying

包含热风与微波真空的组合干燥。

03.0254 渗透-热风联合干燥 osmotic dehydration combined with hot-air drying

物料先通过渗透脱除部分水后,通过热风干燥完成后续干燥的过程。

03.0255 卤素灯-微波联合干燥 halogen lamp combined with microwave drying

包含卤素灯与微波的组合干燥。

03.0256 冲击气流式干燥 air-impingement drying

将具有一定压力的加热气体,经一定形状的喷嘴喷出,并直接冲击物料表面进行干燥的过程。

03.0257 过热蒸汽干燥 superheated steam drying

利用过热蒸汽直接与被干燥物料接触而去除水分的过程。

03.0258 对流干燥 convection drying

在湿物料干燥过程中,利用热气体作为热源去除湿物料中水分的干燥方法。

03.0259 微波对流干燥 microwave convection drying

包含微波与对流的组合干燥。

03.0260 微波冷冻干燥 microwave freeze-drying

利用微波辐射处于冻结状态的被干燥物料，使物料中的水分升华蒸发的干燥方式。

03.0261 微波真空干燥 microwave vacuum drying

在真空条件下对物料进行微波加热而使水分蒸发的干燥方式。

03.0262 双锥式干燥机 bicone dryer

集混合、干燥于一体的新型干燥机。将冷凝器、真空泵与干燥机配套,组成真空干燥装置。因双锥形的回转罐体而得名。

03.0263 转鼓干燥机 rotary drum dryer

内加热传导型转动连续干燥设备。旋转的滚筒通过其下部料槽,黏附上一定厚度的料膜,热量通过管道输送至滚筒内壁,传导到滚筒外壁,再传导给料膜,使料膜中的水分蒸发。

03.0264 托盘干燥机 tray dryer

用托盘作为输送盛放装置的干燥器。

03.0265 旋转蒸气管式干燥机 steam tube rotary dryer

将若干根蒸气管置入回转干燥机中取代烟气热源,利用蒸气管进行间接传热的干燥机。

03.0266 薄膜干燥机 film dryer

对压缩空气进行湿空气气水分离,获得干燥的压缩空气,减压后形成极干空气,被引入渗透膜之外把扩散的水分子吹扫掉,从而达到干燥目的的设备。

03.0267 振动流化床干燥机 vibrating fluid-ized bed dryer

一种适用于颗粒状、粉末状物料干燥的新型流态化高效干燥设备。

03.0268 回转圆筒式干燥机 rotary dryer

一种处理大量物料的干燥设备。主要由回转体、扬料板、传动装置、支撑装置及密封圈等部件组成。湿物料在倾斜而转动的长筒内前移的过程中,热量间接传递到干燥介质使物料干燥。

03.0269 气流闪蒸干燥机 pneumatic flash dryer

利用高温空气介质和待干燥固体物料在悬浮输送过程中进行快速脱水而完成干燥的设备。

03.0270 气流环形干燥机 pneumatic ring dryer

环形结构的气流干燥设备。

03.0271 箱式干燥机 chamber dryer

利用保温箱体内的洁净热风进行物料干燥的设备。

03.0272 带式干燥机 belt dryer

使用环带作为输送物料装置的干燥设备。按干燥介质垂直或平行于物料面的方向分为穿流式或错流式。

03.0273 隧道式干燥机 tunnel dryer

又称"洞道式干燥器"。扩大加长的箱式干燥设备。长度可达 10~15m,可容纳 5~15 辆装满料盘的小车,可连续或半连续操作。

03.0274 热泵干燥机 heat pump dryer

一种利用高位能使热量从低位热源流向高位热源的节能干燥设备。依据其工作方式可分为除湿型和排湿型,除湿型机组的热源来自干燥室的高温高湿空气,排湿型机组的热源来自干燥室外空气。

03.0275 气流-射频干燥机 air-radio frequency dryer

将气流干燥技术与射频干燥技术相结合进行物料干燥的设备。

03.0276 声波场干燥机 sonic dryer

在声波或超声波场中,利用适当频率的声波,使湿物料中部分结合水与物料分离,同时声波所传播的能量(或称声能)被多孔性物料吸收而转化为热能,从而使物料干燥的设备。

03.0277 太阳能干燥机 solar dryer

利用太阳能干燥物料的设备。

03.01.05 杀 菌

03.0278 杀菌 sterilization

采用物理或化学的方法将物料中所有微生物（包括病原菌和非病原菌）的繁殖体和休眠体清除或杀灭,使物料达到商业无菌的过程。

03.0279 消毒 disinfection

利用物理、化学等方法杀死病原微生物的方法。通常只对繁殖体有效,而对休眠体无杀灭作用。

03.0280 杀菌剂 germicide

用以杀灭或抑制微生物生长的制剂。大多数杀菌剂对微生物只起到抑制其生长和增殖的效果,效果大小取决于杀菌剂的浓度和杀菌时间。

03.0281 自然菌 natural bacteria

在消毒试验中,存在于某一试验对象上非人工污染的细菌。

03.0282 存活时间 survival time, ST

生物指示物抗力鉴定时,受试样本经杀菌因子作用不同时间后全部样本培养均有菌生长的最长作用时间。

03.0283 杀灭时间 killing time, KT

生物指示物抗力鉴定时,受试样本经杀菌因子作用不同时间后全部样本培养均无菌生长的最短作用时间。

03.0284 杀灭对数值 killing log value

当微生物数量以对数表示时,杀菌前后微生物减少的对数值。

03.0285 杀灭率 killing rate, KR

用百分率表示微生物经过杀菌后数量减少的值。

03.0286 腐败 spoilage

食品中的蛋白质、碳水化合物、脂肪等成分被微生物分解,导致食品变质并失去可食性的过程。

03.0287 巴氏杀菌 pasteurization

又称"低温长时杀菌法"。一种较温和的热杀菌方式。通常处理温度在100℃以下,典型的条件是62.8℃/30min。目标是杀死热敏性微生物和致病菌及钝化酶。

03.0288 常压杀菌 atmospheric pressure sterilization

以自然压力的蒸汽进行灭菌的方法。一般处理30~60min可杀死微生物营养体,但不能完全杀灭芽孢。

03.0289 间歇灭菌 intermittent sterilization

一种通过间歇多次杀菌提高杀菌率的方式。

03.0290 高温短时杀菌 high temperature short time pasteurization, HTST pasteurization

食品经90℃以上、130℃以下、时间较短的杀菌方法。可使用80~85℃、10~15s或75~78℃、15~40s。主要应用于pH小于4.6的酸性食品,特点是营养成分损失少。

03.0291 超高温瞬时杀菌 ultra high temperature sterilization, UHT sterilization

加热温度达130~150℃、加热时间2~8s,从而使商品达到商业无菌的杀菌方法。

03.0292 微波杀菌 microwave sterilization

采用微波电磁波,使物料中的微生物在微波热效应和非热效应的共同作用下,生长发育延缓和死亡的杀菌方式。依据杀菌参数不同,可以达到商业杀菌或巴氏杀菌的效果。

03.0293 远红外加热杀菌 far-infrared heat-

ing sterilization
采用远红外电磁波对物料进行加热,使微生物生长发育延缓和死亡的杀菌方式。

03.0294 欧姆加热杀菌 ohmic heating sterilization
采用电极将电流通过物料,产生热量从而破坏微生物结构并导致其死亡的杀菌方式。主要用于果蔬制品的杀菌。

03.0295 超声波杀菌 ultrasonic pasteurization
通过超声波产生的空穴物理作用和化学电离作用使微生物生长发育延缓和死亡的杀菌方式。

03.0296 高静压杀菌 high hydrostatic pressure pasteurization
又称"超高压灭菌"。在密闭的容器内,以水或油作为传压介质对软包装食品等物料施以几百到几千个大气压压力,从而杀死其中微生物,达到延长产品货架期、保持产品营养成分和风味的非热杀菌方式。

03.0297 高压二氧化碳杀菌 dense phase carbon dioxide pasteurization
又称"高密度二氧化碳杀菌"。利用间歇式或连续式的处理器,在一定的温度和二氧化碳压力($<50MPa$)下,形成高压、高酸、厌氧环境从而杀死微生物的杀菌方式。

03.0298 脉冲电场杀菌 pulsed electric field pasteurization
采用较高的电场强度($10\sim50kV/cm$)、较短的脉冲宽度($0\sim100\mu s$)和较高的脉冲频率($0\sim$

2000Hz)对液体、半固态物料进行处理的杀菌方式。

03.0299 脉冲磁场杀菌 pulsed magnetic field pasteurization
又称"振荡磁场杀菌"。采用间歇式出现且变化频率、波形和峰值可调的磁场对液体、半固态食品进行处理的杀菌方式。

03.0300 辐照杀菌 radiation pasteurization
采用电离辐射产生的电磁波杀死物料上大多数微生物的杀菌方式。

03.0301 紫外杀菌 ultraviolet pasteurization
利用紫外线辐射使微生物死亡的杀菌方式。

03.0302 化学杀菌 chemical pasteurization
通过添加抑菌剂或防腐剂达到抑菌或杀菌的方式。

03.0303 臭氧杀菌 ozone pasteurization
通过臭氧分子的强氧化作用破坏微生物膜的结构,从而具有杀菌的作用。

03.0304 生物酶杀菌 bio-enzymatic pasteurization
采用来源于植物、动物或微生物的酶(如溶菌酶、过氧化物酶、几丁质酶等)抑制或杀灭物料中微生物的杀菌方式。

03.0305 等离子体杀菌 plasma pasteurization
采用双极等离子体静电场对带负电细菌分解与击破的杀菌方式。

03.01.06 充填与包装

03.0306 食品包装 food packaging
食品商品的重要组成部分。为了在储运、流通过程中保护食品产品、方便储运、促进销售,按一定技术要求,采用相应的容器、材料和辅助物对食品进行加工的统称。

03.0307 食品包装材料 food packaging article
直接用于食品包装或制造食品包装容器的材料。如塑料膜、纸板、玻璃、金属等。

03.0308 食品包装辅助材料 auxiliary food

packaging article

在食品包装上起辅助作用的材料的总称。主要包括直接接触食品或食品添加剂的涂料、黏合剂和油墨。

03.0309　食品包装辅助物 food packaging auxiliary

食品包装中使用到的封闭器(如密封垫、瓶盖或瓶塞)、缓冲垫、隔离物和填充物等辅助物品。

03.0310　食品包装容器 food packaging container

又称"内包装容器"。与食品直接接触的包装容器。

03.0311　食品包装技术 food packaging technology

为实现食品包装的目标,适应食品仓储、流通、销售等条件而采用的包装方法、机械仪器等各种操作手段,以及包装操作遵循的工艺措施、检测控制手段、质量保证措施的总称。

03.0312　食品通用包装技术 general food packaging technology

形成食品独立包装件的基本技术和方法。

03.0313　充填技术 filling technology

将食品按一定规格质量要求充入包装容器中的操作。主要包括食品计量和充入。

03.0314　灌装技术 bottling technology

将液体(或半流体)灌入容器内的操作。容器可以是玻璃瓶、金属管、塑料瓶、塑料软管、塑料袋等。

03.0315　裹包技术 wrapping technology

用较薄的柔性材料将产品或经过原包装的固体产品全部或大部分包起来的方法。

03.0316　袋装技术 bag packaging

将物料充填到包装袋中,封口,完成包装的方法。松散态粉粒状食品及形状复杂多变的小块状食品,袋装是其主要的销售包装形式,生鲜食品、加工食品或诸如牛奶等液体食品也广泛采用袋装。

03.0317　装盒技术 cartoning technology

包装纸盒一般用于销售包装,可用于产品的外包装或直接包装。主要包括成型、充填、封口等过程。

03.0318　装箱技术 packing technology

箱与盒的形状相似,习惯上小的称盒,大的称箱,它们之间没有明显界限。装箱与装盒的方法相似,但装箱的产品较重,箱坯尺寸大,堆叠起来比较重。因此,装箱的工序比装盒多,所用设备也较复杂。

03.0319　热收缩包装技术 heat shrinking packaging technology

用热收缩塑料薄膜裹包产品或包装件,然后加热至一定的温度使薄膜自行收缩紧贴裹住产品或包装件的包装方法。

03.0320　热成型包装技术 heat forming packaging technology

用热塑性塑料片材采用热成型法加工制成容器,并定量充填食品,然后用薄膜覆盖并封容器口完成包装的方法。

03.0321　食品专用包装技术 special food packaging technology

在食品包装基本技术基础上形成真空包装、充气包装、防潮包装、无菌包装等包装食品的专门技术。

03.0322　绿色包装 green packaging

又称"无公害包装"。对生态环境和人类健康无害,能重复使用和再生,符合可持续发展的包装。

03.0323　光降解包装 light degradation packaging

包装材料中引入光敏基团或加入光敏性物质,使其在吸收太阳紫外光后引起光化学反应,从而易于被降解。

03.0324　可食性包装　edible packaging
可以食用的包装。一般由淀粉、蛋白质、脂肪、复合类物质组成,广泛应用于如保鲜膜、包装薄膜、食品包装、糕点包装、调味包装等。

03.0325　无菌包装　aseptic packaging
对流体或半流质食品进行高温短时杀菌或超高温瞬时杀菌操作后,迅速冷却,在无菌环境下充填入无菌的包装容器内并进行热封的包装方法。

03.0326　防潮包装　moisture-proof packaging
采用具有一定隔绝水蒸气能力的防潮包装材料对食品进行包封,隔绝外界湿度对产品的影响,同时使食品包装内的相对湿度满足产品的要求的包装方法。

03.0327　改善和控制气氛包装　modified and controlled atmosphere packaging
又称"气调包装"。采用具有气体阻隔性能的包装材料包装食品,根据客户实际需求将一定比例的 O_2、CO_2、N_2 混合气体充入包装内,防止食品在物理、化学、生物等方面发生质量下降或减缓质量下降的速度,从而延长食品货架期,提升食品价值的包装方法。

03.0328　充气包装　gas packaging
包装时充填一定比例理想气体的一种包装方法。通过减少包装内部的含氧量抑制微生物,保持原有的色香味,并延长保存期。

03.0329　真空包装　vacuum packaging

又称"减压包装"。将包装容器内的空气全部抽出密封,使微生物没有生存条件,同时保持原有的色香味,延长保存期的包装方法。

03.0330　蒸煮袋　retortable pouch
一种能进行加热处理的复合塑料薄膜袋,具有罐头容器和耐沸水塑料袋两者的优点。

03.0331　活性包装　active packaging
又称"AP 包装"。在包装袋内加入相应气体吸收剂和释放剂,以除去过多的 CO_2、乙烯及 H_2O,补充 O_2,适合于鲜切蔬菜贮藏保鲜的包装方法。

03.0332　食品无菌包装　food aseptic packaging
将经过灭菌的食品,在无菌条件下,封装在经过灭菌的容器中,以期在不加防腐剂、不经冷藏条件下得到较长的货架寿命的包装方法。

03.0333　贴体包装　skin packaging
将包装材料覆盖在衬有底板的商品上,通过加热抽真空使包装材料按商品的形状紧贴在其表面,冷却成型后的包装方法。

03.0334　脱氧包装　deoxygen packaging
在密封的包装容器中,用脱氧剂除去包装容器中的氧气,以达到保护内装物的包装方法。

03.0335　智能化包装　intelligent packaging
人们通过创新思维,在包装中加入了更多的新技术成分,使其既具有通用的包装基本功能,又具有一些特殊的性能。

03.01.07　冷冻与冷藏

03.0336　冷冻　freezing
将湿物料降温使其中所含水分冻结的过程。

03.0337　冷藏　chilled storage
冷却后的食品在高于其冻结点条件下保藏的过程。尤其适合水果、蔬菜等的短期贮藏,主

要是使它们的生命代谢过程尽量延缓,保持其新鲜度。

03.0338　冻结点　freezing point
食品中液态水分开始形成固态冰晶时的温度。

03.0339 低共熔点 eutectic point
在二元体系中,两个组分以适当比例混合,其熔点低于每一纯组分熔点。

03.0340 玻璃化 glassy
将某种物质转变成玻璃样无定形体(玻璃态)的过程。是冷冻生物学中一项简单、快速而有效地保存有生命的细胞、组织和器官的方法。

03.0341 冻结食品 frozen food
经过冻结使物料所含绝大部分水分处于结晶状态并维持冻结状态的一类食品。

03.0342 预冷 precooling
在冷藏和快速冻结前的快速冷却工序的统称。如蔬菜收割后进行抽真空处理可有效地实现预冷降温。

03.0343 空气冻结 air freezing
利用空气作冷却介质进行食品冻结的方法。

03.0344 接触冻结 contact freezing
食品与冻结装置冷表面直接接触的传导式冻结方法。

03.0345 盐水浸渍冻结 brine immersion freezing
分为直接接触冻结和间接接触冻结。前者将水产品浸在盐水(饱和的氯化钠溶液)中或向水产品喷淋盐水进行冻结;后者通过搅拌器(循环泵)的强制作用,盐水(氯化钙水溶液)在池内不断循环流动,使托盘(或冰桶)内的水产品冻结。

03.0346 平板冻结 plate freezing
接触式冻结方法中最典型的一种。它由以多块铝合金为材料的平板蒸发器组成。按平板放置方向,分为卧式和立式两种基本形式。

03.0347 单体速冻 individual quick freezing, IQF
置于筛网上的颗粒状、片状或块状食品,在强烈的冷气流作用下实现快速冻结的方法。

03.0348 喷淋冻结 spray freezing
使食品直接与喷淋的液氮(沸点为-196℃)接触而快速冻结的方法。

03.0349 最大冰晶生成带 zone of maximum ice crystal formation
食品中80%水分冻结成冰的温度范围。大多为-5~-1℃。食品冷冻速度的快慢使冰晶生成的大小不同,时间越短冰晶越小、冰晶数越多;冷冻速度越慢,通过最大冰晶生成带的时间就越长,生成的冰晶就越大,便会刺破细胞膜,且一旦解冻,细胞液就会流失,使食品的营养与风味等品质下降。

03.0350 真空冷冻干燥 vacuum freeze drying
将湿物料或溶液在较低的温度(-50~-10℃)下冻结成固态,然后在1.3~13Pa的真空下使其中的水分直接升华挥发,从而使物料脱水的干燥技术。

03.0351 超低温冻结 ultra low temperature freezing
以人工制冷或深低温液化气体(如液氮、液态二氧化碳)为冷源,对食品或生物组织进行长期、有效的较低温度(-60℃以下)保藏的方法。

03.0352 镀冰衣 ice glazing
又称"包冰衣"。将冷冻产品浸入4℃的清水或溶液中3~5s,使冻品外面镀上一层冰衣的处理,可有效地减少水产品在冻藏期间产生干耗及冻结烧等不良品质的程度。

03.0353 冷却 cooling
将食品温度降低至某一指定温度的过程。如冷却食品需将食品温度降低至高于其冻结点以上某一指定温度;罐头在加热杀菌结束之后,必须采用冷却水等方法迅速使罐头降温至38℃左右。

03.0354 冷风冷却 chilled air cooling

利用流动的冷空气使被冷却食品的温度下降的冷却方法。

03.0355 冷水冷却 chilled water cooling
用水泵将以机械制冷装置(或冰块)降温后的冷水喷淋或浸没食品进行冷却的方法。

03.0356 冰冷却 ice cooling
在容器的底部和四壁先加上冰,随后用层冰层料、薄冰薄料的方法冷却食品。如一般淡水鱼用淡水冰来冷却,海水鱼用海水冰来冷却。

03.0357 真空冷却 vacuum cooling
又称"减压冷却"。通过降低压力使水分在低温下蒸发、带走热量从而使物料冷却的方法。主要用于蔬菜冷却。

03.0358 微冻 partial freezing
在很短时间内将食品速冻,并保持速冻体的原组织细胞不发生变化的一种现代速冻技术。

03.0359 冻结曲线 freezing curve
描述冻结过程中食品内温度变化的曲线。

03.0360 冻结速率 freezing rate
食品物料内某点的温度下降速率或冰峰的前进速率。

03.0361 干耗 drying loss
冻结食品冻藏过程中因温度变化造成水蒸气压差,出现冰结晶的升华作用,从而引起表面出现干燥、水分减少的现象。

03.0362 冻结烧 freezer burn
冻结食品在冻藏期间因脂肪氧化酸败和羰氨反应所引起的结果。它不但使食品产生哈喇味,而且发生黄褐色的变化,感官、风味、营养价值都变差。

03.0363 冰温技术 controlled freezing point technique
在0℃到生物体冻结温度的温域内,保存储藏农产品、水产品等,不发生水分的冻结,以保持新鲜度的保藏技术。

03.0364 解冻 thawing
随着冰晶的融化,细胞内亲水胶质体吸收水分,出现水分逐渐向细胞内扩散和渗透的现象。

03.0365 空气解冻 air thawing
用自然对流或强制流通的空气使冻结食品解冻的方法。

03.0366 水解冻 water thawing
以水为介质使食品解冻的方法。可分为静止水解冻和流动水解冻。

03.0367 高静电压解冻 high electrostatic voltage thawing
利用物料中极性组分在高压的静电场作用下产生的各种热效应达到解冻目的的方法。

03.0368 电流解冻 electrical resistance thawing
又称"电阻解冻""电加热解冻"。将冻结食品看作一段导体,通过50～60Hz的低频(或更低)交流电联结,在食品的阻抗损失、介质损耗的变化过程中将电能转化为热能,达到解冻目的的方法。

03.0369 介电加热解冻 dielectric induction thawing
采用高频波(13.56MHz)和微波(915MHz或2450MHz)照射冷冻食品,使食品中的极性分子特别是水分子在电场中高速反复振荡,分子间不断摩擦,在极短的时间内(5～15min)使冻结食品内外层同时升温而解冻的方法。

03.0370 组合式解冻 combined thawing
一般以电解冻为核心,再加以空气或水等介质为主的解冻方法。

03.0371 真空解冻 vacuum thawing
利用真空中水蒸气在冻结食品表面凝结所放出的潜热进行解冻的方法。

03.0372 加压解冻 high pressure thawing
加压空气使得冰的熔点降低,大大缩短解冻时间的方法。

03.0373 远红外辐射解冻 far-infrared radiation thawing
冷冻食品吸收远红外线,产生自发的热效应,食品物质内部快速吸热升温解冻的方法。

03.0374 超声波解冻 ultrasonic thawing
通过特定频率的超声波处理达到食品均匀解冻的方法。

03.0375 高静水压解冻 high hydrostatic pressure thawing
当压力上升到 210MPa 时水的凝固点下降,此时冰发生相转变,进而解冻的方法。

03.0376 速冻 quick-freeze
迅速冷冻使食品形成极小的冰晶,冰晶分布与原料中液态水分布相近,对细胞组织结构损伤很小,从而最大限度地保留食品原有的天然品质,且能保存较长时间的冻结方法。

03.0377 冷冻调理食品 frozen prepared food
以农产品、畜禽、水产品等为主要原料,经前处理及调制加工后,采用速冻工艺,并在冻结状态下(产品中心温度在-18℃以下)贮存、运输和销售,方便食用的预包装食品。

03.0378 冷藏运输 refrigerated transport
在低温冷藏条件下的食品运输。主要涉及铁路冷藏车、冷藏汽车、冷藏船、冷藏集装箱等低温运输工具。

03.0379 冷藏车 refrigerated truck
实现短途和长途的对冷却食品或冷冻食品的稳定低温运输的冷藏汽车和冷藏火车。

03.0380 冷藏集装箱 refrigerated container
具有一定制冷能力和隔热性能,适用于各类食品冷藏贮运、专门设计的集装箱。

03.0381 除霜 defrosting
将冷库内蒸发器表面的霜除去,防止冷库内湿度降低,管道热量传导受阻,影响制冷效果的工艺。主要包括热气除霜、喷水除霜和电气除霜等。

03.0382 冷加工 cold processing
又称"低温加工"。包括肉类、鱼类的冷却与冻结;果蔬的预冷与速冻;各种冷冻食品的加工等。主要涉及冷却与冻结装置。

03.01.08 罐 藏

03.0383 罐藏 canning
将处理过的食品装入镀锡板罐、玻璃罐或其他包装容器中,经排气、密封、杀菌、冷却等操作工序,从而达到食品长期保藏的方法。

03.0384 罐藏容器 canning container
密封后能防止微生物再污染,保证内容物维持商业无菌状态的容器。按材料性质分为金属罐、非金属罐和复合材料罐。

03.0385 金属罐 canister
用镀锡薄钢板、镀铬薄钢板、铝板等金属板材制成的包装罐。有三片罐和两片罐之分。

03.0386 镀锡薄钢板 tinplate
俗称"马口铁"。在薄钢板上镀锡制成的一种薄板。表面上的锡层能够经久地保持非常美观的金属光泽,锡有保护钢基免受腐蚀的作用,即使有微量的锡溶解而混入食品内,也对人体几乎不会产生毒害作用。

03.0387 焊料 solder
用于填加到焊缝、堆焊层和钎缝中的金属合金材料的总称,包括焊丝(welding wire)、焊条(welding rod)、钎料(brazing and soldering alloy)等。

03.0388　卷边厚度　seam thickness
从卷边外部测得的垂直于卷边叠层的最大尺寸。约 1.5mm。

03.0389　卷边宽度　seam width
从卷边外部测得的平行于卷边叠层的最大尺寸。约 3.0mm。

03.0390　埋头度　concavity
卷边顶部至盖平面的距离,它一般由上压头凸缘厚度决定。约 3.2mm。

03.0391　垂边　droop
罐身纵接缝处的二重卷边。

03.0392　二重卷边　double seam
金属罐密封所形成的卷边。二重卷边封口机完成罐头的封口主要靠压头、托盘头、道滚轮和二道滚轮四大部件,在四大部件的协同作用下完成金属罐的封口。

03.0393　叠接率　overlap rate
又称"重合率"。卷边内部盖钩和身钩相互叠接的程度。

03.0394　叠接长度　overlap length
盖钩、身钩相互重合部分的长度。

03.0395　紧密度　tightness rate
卷边内部盖钩上平服部分的宽度占整个盖钩宽度的百分比。表示卷压后盖钩上的平服程度,二重卷边的密封效果。

03.0396　接缝盖钩完整率　joint-rate
接缝处盖钩的完整程度。卷边接缝部位发生内垂边而使盖钩不足的现象,用有效盖钩占整个盖钩的百分比率来表示(表示有多少盖钩长度),要求大于 50%。

03.0397　玻璃罐　glass jar
在急热温差 60℃、急冷温差 40℃(即 40℃—100℃—60℃)水中 5min 不破裂的玻璃容器。

03.0398　软罐头　soft can
以聚酯、铝箔、聚烯烃等薄膜复合而成的包装材料制成的耐高温包装容器,能长期保存食品。

03.0399　内涂料　inner coating
在罐头容器内壁覆盖的一层保护膜。可将食品与马口铁分隔开,以保证食品质量和延长罐头保存期。

03.0400　密封胶　sealant
填充于罐底盖和罐身卷边接缝中间,当经过卷边封口作业后,其胶膜和二重卷边的紧压作用使罐底盖和罐身紧密结合的胶黏剂。

03.0401　预封　first operation
某些食品罐头加热排气之前或某种类型的真空封罐机封罐之前所进行的一道卷封工序。将罐盖与罐身筒边缘稍稍弯曲钩连,其松紧程度以能使罐盖沿罐身筒旋转而不脱落为度,使罐头在加热排气或真空封罐过程中,罐内的空气、水蒸气及其他气体能自由逸出。

03.0402　装罐　tinning
食品原料经处理加工后,迅速装入灌藏容器内的过程。必须符合产品的规格和要求。

03.0403　顶隙度　headspace
罐头内容物表面至罐盖中心内表面之间空隙的垂直高度。

03.0404　排气　exhaust
食品装罐后,排除罐头顶隙中空气的技术措施。

03.0405　热力排气　heating exhaust
将装好食品、尚未密封的罐头通过蒸汽或热水进行加热(或预先将食品加热后趁热装罐),利用空气受热膨胀的原理排出罐内空气,从而获得罐内真空度的方法。

03.0406　真空排气　vacuum exhaust
利用真空泵将封罐机密封室内的空气抽出,形成一定的真空度,排出罐内空气,随之迅速卷边密封、获得罐内真空度的方法。

03.0407 蒸汽喷射排气 steam injection exhaust

向罐头顶隙喷射蒸汽,赶走顶隙内的空气后立即封罐,依靠顶隙内蒸汽的冷凝而获得罐内真空度的方法。

03.0408 密封 sealing

罐身的翻边和罐盖的圆边在封口机中进行卷封,使罐身和罐盖相互卷合,压紧而形成紧密重叠的卷边的过程。

03.0409 商业无菌 commercial sterility

罐头食品经过适度的杀菌后,不含有致病性微生物,也不含有在通常温度下能在其中繁殖的非致病性微生物。

03.0410 中心温度 central temperature

罐装食品内部最迟加热点的温度。

03.0411 检查 check up

罐头在杀菌冷却后,经保温或贮藏后,必须经过检查,衡量其各种指标是否符合标准,是否符合商品要求,并确定成品质量和等级。

03.0412 保温检查 thermal insulation inspection

罐头质量检查特有的方法之一。用保温贮藏的方法,给微生物创造生长繁殖的最适温度,放置到微生物生长繁殖所需要的足够时间,观察罐头底盖是否膨胀,以鉴别罐头质量是否可靠、杀菌是否充分。

03.0413 外观检查 appearance inspection

重点是检查双重卷边外观是否正常,是否紧密结合,是否有露舌、夹边、起皱断裂等现象。

03.0414 敲音检查 knocking sound checking

将保温后的罐头或贮藏后的罐头排列成行,用敲音棒敲打罐头底盖,根据其发出的声音来鉴别罐头的好坏的特有的检查方法。

03.0415 真空度检查 vacuum checking

检查罐内残留气体压力和罐外大气压力之差值。正常罐头的真空度一般为 $2.71 \times 10^4 \sim 5.08 \times 10^4 Pa$,大型罐可适当低些,以免罐头的变形。

03.01.09 焙 烤

03.0416 面包 bread

以小麦粉为主要原料,添加其他辅助材料,加水调制成面团,再经发酵、整形、成型、烘烤等工序而制成的烘焙食品。

03.0417 蛋糕 cake

以面粉、鸡蛋、食糖等为主要原料,辅以疏松剂,经搅打充气,通过烘烤或汽蒸加热而使组织松发的一种疏松绵软、适口性好的方便食品。

03.0418 饼干 biscuit

以小麦粉为主要原料,加入糖、油脂及其他原料,经调粉(或调浆)、成型、烘烤等工艺制成的水分低于6.5%的口感酥松或松脆的饼状

食品。

03.0419 糕点 pastry

以粮、油、糖、蛋等为主料,添加适量辅料,经调制、成型、熟制等工序制成的食品。

03.0420 面团调制 dough preparation

又称"和面"。将面粉、其他原辅料与水以一定比例混合揉制形成面团的过程,包括水调面团、水油面团、油酥面团、糖浆皮面团、酥类面团、松酥面团、发酵面团、米粉面团、淀粉面团等。

03.0421 打糊 pasting

在一定量水中加面粉和匀后,运用人工或机

械的方法搅拌至糊状的过程。

03.0422　拾起阶段　pick up stage
面团搅拌过程中所有干湿性材料混合成为粗糙又湿润的面团的阶段。属于面团搅拌的第一阶段,此时的面团硬且毫无弹性或延展性。

03.0423　卷起阶段　roll up stage
面团继续搅拌,水分完全被面粉吸收并开始形成面筋的阶段。属于面团搅拌的第二阶段,此时的面团具有强大的筋性,但仍质地较硬、缺乏弹性。

03.0424　扩展阶段　expansion stage
面团搅拌过程中表面干燥且光滑、有光泽、不黏缸,内部组织结实有弹性、柔软的阶段。属于面团搅拌的第三阶段,此阶段面筋开始扩展,用手拉取面团时有延展性,但是仍会断裂。

03.0425　完成阶段　completion stage
面团搅拌过程中面团表面光滑、不黏手及搅拌缸和工作台面的阶段,属于面团搅拌的第四阶段。此时面团柔软并具有良好的延展性,此阶段的面团可以倒出进行发酵处理。

03.0426　搅拌过度　over-mix
完成阶段的面团再继续搅拌,可导致面团出现水化且松弛无弹性、表面湿黏、面筋断裂的现象。此时面团发酵缓慢,焙烤的面包缺乏弹性,内部组织粗糙且有大孔洞。

03.0427　分割　division
根据制品要求,通过称量将面团分割成一定质量的小面团或用模具、刀具切割成型的过程。分割质量通常为成品质量的110%。

03.0428　滚圆　rounding
根据面团和面包的种类,把分割所得的小面团通过手工或特殊机器(滚圆机)进行一定强度的卷折操作搓成有光滑外表皮的球状面团的过程。

03.0429　辊轧　rolling
将调粉后内部组织比较松散的面团通过相向、等速旋转的一对轧辊(或几对轧辊)的反复辊轧,使之变成厚度均匀一致并接近饼坯厚度、横断面为矩形的层状匀整化组织的过程。是成型操作的准备工序。

03.0430　包酥　lamination
皮料包入油酥后,用折叠的方法,使面团形成层次分明的多层次结构的过程。皮料的主要原料为小麦粉、水和油脂,油酥的主要原料为油脂和小麦粉。

03.0431　包馅　encrust
以一定的皮馅比例将馅心包入皮坯使两者紧密结合的过程。需包馅的通常为糕点中的酥皮类、浆皮类、硬皮类、混糖包馅类。包馅的方法包括包上法、拢上法、夹上法、卷上法、滚黏法、注入法等。

03.0432　注模　injection molding
将具有流动性的面糊或面浆注入一定形状的模具的过程。通常与成型操作连续进行,为注模成型操作,成型操作使流体半成品发生物理或化学变化,最终形成一定的形状。

03.0433　装饰　decorate
面点制品的外观美化。有一般装饰和表层裱花两种手法。一般装饰包括:①涂蛋液(如月饼、面包),使之黄亮;②刷清油(如烧饼、干点),使之油润;③熏糖烟(如老虎脚爪),使之香醇;④撒饰料(如椒桃片),使之鲜艳;⑤挤酱膏(如羊角酥),使之增添食欲。表层裱花指选用合适的裱花嘴将奶油、果酱、蛋白霜或白马糖膏等装饰在干点、小蛋糕或大蛋糕表面。

03.0434　整形　plastic
将发酵好的面团在适宜的温度和相对湿度下加工成具有一定形状的面包坯的过程。整形包括分块和称量、搓圆、中间醒发、压片、成型、装盘或装模等6道工序。

03.0435 成型 molding
将调制好的面团与馅料,按照制品要求,通过手工或模具加工成成品或半成品的工艺过程。是决定面点形态、形成面点风味的重要环节。

03.0436 装盘 sabot
根据面糊或面团的种类、配方、搅拌方法、加热方法等选用合适的烤盘或烤模(听),并进行涂油或垫纸等预处理后,将面糊或成型后的面团装入其中的过程。一般根据产品不同分为摆盘(码盘)和装模(听)两种。

03.0437 发酵面制品 fermented flour product
以面粉为主要原料,以酵母菌为主要发酵剂,经面团调制、发酵、成型、醒发,再经蒸制、烘焙、油炸及烙等方法熟制而成的食品。西方发酵面食是指经烘焙而成的面包类食品,而我国发酵面食则主要指经蒸制熟化的馒头、包子和花卷等,经烘烤熟化的烧饼、馕和焙子等,经烙烤熟化的大饼等,以及经油炸熟化的软麻花等食品。

03.0438 直接发酵法 direct fermentation
将所有的原料一次混合调制成面团,进入发酵制作程序的方法。

03.0439 中种发酵法 sponge dough fermentation
又称"二次发酵法"。将材料分为中种面团与生面团二次搅拌的制作方式。

03.0440 冷冻面团法 frozen dough method
将在大工厂集中进行调制、发酵、分割、整形等工作后急速冷冻的面团分运到零售点冷库,由各零售点自行解冻、烤制,制作出新鲜面包的方法。冷冻面团保存期可达数星期到半年。冷冻法主要有面团冷冻法、小块冷冻法、成型冷冻法。

03.0441 烘烤 baking
糕点生坯在烤炉(箱)内加热,使其由生变熟的过程。

03.0442 冷置 cooling
将烤制后的烘焙品放置在架子上直至完全冷却的过程,是烘焙过程的一个重要步骤。冷却有助于面包类产品产生酥脆的表皮,也有利于面包的切分。

03.0443 脱模 demolding
在需要使用金属或硅胶模具的焙烤品的制作过程中,将成型后的面团脱离模具的过程。若模具具有防黏功能(如硅胶模具),则脱模较为容易;若模具不具有防黏功能或为花式模具,则脱模比较困难,需要进行防黏措施,如在模具上涂上一层黄油。

03.0444 面粉筛 flour sieve
一种针对淀粉类物料及其衍生物而特殊设计的筛分设备。可用作筛分、除杂、松散物料等。

03.0445 打蛋机 egg-beater
利用搅拌器的高速旋转和搅拌,使物料充分接触并形成剧烈摩擦,实现物料的混合、乳化及充气等作用的设备。用于搅打黏稠浆体。

03.0446 搅拌器 spiral mixer
利用搅拌装置的推力作用,实现面粉和水等物料的均匀混合,属于面食加工机械。通常有桨状、钩状和网状三种,桨状搅拌器常用于面糊类,钩状搅拌器适用于吐司、面包类,网状搅拌器适用于蛋液和奶油类产品的打发。

03.0447 开酥机 dough sheeter
用于面坯起酥,使面皮酥层均匀,制作起酥面包、清酥类产品面坯起酥的机器。使用时只需将油皮放入,调成适当的厚薄,开启开关即可,免去了较为复杂的槌制制作过程。

03.0448 醒发箱 fermenting box
根据发酵面食品的发酵原理和要求而设计的电热装置。利用电热管通过温度控制电路,加热箱内水盘中的水,产生相应的温度和湿度,使得面团在适宜温度和湿度环境下充分发酵。

03.0449 分割机 divider
将大面团分割成小面团的机器。包括间歇式分割机和连续式分割机。

03.0450 滚圆机 rounder
将切块后的面团进行搓圆的机器。可以使面团外形呈球状、内部气体均匀分布、组织细密。按外形分为伞形、锥形、筒形及水平形4种。

03.0451 整形机 shaper
利用碾压作用将中间发酵后的面团重复压成薄片,并折叠形成具有一定大小规格的设备。

03.0452 包馅机 pastry machine
利用"回转成型"的原理设计出的专供包馅糕点制作用的设备。按成型方式的不同,可将包馅机分为感应式、灌肠式、注入式、剪切式、折叠式等。

03.0453 层炉 deck oven
带有若干层支架,电热管与烤盘相间布置作为各层烤盘底火和面火的焙烤装置。层炉结构简单,占地面积小,造价低,但容易产生上色不均匀的现象。

03.0454 热风炉 convection oven
能将空气加热到一定温度,并以该热空气作为热载体来焙烤半成品的装置。按有无换热器可分为直接加热型和间接加热型。

03.0455 转炉 rack oven
利用回转支架使烤盘上的生坯在炉内回转,使制品烘焙均匀的焙烤机器。转炉烘烤均匀,生产能力大,但需要手工装卸食品,劳动强度大。

03.0456 切片机 slicer
上下两个刀片驱动辊带动,使在其上均匀间隔交叉围绕的带式刀片高速直线运动,平均整齐地将面包一次切成若干片的机器。

03.01.10 挤压膨化

03.0457 挤压 extrusion
物料受挤压机螺杆的摩擦力、剪切力等作用,短时间内改变物料的组织结构,然后加工成具有一定形状产品的过程。

03.0458 膨化 puffing
利用相变和气体的热压效应原理,使被加工物料内部的液体迅速升温汽化、增压膨胀,并依靠气体的膨胀力,带动组分中高分子物质的结构变性,从而使之成为具有网状组织结构特征、定型的多孔状物质的过程。

03.0459 挤压膨化 extrusion and puffing
借助挤压机螺杆的推动力,将物料向前挤压,物料受到混合、搅拌和摩擦及高剪切力作用而使物料组织结构改变,并使物料膨化的过程。

03.0460 挤压机 extruder
具有紧密缠绕在主轴上的旋转螺杆,并能连续传送和挤压物料的机械设备。

03.0461 重力加料 gravity feeding
料斗中的物料靠本身的重力进入挤压机内的加料方式。

03.0462 强制加料 mandatory feeding
料斗中的物料在外加压力的推动下强制进入挤压机内的加料方式。

03.0463 振动喂料 vibrating feeding
通过改变振动喂料斗的频率或振幅的方法,来输送干制散装物料和控制物料速率的喂料方法。

03.0464 振动喂料器 vibrating feeder

采用振动喂料方法输送干制散装物料和控制物料速率的喂料装置。

03.0465　螺旋喂料　screw feeding
通过控制螺旋的转速来输送流动性较好的物料的喂料方法。

03.0466　螺旋喂料器　screw feeder
采用螺旋喂料的方法,对物料进行容积计量的喂料装置。

03.0467　预调制　premodulation
挤压前对物料进行预混合、预加热,使物料的加水量和加水时间达到最优,从而获得良好糊化效果的过程。

03.0468　后道成形　final forming
挤压加工过程中物料从不同形状模头口挤出形成不同形状的产品的成形工艺。

03.0469　挤压成形　extrusion forming
将物料通过挤压模制成规定形状的方法。

03.0470　剪切蒸煮挤压　shearing cooking extrusion
通过挤压机内可调节的剪切力和温度,控制产品的膨胀度的一种挤压方式。

03.0471　高压成型挤压　high pressure molding extrusion
利用挤压机内螺杆产生较大的加压能力和在模头处对物料产生的高压力而使物料挤压的方式。

03.0472　自然式挤压　spontaneous extrusion
物料挤压的热量主要来自输入机械能的内摩擦损耗,而外加的或从筒体传来的热量很少或没有的挤压方式。

03.0473　等温式挤压　isothermal extrusion
挤压过程中挤压温度保持不变,热量通过筒体内夹套进行传递的挤压方式。

03.0474　多变式挤压　variable type extru- sion
挤压的参数可根据具体实际情况进行调整,交替地进行热量的加进或放出的挤压方式。

03.0475　冷成型挤压　cold molding extrusion
挤压机在低剪切力、低转速条件下使物料成型的食品挤压方式。

03.0476　热塑挤压　cooking extrusion
物料在挤压机内利用高剪切力作用而短时间内达到最高温度,并获得高压缩比和不同程度膨化的挤压方式。

03.0477　直接膨化　direct puffing
物料经膨化处理挤出产品后除干燥外不需要再加工的膨化方法。

03.0478　间接膨化　indirect puffing
物料在挤压机内蒸煮后,在温度低于100℃时推进模板,在低温成型后完成膨化的过程。

03.0479　二次膨化　secondary puffing
物料经膨化处理后挤出产品为半熟的毛坯,再把这种坯料通过微波、焙烤、油炸、炒制等方法进行第二次加工,得到酥脆的膨化食品的膨化方法。

03.0480　膨化度　swelling degree
物料膨化前与膨化后的体积比。

03.0481　喷射膨化　spray puffing
在密闭的高压容器中加热物料,采用突然打开容器的方式骤然减压,水分急剧汽化而使物料膨化的方法。

03.0482　单螺杆挤压机　single screw extruder
挤压机机筒内只有一根螺杆,通过螺杆与机筒的摩擦力来输送物料并形成一定压力的挤压加工设备。

03.0483　双螺杆挤压机　twin screws extruder
挤压机机筒内有两根螺杆,通过螺杆与机筒的摩擦力来输送物料并形成一定压力的挤压加工设备。

03.0484 通心粉挤压机 macaroni extruder
挤压机的螺杆转速较低,螺槽较深,筒体内壁为光滑面的挤压设备。专用于挤压生产通心粉。

03.0485 玉米膨化果挤压机 corn puffing extruder
挤压机的螺杆长径比较小($L/D = 3 : 1$),筒体内壁开有防滑槽,螺杆上开有凹槽,剪切作用大,机械能黏滞耗散高的挤压设备。专用于挤压生产玉米膨化果。

03.0486 剪切蒸煮挤压机 shearing cooking extruder
物料在挤压过程中通过控制挤压机剪切力和温度,从而控制产品膨化度的挤压设备。

03.0487 高压成型挤压机 high pressure molding extruder
利用挤压机机内高压力,螺杆结构较大的加压能力及物料在模头处产生的高压力的挤压设备。

03.0488 等距变深螺杆 isometric deepen screw
螺槽的螺距不变,螺槽深度从加料段的第一个螺槽开始至均化段末端是从深变浅的螺杆。

03.0489 等深变距螺杆 isobathic variable pitch screw
螺槽的深度不变,螺距从加料段的第一个螺槽开始至均化段末端是从宽变窄的螺杆。

03.0490 变深变距螺杆 variable deep and pitch screw
螺槽深度和螺纹升程从加料开始至均化段末端都是逐渐变化的,螺纹升程从宽逐渐变窄,螺槽深度由深逐渐变浅的螺杆。

03.01.11 腌 制

03.0491 腌制 curing
又称"腌渍"。将盐、糖、酸、酒等辅料渗入食品组织内的过程。

03.0492 盐制 processing with salt, salting
又称"盐腌""盐渍"。用盐或盐溶液对食品原料进行腌制处理的过程。盐分在高渗透压作用下向食品表面和内部扩散,同时食品内部水分向表面扩散,使食品脱水、盐分增加,水分活度降低,从而提高食品的保藏性。

03.0493 腌制品 cured product
采用腌制工艺制成的食品。

03.0494 干腌 dry curing
将食盐或混合盐涂擦在食品原料的表面进行腌制的方法。

03.0495 湿腌 pickle curing
将食品原料浸泡在预先配制好的腌制液中的腌制方法。

03.0496 浮腌 floating preservation
将果蔬悬浮在盐水中并进行定时搅拌和日晒的腌制方法。

03.0497 泡腌 soaking preservation
利用盐水循环浇淋腌池中的果蔬的腌制方法。

03.0498 腌晒 salting and sunning preservation
新鲜蔬菜先用单腌法盐腌,再经晾晒成蔬菜咸坯的腌制方法。

03.0499 腌制液 pickle liquid, curing solution
盐、糖等腌制剂溶于水后形成的溶液。

03.0500 卤水 brine
用食盐辅以香辛料或调味料煮制而成的溶液。

03.0501 注射腌制 injection curing

又称"盐水注射法"。将腌制液或盐水通过针头注射入肌肉中的腌制方法。

03.0502　混合腌制　mixing curing
由两种或两种以上腌制方法结合起来进行腌制的方法。

03.0503　滚揉腌制　tumbling curing
腌制时将原料进行连续或间歇性滚揉的腌制方法。

03.0504　糖制　sugar-preserving
又称"糖渍"。用糖或糖溶液对食品原料进行腌制处理的方法。

03.0505　醉制　liquor saturating
用酒和调味料对食品原料进行腌制处理的方法。

03.0506　糟制　pickled in wine or with grain
用酒酿、酒糟或陈年香糟代替酱汁或卤汁对食品原料进行腌制处理的方法。

03.0507　糖腌　sugar curing
质地柔软的果蔬原料以浓度为 60%~70% 的冷糖液浸渍的腌制方法。

03.0508　糖煮　sugar boiling
质地致密的果蔬原料用热糖液煮制和浸渍的腌制方法。

03.0509　醋渍　vinegar pickling
利用食醋对食品原料进行腌制处理的过程。

03.01.12　蒸　煮

03.0510　蒸制　steaming
依靠蒸汽的传导和对流使食品熟化的过程。其中传导为主要传热方式。

03.0511　煮制　boiling
将成型坯投入沸水锅,利用水的传导和对流作用使食品熟化的过程。

03.0512　包制　stuffing
用面坯将馅料封口或半封口成型的过程。食品工业中常用灌肠式和注入式包馅成型两种方式。

03.0513　摇制　rolling, shaking
将冷冻馅料蘸上糯米水后放在糯米粉上,摇动并持续重复多次,直到使馅料被糯米粉包裹,滚成圆球形的过程。元宵制作的必要工艺。

03.0514　熟制　cooking
将成型的半成品食物加热至可食用状态的过程。

03.0515　饺子　Jiaozi, dumpling
又称"水饺""娇耳"。中国传统食品,有馅的半圆形、半月形或角形的面食。

03.0516　馄饨　Huntun, Wonton
又称"抄手""扁食""云吞"。中国传统面食,用薄面片包馅儿,通常煮熟后带汤食用。

03.0517　粽子　Zongzi
又称"角黍""筒粽"。由粽叶包裹糯米或黄黍等谷物原料,中间加(或不加)豆类、干果、肉类、蜜饯等馅料包扎成型,经水煮制而成。中国端午节的传统节日食品。

03.0518　面条　noodle
以小麦粉为主要原料,加水和成面团,擀制、轧制或抻成片,制成条状,或窄或宽,或扁或圆,或小片状,经煮、炒、烩、炸而成的一种面食。是中国日常主食之一。

03.0519　米粉　rice noodle
又称"米线""米面条"。大米磨浆,滤水撮成团,经刀切或挤压成或扁或圆的细条。中国南方常将其煮制作为早餐食用。

03.0520　拉面　Lamian

又称"甩面""扯面""抻面"。中国北方风味面食。将面团揉成长条，以两手经搓、拉、捏和反复抻拉而成的面条。是中国区域性特色食品。

03.0521 挂面 fine dried noodle
经悬挂风干的丝、带状面条。一般含少量食盐，有较长的储藏期。

03.0522 汤圆 Tangyuan
采用水磨糯米粉加水和成团，挤压成圆片形状，加入馅料，经转边收口制成。中国元宵节的南方传统节日食品。

03.0523 元宵 Yuanxiao
以馅块为基础，置于糯米粉中，通过馅料在滚动中使糯米粉沾到馅料表面形成球状而制成。中国元宵节的北方传统节日食品。

03.0524 馒头 steamed bread
又称"馍"。面粉经和面、发酵、揉制成型后蒸制的食品。形圆而隆起，为中国北方日常主食之一。

03.0525 包子 Baozi, bun
以发酵面粉团制皮，包裹不同馅料，经蒸制而成的食品。大小因种类而异，是中国北方日常主食之一。

03.0526 灌汤包 Tangbao, soup bun
以肉汤冻为主要馅料，使用半发面皮包制成形，上笼蒸熟后包含大量汤汁的包子。

03.0527 叉烧包 Chashaobao, barbecued pork bun
以切成小块的叉烧为馅料，加入蚝油等调味品，外面以面皮包裹，放置于蒸笼内蒸熟而成的点心。

03.0528 米饭 rice
又称"白饭"。碾去谷皮的稻米经水煮制而成的食物。是中国的传统日常主食之一。

03.0529 营养强化米 nutrition fortification rice, nutrition strengthening rice
在普通大米中添加某些营养素而制成的成品大米。用于大米营养强化的营养素主要有维生素、矿物质、各种杂粮及氨基酸等。

03.0530 高筋面粉 high gluten flour
蛋白质含量在 11.5% 以上的面粉。颜色较深，筋度强，常用来制作具有弹性与嚼感的面条、面包等。

03.0531 中筋面粉 middle gluten flour
蛋白质含量平均在 11% 左右的面粉。多用在中式点心制作上，如包子、馒头、饺子等。

03.0532 低筋面粉 low gluten flour
蛋白质含量在 8.5% 以下的面粉。通常用来制作蛋糕、饼干、小西饼点心、酥皮类点心等。

03.0533 面团 wheat dough
面粉与辅料及水搅拌后的混合物。其中所含的蛋白质吸水后膨胀，形成面筋网状结构。

03.0534 面筋 gluten
小麦粉中所含的植物蛋白。由麦胶蛋白质和麦谷蛋白质组成。通常的制法是将面粉加入适量水、少许食盐，搅匀上劲，形成面团，稍后用清水反复搓洗，把面团中的淀粉和其他杂质全部洗掉后剩下的部分。

03.0535 浸泡 immersion
将食材放入水中静置一段时间，使其组织内部水分增加而膨大的过程。

03.0536 扎线 ligation
在成型的食品半成品外缠扎绳或线，使食品内部结构紧致不松散的过程。

03.0537 调馅 stuffing mixing, filling mixing
将制作馅料的原材料与调味品混合搅拌混匀的过程。

03.0538 压皮 wrapper preparing
又称"压片"。将面团压制成大小适宜的薄面皮或面带的过程。

03.0539　烫面　dough scalding
用 60~100℃的热水与面粉混合调制的过程。其目的是利用热水将面筋烫软及部分的淀粉烫熟膨化,降低面团的硬度。

03.0540　发面　dough leavening
在一定温、湿度条件下,让酵母充分繁殖产气,促使面团膨胀的过程。

03.0541　揉面　dough kneading
将和好的面团在不断拉伸、压缩的条件下,使和面过程中混入面团的气泡不断被挤出,面团组织结构得到优化的过程;通过外部施力使面团中的水与面粉充分接触,加速了分子间的化学反应,面粉趋于均匀,面团韧性增强。

03.0542　包制密度　package density
食物包制后的容积密度。影响食物的蒸煮传热和吸水。

03.0543　蒸煮速率　cooking rate
单位质量半成品食物经蒸煮工艺后熟制的速度。会受到原材料的浸泡时间和蒸煮温度等因素的影响。

03.0544　自然断条率　natural breaking rate
未经蒸煮处理前,长度不足规定 2/3 以上的断条产品质量占总质量的百分比。是面条加工中衡量产品质量的常用指标之一。

03.0545　蒸煮损失率　cooking loss rate
面条等经蒸煮加工后水分损失的百分比。

03.0546　延伸率　elongation rate
面团在拉伸断裂时,总伸长与原始标距长度的百分比。

03.0547　拉断力　break strength
又称"抗拉强度"。在拉伸试验中,面团/面带/湿面条等直至断裂为止所受的最大拉伸应力。

03.0548　拉伸强度　extension strength
在拉伸试验中,面团/面带/湿面条等产生最大均匀延伸变形的应力。

03.0549　芯部　core
食品的中心部位。

03.0550　海绵结构　sponge structure
经发酵的食品内部呈多孔状,类似海绵的结构。

03.0551　骨架结构　skeletal structure
食品内部支撑性、保护性的架子或结构。

03.0552　柔软度　softness
食品质地软或不坚硬的程度。

03.0553　筋道　tough and chewy
食品有韧性、耐咀嚼的性状。

03.0554　复热性　heat recovery ability
冷冻或冷却的食品加热后恢复原来口感和性状的能力。

03.0555　面团比容　specific volume of dough
面团体积与质量的比值。是反映面团体积膨胀程度及保持能力的重要指标。

03.0556　水饺成型机　dumpling machine
由传动、馅料传送、面料输送和辊切成型等组成的制作水饺的机器。

03.0557　面条机　flour stranding machine
将面粉经过面辊相对转动搅拌形成必要的韧度和湿度加工成面条的机械设备。

03.0558　压面机　noodle press machine
利用双辊反向运动将面团压延成一定厚度的面片的食品加工设备。

03.0559　磨浆机　pulping machine
经过清理、浸泡等预处理后的物料,在离心力的作用下进入相对运动的上、下砂盘之间,通过相互冲击、挤压和砂盘的剪切、搓撕等作用,使物料沿砂盘平面从里到外、由粗到细地达到磨碎目的的食品加工机械。

03.0560　和面机　dough mixer, flour mixer
由传动装置带动螺旋搅勺在搅拌缸内回转，同时搅拌缸在传动装置带动下以恒定速度转动，缸内面粉不断地被推、拉、揉、压，充分搅和，迅速混合，使干性面粉得到均匀的水化，扩展面筋，成为具有一定弹性、伸缩性和流动均匀的面团的食品加工机械。

03.0561　淘米机　rice washing machine
又称"洗米机"。一种淘洗大米等颗粒粮食的设备。主要是在不同水浮力的作用下，石块、泥块等硬性杂质从砂石分离器中排出；糠皮、米虫等杂物从浮物分离器中排出；洗净的大米等颗粒粮食经出米管落入接米筐内，完成淘洗过程。

03.0562　蒸煮器　digester
在较高温度下，利用加热产生蒸汽将食品熟化的设备。以加热方式不同可分为间歇式和连续式两类，以加热压力不同可分为常压蒸煮和非常压蒸煮两类。

03.01.13　贮藏保鲜

03.0563　耐贮性　storability
保持贮藏在人工或自然条件下的产品商品性状。影响耐贮性的因素主要包括产品特性、产品质量及贮藏环境（如温度、湿度及气体成分等）。

03.0564　堆藏　mound storage
将水果和蔬菜直接堆放在地面上或浅沟里，或在荫棚下将水果或蔬菜堆成圆形或长条形的堆（垛），然后在堆（垛）上进行覆盖的一种简易的贮藏方式。

03.0565　沟藏　trench storage
按照待贮藏的果蔬数量挖好沟或坑，而后将果蔬放置在沟或坑中，达到一定厚度后，上面用干草或泥土覆盖的贮藏方式。

03.0566　窖藏　cellar storage
在沟藏的基础上演变和发展起来的贮藏方式。主要包括棚窖、井窖和窑窖等。是我国果蔬贮藏的主要方式之一。它是利用土壤的弱电热性和保湿性，以达到比较适宜果蔬贮藏的温湿度条件。

03.0567　通风贮藏　ventilated storage
利用自然通风换气降低贮藏库内的温度，以适应果品、蔬菜和粮食等贮藏需要的贮藏方式。是我国应用最普遍的果蔬简易贮藏方式之一。

03.0568　冷库贮藏　cold room storage
在具有良好隔热层的仓库中，通过机械制冷系统的作用，将库内的热量传递到库外，使库内的温度降低，并保持在有利于延长果蔬产品贮藏期的温度水平的贮藏方式。

03.0569　冰温贮藏　controlled freezing point storage
在冰温范围内（0℃以下至食品冰点以上的温度区域）贮藏食品的方式。

03.0570　冻藏　frozen storage
采用缓冻或速冻方法先将食品冻结，而后再在能保持食品冻结状态的温度下贮藏的保藏方法。常用的贮藏温度为$-23 \sim -12$℃，而以-18℃为最适用。

03.0571　气调贮藏　controlled atmosphere storage
通过调整贮藏环境的温度、湿度和气体成分（通常是增加 CO_2 浓度并降低 O_2 浓度）等，延长产品的贮藏寿命及货架期的一种方法。

03.0572　简易气调贮藏　modified atmosphere storage
食品在贮藏阶段利用自身的呼吸作用和包装

材料的透气性能,在一定的温度条件下,自行调节密闭环境中 O_2 和 CO_2 的含量,使之适合气调贮藏要求的贮藏方式。

03.0573 减压贮藏 hypobaric storage
又称"低压贮藏"。在普通冷藏和气调贮藏技术的基础上进一步发展起来的,以降低贮藏环境大气压力为特点的一种特殊贮藏方式。

03.0574 生物保鲜 bio-preservation
利用自然或人工控制的微生物菌群和(或)它们产生的抗菌物质来延长食品的货架期与提高食品安全性。生物保鲜通常采用添加繁殖快和(或)产生抗菌物质的菌株、纯化的抗菌物质、发酵液及嗜温乳酸菌等来达到保鲜的目的。

03.0575 化学保鲜 chemical preservation
采用化学保鲜剂来延长园艺产品的贮藏寿命和货架期的保鲜方法。化学保鲜剂一般包括吸附型、溶液浸泡型和熏蒸型等。

03.0576 臭氧保鲜技术 ozone preservation technology
采用臭氧作为保鲜剂的一种贮藏方式。臭氧是一种具有特殊气味的不稳定气体,具有很强的氧化能力,并且在空气和水中会逐渐分解成氧气。

03.0577 辐照保鲜 irradiation preservation
利用 ^{60}Co 为放射源,产生具有较强穿透能力的 β 射线来辐照果蔬,当其穿过果蔬产品时,会使产品中的水和其他物质发生电离作用,产生游离基或离子,影响机体的新陈代谢过程,从而达到延长果蔬保鲜期的作用。

03.0578 留树保鲜 on-tree storage
又称"挂果保鲜"。在果实基本成熟时,向树体喷施一定浓度的稳果剂,使果实延长留树时间。

03.0579 冰水预冷 ice water precooling
采用0℃左右的冰水作为媒介,依靠热传导使产品降温的方法。适于那些与冰接触不会产生伤害的产品,冷却速度较快。

03.0580 真空预冷 vacuum precooling
将产品置于坚固、气密的容器中,迅速抽出空气至一定真空度,使产品体内的水在真空负压下蒸发而冷却降温的一种方式。

03.0581 强制通风预冷 forced-air precooling
又称"压差预冷"。利用抽风扇或风机,使包装箱两侧造成压力差,强迫冷风进入包装箱中,使冷空气直接与产品接触,从而带走产品中热量的过程。该方法普遍应用在果蔬等产品的预冷方面。

03.0582 愈伤 wound healing
植株表面受伤部分在适宜环境条件下自然形成愈伤组织的生物学过程。愈伤的形成可减少水分蒸腾、氧化变质,还可阻止病菌侵入,从而恢复被破坏的表面保护结构。

03.0583 脱涩 astringency removal, deastringency
通过无氧呼吸产生一些中间产物,如乙醛、丙酮等,这些物质可以与单宁结合,使单宁变为不溶性,从而脱除果实涩味的过程。常见的有温水脱涩、石灰水脱涩、高二氧化碳脱涩等。

03.0584 脱绿 degreening
采用乙烯利或乙烯气体等使成熟期的果实果皮叶绿素降解的过程称为脱绿。

03.0585 辐射处理 radiation treatment
又称"辐照处理"。利用 X 射线、γ 射线等辐射对产品产生的各种效应来达到保鲜目的的方法。

03.0586 涂膜 coating
又称"包衣"。在果蔬表面涂上一层高分子的液态膜,干燥后成为一层很薄且均匀的膜。可以抑制果蔬呼吸,减少微生物侵染,以保持果蔬新鲜度,增加表面光泽,提高果蔬商品价值。

03.0587　打蜡　waxing
人为地在园艺产品表面涂一层蜡质的过程。打蜡的方法主要有起泡法、浸泡法及涂刷法等。

03.0588　热激处理　heat shock treatment
用35~50℃的适当高温(包括热水、热蒸汽或热水浴等)处理园艺产品不同时间,是园艺产品采后物理处理的一种方法。具有杀虫、杀菌保鲜和无残留的优点。

03.0589　低温锻炼　cold acclimation
将果蔬产品置于高于其贮藏的临界温度5~10℃下锻炼不同时间,从而达到提高产品耐冷性、延长贮藏期目的的方法。

03.0590　间隙升温　intermittent warming
在低温贮藏期间,使产品恢复至常温并维持短暂时间,以排除低温下积累的超氧自由基等对产品的伤害,之后再恢复至贮藏低温的过程。

03.0591　预贮　pre-storage
园艺产品在进行采后处理前的短暂贮藏的过程。预贮能使果实降温,有利于贮藏、运输。

03.0592　二氧化硫缓释剂　SO_2 releaser
能在食品贮藏过程中缓慢释放 SO_2 的物质。

03.0593　生物防治　biological control
利用有益生物或其他生物及其产物来抑制或消灭另一种有害生物的一种控制方法。

03.0594　化学防治　chemical control
用化学药剂来防治病虫害的方法。化学防治具有高效、速效、使用方便、经济效益高等优点,但化学药剂具有毒性,因此,使用不当可能对产品产生药害。

03.0595　物理防治　physical control
利用简单工具和各种物理因素如光、热、电、温度、湿度、放射能和声波等,防治果蔬产品病虫害的措施。

03.0596　侵染性病害　infectious disease
由微生物侵染而引起的病害。由于侵染源的不同,又可分为真菌性病害、细菌性病害、病毒性病害、线虫性病害和寄生性种子植物病害等。

03.0597　潜伏侵染　latent infection
有些病原物侵入寄主植物后,由于寄主和环境条件的限制,暂时停止生长活动而潜伏在寄主体内不表现症状,但当寄主抗病性减弱时,病菌可继续扩展并出现症状。

03.0598　真菌性病害　fungal disease
由病原性真菌侵染而引起的植物病害。

03.0599　细菌性病害　bacterial disease
由细菌侵染所致的病害。如软腐病、溃疡病、青枯病等。

03.0600　软腐病　soft rot
主要由欧氏杆菌属(*Erwinia*)细菌和根霉属(*Rhizopus*)真菌引起的植物病害。可使植物的组织或器官发生腐烂。

03.0601　炭疽病　anthracnose
主要由半知菌亚门腔孢纲黑盘孢目炭疽菌属中的真菌引起的病害。

03.0602　生理性病害　physiological disorder
又称"非侵染性病害"。由非生物因素如不适宜的环境条件等引起的病害。不能在植物个体间相互传染。

03.0603　枯水　section drying
柑橘类果实贮藏后期发生的一种生理病害。主要表现为果皮发泡、果皮果肉分离、囊瓣变厚变硬、汁胞粒化、营养物质大量减少、果汁减少、甜香味丧失等现象,包括粒化型和皱缩型。

03.0604　虎皮病　superficial scald
果实贮藏期间发生的一种生理性病害。发病初期,果皮呈淡黄褐色,表面平或略有起伏,或呈不规则块状。以后颜色变深,呈褐色至暗褐色,稍凹陷。多发生于果实阴面未着色的部分。

03.0605 黑心病 internal browning

果实贮藏期间发生的一种生理性病害。分为早期黑心病和晚期黑心病。黑心病发生时,先在果实的心室壁和果柄的维管束连接处形成浅褐色病斑,然后向心室扩展,使整个果心变成黑褐色,并往外扩展,使果肉发生界限不明显的褐变。黑心病的发生与低温伤害和衰老有关。

03.0606 冷害 cold damage

0℃以上低温对食品的损害。冷害使食品生理活动受到障碍,严重时某些组织遭到破坏。

03.0607 成熟 maturation

果蔬产品发育的一个阶段,表现出特有的色、香、味,达到适于食用的状态的过程。

03.0608 后熟 postripeness

果实离开植株后的成熟现象,是由采收成熟度向食用成熟度过渡的过程。只有呼吸跃变型果实才具有。

03.0609 完熟 full ripening

果蔬产品的色、香、味均达到最适于食用的阶段,是果实由成熟向衰老的转折点。

03.0610 衰老 senescence

植物生长发育的最后阶段。

03.0611 保鲜剂 preservative, antistaling agent

能够延长果蔬产品贮藏期及货架期的物质。主要包括乙烯脱除剂、防腐保鲜剂及涂被保鲜剂等。

03.0612 催熟 ripen

使生理成熟期的果蔬产品达到完熟期的技术。

03.0613 催熟剂 ripener

调节植物的成熟和衰老的物质。通常指乙烯。

03.0614 乙烯高峰 ethylene peak

随着果蔬产品的成熟而出现的乙烯峰值。

03.0615 乙烯合成抑制剂 ethylene synthesis inhibitor

能够有效抑制植物体内乙烯生物合成的一类物质。

03.0616 乙烯作用抑制剂 ethylene action inhibitor

能与乙烯受体结合从而抑制体内乙烯作用的一类物质,能延缓产品的后熟与衰老。

03.0617 乙烯吸收剂 ethylene absorbent

专门吸收乙烯的颗粒状物质。能够减弱乙烯对水果蔬菜及花卉等园艺产品的催熟作用。新鲜的乙烯吸收剂为紫红色,乙烯吸收剂氧化后,外表转变为褐色—黑色,渐次延伸至乙烯吸收剂中心。

03.0618 呼吸速率 respiration rate

在一定温度下,单位质量的活细胞(组织)在单位时间内吸收氧或释放二氧化碳的量。

03.0619 呼吸跃变 respiratory climacteric

产品从生长停止到开始进入成熟衰老某一期间,其呼吸速率突然升高、出现一个呼吸高峰的现象。

03.0620 非呼吸跃变 non-respiratory climacteric

产品从生长停止到开始进入衰老的某一期间,其呼吸速率不发生明显变化的现象。

03.0621 呼吸商 respiratory quotient

又称"气体交换率"。单位时间内进行呼吸作用的生物释放二氧化碳的量与吸收氧气的量的比值。

03.0622 呼吸热 respiration heat

园艺产品呼吸产生的能量中以热量形式释放的那一部分能量。

03.0623　呼吸温度系数　temperature quotient of respiration
在生理温度范围内,温度每变化 10℃,植物体呼吸速率的相对变化。

03.0624　呼吸失调　respiratory disorder
贮藏环境中不适宜的 O_2 或 CO_2 对园艺产品造成的伤害,通常指低 O_2 或高 CO_2 伤害。

03.0625　低氧伤害　low oxygen injury
贮藏环境中过低的 O_2 浓度使产品无氧呼吸增强,过多消耗体内养分而缩短产品的贮藏寿命。

03.0626　高二氧化碳伤害　high carbon dioxide injury
贮藏环境中高 CO_2 导致的对产品的伤害。

03.0627　生理休眠　physiological dormancy
植物休眠的一种类型。通常由其内部生理原因决定,即使外界条件(如温度、水分等)适宜也不能萌动和生长。

03.0628　强制休眠　imposed dormancy
通过采取人为措施,强制植物提前进入或延长休眠期的过程。

03.0629　预包装食品　prepackaged food
预先定量包装(包括预先定量制作在包装材料和容器中)、在一定量限范围内具有统一的质量或体积标识的食品。

03.0630　生产日期　date of manufacture
又称"制造日期"。食品成为最终产品的日期。包括包装/灌装日期(将食品装入包装物或容器中,形成最终销售单元的日期)。

03.0631　变质　deteriorate
生鲜和加工食品在放置或贮存期间,由物理、化学、生物等因素所导致的品质变劣。

03.0632　货架期　shelf life
又称"保质期"。在标签指明的贮存条件下保持产品品质的期限。即保持产品应有的和标签标明的感官、理化和微生物等指标要求的期限。

03.0633　内装物　content
包装件内所装的产品或物品。

03.0634　防霉包装　mould-proof packaging
防止内装物长霉影响内装物品质的包装方法。

03.0635　运输包装　transport package
以运输贮存为主要目的的包装。具有保障产品安全、方便储运装卸、加速交接、点验等作用。

03.0636　销售包装　consumer package
以销售为主要目的,与内装物一起到达消费者手中的包装。具有保护、美化、宣传产品和促进销售的作用。

03.0637　适度包装　appropriate package
为节约资源、能源和废弃物的资源化利用,而采取的合理、恰当的包装。

03.0638　过度包装　excessive package
超出适度的包装功能需求,其包装空隙率、包装层数、包装成本超过必要程度的包装。

03.0639　防虫包装　insect-resistant packaging
为保护内装物免受虫类侵害的包装方法。

03.01.14　食品物流

03.0640　食品物流　food logistics
食品从供应地向接受地的实体流动过程。即根据实际需要,将食品运输、储存、装卸、搬运、包装、流通加工、配送、信息处理等基本功能能实现有机结合的过程。

03.0641　食品流通　food circulation
包括食品运输、储存、装卸、搬运、包装、流通加工和配送。

03.0642 食品物流活动 food logistics activity
食品物流所有功能的实施与管理过程。主要包括运输、保管、包装、装卸和搬运、配送、流通加工及信息处理等。

03.0643 鲜度维持管理 freshness maintaining management
采用计算机系统对食品新鲜度进行维护管理。设定商品有效期和维持销售期限。

03.0644 食品企业物流 food internal logistics
食品企业内部的生产经营工作中所发生的加工、检验、搬运、存储、包装、装卸、配送等物流活动。

03.0645 食品供应物流 food supply logistics
为食品生产企业提供原材料等相关物品时，物品在提供者与需求者之间的实体物流。

03.0646 食品生产物流 food production logistics
食品生产过程中，原材料、半成品、成品等在企业内部的实体流动。

03.0647 食品销售物流 food sales logistics
食品生产企业、流通企业出售商品时，食品在供方与需方之间的实体流动。

03.0648 食品回收物流 food returned logistics
不合格食品的重加工、退货及周转使用的包装容器从需方返回到供方所形成的物品的实体流动。

03.0649 食品废弃物物流 waste material logistics
将经济活动中失去原有使用价值、需要废弃处理的食品，根据实际需要进行收集、分类、加工、包装、搬运、储存，并分送到专门处理场所时所形成的物品的实体流动。

03.0650 冷链物流 cold chain logistics
以冷冻工艺为基础、制冷技术为手段，使冷链物品从生产、流通、销售到消费者的各个环节中始终处于规定的温度环境下，以保证冷链物品质量、减少冷链物品损耗的物流活动。

03.0651 第三方物流 the third party logistics，TPL
建立在合同约定基础上的由中间商提供的物流服务。

03.0652 食品流通加工 food distribution processing
发生在食品流通过程中的加工活动，包括在途加工和配送中心加工，是为了方便食品流通、运输、储存、销售，以及方便顾客及资源的综合利用而进行的加工活动。

03.0653 食品物流信息 food logistics information
食品物流活动中各环节生成的信息。一般是随着从食品生产到消费的物流活动中产生的信息流，与食品物流过程中的运输、保存、装卸、包装等各种功能有机结合在一起，是整个食品物流活动顺利进行所不可缺少的物流资源。

03.0654 食品入库 food warehousing，food storage
接到食品入库通知单后，经过接运提货、装卸搬运、检查验收、办理入库手续等一系列环节构成的工作过程。

03.0655 食品验收 food acceptance examination
按照验收业务作业流程，核对凭证等规定的程序和手续，对入库食品进行数量和质量检验的经济技术活动的总称。

03.0656 码垛 stacking
根据食品的包装形状、质量和性能特点，结合地面负荷、储存时间，将食品分别堆码成各种垛形。

03.0657　垫垛　bedding buttress
食品在堆垛前,按垛形的大小和负重,先行垫放铺垫材料的劳动行为。

03.0658　食品盘点　food stocktaking
定期或临时对储存的食品进行数量清点,检查有无残缺和质量问题等的业务活动。

03.0659　食品检查　food checking
为保证在库储存保管的食品质量完好、数量齐全,必须进行经常和定期的查数量、查质量、查保管条件、查计量工具、查安全等全面的检查工作。

03.0660　食品保管损耗　food preservation loss
在一定期间内,保管某种食品所允许发生的自然损耗。一般以食品保管损耗率表示。

03.0661　食品保管损耗率　food preservation attrition rate
又称"库存商品自然损耗率"。某种食品在一定的保管条件和保管期间内,其自然损耗量与该食品库存量之比。以百分数或千分数表示。

03.0662　食品出库　food outbound
根据业务部或存货单位开出的食品出库凭证按其所列食品编号、名称规格、型号、数量等项目,组织食品出库一系列环节构成的工作过程。

03.0663　食品分拣　food sortation
根据订单,将顾客订购的食品货物从保管区或拣货区取出,或直接在进货过程中取出,并运至配货区的工作过程。

03.0664　供应链管理　supply chain management, SCM
在满足服务水平需要的同时为了使系统成本最小而采用的把供应商、制造商、仓库和商店有效地结合成一体来生产商品,并把正确数量的商品在正确的时间配送到正确地点的一套方法。

03.0665　食品配送　food dilivery
在经济合理区域范围内,根据客户的要求,对食品物品进行拣选、加工、包装、分割、组培等作业,并按时送达指定地点的食品物流活动。

03.0666　食品冷藏链　food cold chain
又称"冷链"。食品在生产、贮藏、运输、销售直至消费前的各个环节中始终处于适宜的低温环境中,以保证食品质量、减少食品损耗的一项系统工程。

03.02　食品原料与加工

03.02.01　谷物与谷类制品

03.0667　谷物　cereal
禾谷类作物的颖果。包含胚乳、胚芽和皮层,在全世界范围内大量种植,能提供较其他作物更多的能量。

03.0668　全谷物　whole grain
含有胚乳、胚芽和皮层的谷物。与精制谷物相对应,精制谷物只含有胚乳。

03.0669　适度加工　moderate processing
兼顾成品粮、成品油营养、口感、外观、出品率和加工成本的加工程度,是按照大米、小麦粉、食用油等国家标准规定要求指导下的合理加工。

03.0670　糯米　glutinous rice
用糯性稻谷加工成的大米。按粒形和质地分为籼糯米和粳糯米两种,煮饭时吸水率低于非糯性大米。

03.0671　籼米 milled long-grain nongluti-
nous rice

用籼稻谷加工成的大米。米粒一般呈长椭圆形或细长形,按收获季节分为早籼米、中籼米和晚籼米,直链淀粉含量较高,煮饭时吸水率较高。

03.0672　粳米 milled medium to short-grain nonglutinous rice

用粳型非糯性稻谷加工成的大米。米粒一般呈椭圆形,与籼米相比,直链淀粉含量较低,煮饭时吸水率较低。

03.0673　糙米 husked rice, brown rice

稻谷脱去颖壳后的颖果。由皮层、胚乳和胚组成,质量一般占稻谷的78%～82%。糙米皮层含有多种营养素,营养价值较高。

03.0674　留胚米 rice with remained germ, embryo rice

米胚保留率为80%以上,或米胚的质量占大米的2%以上。

03.0675　发芽糙米 germinated brown rice

发芽至0.5～1.0mm芽长的糙米。发芽时皮层纤维被软化,改善了糙米的蒸煮品质。食用品质接近大米,营养成分优于大米。

03.0676　毛谷 raw paddy, rough rice

未经清理的稻谷。常混入一定数量的各种杂质,如泥土、砂石、稗子、异种谷粒等。

03.0677　净谷 cleaned paddy

经清理后,含杂符合加工要求的稻谷。含杂总量不得超过0.6%。

03.0678　蒸谷米 parboiled rice

又称"半煮米"。净谷经水热处理后再进行砻谷、碾米所得到的产品。营养价值高,易消化,出饭率高,蒸煮时间短,耐储存。

03.0679　免淘米 clean white rice

一种炊煮前不需要淘洗的大米。必须达到无

杂质、无霉、无毒的要求,这种大米可以避免在淘洗过程中的干物质损失。

03.0680　米糁 tips

稻谷加工过程中,从副产品整理工序分出的小于碎米的胚乳碎米。化学成分与整米和碎米没有大的区别。

03.0681　裂纹粒 cracked kernel

又称"爆腰粒"。粮食胚乳产生横向或纵向裂纹的颗粒。

03.0682　全麦粉 whole meal

经过清理的小麦研磨成粗细度符合要求的面粉。主要用于制作面包等主食,不适合制作精细的面制品。

03.0683　谷蛋白粉 wheat gluten

又称"活性面粉筋"。从小麦中直接分离出来的高蛋白聚合物。蛋白质含量为75%～85%,脂肪含量为1%～1.25%,吸水率为150%～200%。

03.0684　面筋指数 gluten index

在面筋测定仪的离心装置中,部分湿面筋受离心力的作用穿过规定孔径的筛板,保留在筛板上面的面筋质量占面筋总质量的百分率。

03.0685　破损淀粉 damaged starch

小麦加工过程中,碾磨损伤结构发生变化,导致吸水率显著增加并能被酶快速水解的淀粉颗粒。

03.0686　硬质[小]麦 hard wheat

含角质粒不低于70%的小麦。根据麦皮色泽的不同可以分为白色、红色和混合硬质小麦3个类型。硬质麦胚乳结实,表皮薄,蛋白质和面筋的含量较高、品质好,具有较高的烘焙特性。

03.0687　软质[小]麦 soft wheat

含粉质粒不低于70%的小麦。根据麦皮色泽的不同可以分为白色、红色和混合软质小麦 3 个类型。软质麦的胚乳结构疏松,表皮厚且韧性大,面筋含量较少,制成品的色泽较白。

03.0688　小麦腹沟　crease of wheat
又称"麦沟"。小麦籽粒腹面的一条凹槽。长度与籽粒长度相等,深度和宽度因小麦的品种及生长条件的不同而异。

03.0689　角质率　rate of vitreous wheat
角质粒占本批次小麦的质量百分比。小麦角质率越高,出粉率也越高。

03.0690　麦渣　semolina
穿过 20W(780μm)、留存 64W(237μm)筛网的带有麦皮的胚乳颗粒。麦渣一般分为粗麦渣和细麦渣。

03.0691　打芒　beard beating
又称"除芒"。利用打击或碾轧作用使稻芒脱落的工序。

03.0692　水热处理　hydro-thermal treatment
在一定条件下,对净稻进行加湿、加热,使淀粉部分或全部糊化,然后进行干燥、冷却的处理过程。是蒸谷米生产的重要工段之一。

03.0693　蒸谷　parboiling
在一定温度和压力下,对浸泡过的稻谷蒸汽加热的过程。是生产蒸谷米水热处理工段的工序之一。

03.0694　缓苏　tempering
谷物通过一个干燥过程以后停止干燥,保持温度不变,维持一定时间段,使谷粒内部的水分向外扩散,降低内外的水分梯度的过程。

03.0695　砻谷　rice husking, shelling
又称"脱壳"。脱去谷粒颖壳的工序。与谷壳分离、谷糙分离、糙米精选等工序构成砻谷工段,安排在清理工段和碾米工段之间。

03.0696　调质　conditioning
粉状物料或料坯经水、热处理,特性产生明显

变化的工序。可使淀粉部分糊化、蛋白质变性、有害病菌灭活、有害因子钝化及物料软化,提高制粒质量和效能。

03.0697　碾白　whitening
又称"碾米"。碾去糙米皮层的工序。与米糠分离等工序构成碾米工段,设置在砻谷工段和白米整理工段之间。

03.0698　擦离作用　frictional action
碾白室内,由于摩擦力的作用,糙米皮层沿着胚乳的表面产生相对滑动,并被拉断、擦除的工序。是碾白作用方式的一种。

03.0699　碾削作用　abrasive action
碾白室内借助高速运动、坚硬锐利的密布金刚砂粒的砂刃削除米粒皮层的作用。

03.0700　喷风碾米　jet-air rice milling
向碾白室内不断喷入空气的碾米方法。促进降温降湿、增加米粒翻滚和迅速排糠。

03.0701　着水碾米　wet rice milling
又称"加湿碾米"。碾米时糙米经喷雾着水提高碾米效果的碾米方法。

03.0702　擦米　rice polishing
又称"刷米"。擦除黏附在白米表面糠粉的工序。使米粒表面光洁,提高成品的外观色泽,同时有利于成品的储藏。

03.0703　白米分级　white rice grading
将白米分成不同含碎等级的工序。

03.0704　色选　color sorting, color selecting
根据被处理物料颜色的差异进行分离的工序。剔除白米中的异色粒、垩白粒,以及与白米颜色接近的石子和玻璃等杂质,提高白米的纯度。

03.0705　白米精选　broken rice separating
又称"长度分级(length grading)"。按照米粒的长度进行分级的工序。

03.0706 色选精度 ratio of color separation
色选机气路系统剔除异色粒子占总异色粒子的比例。

03.0707 麦路 cleaning flow of wheat
小麦的清理流程。它是将各清理工序组合起来按入磨净麦质量的要求对小麦进行连续处理的生产过程。

03.0708 粉路 mill flow
又称"制粉流程(flour mill flow)"。根据成品等级标准要求制订的从净麦入磨到面粉麸皮分离完毕全过程中各制粉工序的组合和各种在制品的流向。

03.0709 筛路 sieve scheme, sifting scheme
在一仓平筛中各种筛格组合、排列叠置组成的筛理物料的流程。

03.0710 润麦 tempering of wheat
将着水后的小麦入仓存放一定时间,使水分在麦粒内部分布更加均匀,并产生一系列物理、生化变化的工序。

03.0711 粉质曲线特性 farinogram properties
从粉质曲线得到的面团形成时间、面团稳定时间、面团弱化度及小麦粉吸水率等特性指标,用于评价小麦粉品质。

03.0712 拉伸特性 extension properties
在一定条件下,小麦粉面团受拉力作用其抗延伸力及延伸性不断发生变化的特性。

03.0713 吹泡曲线 alveogram
测定面团吹泡形变过程中,泡内压力随充气量(时间)变化的曲线。

03.0714 糊化特性 gelatinization properties
淀粉颗粒在合适的水分、温度、时间和压力的协同作用下溶胀和分裂,形成均匀黏稠胶体溶液的过程。

03.0715 老化特性 retrogradation properties
淀粉分子链间形成双螺旋结构与有序排列,

导致结晶区的出现。表现为体系的硬化、脆化、水析出及透明度降低等。

03.0716 打麦 wheat scouring
利用机械的打击和摩擦作用清除麦粒表面和腹沟中的尘土、麦毛,并将泥块打碎的清理方法。是小麦表面清理的一种形式。

03.0717 清粉 intermediate stock
利用清粉机将平筛分离出来的麦渣、麦心进一步提纯的工序。

03.0718 打麸 bran finishing
利用打板,打下黏附在麸片上的胚乳颗粒,使之穿过筛孔成为筛出物的工序。

03.0719 皮磨系统 break system
剥开麦粒、提取尽可能多的麦渣和麦心、从麸片上刮净残留胚乳的各研磨系统的统称。

03.0720 心磨系统 reduction system
将皮渣、渣磨及清粉系统所取得的麦渣、麦心和粗粉,逐道磨细成粉的研磨系统。

03.0721 渣磨系统 scratch system
利用细牙齿辊处理来自皮磨系统或清粉系统带有麦皮的麦渣,以便分理出麦心送入心磨系统进一步研磨的系统。

03.0722 尾磨 tailing roll
小麦制粉过程中专门处理小麸片、连麸颗粒等灰分较高物料的系统。其来料为心筛、渣筛中分级筛的筛上物,以及清粉机中筛出的连麸颗粒、碎麸屑等。

03.0723 粗筛 scalping, scalping cover
从皮磨磨下物中分离仍黏有胚乳的大片麸皮时所使用的配有粗筛网的筛面。

03.0724 粉筛 flour dressing, flour dressing cover
筛出成品面粉或基础面粉的筛理所使用的配有粉筛筛网的筛面。其作用是筛出面粉。

03.0725 散落性 flow movement
粮食由落点向周围散开的特性。是颗粒状物料所固有的物理性质,其大小一般用静止角表示。

03.0726 剥刮率 break release, percentage of release
小麦制粉工艺中物料经过某道皮磨研磨后,穿过粗筛的物料数量占本道皮磨入磨流量的百分比。

03.0727 筛格 sieve frame
筛仓的主要组成单元,是固定筛面、承接筛下物,并引导物料按规定路线接受筛理的框格。

03.0728 筛格内通道 conveying channel inside of sieve frame
一仓平筛中由一组筛格叠置形成的供物料出入的垂直通道。

03.0729 筛格外通道 conveying channel outside of sieve frame
由筛箱内壁与叠置的筛格外壁构成的供物料出入的垂直通道。

03.0730 除穗机 ear remover
从带穗稻谷中除去稻穗的机械。由机架、打板、筛筒、传动机构等组成。

03.0731 打芒机 beard cutting machine
利用旋转的辊筒在圆柱形筒内的转动,使稻粒不断翻转和相互摩擦并使稻芒折断、脱落的机械。

03.0732 砻谷机 husker, sheller
脱除稻谷颖壳的机械。

03.0733 [碾]米机 rice whitener, rice whitening machine, rice milling machine
碾去糙米皮层的机械。

03.0734 谷糙分离筛 paddy separator
又称"谷糙分离设备"。利用稻谷和糙米的物理特性差异进行糙谷分离的设备。

03.0735 糙米精选机 brown rice grader
根据厚度的差异,除去糙米中未熟粒、破碎粒的筛选设备。由进料斗、圆形或多边形筛筒及传动机等组成。

03.0736 糙米调质机 brown rice conditioner
对糙米进行着水以改善其加工品质和食用品质的设备。由进料装置、加湿装置、水分监测装置、控制系统等组成。

03.0737 铁辊 iron roll, iron ribbed rotor
由白口铸铁铸成的碾辊。硬模浇制,光滑圆整,无砂眼。一般分两节,表面有推进筋(推进米粒)与碾白筋(碾白和翻动米粒)。

03.0738 砂辊 emery roll
用金刚砂烧结,或在铁芯上浇结制成的碾辊。

03.0739 抛光机 polisher
擦除白米表面糠粉并赋予一定光泽的设备。有干法和湿法两种形式,常使用湿法抛光机。

03.0740 色选机 color selector
利用光电原理,从白米中除去异色粒、垩白粒、病虫害粒及异物的设备。

03.0741 白米精选机 white rice grader
按照整米和碎米的长度不同利用袋孔进行分级的设备。关键部件是内壁有袋孔的滚筒或两面有袋孔的碟片,袋孔的形状和大小是影响分级效果的主要因素。

03.0742 辊式磨粉机 roller mill
由成对布置的不同转速相向旋转的圆柱形磨辊组成的磨粉机。是现代面粉厂广泛使用的研磨设备。

03.0743 光辊 smooth roll
表面做成"无泽面"、没有磨齿的磨辊。光辊表面手感轻微粗糙,中部微凸,两端直径在一定长度范围内逐步收缩形成一定锥度。

03.0744 齿辊 fluted roll
表面上刨削有磨齿的磨辊。

03.0745 高方平筛 square plansifter

筛格呈正方形、叠置层数较多、筛体较高的平筛。主要用于研磨物料的分级。

03.02.02 薯类与薯类制品

03.0746 马铃薯 potato

又称"土豆""洋芋"。茄科多年生草本植物的块茎,是营养价值很高的粮食和蔬菜兼用作物,全球第三大重要粮食作物,仅次于小麦和玉米。

03.0747 甘薯 sweet potato

又称"山芋""红薯""地瓜"。管状花目旋花科一年生草本植物,具地下块根,块根纺锤形,外皮土黄色或紫红色。

03.0748 木薯 cassava

又称"木番薯""槐薯""树番薯"。大戟科亚灌木植物,根为须根和粗根,均生长在种茎上,原产于美洲的圭亚那、哥伦比亚、巴西等地区,富含淀粉,可分为甜种木薯和苦种木薯。

03.0749 魔芋 konjac

又称"蒟蒻""磨芋"。天南星科磨芋属(*Amorphophallus* Blume)多年生草本植物,叶为一片大型复叶,呈伞状或漏斗状,叶柄粗壮;茎短缩为地下球茎,扁球形。

03.0750 魔芋葡甘露聚糖 konjac glucomannan

从魔芋块根中提取的可溶性纤维。由一定分子比的葡萄糖和甘露糖残基通过 β-1,4 糖苷键聚合而成的杂多糖,具有独特的凝胶性和流变学特性。

03.0751 芋头 dasheen

又称"芋艿""芋魁"。天南星科植物芋的球茎,富含蛋白质、氟、钙、磷、铁、钾、镁、钠、胡萝卜素、维生素 C、B 族维生素、皂苷等多种成分。与其他块茎和块根植物相比,芋头具有更高的营养价值。

03.0752 山药 Chinese yam

又称"怀山药""白山药"。薯蓣科山药属一年生或多年生草本蔓生植物的块茎。富含多糖、尿囊素、皂苷、糖蛋白等活性成分。

03.0753 菊芋 jerusalem artichoke

又称"洋姜""五星草"。菊科向日葵属(*Helianthus* L.)多年生草本植物。其块茎富含菊糖、低聚果糖、淀粉等物质,适应性很强,具有很高的产量潜力和较强的耐旱耐寒能力。

03.0754 薯片 crisp

以薯类为原料,经原料挑选、洗涤去皮、切片、热烫、冷却沥干、冷冻、低温真空油炸脱水、脱油、包装而成的片状薯类食品。主要有马铃薯片、山药膨化脆片、甘薯脆片。

03.0755 薯条 potato chips

以薯类为原料,经过清洗、去皮、切分、热烫、冷却、干燥、预油炸、冷冻保藏、油炸而成的条状薯类食品。

03.0756 薯干 preserved tuber

以薯类为原料,将整个薯块蒸熟去皮、切制、自然晾晒而成的质地柔软、味道甜美的糕点食品。

03.0757 薯脯 tuber pulp

以薯类为原料,经去皮、切分、护色、硬化、烫漂、浸胶、糖煮、糖渍、烘制等工艺制作,松软爽口,呈条状或片状的休闲食品。

03.0758 薯泥 mashed tuber

以薯类为主要原料,经清洗、蒸熟、去皮、再蒸煮工序,然后放入捣碎机中加适量水制成的泥状薯类食品。

03.0759 薯酱 tuber paste

以薯类为主要原料,经清洗、去皮、切片、磨浆、加热浓缩、过滤、调配、加热浓缩、冷却工艺制成的有光泽、均匀一致的膏状食品。

03.0760　薯粉　tuber flour
以薯类为主要原料,经清洗、去皮、切片、护色、干燥、粉碎工艺制成的脱水制品。主要有甘薯粉、紫薯粉、木薯粉等。

03.0761　菊芋全粉　jerusalem artichoke powder
将鲜菊芋脱皮、干燥、粉碎后制成的富含菊粉的粉状制品。

03.0762　魔芋粉　konjac flour
以魔芋球茎为原料,经干法或湿法或干-湿结合法加工而得到的粉状制品。含有50%以上的葡甘聚糖,具有很强的吸水性。

03.0763　清洗去皮　rinsing and peeling
用清水洗去薯物表皮上的泥沙、尘土,将外皮削除的过程。

03.0764　切分成型　cut molding
利用切片机将清洗去皮后的薯物切分成目标形状的过程。

03.0765　预煮硬化　precooking and hardening
在浸泡护色后的薯条沥干水分、放入沸水锅中预煮时,为防止薯条在糖煮过程中发生软烂而利用氯化钙和氢氧化钙液对薯条进行硬化处理的过程。

03.0766　合粉揣揉　mixing and kneading
将芡糊、薯类淀粉放入揉粉容器内,使用揉粉机将粉料揣揉至表面光滑无疙瘩、不黏手的粉团的过程。

03.0767　漏丝成型　draining and forming
在粉丝加工中,将揉好的薯类粉料以丝条状落入煮粉锅中的过程。

03.0768　漏粉机　draining machine
利用传统粉丝加工原理,采用高频电磁振荡带动漏模做上下等幅振动的技术,对粉丝产量和粉条形状进行控制的设备。

03.0769　粉丝真空去泡机　vaccum removing bubble machine
将拌和好的淀粉通过螺杆挤压进入真空机,经负压处理,将淀粉中的气泡除去的设备。

03.0770　洗薯机　tuber cleaning machine
由倾斜式螺旋传送装置和逆水流冲洗设备组成,除去薯体的泥沙、大部分薯皮,降低薯类淀粉色素及泥沙含量的设备。

03.0771　真空油炸脱水机　vacuum fried dehydrated machine
集加热、油炸、储油、脱油、脱水、油过滤一体化,在负压状态下,以油为传热媒介,使食品内部的水分急剧蒸发而喷出,形成疏松多孔结构的设备。

03.0772　薯类淀粉　tuber starch
以马铃薯、木薯、甘薯等薯类为原料,通过清洗、磋磨、沉淀和干燥等工艺而制备的一类淀粉。

03.0773　淀粉糊　starch paste
淀粉乳在加热条件下,淀粉颗粒经可逆地吸水膨胀、分子氢键断裂,淀粉微晶结构破坏,分子高度水合而形成的半透明黏稠状的胶体。

03.0774　淀粉凝胶　starch gel
淀粉经糊化后,由直链淀粉和支链淀粉构成的连续与非连续分散的非均相混合体系。

03.0775　淀粉物理变性　physical modification of starch
淀粉受加热、高压、湿热等物理作用而使其颗粒形貌、结晶结构和分子量等理化性质发生改变的改性方法。

03.0776　预糊化　pregelatinization
原淀粉经预先糊化、干燥后使得其与冷水接触后明显溶胀或形成胶体特性的过程。主要有滚筒干燥法、挤压膨化法等。

03.0777 喷射糊化 jet pasting
在喷射液化器中,淀粉乳在较高温度条件下与高度紊流的蒸汽瞬间发生热量交换而使得淀粉发生雾化、糊化的过程。

03.0778 韧化处理 annealing
将淀粉在一定水分含量(>40%)和低于淀粉糊化初始温度条件下保持一段时间,从而使得淀粉结构及性能发生改变的一种物理改性方法。

03.0779 湿热处理 heat-moisture treatment
将淀粉在少量水分(<35%)和一定温度范围内(高于玻璃化转变温度,低于糊化温度)保持一段时间,从而使得淀粉结构和性能发生改变的一种物理改性方法。

03.0780 压热处理 autoclaving treatment
将淀粉在一定压力和温度条件下保持一段时间,从而使得淀粉结构和性能发生改变的一种物理改性方法。

03.0781 湿磨法 wet milling
含淀粉的原料经浸泡、破碎、精磨分离再经淀粉乳脱水和湿淀粉干燥等,区别于直接破碎、筛分干磨淀粉生产的方法。

03.0782 结合淀粉 bound starch
淀粉和一些结合配体如脂质、蛋白质、黄酮类等在一定条件处理后而使得淀粉与配体相互作用形成的淀粉复合物。

03.0783 淀粉生物变性 biological modification of starch
利用生物技术对淀粉及淀粉类作物进行处理而达到使淀粉变性的一种方法。

03.0784 淀粉化学变性 chemical modification of starch
淀粉分子葡萄糖残基上的羟基或糖苷键与反应试剂进行氧化、置换、分子重排、断链、交联

和接枝共聚等的反应,使得淀粉的理化性质发生改变的方法。

03.0785 淀粉湿法变性 wet processing of starch modification
将淀粉分散在水或有机溶剂介质中,配成一定浓度的淀粉乳,在一定的温度条件下与化学试剂进行氧化、酸化、酯化、醚化、交联等反应获得变性淀粉的过程。

03.0786 淀粉干法变性 dry processing of starch modification
将淀粉置于含少量水或有机溶剂的环境中,淀粉与化学试剂发生化学反应而对淀粉修饰改性,从而获得变性淀粉的过程。

03.0787 淀粉半干法变性 semi-dry processing of starch modification
反应试剂与淀粉混合后,预干燥至一定的反应介质比例进行的淀粉改性反应,获得取代度较高的变性淀粉的过程。

03.0788 分子取代度 molecular substitution
淀粉分子内平均每摩尔的葡萄糖残基羟基与化学基团进行酯化或醚化反应所取代的量。

03.0789 酸解淀粉 acid modified starch
又称"稀沸淀粉"。淀粉经稀盐酸或稀硫酸溶液处理,使淀粉葡萄糖糖苷键断裂导致分子量下降得到一种颗粒状低分子水解物的过程。

03.0790 淀粉氧化 starch oxidation
淀粉在一定反应介质中与氧化剂高碘酸钠、次氯酸钠和过氧化氢等发生氧化作用,使得淀粉分子引入羰基和羧基的过程。

03.0791 淀粉醚化 starch etherification
淀粉分子葡萄糖单元上羟基与醚化剂进行醚化反应生成淀粉取代醚类化合物的过程。

03.0792 淀粉酯化 starch esterification
淀粉分子葡萄糖单元上羟基与无机酸、有机酸或酸酐发生酯化取代反应形成淀粉酯衍生

物的过程。

03.0793　淀粉阳离子化　starch cationization
淀粉上羟基与含卤代基或环氧基的有机胺类化合物,通过醚化反应而生成的一种带有正电荷的淀粉衍生物的过程。

03.0794　淀粉接枝共聚　starch graft copolymerization
以淀粉大分子为骨架,与小分子单体接枝共聚引入不同高分子侧链而获得目标聚合物的过程。

03.0795　淀粉交联　starch cross-linking
淀粉分子脱水葡萄糖单元上的醇羟基与具有二元或多元官能团的化学试剂反应,以形成二醚键或二酯键的方式在两个或两个以上的淀粉分子之间“架桥”,从而形成多维空间网状结构的反应过程。

03.0796　酯化淀粉　esterified starch
淀粉与无机酸、有机酸及酸酐在弱碱性条件下通过酯化反应制备的一类淀粉衍生物。

03.0797　交联淀粉　cross-linked starch
利用交联试剂使淀粉分子间发生交联反应而产生的一类变性淀粉。

03.0798　多孔淀粉　porous starch
淀粉在物理和生物处理作用下使其颗粒由表面至内部形成孔洞的一种变性淀粉。

03.0799　抗性淀粉　resistant starch
又称“酶阻淀粉”“抗消化淀粉”。能够抵抗人体消化道中胃酸、小肠中淀粉相关水解酶的作用,不能被人体健康小肠消化吸收,但可在结肠中被微生物发酵降解利用的一类淀粉及淀粉衍生物。

03.0800　糊精　dextrin
淀粉经酶法或化学方法水解得到的降解产物,为几个至数十个葡萄糖单位的寡糖和聚糖的混合物。包括麦芽糖糊精、极限糊精等。

03.0801　焙炒糊精　roast dextrin
淀粉经酸化预处理、干燥、热转化和冷却过程而制备得到的一类糊精。根据反应的温度和pH条件不同而生成颜色不同的白糊精、黄糊精和英国胶等。

03.0802　白糊精　white dextrin
干淀粉在温度为110~130℃、添加酸的条件下,加热3~7h后转化生成的一种白色至乳白色的糊精产品。

03.0803　黄糊精　yellow dextrin
干淀粉在温度为135~160℃、添加酸的条件下,加热8~14h后转化生成的一种较低溶解度和黏度的米黄色至深棕色的糊精产品。

03.0804　英国胶　British gum
又称“不列颠胶”。干淀粉在温度为150~180℃、较低加酸量条件下,加热10~14h后转化生成的一种浅棕色至深棕色的糊精产品。

03.0805　酶法糊精　enzymatic dextrin
又称“麦芽糊精”。以淀粉为原料,经淀粉酶水解得到的具有一定葡萄糖值的产品。

03.0806　旋流分离器　hydrocyclone
由圆筒和圆锥构成,将具有一定密度差的液-液、液-固、液-气等两相或多相混合物在离心力的作用下进行分离的设备。

03.0807　旋转真空过滤机　rotary vacuum filter
通过在过滤介质两侧造成一定压力差,实现固液分离的设备。按照操作方法可分为间歇操作和连续操作。

03.0808　沉淀槽　settling table
由筛网、圆筒池和中间放置的搅拌装置组成,用来沉淀淀粉、除去蛋白质或其他轻杂质的槽。

03.0809　马铃薯锉磨机　potato rasp
一种主要用于对马铃薯块茎组织进行破碎的设备,由底架、电机、粉碎块、转鼓、机壳、锯条、卡块和观察窗组成,能够利用离心力使马铃薯被锉磨块和锯齿片磨碎。

03.0810 薯渣 potato residue

薯类淀粉加工过程中的副产物,含有淀粉、纤维、可溶性碳水化学物、果胶等成分。

03.02.03 豆与豆制品

03.0811 大豆膳食纤维 soybean dietary fiber
大豆中含有的不能被人体降解酶所消化的大分子糖类的总称。主要包括纤维素、果胶质、木聚糖等。

03.0812 大豆固醇 soybean sterol
以游离状态或与脂肪酸和糖等结合的状态存在于大豆细胞膜中的一种功能性成分。

03.0813 大豆肽 soybean peptide
大豆蛋白质经蛋白酶作用再经分离处理而得到的蛋白质水解产物。

03.0814 大豆磷脂 soybean phospholipid
从生产大豆油的油脚中提取的产物。是由甘油、脂肪酸、胆碱或胆胺所组成的酯,能溶于油脂及非极性溶剂。对肝、血管、神经系统均有防护作用,能够有效预防治疗动脉硬化症、肝病和阿尔茨海默病。

03.0815 大豆必需氨基酸 soybean essential amino acid
大豆中所含人体自身(或其他脊椎动物)不能合成或合成速度不能满足人体需要的氨基酸。

03.0816 大豆非必需氨基酸 soybean nonessential amino acid
大豆中所含可在动物体内合成、作为营养源不需要从外部补充的氨基酸。

03.0817 大豆低聚糖 soybean oligosaccharide
大豆中可溶性糖质的总称。主要成分是指蔗糖(双糖)、棉子糖(三糖)和水苏糖(四糖)等。

03.0818 豆类维生素 bean vitamin

泛指豆科植物中所含有的维生素。

03.0819 豆类矿物质元素 legume mineral element
泛指豆科植物中所含的矿物质元素。

03.0820 大豆蛋白酶抑制剂 soybean protease inhibitors
大豆中含有的一类对蛋白酶有抑制作用的多肽或蛋白质。对于生物体内许多重要的生理功能具有调节作用。

03.0821 脂肪氧化酶 lipoxidase
一种含非血红素铁的蛋白质。专一催化具有顺、顺-1,4-戊二烯结构的多元不饱和脂肪酸加氧反应,氧化生成具有共轭双键的过氧化氢物。

03.0822 大豆红细胞凝集素 soybean RBC agglutinin
大豆中的一种抗营养因子。能使红细胞凝集。

03.0823 大豆植酸 soybean phytic acid
从大豆种子中提取的一种有机磷酸类化合物。

03.0824 大豆蛋白 soy protein
存在于大豆中的蛋白质的总称。占大豆的30%~40%,是优质植物蛋白质的主要来源之一。

03.0825 豆腐 beancurd
又称"水豆腐"。最常见的豆制品之一。主要的生产过程包括浸泡、制浆、凝固和成型。

03.0826 豆浆 soybean milk

大豆经过浸泡、磨碎、过滤、煮沸、调制而成的饮品。

03.0827 腐竹 dried beancurd stick
将豆浆加热煮沸后,经过一段时间保温,表面形成一层薄膜,挑出后下垂,卷成枝条状,再经干燥而成。因其形似竹枝得名。

03.0828 豆腐脑 jellied beancurd
制作豆腐的中间产物,大豆经过浸泡、制浆、凝固后形成的产品。

03.0829 豆芽 bean sprout
又称"豆芽菜"。各种豆类种子培育出可以食用的"芽菜"。

03.0830 豆腐皮 skin of soybean milk
豆浆煮沸之后表面形成天然薄膜,挑起来,晾干而成的膜片状产品。

03.0831 豆沙酱 bean paste
以红小豆(或绿豆、豌豆)、白砂糖、植物油为原料,经制沙、炒沙工序制成的豆沙酱料。

03.0832 素鸡 steamed beancurd roll
一种以素仿荤的豆制品,以豆腐皮(千张、非油皮)作主料,卷成圆棍形,捆紧煮熟,切片过油,加调料炒制而成。也可做成其他形状。

03.0833 植物蛋白肉 vegetable protein meat
又称"蛋白素肉""人造肉"。以植物性原料作为蛋白质主要来源,经一定工艺加工制成的具有类似动物肉制品风味、质构和形态的食品的统称。

03.0834 冻豆腐 frozen beancurd
一种传统豆制品。由新鲜豆腐冷冻而成,孔隙多、弹性好、营养丰富,味道鲜美。

03.0835 豆乳粉 soybean milk powder
又称"干燥豆乳"。在豆乳生产的基础上,经配料、杀菌、浓缩、喷雾干燥等制成的速溶粉。

03.0836 大豆浓缩蛋白 soybean protein concentrate
以低温脱溶大豆粕为原料,经过粉碎、浸提、分离、洗涤、干燥等加工工艺,去除低分子可溶性非蛋白组分(主要是可溶性糖、灰分、醇溶蛋白和各种气味物质等)后,所制得的含有65%(干基)以上蛋白质(N×6.25)的大豆蛋白产品。

03.0837 大豆分离蛋白 soybean protein isolate
以低温脱溶大豆粕为原料生产的一种蛋白质含量90%以上的产品,营养丰富,富含氨基酸,是一种重要的植物蛋白产品。

03.0838 大豆组织化蛋白 textured soybean protein
经过组织化,具有稳定的网状结构的大豆蛋白。组织蛋白有粒状、块状、片状、丝状等不同形态,呈不同深浅的黄褐色,其网状结构成定向排列,形成具弹性、韧性的纤维束或积层,使在食用时有类似肉食肌肉组织的咬劲。典型的组织化蛋白含蛋白质60%左右。

03.0839 豆粕 soybean meal
大豆提取豆油后得到的一种副产品。

03.02.04 果蔬与果蔬制品

03.0840 鲜切果蔬 fresh-cut fruit and vegetable
以新鲜果蔬为原料,在清洁环境下经预处理、清洗、切分、消毒、去除表面水、包装等处理,改变其形状仍保持新鲜状态,经冷藏运输而进入冷柜销售的定型包装的果蔬产品。

03.0841 腌制蔬菜 pickled vegetable

以新鲜蔬菜为主要原料,加入盐、酱油、酱、醋、糖、酒或其他的辅料腌制加工而成的各种蔬菜制品。

03.0842 发酵果蔬制品 fermented fruit and vegetable product
以水果或蔬菜为原料,经微生物发酵制成的果蔬制品。

03.0843 泡菜 pickle
以新鲜蔬菜为主要原料,添加或不添加辅料,加少量食盐或食盐水泡渍发酵而成的蔬菜制品。

03.0844 韩国泡菜 kimchi
以新鲜蔬菜等为主要原料,添加红辣椒、大蒜、虾酱等选择性辅料调味,经食盐或食盐水处理、低温腌渍等工艺加工而成的蔬菜制品。

03.0845 酱渍菜 pickled vegetable with soy sauce
以蔬菜为原料,用酱油腌制加工而成的蔬菜制品。

03.0846 盐渍菜 pickled vegetable with salt
以蔬菜为原料,用食盐盐渍加工而成的蔬菜制品。

03.0847 糖渍菜 pickled vegetable with sugar
将蔬菜咸坯经脱盐、脱水后,用糖渍加工而成的蔬菜制品。

03.0848 蔬菜咸坯 salted vegetable
新鲜蔬菜经盐腌或盐渍而成的各种酱腌菜半成品。

03.0849 发酵橄榄 fermented olive
以橄榄为原料,经挑选、清洗、微生物发酵等工序制成的产品。

03.0850 脱水果蔬 dried fruit and vegetable
将新鲜果蔬经脱水干燥处理后的产品。

03.0851 果蔬脆片 fruit and vegetable crisp

以果蔬为原料,经真空油炸脱水等工艺生产的各类水果、蔬菜干制品。

03.0852 果蔬脯 preserved fruit and vegetable
以果蔬为原料,经或不经糖熬煮或浸渍,可加入食品添加剂制成的表面不黏不燥、有透明感、无糖霜析出的干态制品。

03.0853 果蔬粉 fruit and vegetable powder
以水果、蔬菜为原料,经筛选、清洗、打浆、均质、杀菌、干燥等工艺生产的粉状果蔬产品。

03.0854 速冻果蔬 quick-frozen fruit and vegetable
以新鲜、成熟、清洁的果蔬为原料,经分级、切分、热烫、冷却、速冻等工序制成的产品。

03.0855 果蔬汁 fruit and vegetable juice
以水果或蔬菜为原料,采用物理方法(机械方法、水浸提等)制成的可发酵但未发酵的汁液制品;或在浓缩果蔬汁中加入其加工过程中除去的等量水分复原制成的汁液制品。

03.0856 果蔬浆 fruit and vegetable puree
以水果或蔬菜为原料,采用物理方法(机械方法、水浸提等)制成的可发酵但未发酵的浆液制品;或在浓缩果蔬汁中加入其加工过程中除去的等量水分复原制成的浆液制品。

03.0857 澄清汁 clear juice
不含悬浮物质,呈澄清透明的汁液。

03.0858 浑浊汁 cloudy juice
含有悬浮物质,呈混浊的汁液。

03.0859 浓缩果蔬汁 concentrated fruit and vegetable juice
以水果或蔬菜为原料,从采用物理方法制取的果汁或蔬菜汁中除去一定量的水分制成的、加入其加工过程中除去的等量水分可复原原有果汁或蔬菜汁应有特征的制品。

03.0860 果酒 fruit wine
以新鲜水果或果汁为原料,采用全部或部分

发酵酿制而成的,酒精度在体积分数 7% ~ 18%的各种低度饮料酒。

03.0861 果醋 fruit vinegar
以水果或浓缩果汁(浆)为原料,经乙醇发酵、醋酸发酵制成的液体产品。

03.0862 果蔬酱 fruit and vegetable sauce
以果蔬、果蔬汁或果蔬浆和糖等为主要原料,经预处理、煮制、打浆(或破碎)、配料、浓缩、包装等工序制成的酱状产品。

03.0863 果蔬罐头 canned fruit and vegetable
以水果、蔬菜等为原料,经加工处理、装罐、密封、加热杀菌等工序加工而成的商业无菌的罐装食品。

03.0864 原料清理 raw material handling, raw material cleaning
清除原料中夹带的杂质和原料表面的污物所采取的各种方法或工序的统称。

03.0865 分级 grading
按原料不同质量等级进行分选的方法。

03.0866 沥水 leaching
在清洗工序后,将水分从物料中分离的操作。

03.0867 去皮 peeling
利用手工、机械、化学等方法将原料表皮除去的操作。

03.0868 切分 cutting
将大块物料分割成小块物料的操作。

03.0869 护色 preserving color
利用烫漂、排除氧气、添加有机酸等方法防止果蔬物料褐变、稳定色泽的操作。

03.0870 硬化 hardening
将果蔬物料在石灰或氯化钙等稀溶液中浸泡一定时间,从而提高物料硬度的操作。

03.0871 烫漂 blanching
将经过预处理的新鲜果蔬原料在热蒸汽或热

水中处理一定时间,达到钝化酶活性目的的操作。

03.0872 脱盐 desalting
除去腌制品中部分盐分的工艺过程。

03.0873 回软 softening
又称"均湿"。将干燥后的产品贮藏于湿度合适的环境,使产品水分分布均匀、适当变软的工序。

03.0874 复水 rehydration
将脱水食品浸在水中,经过一定时间基本恢复脱水前的性质(体积、颜色、风味、组织等)的过程。

03.0875 打浆 mashing
利用机械方法将水果、蔬菜制成浆料并分离出皮、籽、核的操作。

03.0876 榨汁 squeezing
利用挤压力挤压出固体物料中所含液汁的操作。

03.0877 澄清 clarification
果蔬清汁加工中,利用酶解、吸附、超滤等方法除去果蔬汁中悬浮物或混浊物的操作。

03.0878 脱气 degassing
果蔬清汁加工中,利用真空、气体置换、加热等方法脱除果蔬汁中空气的操作。

03.0879 调配 blending
果蔬汁饮料加工中,成分的调整与混合。

03.0880 灌装 filling
将经灭菌的食品充灌入包装容器中,并进行密封的操作。

03.0881 热灌装 hot filling
果蔬汁在经过加热杀菌后不进行冷却,立即趁热灌装,然后密封、冷却的操作。

03.0882 冷灌装 cold filling
果蔬汁经加热杀菌后,立即冷却至5℃以下

灌装、密封的操作。

03.0883　注液　injection
将果蔬汁注入包装容器的过程。

03.0884　无菌灌装　aseptic filling
将经灭菌的食品在无菌条件下充灌入无菌包装容器中,在无菌条件下进行密封的一种灌装方法。

03.02.05　食　用　油

03.0885　粟米油　corn oil
又称"玉米胚芽油"。从玉米的胚芽中提取出的植物油,含有丰富的不饱和脂肪酸(以油酸和亚油酸为主)、维生素 E 及多酚类物质;不含胆固醇。烟点比较其他的食油低,不适合于高温煮炸。

03.0886　花生油　peanut oil
从花生仁中提取的食用油。色泽淡黄清亮,气味芬芳,滋味可口。

03.0887　橄榄油　olive oil
由新鲜的油橄榄果实直接冷榨而成的食用油。不经加热和化学处理,保留了天然营养成分。

03.0888　山茶油　camellia oil
又称"油茶籽油"。取自油茶树种籽的食用油,制作过程可分为去壳、晒干、粉碎、榨油、过滤,全过程均为物理方法,因此是纯天然绿色食用油。不饱和脂肪酸含量高,并且含有茶多酚等活性物质。

03.0889　油菜籽油　canola oil
又称"菜[籽]油"。用油菜籽提取出来的食用油。

03.0890　葵花籽油　sunflower oil
从葵花籽中提取的油色金黄、清明透亮、气味清香的食用油。

03.0891　芝麻油　sesame oil
又称"香油""麻油"。从芝麻中提取、具有特别香味的食用油。提取方法有压榨法、压滤法和水代法。小磨香油为用传统工艺水代法制作的香油。

03.0892　核桃油　walnut oil
以核桃仁为原料,压榨而成的植物食用油。

03.0893　棉籽油　cottonseed oil
以棉花籽为原料提取的油。分为压榨棉籽油、浸出棉籽油、棉籽原油、成品棉籽油几种。颜色较其他油深红,精炼后可供人食用,含有大量人体必需的脂肪酸,最宜与动物脂肪混合食用。

03.0894　荠蓝籽油　*Camelina* oil
以荠蓝籽为原料提取的油,是一种新型健康植物油。

03.0895　猪油　lard
俗称"荤油""大油"。由猪脂肪中提炼的一种初始状态为黄色半透明液体、常温下为白色柔软固体的食用油。

03.0896　牛油　butter
(1)牛乳制品,是奶油的通俗名称。(2)从牛的脂肪组织中提炼出来的油脂。

03.0897　羊油　mutton fat
由羊内脏附近和皮下含脂肪的组织中提取的油脂。

03.0898　鸡油　chicken oil
从鸡腹内脂肪中提取的油脂。

03.0899　鸭油　duck oil
由鸭脂肪中获得的油脂,胆固醇相对于其他

动物油含量较低。

03.0900　鲸油　whale oil
一种海生动物油。由鲸的皮下组织、内脏和骨中制得的油脂。

03.0901　椰子油　coconut oil
由椰子肉(干)制得的油脂,为白色或淡黄色脂肪。

03.0902　深海鱼油　deep sea fish oil
提取自深海鱼类体内不饱和脂肪的油脂。富含二十碳五烯酸(EPA)、二十二碳六烯酸(DHA)。

03.0903　米糠油　rice bran oil
由稻谷加工过程中得到的副产品米糠,用压榨法或浸出法制取的一种稻米油。

03.0904　大豆油　soybean oil
大豆毛油经过滤、脱胶、脱酸、脱色及脱臭等工序制得的精炼油。分一级、二级,分别对应酸值(mg KOH/g)≤0.2、≤0.3。

03.0905　水酶法大豆油　water enzymatic soybean oil
在机械破碎的基础上,采用酶(蛋白酶、淀粉酶、果胶酶、维生素酶等)降低大豆细胞壁使油料释放,再利用非油成分对油和水的亲和力差异及油水密度不同将非油成分和油分离后制备大豆油的方法。代表了植物油脂生物提取技术的未来发展方向。

03.0906　压榨大豆油　squeeze the soybean oil
大豆经去杂、去石后进行破碎、蒸炒、挤压,使油脂从大豆中分离出来,经过滤精炼而制成的油脂。

03.0907　溶剂提取大豆油　solvent extraction of soybean oil
应用萃取的原理,选择某种能够溶解大豆油脂的有机溶剂,使其与经过预处理的油料进行接触-浸泡或喷淋,被溶剂溶解出来的油脂。

03.0908　毛油　crude oil
从动物或植物油料中制取、没经过精炼加工的初级油。由于加工工艺简单,含杂质多、易氧化变质,不宜长期储存。

03.0909　精炼大豆油　refined soybean oil
对大豆毛油进行精制,去除毛油中对食用、贮藏等有害无益的杂质后得到的符合国家质量标准的成品豆油。

03.0910　调和油　blend oil
又称"高合油"。根据使用需要,将两种以上经精炼的油脂(香味油除外)按比例调配制成的食用油。

03.0911　色拉油　salad oil
植物原油经脱胶、脱色、脱臭等加工程序精制而成的高级食用植物油。主要用作凉拌或作酱、调味料的原料油。主要有大豆色拉油、油菜籽色拉油、米糠色拉油、棉籽色拉油、葵花子色拉油和花生色拉油等。

03.0912　氢化油脂　hydrogenated oil and fat
又称"氢化油"。通过加氢工艺,改变了熔点或熔解特性的油脂。氢化油脂可分为植物性与动物性,即氢化植物油与氢化动物油。

03.0913　人造奶油　margarine
用植物油加部分动物油、水、调味料经调配加工而成的具有可塑性的油脂品,用以代替从牛奶中取得的天然奶油。

03.0914　起酥油　shortening oil
精炼的动植物油脂、氢化油或上述油脂的混合物,经急冷、捏合而成的固态油脂,或不经急冷、捏合的固态或流动态的油脂产品。具有可塑性和乳化性等加工性能,用于糕点、面包等食品的加工。

03.0915　油脚　oil foot
油脂精炼后分出的残渣。精炼一般有"六脱",每一步产生的废弃物都称为油脚。其主要成分是成为钠皂形式的脂肪酸和中性油脂。

03.02.06 肉与肉制品

03.0916　肉制品　meat product
以肉为主要原料加工而成的食品。

03.0917　待宰　lairage
待宰动物到达屠宰场后进入指定圈舍,停止喂食,但给予足量的饮用水,使待宰动物得到充分的休息,改善动物福利和肉品品质。

03.0918　屠宰　slaughter
畜禽经致昏、放血、去除毛皮(或不去皮)、内脏、头、蹄等最后形成胴体的过程。

03.0919　应激　stress
动物在不适环境或受到刺激的情况下所产生的生理反应。表现在心率、呼吸频率加快,体温和血压上升。

03.0920　致昏　stunning
又称"击昏"。应用物理或化学方法,使畜禽在屠宰前处于昏迷状态。

03.0921　二氧化碳麻醉法　carbon dioxide anesthesia
在屠宰中,待宰动物通过含有 CO_2 的通道后完全失去知觉的致昏方法。

03.0922　屠宰率　dressing percentage
胴体占宰前空腹重的百分比。

03.0923　胴体　carcass
又称"白条肉"。畜禽屠宰放血后,去除头、蹄、尾、皮(或不去皮)、毛及内脏后所保留的部分。主要包括肌肉、脂肪、骨骼和结缔组织。

03.0924　电刺激　electrical stimulation
在一定的电压、频率下对放血后的牛、羊等屠体作用一定的时间,改进肉的品质的方法。

03.0925　冷冻肉　frozen meat
经预冷排酸、急冻的肉品。一般在 $-18℃$ 以下贮藏,深层肉温达 $-15℃$ 以下。

03.0926　冷却肉　chilled meat
又称"冷鲜肉"。畜禽宰后经过充分冷却,并在后续的加工、贮运和销售过程中始终保持在 $-1\sim7℃$ 的生鲜肉。

03.0927　冷却干耗　chilling loss
胴体在冷却过程中因水分蒸发而发生的失重现象。

03.0928　热鲜肉　hot-boned meat
屠宰后未经人工冷却的鲜肉。

03.0929　肉的成熟　meat aging, meat conditioning
俗称"排酸"。鲜肉在冻结点以上温度环境下贮藏,期间自发的肌肉生化反应使其风味和嫩度得到改善的过程。

03.0930　冷收缩　cold-shortening
在冷却条件下,肌肉僵直尚未开始,肉的温度降低过快导致的肌肉变硬的现象。

03.0931　僵直　rigor
畜禽宰后,肌动蛋白和肌球蛋白结合形成的肌动球蛋白,因缺乏能量不能解离,肌肉逐渐失去延展性而变得僵硬的现象。

03.0932　解冻僵直　thaw rigor
宰后迅速冷冻,尚未开始僵直的肌肉在解冻时肌肉以腺苷三磷酸(ATP)为能量收缩形成的僵直。

03.0933　异质肉　abnormal meat
颜色、质地等品质异常的肉,主要包括苍白松软渗水肉(PSE 肉)和黑硬干肉(DFD 肉)。

03.0934　苍白松软渗水肉　pale soft exudative meat

又称"PSE 肉"。色泽苍白、质地松软和有水分渗出的鲜肉。是一种典型的异质肉,通常发生在猪肉。

03.0935 黑硬干肉 dark firm dry meat
又称"DFD 肉""黑切肉"。色泽黑暗、质地干硬的鲜肉。是一种典型的异质肉。通常发生在牛羊肉。

03.0936 肉色 meat color
肉的颜色。取决于其中肌红蛋白的含量及其化学状态。

03.0937 大理石花纹 marbling
肌内脂肪在肌肉中的分布形状。是评价鲜肉食用品质的指标之一。

03.0938 嫩度 tenderness
肉在食用时口感的老嫩,即易于被嚼碎和吞咽的程度。是肉的主要食用品质之一。

03.0939 剔骨肉 deboned meat
分割后仍附在骨头上的,通过人工或机械的方法再剔下来的这部分肉。

03.0940 分割肉 cut meat
胴体按规格要求分割成的各个部位的肉。

03.0941 滚揉 tumbling
肉在旋转的鼓状容器中,或者是在带有垂直搅拌浆的容器内进行处理的过程。

03.0942 斩拌 chopping
对肉同时进行切碎和混合的过程。

03.0943 绞肉 grinding
将原料肉通过绞肉机进行破碎的过程。

03.0944 卤制 stew in soy sauce
在肉制品加工中,主料配以辅料煮的过程。

03.0945 蒸煮损失 cooking loss
肉在蒸煮过程中的质量损失。

03.0946 香肠 sausage
将肉绞碎,拌以辅料灌入肠衣的一类肉制品。分中式香肠和西式香肠,中式香肠的肉经绞碎呈块状,西式香肠的肉经斩拌、乳化呈糜状。

03.0947 胶原蛋白肠衣 collagen casing
以胶原蛋白为原料,经酸、碱和机械处理,再经挤压、充气成型、干燥、加热定型等工艺制作的人造肠衣。

03.0948 天然肠衣 natural casing
将牲畜的食管、胃、小肠、大肠和膀胱等器官经预处理、盐渍或干制等工艺制成的肠衣。

03.0949 发酵肉制品 fermented meat product
在微生物发酵、肌肉内源酶或脱水的作用下产生特殊风味和质地的肉制品。产品呈酸性,保存时间长,通常可生吃。

03.0950 发酵香肠 fermented sausage
畜禽等的肉经绞碎或粗斩,添加食盐、发酵剂、充填入肠衣中,经发酵、干燥、成熟等工艺制成的具有稳定的微生物特性和典型的发酵香味的肉制品。

03.0951 干制香肠 dry sausage
经自然或接种发酵,并在干燥或烟熏过程中除去25%~50%水分的一类发酵香肠产品。

03.0952 半干制香肠 semi-dry sausage
经自然或接种发酵,并在干燥或烟熏过程中除去15%左右水分的一类发酵香肠产品。

03.0953 熏煮香肠 smoked and cooked sausage
原料肉经腌制、绞碎、斩拌处理后,充填入肠衣内,再经蒸煮、烟熏等工艺制成的肉制品。

03.0954 生鲜肠 fresh sausage
将肉绞碎,拌以辅料灌入肠衣的一类生肉制品。

03.0955 干腌火腿 dry-cured ham
猪前后腿经整形、腌制、风干成熟等工艺制成的肉制品。

03.0956 腌腊制品 cured meat product
原料肉经腌制、晾晒或烘焙等工艺制成的肉制品。

03.0957 肴肉 Yao meat
猪前后腿肉经腌制、煮制、压蹄、包装等工艺制成的肉制品。

03.0958 腊肉 Chinese bacon
鲜肉经腌制、烘烤或烟熏等工艺制成的肉制品。

03.0959 风干肉 dry-cured meat
鲜(冻)肉经腌制、风干等工艺制成的肉制品。

03.0960 风鸡 dry-cured chicken
鲜(冻)鸡经腌制、风干等工艺制成的肉制品。

03.0961 风鹅 dry-cured goose
鲜(冻)鹅经腌制、风干等工艺制成的肉制品。

03.0962 酱卤制品 sauce pickled product
原料肉配以调味料和香辛料,经煮制等工艺制成的熟肉制品,主要包括白煮肉、酱卤肉、糟肉。

03.0963 盐水鸭 water boiled salted duck
又称"贡鸭"。鲜(冻)鸭经腌制、卤制、煮制、冷却等工艺制成的肉制品。

03.0964 板鸭 salted duck
鲜(冻)鸭经腌制、清卤复腌、晾挂或烘干而成的腌制品。

03.0965 烧烤制品 roasted product
原料肉配以辅料,经腌制等工序进行前处理,再以烟气、明火等加热介质进行熏烧、焙烤等工艺制成的肉制品。

03.0966 烤鸭 roasted duck
原料鸭经制坯、烫皮、浇挂糖色、灌汤打色、烤

制等而制成的中国传统肉制品。

03.0967 肉干 jerky
瘦肉经预煮、切丁(或片、条)、调味、复煮、收汤、干燥制成的熟肉制品。

03.0968 肉脯 dried meat slice
瘦肉经切片或斩拌、调味、腌制、摊筛、烘干、烤制等工艺制成的熟肉制品。

03.0969 肉松 dried meat floss
瘦肉经修整、切块、煮制、调味、收汤、炒松、搓松等制成的肌肉纤维蓬松成絮状的熟肉制品。

03.0970 调理肉制品 prepared meat product
原料肉配以辅料经预处理加工而成的生或熟的肉制品。

03.0971 罐藏肉制品 canned meat product
原料肉经过预处理、罐装、排气、密封、灭菌等制成的肉制品。

03.0972 低温肉制品 low-temperature meat product
以较低的温度(肉的中心温度达到 68~72℃)进行巴氏杀菌的肉制品。

03.0973 高温肉制品 high temperature meat product
经过 121℃高温蒸煮杀菌的肉制品。

03.0974 中式肉制品 Chinese-style meat product
又称"中国传统风味肉制品"。具有中国传统特色的肉制品。主要包括腌腊制品、酱卤制品、熏烧烤制品和干制品等。

03.0975 西式肉制品 western-style meat product
起源于欧洲,以低温加工为主要特色的肉制品。主要包括培根、香肠和火腿制品等。

03.0976 培根 bacon
通常以猪的背脊肉、肋条肉等为原料,经过整

形、腌制、熏制等工艺而制成的肉制品。由英文"bacon"音译而来。

03.02.07 蛋与蛋制品

03.0977 蛋壳外膜 eggshell outer membrane
又称"壳上膜"。在蛋壳表面涂着的一层具有无定形结构、无色、透明、具有光泽的黏性蛋白质。为可溶性蛋白，其厚度为 $5\sim10\mu m$。

03.0978 蛋壳内膜 eggshell inner membrane
又称"壳下膜"。在蛋壳和蛋白的中间存在的白色、半透明、具有弹性的网状薄膜。由有机纤维质构成，其厚度为 $73\sim114\mu m$。

03.0979 蛋白膜 egg white membrane
附着在内壳膜的内层，具有 3 层纤维且纤维之间垂直相交的薄膜。厚度为 $12.9\sim17.3\mu m$。

03.0980 蛋黄膜 egg yolk membrane
包裹在蛋黄内容物外边的具有三层结构的透明的薄膜。其内层与外层由黏蛋白组成，中间层由角蛋白组成，平均厚度为 $16\mu m$。

03.0981 基质 matrix
蛋壳的重要组成成分。由交错的蛋白质纤维和蛋白质团块构成，分为乳头层和海绵层。

03.0982 气孔 stoma
在蛋壳上存在的不规则呈弯曲形状的细孔（7000~17 000 个/枚）。其数量为 130 个/cm² 左右，大多肉眼不可见。

03.0983 气室 air chamber
鲜蛋离开母体后遇冷内容物发生收缩，在蛋的钝端由蛋白膜和内蛋壳膜分离形成的气囊。气室的大小与蛋的新鲜程度直接相关，是评价和鉴别蛋新鲜程度的重要标志之一。

03.0984 浓厚蛋白 thick white
蛋白存在的形态之一。呈纤维状结构，因含有溶菌酶而具有杀菌和抑菌的作用，新鲜蛋中浓厚蛋白含量占全部蛋白的50%~60%。

03.0985 稀薄蛋白 thin white
蛋白存在的形态之一。呈水样液体，不含有溶菌酶，新鲜蛋中稀薄蛋白含量占全部蛋白的40%~50%。

03.0986 系带 chalaza
在蛋清蛋白中，位于蛋黄的两端各有一条浓厚的白色的带状物。一端和大头的浓厚蛋白相连，一端和小头的浓厚蛋白相连。

03.0987 胚珠 ovule
在蛋黄表面上的一颗尚未受精而呈圆形的乳白色小点。

03.0988 胚盘 blastodisc
在蛋黄表面上的一颗经受精而呈多角形的乳白色小点。

03.0989 卵白蛋白 ovalbumin
又称"卵清蛋白"。蛋清蛋白中主要的蛋白质，占蛋清蛋白中蛋白质总量的54%~69%。

03.0990 卵伴白蛋白 ovotransferrin
又称"卵转铁蛋白"。蛋清蛋白中主要的蛋白质，约占蛋清蛋白中蛋白质总量 12% ~ 13%的一种糖蛋白。

03.0991 卵黏蛋白 ovomucin
在鸡的蛋清中含量较少（约 3.5%）的糖蛋白，含有 O-连接的糖链，这些糖与水形成广泛的氢键，形成凝胶样结构，使蛋清黏稠。

03.0992 抗生物素蛋白 avidin
在蛋白中主要与卵黏蛋白结合存在，对维持浓厚蛋白结构起重要作用。

03.0993 卵黄 yolk
卵内贮存的营养物质。

03.0994 卵黄蛋白 livetin

占蛋黄总量 10.6% 的一种球蛋白。含 0.1% 的磷和丰富的硫。

03.0995　高 *F* 值蛋清寡肽　high *F* value oligopeptide from egg white
蛋清经酶解后获得的支链氨基酸(BCAA)与芳香族氨基酸(AAA)摩尔比大于 20、含有 10 个氨基酸以下的化合物。

03.0996　蛋形指数　egg-shaped index
蛋的纵径与横径相比的百分率。

03.0997　蛋白指数　protein index
蛋白中浓厚蛋白与稀薄蛋白的质量之比。

03.0998　蛋黄指数　yolk index
蛋黄的高度与直径相比的百分率。

03.0999　蛋黄百分率　egg yolk percentage
蛋黄重占蛋重的百分率。

03.1000　哈夫单位　Haugh unit,HU
根据蛋重和浓厚蛋白的高度,按以下公式计算出的指标,$HU = 100 \times \lg[h + 7.57 - 1.7 \times (w^{0.37})]$,$h$ 为测量蛋品摊在平台上的蛋白高度(mm),w 为测量蛋品整蛋的质量(g)。是蛋品质量评价的主要指标,新鲜蛋哈夫单位在 75~82,低于 72 哈夫单位不适合食用。

03.1001　再制蛋　reformed egg
加工后的成品仍然保持或基本保持原有形状的蛋制品。包括松花蛋、咸蛋、糟蛋及其他多味蛋等。

03.1002　蛋肠　egg-sausage
以鸡蛋为主要原料,适当添加其他配料,仿照灌肠工艺,经灌制、漂洗、蒸煮冷却等工序,加工而成的一种具有香肠外观的蛋制品。

03.1003　蛋黄油　egg butter
鸡蛋黄中脂溶性物质的总称。主要包括卵磷脂、甘油三酯和胆固醇等成分。

03.1004　蛋松　dried egg floss
鲜蛋液经油炸后炒制脱水成的疏松熟制蛋品。成品外观浅黄色,质地松软,口感绵韧。

03.1005　蛋脯　candied egg
利用蛋制品受热凝固特性,添加多种果蔬、肉制品、豆制品等辅料制成的一种食品。

03.1006　干蛋品　dried egg product
鲜鸡蛋经打蛋、过滤、消毒、喷雾干燥或经发酵、干燥制成的蛋制品。主要包括蛋粉和蛋白片。

03.1007　冰蛋品　frozen egg product
鲜鸡蛋经打蛋、杀菌制成的冷冻蛋制品。

03.1008　蛋粉　egg powder
以蛋液为原料经干燥加工除去水分而制得的粉状制品。分为全蛋粉、蛋黄粉和蛋白粉。

03.1009　蛋白片　egg white flake
以蛋白液为原料经发酵、干燥等加工处理制成的薄片状制品。

03.1010　变蛋　preserved egg
又称"卞蛋""皮蛋""松花蛋"。以鸭蛋为主原料,再用生石灰、黄丹粉、茶叶末、纯碱、草木灰和食盐等包裹加工而成的蛋制品。

03.1011　咸蛋　salted egg
又称"盐蛋""腌蛋""味蛋"。鲜蛋经过盐、糟等系列制作工艺,未改变蛋形的一类蛋制品。也包括糟蛋等。

03.1012　糟蛋　egg preserved in rice wine
用优质鲜蛋在糯米酒糟中糟制而成的一类再制蛋。品质柔软细嫩、气味芬芳、醇香浓郁、滋味鲜美、回味悠长,是我国著名的传统特产。

03.1013　熏蛋　smoked egg
将蛋品原料经过蒸、煮、炸等处理后的蛋制品。熏蛋分为生熏和熟熏。

03.1014　茶叶蛋　tea flavored egg
在煮制过程中加入茶叶的一种加味水煮蛋。

是我国的一种传统风味小吃。

03.1015　虎皮蛋　deep-fried boiled egg
以新鲜的鸡蛋为原料,经煮熟、剥壳、油炸、装罐、杀菌等工艺加工而成的一种蛋类制品。

03.1016　鸡胚蛋　embryonated egg
又称"毛蛋"。受精蛋经过一定时间的孵化发育,鸡胚已成形但还未破壳的蛋。对人体有利的物质在增加,而对人体不利的物质在减少。

03.1017　卤蛋　marinated egg
用各种调料或肉汁加工而成的熟制蛋。如用五香卤料加工的五香卤蛋,用桂花卤料加工的桂花卤蛋,用鸡肉汁加工的鸡肉卤蛋,用卤

蛋再进行熏烤的熏卤蛋。

03.1018　烤蛋　baked egg
以禽蛋(主要是鸡蛋)为原料经高温烤制而成的蛋制品。产品的蛋味及口感良好,基本无硫化氢味,并可长期保存。

03.1019　铁蛋　iron egg
以新鲜鸡蛋为原料,经煮制、烘烤等一系列工艺而制成的一种色泽棕黑,蛋白柔韧,蛋黄油、沙、香,且较耐贮藏、营养丰富、风味独特的食品。

03.1020　陈皮蛋　tangerine peel egg
用陈皮煮取浓汁,用一次性注射器抽取陈皮汁注入鸡蛋(或鹌鹑蛋)中再煮熟制成的蛋。

03.02.08　乳与乳制品

03.1021　液态乳　milk
以合格的新鲜牛乳为原料,经离心净乳、标准化、均质、巴氏杀菌、冷却和罐装,直接供给消费者饮用的商品乳。

03.1022　初乳　colostrum
正常饲养的、无传染病和乳房炎的健康雌性哺乳动物分娩后72h内分泌的乳汁。

03.1023　巴氏杀菌乳　pasteurized milk
以生乳为原料,经巴氏杀菌等工艺制成的液态乳。

03.1024　超高温灭菌乳　ultra high temperature milk
以生乳或复原乳为原料,加热到至少132℃并保持很短时间的灭菌,再经无菌灌装等工艺制成的液态乳。

03.1025　乳饮料　milk beverage
以乳或乳制品为原料,加入水及适量辅料经配制或发酵而成的饮料制品。

03.1026　发酵乳　fermented milk

以生乳或乳粉为原料,经杀菌、发酵后制成的凝乳产品。

03.1027　发酵乳制品　fermented milk product
由生乳或热处理乳经微生物发酵而制成的各种乳制品。

03.1028　酸奶　yoghurt
又称"酸乳"。以生乳或复原乳为主要原料,经微生物发酵形成的凝乳状产品。

03.1029　开菲尔乳　kefir
以生乳或复原乳为原料,由多种乳酸菌及酵母菌发酵所形成的复合型发酵乳。

03.1030　干酪　cheese
在生乳中加入适量的乳酸菌发酵剂和凝乳酶使乳蛋白质凝固,排除乳清并成型而成的产品。

03.1031　奶油　cream
以乳脂肪为主要成分,经压炼制成的乳制品。

03.1032　发酵稀奶油　fermented sour cream
以巴氏杀菌的稀奶油为原料,用乳酸菌发酵

得到的乳脂肪不低于18%的奶油。

03.1033　冰淇淋　ice cream
以生乳为主要原料,并加入乳化剂、稳定剂及香料等食品添加剂,经混合、杀菌、均质、成熟凝冻、成型、硬化等工艺而成的冷冻乳制品。

03.1034　炼乳　condensed milk
以生乳或复原乳为主要原料,经杀菌、浓缩制成的乳制品。

03.1035　配方乳粉　formula milk powder
针对不同人群的营养需求,在生乳或乳粉中添加营养素,经加工干燥而制成的乳制品。包括婴幼儿配方乳粉、中老年乳粉及其他特殊人群需要的乳粉。

03.1036　乳蛋白　dairy protein
由乳腺分泌上皮合成,经乳腺泡内腔分泌到乳池的蛋白质的统称。

03.1037　酪蛋白　casein
由乳腺分泌上皮合成的一种含磷钙的结合蛋白。是哺乳动物乳汁中的主要蛋白质,对酸敏感,pH较低时会沉淀,主要有$\alpha s1$-酪蛋白、$\alpha s2$-酪蛋白、β-酪蛋白和κ-酪蛋白等。

03.1038　乳清蛋白　whey protein
乳蛋白经凝乳酶或酸法沉淀酪蛋白后仍保持溶解状态的蛋白质的统称。主要有β-乳球蛋白、α-乳白蛋白、血清白蛋白及免疫球蛋白。

03.1039　乳脂肪　milk fat
乳中存在的甘油三酯的混合物。不溶于水,以脂肪球状态分散于乳浆中。

03.1040　乳粉　milk powder
由原料乳经杀菌、浓缩、干燥等工艺过程制成的粉末状制品。

03.1041　乳清粉　whey powder
以乳清为原料,经干燥制成的乳粉制品。

03.1042　乳清蛋白粉　whey protein powder
由乳清经超滤、干燥而成的蛋白质粉状制品。

03.1043　干酪素　caseinate
由氢氧化钙或氢氧化钠中和酸干酪素而制成的酪蛋白盐。

03.1044　浓缩乳蛋白粉　milk protein concentrate
由生乳经离心、超滤等工艺去除脂肪、乳糖后得到的乳蛋白浓缩物。

03.1045　婴幼儿配方乳粉　infant formula
以人乳为标准,对牛乳中各成分进行调整,使其成分和功能最大限度地接近人乳,以满足婴幼儿消化吸收和营养需求调制而成的乳粉。

03.1046　乳净化　milk purification
采用过滤或离心的方式除去乳中的机械杂质,并减少微生物的数量的工艺。

03.1047　乳标准化　milk standardization
在乳制品生产时根据产品的需求,调整原料乳中脂肪与非脂乳固体的比值。

03.1048　直投式接种　direct inoculation
发酵剂不需要经过活化、扩增而直接应用于生产的接种方法。

03.1049　真空脱气　vacuum degassing
采用真空脱气设备,利用压差作用去除液态物料中的空气或一些挥发性物质的加工工艺。

03.02.09　水　产　品

03.1050　保活　keep alive
通过维持或者接近水产品赖以生存的自然环

境,或者通过一系列的措施降低其新陈代谢,从而使其在流通销售过程中不死亡或少死亡的技术。

03.1051　保鲜　keep fresh
利用物理手段、化学手段、生物手段等手段对食品原料进行处理,从而保持或者尽量保持食品原有的新鲜程度的技术。

03.1052　土腥味　earthy smell
又称"异味(off-flavor)"。水产品因不适当的处理和贮藏而导致的微生物、酶作用或自动氧化产生的挥发性物质具有难闻气味,或者水产品在环境水体中吸收的一些挥发性有机化合物所引起的腥味。

03.1053　淡水鱼　freshwater fish
生活在盐度低于千分之三的内陆淡水中的鱼类。与海水鱼相对。

03.1054　青鱼　black carp
又称"黑鲩""乌青""螺蛳青"。学名 *Mylopharyngodon piceus*,以浮游动物为食、生长快。个大肉厚,多脂味美,刺大而少,含有丰富的蛋白质、糖类和多种维生素,以及锌、钙、磷、铁、镁等矿物质,营养价值高。

03.1055　草鱼　grass carp
又称"鲩""草青""棍鱼"。学名 *Ctenopharyngodon idellus*,典型的草食性鱼类。含有维生素 B_1、B_2、烟酸、不饱和脂肪酸,以及钙、磷、铁、锌、硒等,是暖胃、平肝祛风、温中补虚的养生食品。

03.1056　鲶鱼　cat fish
又称"塘虱""胡子鲢""黏鱼"。学名 *Silurus asotus*,体表多黏液,没有鱼鳞,头扁口阔,上下颌各有 2 根胡须。味道鲜美浓郁,刺少,开胃,易消化,特别适合老人和儿童食用。

03.1057　海水鱼　seawater fish, marine fish
生活在盐度较高(含盐 16‰~47‰,或盐水比重 1.020~1.023)的海洋中的鱼类。

03.1058　黄鱼　yellow croaker
又称"石首鱼""黄花鱼""江鱼"。含有丰富的蛋白质、微量元素和维生素,外形像鲟鱼,色灰白的一种有鳞的海鱼。分为大黄鱼(*Pseudosciaena crocea*)和小黄鱼(*Pseudosciaena polyactis*)。

03.1059　带鱼　hairtail
又称"刀鱼""牙鱼""白带鱼"。学名 *Trichiurus haumela*,富含脂肪、蛋白质、维生素 A、不饱和脂肪酸、磷、钙、铁、碘等多种营养成分。性温,味甘,具有暖胃、泽肤、补气、养血、健美及强心补肾、舒筋活血、消炎化痰、清脑止泻、消除疲劳、提精养神之功效。

03.1060　虾类　shrimps
甲壳动物十足目中体形延长、腹部发达、能做游泳或爬行活动的种类的统称。

03.1061　草虾　grass shrimp
又称"斑节对虾""壳虾"。具有生长快、食性杂、广盐性、养殖周期短、个体大、肉味鲜美、营养丰富、成虾产量高等特点的一种虾。

03.1062　对虾　prawn
又称"大虾"。学名 *Penaeus orientalis*,个体比草虾大,虾肉中蛋白质的含量高达 17.6%,富含人体所必需的多种氨基酸,脂肪含量只占 2.1%,是营养丰富、容易吸收的重要食品。

03.1063　蟹类　crabs
十足目短尾次目的通称。世界约 4700 种,中国约 800 种。常见的有梭子蟹、绒螯蟹等。

03.1064　梭子蟹　swimming crab
又称"三疣梭子蟹""枪蟹""海螃蟹"。学名 *Portunus trituberculatus*,肉质细嫩、洁白,富含蛋白质、脂肪及多种矿物质,是广受欢迎的一种海蟹产品。

03.1065　中华绒螯蟹　Chinese mitten crab
又称"河蟹""毛蟹""大闸蟹"。学名 *Eriocheir sinensis*,一种中国特有的传统的经济蟹类。是杂食性动物,主要分布在长江流域一带。主要特征为"青背、白肚、金爪、黄毛",其口感极其鲜美,营养丰富。只可食活蟹,因死蟹体内的蛋白质分解后会产生蟹毒碱。

03.1066 牡蛎 oyster

又称"生蚝""海蛎子"。学名 *Ostrea gigas*,锌含量特别丰富(9.39mg/100g),富含牛磺酸、糖原及部分微量元素,具有滋阴补肾的效果。牡蛎可生食、蒸煮、烹饪,生鲜牡蛎口感较好。

03.1067 扇贝 scallop

又称"海扇"。学名 *Pecten*,壳、肉、珍珠层具有极高的利用价值,其肉质鲜美,营养丰富,它的闭壳肌干制后即是"干贝"。

03.1068 头足类 cephalopods

软体动物门头足纲所有种类的通称。海洋动物中鱿鱼、章鱼、船蛸、鹦鹉螺和墨鱼都是头足类。

03.1069 鱿鱼 squid

又称"柔鱼""枪乌贼"。软体动物门头足纲管鱿目开眼亚目的动物。身体细长,呈长锥形,有 10 条触腕,其中两条较长。富含蛋白质、钙、牛磺酸、磷、维生素 B_1 等多种人体所需的营养成分,脂肪含量较低,胆固醇含量较高,不适于高血脂、高胆固醇血症、动脉硬化等心血管病及肝病患者食用。

03.1070 乌贼 cuttlefish

又称"花枝""墨[斗]鱼"。学名 *Sepiidae*,软体动物门头足纲乌贼目的动物。身体扁平柔软,共有 10 条腕,有 8 条短腕,还有两条长触腕以供捕食用。具有可喷射墨汁的墨囊,内脏可制备内脏油,高蛋白低脂肪,是食药两用的水产品。

03.1071 章鱼 octopus

又称"八爪鱼"。学名 *Octopodidae*,软体动物门头足纲章鱼科的动物。章鱼体呈短卵圆形,囊状,无鳍;头与躯体分界不明显,头胴部

7~9.5cm,头上有大的复眼及 8 条可收缩的腕,每条腕均有两排肉质的吸盘,体表一般不具水孔。章鱼不仅可连续 6 次往外喷射墨汁,还能够像最灵活的变色龙一样,改变自身的颜色和构造;章鱼表面分布着一种色素细胞,每个色素细胞包含 4 种天然色素(黄色素、红色素、棕色素、黑色素)中的一种。其肉可生食或熟食。

03.1072 藻类 algae, seaweed

原生生物界一类真核生物(有些也为原核生物,如蓝藻门的藻类)。主要水生,无维管束,能进行光合作用。

03.1073 绿藻 green algae

一种高能量植物。具有一中央液泡,食物以淀粉的形式储存于质体内的蛋白核中,其贮藏的营养物质主要为淀粉。绿藻中如石莼、礁膜、浒苔等历来是沿海人民广为采捞的食用海藻。

03.1074 紫菜 laver

学名 *Porphyra*,海中互生藻类的统称。紫菜属海产红藻,其营养丰富,其蛋白质含量超过海带,并含有较多的胡萝卜素和核黄素,包括条斑紫菜、坛紫菜、甘紫菜等。

03.1075 海带 kelp, sea-tangle

在低温海水中生长的大型海生褐藻植物。常用的食用藻类,含有丰富的碘,热量低、蛋白质含量中等、矿物质丰富,具有降血脂、降血糖、调节免疫、抗凝血、抗肿瘤、排铅解毒和抗氧化等多种效果。

03.1076 干制水产品 dried fish

采用天然或人工方法脱去水产品原料中的水分得到的低水分制品。

03.1077 脱腥 deodorization

采用一定方法与手段去除水产品腥味的过程。

03.1078 烤鱼片 dried fish fillet

鱼片经调味、烘干、烤熟、轧松等工序制成的方便即食制品。

03.1079 龙虾片 lobster piece
用鲜鱼肉掺淀粉及调味料经蒸熟后冷却切片,干燥所得到的制品,其经油炸可产生膨化。

03.1080 虾皮 dried small shrimp
以毛虾为主要原料,经过就地晒干而制成的干制品。

03.1081 海苔 sea sedge
紫菜经烤熟之后制成的食品。其质地脆嫩,入口即化,常添加油脂、盐和其他调料。

03.1082 鱿鱼丝 squid slice
鱿鱼经过脱皮、蒸煮、调味渗透、干燥、烘烤、拉丝等工艺制备的休闲食品。味道鲜美、口味适中且营养丰富。

03.1083 裹涂 wrap
在方便食品生产过程中,在食材表面进行淀粉挂糊,然后面包屑均匀涂抹的操作。

03.1084 罨蒸 intermittent drying
将已七八成干的水产品收回堆放在库房中,四周包裹严实,表面以草席遮盖,放置3～4d,促使水分由内部向表层扩散,以便其继续干燥的方法。

03.1085 咸鱼干 dried salted fish
先将鲜鱼腌咸,然后进行干燥的一种加工产品。产品有咸干品和鲜咸干品之分,咸干品咸味重、干燥度高、含水量35%左右;鲜咸干品咸味淡、干燥度低、含水量60%左右。

03.1086 糟鱼 pickled fish
对原料鱼进行盐渍、晒干、糟渍、装坛、封口等加工处理后得到的传统食品。

03.1087 醉蟹 wine preserved crab
经选蟹、养蟹、制卤、浸泡、腌制等工序精制得到的具有鲜蟹外观的产品。其制备过程讲究制作周期、食用时期。特点:口味咸鲜适中,芳香无腥,蟹味鲜美。

03.1088 熏制 smoking
利用木材或木屑不完全燃烧时产生的含有酚、醛、酸等成分的烟雾处理食品,或直接添加烟熏液,使产品具有烟熏食品的特殊风味的过程。

03.1089 冷熏 cold smoking
制品周围熏烟和空气混合气体的平均温度不超过22℃(一般为15～20℃)的烟熏过程。

03.1090 温熏 lukewarm smoking
在较高温度(30～80℃)进行较短时间(3～8h)熏干的方法,目的是使制品具有特有的风味。

03.1091 热熏 thermal smoking
又称"焙熏"。在120～140℃熏室中,进行短时间(2～4h)熏干的方法。

03.1092 液熏 liquid smoking
又称"湿熏""无烟熏"。利用木材干馏生成的烟气成分采用一定方法液化或再加工形成的烟熏液,浸泡食品或喷涂食品表面,以代替传统的烟熏方法。

03.1093 电熏 electric smoking
在熏烟室中设置电极线,使带电荷的熏烟成分附着于成为电极的鱼体表面的熏制方法。

03.1094 熏鱼 smoked fish
原料鱼经过烟熏加工处理得到的干制品。

03.1095 鱼糜制品 surimi-based product
以冷冻鱼糜为原料,解冻、切削绞碎后,进一步添加淀粉、调味剂等辅料,经擂溃、成型、凝胶化、加热制成各种各样风味独特、富有弹性的凝胶制品。

03.1096 采肉 meat separation, meat collection
鱼糜制备过程中,用机械方法将鱼体的皮骨除掉而把鱼肉分离出来的过程。一般用采肉机取肉,速度快、温升低。

03.1097 漂洗 bleaching
鱼糜制备过程中,用冰水或水溶液对所采的鱼肉进行洗涤,以除去鱼肉中的水溶性蛋白质、色素、气味、脂肪及被称为变性促进因子的无机离子(如 Ca^{2+}、Mg^{2+})等成分的过程。

03.1098 精滤 refined filtration, straining
鱼糜制备过程中,将采肉机得到的碎鱼肉中残留的细碎鱼皮、肉筋、鳞片、碎骨等杂质过滤除去的过程。过滤用的网孔直径为1.5mm。

03.1099 脱水 dehydration
鱼糜制备过程中,按照冷冻鱼糜和鱼糜制品的水分含量标准,除去因漂洗产生的多余水分的过程。常用螺旋压榨机压榨脱水或离心机离心脱水。

03.1100 鱼糜 surimi, fish paste
将原料鱼经过初加工去除鱼鳞、鱼鳍、鱼头、内脏,再通过专用机械进行采肉、漂洗、精滤、脱水等工艺,添加适量的糖类、多聚磷酸盐等抗冻剂并进行冻结而成。能在低温下长期贮藏与运输,并可作为各种鱼糜制品的生产食材。

03.1101 擂溃 grinding
将鱼糜中的肌纤维蛋白质溶解出来,并且均匀混合调味料的过程。包括空擂、盐擂和调味擂等三个阶段。

03.1102 凝胶化 gel-forming
鱼糜在成型之后加热之前,一般需要在较低的温度条件下放置一段时间,形成蛋白质网状结构,以增加鱼糜制品的弹性和保水性的过程。

03.1103 凝胶劣化 gel degradation
在特定温度下,鱼糜凝胶的网状结构被破坏,使鱼糜失去原有弹性的现象。

03.1104 鱼丸 fish ball

以鱼糜为主要原料并添加少许辅料做成的冷冻产品。根据所用原料鱼种、有无包馅、有无淀粉、丸料大小、加工方式及产地等进行区分。

03.1105 鱼卷 paupiette, fish roll
最初是将擂溃及调味后的鱼糜卷在竹子上、放在火上炙烤而成,日本称"竹轮",现已机械化、成套化工业生产。

03.1106 鱼豆腐 fish tofu
又称"豆腐鱼糕"。以鱼肉、鱼糜、大豆蛋白为主料,配以其他辅料并挤压成型块状,经熟化油炸而成。

03.1107 鱼面 fish noodle
鱼糜加上面粉(或米粉、玉米粉、木薯粉等)及其他配料,按面条的制作方法加工而成。分生熟两种,可煮食、炒食或炸食。

03.1108 鱼糕 fish cake, kamaboko
又称"板付鱼糕"。以鱼糜为主要原料加工成的凝胶状制品的统称。

03.1109 鱼香肠 fish sausage
在鱼糜中加入畜禽绞肉,辅以调味品,并加入其他辅助材料后擂溃,充填于肠衣中加热而成。脂肪含量大于2%。

03.1110 鱼饼 fish cake
在鱼肉中加入蔬菜等原料,经绞碎、熟化、冷却、成型等工序加工而成。在冷冻条件下保存,食用时不需解冻,直接放入油中炸熟即可,具有外焦里嫩、口感酥软等特点。

03.1111 调味熟制品 seasoned and cooked product
原料经调味、熟制等工序加工而成的方便食品。适合餐饮、休闲、旅游消费。

03.1112 鱼翅 shark fin
用大中型鲨鱼鳍条(背鳍、胸鳍、尾鳍下叶前部)中的细丝状软骨干制而成淡干的传统海产珍品。品种有明翅、乌翅和由鳍条制成的堆翅等。

03.1113　鱼松　dried fish floss
粉末状或短纤维状调味干制鱼肉熟食品。

03.1114　鱼排　fish steak, fish paste
又称"鱼脯"。以鳕鱼、小黄鱼、马面鱼等无肌间刺的中小型鱼类为原料,精选鱼肉片或肉条,加入鸡蛋、蛋黄及其他调味料制成鱼糜制品后,经蒸煮、烘烤、压延而成。易于保藏,食用方便,并具有较好的风味。

03.1115　蟹粉　crab meat paste
将鲜活的河蟹蒸熟后拆肉和蟹黄,佐以配料炒制而成。可作为辅料与很多其他食物搭配,如蟹粉豆腐、蟹粉小笼等。

03.1116　鱼粉　fish meal
以水产品及其加工副产物(下脚料)为原料,经蒸煮、压榨、干燥等工序制得的粉状制品。按照其是否脱脂可分为全(脂)鱼粉或脱脂鱼粉,主要用于畜禽水产动物的饲料。

03.1117　虾油　shrimp sauce
生产虾制品时浸出来的卤汁经发酵后制成的调味品。

03.1118　蛏油　razor clams sauce
由煮蛏的汤汁浓缩制成的黏稠状调味料。

03.1119　鱼露　fish sauce
又称"鱼酱油"。以小杂鱼及鱼类副产物为原料,在盐渍过程中,蛋白质经长时间自然发酵分解制成的一种类似酱油的调味品。主要产于中国福建、广东,以及东南亚国家。

03.1120　鱼鳔胶　fish gelatin
又称"黄鱼胶"。黄鱼的鳔通过加工处理后制得的胶料。主要成分是生胶质。黏度很高,胶凝强度超过一般动物胶。对木器的黏合作用特别好。优点是凝冻浓度低(0.5%～0.6%),缺点是冻点也低(15～16℃)。

03.1121　鱼鳞胶　fish glue from scale
又称"鱼鳞冻"。用鱼类的鳞等作为原料制成的动物胶或明胶。

03.1122　鱼肝油　fish liver oil
用含油量高的鱼类(如鳕、鲽、金枪鱼、鲨、马面鲀等)或鲸类的肝为原料提取精制而成的液体油脂。维生素 A、D 含量较高。

03.1123　甲壳素　chitin
又称"甲壳质""几丁质""壳多糖"。一种含氮多糖类物质(多聚乙酰氨基葡萄糖)。广泛存在于自然界的昆虫和甲壳类外壳、软体动物骨骼与某些藻类/菌类细胞壁中。白色无定形固体,不溶于水、稀酸、碱液和通常的有机溶剂,溶于浓无机酸并同时发生降解。工业上常以虾、蟹外壳为原料,经酸碱法或酶解法去除蛋白质、钙质等制得,具有广泛应用价值。

03.1124　壳聚糖　chitosan
又称"脱乙酰甲壳素""可溶性甲壳素"。甲壳素的脱乙酰基产物。一般脱乙酰基度高于55%。能溶于稀酸,并能通过化学反应生成多种衍生物。在医药、食品、化工、农业、环保等领域具有广泛应用。

03.1125　壳寡糖　chitosan oligosaccharide
又称"壳聚寡糖""低聚壳寡糖"。壳聚糖进一步降解形成的低聚合度的产物。具有水溶性和较高的功能性、生物活性。在医药、食品、化工、农业、环保等领域具有广泛应用。

03.1126　虾青素　astaxanthin
又称"变胞藻黄素""虾红素"。一种类胡萝卜素,较强的天然抗氧化剂。广泛存在于虾、蟹、鲑鱼、藻类等海洋生物中。

03.1127　甘露醇　mannitol
一种己六醇。以海带为原料,在生产海藻酸盐的同时,将提碘后的海带浸泡液经多次提浓、除杂、离子交换、蒸发浓缩、冷却结晶而得。

03.1128　琼胶　agar
又称"寒天""洋菜"。以红藻类的石花菜、江蓠等为原料,经提取、冻结、干燥而成的胶质物。主要成分为多聚半乳糖,由中性的琼脂糖和极性的琼胶酯所组成。用于微生物培养基及食品工业的配料。可供食用。

03.1129 褐藻胶 alginate

褐藻体中的一种胶质物。主要成分为褐藻酸(由多聚甘露糖醛酸和多聚古罗糖醛酸构成的高分子化合物)的钠盐。以海带、马尾藻等为原料,用稀碱溶出制成。溶于水,黏度高。用于食品、纺织、橡胶、医药等工业。

03.1130 鱼精蛋白 protamine

一种碱性蛋白质。主要在鱼类(如鲑鱼、鳟鱼、鲱鱼等)成熟精子细胞核中作为与 DNA 结合的核精蛋白存在,可用作抗菌剂和制备医药注射液。

03.02.10 糖料与糖制品

03.1131 糖料[作物] sugar crops

以制糖为主要用途的一类作物。主要是甘蔗、甜菜等。

03.1132 甘蔗 sugar cane, *Saccharum officinarum* L.

多年生高大实心草本,为温带和热带农作物,是制造蔗糖的原料。

03.1133 甘蔗破碎 sugar cane disintegration

甘蔗组织受机械力作用,其含有蔗糖的细胞大部分发生破裂的过程。

03.1134 甘蔗压榨 sugar cane milling

对甘蔗或蔗料施加压力,提取蔗汁的预处理过程。

03.1135 甜菜 sugar beet, *Beta vulgaris* L.

又称"恭菜"。二年生草本植物。原产于欧洲西部和南部沿海,是甘蔗以外蔗糖的主要来源。

03.1136 甜菜切丝 beet slicing

为使甜菜中的糖分充分析出,将甜菜切成丝状的预处理过程。

03.1137 菜丝热烫 cossettes scalding

将甜菜丝用热烫汁加热,使甜菜细胞变性从而使糖分充分析出的预处理过程。

03.1138 清净 clarification

除去糖汁中非蔗糖物质的过程。

03.1139 饱充 saturation

糖汁清净技术中,采用含有二氧化碳的气体处理糖汁的过程。

03.1140 硫漂 sulfitation

糖汁清净技术中,采用二氧化硫气体处理糖汁的过程。

03.1141 石灰法 defecation process

利用石灰清净糖汁的方法。

03.1142 亚硫酸法 sulfitation process

利用石灰和二氧化硫气体清净糖汁的方法。

03.1143 碳酸法 carbonation process

利用石灰和二氧化碳气体清净糖汁的方法。

03.1144 中间汁 middle juice

从多效蒸发罐组中间某一效引出的经不同程度浓缩的糖汁。

03.1145 气浮 air floatation

在糖汁中溶入一定助剂,经反应形成絮凝浮渣,通过浮渣的浮升分离去除部分非糖分物质,使糖汁清净的过程。

03.1146 磷浮 phosphoric floatation

利用磷酸与石灰反应生成磷酸钙,通过磷酸钙的吸附脱色和捕集悬浮微粒的作用来使糖汁清净的过程。

03.1147 煮糖 sugar boiling

将糖浆及糖蜜煮成糖膏的过程。

03.1148 糖糊 magma
砂糖与糖液充分混合所得的糊状混合物。

03.1149 母液 mother liquor
糖浆或糖蜜析出晶体后残留的糖液。

03.1150 起晶 nucleation
过饱和糖液中形成晶核的过程。有自然起晶、刺激起晶和投粉起晶三种。

03.1151 固晶 hardening the grain
止晶后,将已形成的晶核或投入的晶核通过数次抽入热水稀释、浓缩,使晶粒长大到肉眼可见的大小的过程。

03.1152 整晶 regularizing grain
将不符合要求的晶粒用低浓度糖液、水或提高温度的方法溶去的过程。

03.1153 养晶 crystal growing
在维持一定的过饱和系数条件下,使晶体不断吸收母液中的蔗糖组分而长大的过程。

03.1154 糖膏 massecuite, strike
通过煮糖而得到的晶体与母液的混合物。按煮糖顺序可分为甲糖膏、乙糖膏、丙糖膏等。

03.1155 分蜜 centrifuging, purging
将糖膏中的母液和晶体分离,获得晶体状蔗糖的过程。

03.1156 蜜洗 affination
将糖蜜与砂糖混合成糖糊后,再分蜜的过程。

03.1157 糖蜜 molasses
从糖膏或蜜洗糖糊中分离出来的母液的统称。

03.1158 原蜜 green molasses
分蜜过程中从糖膏中直接分离出来的母液。从甲糖膏、乙糖膏、丙糖膏分离出来的原蜜对应分别称为甲原蜜、乙原蜜、丙原蜜。

03.1159 洗蜜 white molasses
又称"稀蜜"。分蜜过程中汽洗或水洗后所得的稀糖蜜。

03.1160 废蜜 final molasses
又称"最终糖蜜"。末号糖膏经过较长时间的分蜜后分离出来的母液。

03.1161 切蔗机 sugar cane cutter
装有多把旋转刀,破碎甘蔗的设备。

03.1162 撕裂机 redder
将甘蔗撕裂成丝状的破碎设备。

03.1163 压榨机组 milling train
由压碎机和多台压榨机联合组成,用于甘蔗破碎、蔗料压榨及蔗汁提取的设备。

03.1164 压榨辊 squeezing roller
压榨机或压碎机中用以压榨蔗料的圆柱形辊。表面通常有齿纹。

03.1165 饱充罐 carbonator, carbonating tank
糖汁进行碳酸饱充所用的设备。

03.1166 硫黄炉 sulfur burner
糖汁清净过程中,燃烧硫黄产生二氧化硫气体的设备。有固定式和旋转式两类。

03.1167 硫漂罐 sulfitator
用二氧化硫气体处理糖汁以清净糖汁的设备。有淋洒、抽吸和管道式等。

03.1168 沉降器 subsider
悬浮在糖汁中的固体颗粒下沉而使糖汁清净的设备。

03.1169 上浮器 floating clarifier
糖汁中的悬浮颗粒经絮凝上浮分离而使糖汁清净的设备。

03.1170 连续煮糖罐 continuous pan
真空条件下,将糖浆、糖蜜连续地煮成糖膏的设备。

03.1171 晶种罐 seed pan

养晶用的设备。

03.1172 助晶箱 crystallizer

低纯度糖膏经不断搅动和冷却,以维持一定的过饱和系数,使糖膏原有的晶体充分吸收母液中的蔗糖组分而继续长大的设备。

03.1173 糖度 brix

又称"转光度"。一般指 100g 糖液中所含固体物质溶解的克数。

03.1174 糖浆 syrup

浓度较高的糖液。包括糖汁经浓缩后所得的蒸发粗糖浆、精糖浆、回溶糖浆等。

03.1175 回溶糖浆 remelt syrup

用原糖、低纯度糖或不合格的成品糖溶解于水中形成的浓糖液。

03.1176 煮糖制度 boiling system, boiling scheme

有关煮糖、助晶、分蜜过程的顺序、级数和配料方法等整个结晶工段的工艺流程。有一级、二级、三级……多级煮糖制度。

03.1177 分段煮糖 segmented sugar boiling

从原料糖浆中分次分段地提取糖分,直到最后糖蜜含糖分达到最低限度的煮糖过程。

03.1178 甲糖 A sugar

在多级煮糖制度中,通过第一级煮糖而得到的晶体。

03.1179 乙糖 B sugar

在多级煮糖制度中,通过第二级煮糖而得到的晶体。

03.1180 丙糖 C sugar

在多级煮糖制度中,通过第三级煮糖而得到的晶体。

03.1181 丁糖 D sugar

在多级煮糖制度中,通过第四级煮糖而得到的晶体。

03.1182 原糖 raw sugar

甘蔗汁经石灰法清净处理后制成的糖制品。带有糖蜜,呈淡黄色。

03.1183 白砂糖 white granulated sugar

由甘蔗、甜菜或原糖液用亚硫酸法或碳酸法等清净处理后,经浓缩、结晶、分蜜及干燥所得的蔗糖含量>99%的糖制品。

03.1184 绵白糖 soft sugar

将晶粒较细的白砂糖与适量的转化糖浆混匀而得的糖制品。

03.1185 精[制]糖 refined sugar

一般指纯度在 99.85% 以上、颜色洁白的糖制品。

03.1186 红糖 brown sugar

甘蔗汁用石灰法清净处理后,直接煮成不经分蜜的棕红色或黄褐色的糖制品。

03.1187 冰糖 crystal sugar, rock sugar

白砂糖经再溶、清净处理后重结晶而制得的大颗粒结晶糖制品。

03.1188 片糖 brown slab sugar

颜色深浅及晶粒大小不同的三层片状红糖。

03.1189 冰片糖 golden slab sugar

以冰糖蜜或白砂糖加原糖蜜为原料,加酸部分转化而煮成的金黄色片糖。

03.1190 淀粉糖 starch sugar

以淀粉或淀粉质为原料,经酶法、酸法或酸酶法加工制成的液(固)态产品。包括食用葡萄糖、低聚异麦芽糖、果葡糖浆、麦芽糖、麦芽糊精、葡萄糖浆等。

03.1191 挤压酶解 extrusion and enzyme hydrolysis

生产淀粉糖浆时,淀粉经过挤压作用被淀粉酶催化水解的过程。

03.1192　淀粉液化　starch liquefaction
又称"糊精化"。利用液化酶使糊化的淀粉黏度降低,并水解成糊精和低聚糖的过程。

03.1193　液化酶　liquefied enzyme
又称"α-淀粉酶"。能随机水解淀粉链中的α-1,4 糖苷键生成可溶性糊精、低聚糖和少量葡萄糖的一种内切酶。

03.1194　液化罐　liquefied tank
在淀粉糖生产过程中,利用液化酶使糊化的淀粉发生液化反应的设备。

03.1195　层流罐　laminar flow tank
使液化后的糊精分子质量均匀一致的设备。

03.1196　糖化酶　glucoamylase
又称"葡萄糖淀粉酶""淀粉 α-1,4-葡萄糖苷酶"。从淀粉非还原性末端水解 α-1,4 葡萄糖苷键或 α-1,6 葡萄糖苷键,使淀粉转化为葡萄糖的酶。

03.1197　糖化罐　saccharifying tank
在淀粉糖生产过程中,利用糖化酶使淀粉发生糖化反应的设备。

03.1198　低转化糖浆　low conversion syrup
葡萄糖值在 20 以下的糖浆。

03.1199　中转化糖浆　middle conversion syrup
葡萄糖值为 38~42 的糖浆。

03.1200　高转化糖浆　high conversion syrup
葡萄糖值为 60~70 的糖浆。

03.1201　淀粉酸解法　starch acid hydrolysis
用酸作催化剂破坏淀粉颗粒的结晶体结构,使淀粉水解为单个葡萄糖分子的方法。

03.1202　淀粉酶解法　starch enzymatic hydrolysis
用酶作催化剂破坏淀粉颗粒的结晶体结构,使淀粉水解为单个葡萄糖分子的方法。

03.1203　喷射液化器　ejector
利用高温高压所产生的蒸汽使酶和淀粉乳均匀而迅速地接触,从而使淀粉乳彻底液化的设备。

03.1204　淀粉乳　starch milk
未膨胀淀粉颗粒的水悬浮液。

03.1205　含水 α-葡萄糖　α-glucose hydrous
精制糖化液浓缩后,低于 50℃ 条件下在结晶罐中冷却结晶,得到的葡萄糖结晶产品。

03.1206　无水 α-葡萄糖　α-glucose anhydrous
精制糖化液浓缩后,50~80℃ 条件下在真空罐中结晶,得到的葡萄糖结晶产品。

03.1207　无水 β-葡萄糖　β-glucose anhydrous
精制糖化液浓缩后,超过 100℃ 条件下在真空罐中结晶,得到的葡萄糖结晶产品。

03.1208　淀粉调浆　starch size mixing
淀粉液化过程中将淀粉和酶等充分混合的过程。

03.1209　酸酶法　acid-enzyme process
在淀粉糖化的过程中使用酸和酶这两种催化剂分步进行酸液化和酶糖化的方法。

03.1210　喷射灭酶　enzyme inactivation by injection
利用喷射产生的高温高压使液化液中酶失活的过程。

03.1211　碱法中和　alkaline neutralization
淀粉糖化液精制工艺流程中利用碱中和酸,并使蛋白质类物质凝结的过程。

03.1212　葡萄糖转苷　transglycosidation
通过葡萄糖转苷酶的作用,将糖液中已游离出来的葡萄糖转移至另一个葡萄糖或麦芽糖等分子的 α-1,6 位上,生成异麦芽糖或潘糖等具有分支结构的低聚糖类的过程。

03.1213　普鲁兰酶　pullulanase
又称"短梗霉多糖酶"。一种能够专一性切

开支链淀粉分支点中的 α-1,6-糖苷键,从而剪下整个侧支形成直链淀粉的脱支酶。

03.1214 葡萄糖异构酶 glucose isomerase
能将 D-木糖、D-葡萄糖、D-核糖等醛糖可逆地转化为相应的酮糖的异构酶。

03.1215 菊粉酶 inulinase
又称"β-1,2-D-果聚糖酶"。水解 β-1,2-D-果聚糖糖苷键的一类水解酶。

03.1216 高果糖浆 high fructose syrup
果糖含量在 42% 以上的糖浆。

03.1217 糖果 candy
以砂糖和液体糖浆为主要原料,经过溶化、混合、熬煮,并配以部分食品添加剂,再经调和、冷却、成型等工艺操作制成的固态食品。

03.1218 硬质糖果 hard candy
以食糖或糖浆等甜味剂为主要原料,加工制成的硬、脆固体糖果。

03.1219 砂糖型硬糖 sugar confection
以白砂糖为主要原料制成的硬质糖果。

03.1220 淀粉糖浆型硬糖 starch syrup hard candy
以淀粉糖浆为主要原料制成的硬质糖果。按口味分有水果味、清凉味、咖啡味等品种。

03.1221 乳脂型硬糖 milk fat candy
以白砂糖、淀粉糖浆或其他食糖及油脂和乳制品为主要原料制成的蛋白质不低于1.5%、脂肪不低于3.0%、具有特殊乳脂香味的硬质糖果。

03.1222 包衣[抛光]型硬糖 coated confection
以各种辅料为芯子在糖衣锅内反复涂布胶液、糖浆和糖粉,最后经抛光或拉花制成的糖衣坚实或呈拉花状的硬质糖果。

03.1223 无糖型硬糖 sugar-free candy

含糖量(以单糖和双糖计)低于 0.5g/100g 的硬质糖果。

03.1224 香味体 flavor body
由香料、色素、调味料及填充料组成的具有不同的色香味的物质。

03.1225 甜体 sweet body
由砂糖和各种糖浆构成的甜味基体。

03.1226 抗晶剂 crystal-resistance agent
在制作糖果的工艺上能够抑制蔗糖重结晶的物质。

03.1227 熬糖 sugar boiling
在一定条件下将糖液内的大部分水分蒸发除去,从而获得高浓度糖膏的熬煮过程。

03.1228 常压熬糖 atmospheric sugar boiling
常压下直接加热熬糖的过程。

03.1229 真空熬糖 vacuum sugar boiling
通过降低糖液表面的气压而相应降低其沸点,使整个熬糖过程在较低温度下进行的熬糖过程。

03.1230 拉条 bracing
将糖块逐步拉细成均匀的糖条的过程。

03.1231 拌和 mixing
通过拌混原料,将各种不同的食用色素、香料和调味料均匀地分散到硬糖基体中的过程。

03.1232 拌砂 sanding
在糖果表面拌或黏上单一或混合物的过程。

03.1233 浇模成型 deposit forming
将物料熬好之后在高温下利用其流散性将糖膏注入模具内再经冷却凝固为各种形状的加工方式。

03.1234 塑压成型 plastic forming
熬制的糖膏经拌和与冷却过程之后立即进入成型系统,利用糖膏的可塑性将其加工为各种形状的过程。

03.1235 糖果返砂 graining
糖果组成中的糖类分子从无定形状态重新恢复结晶状态的现象。

03.1236 发烊 moist
糖体无保护地暴露在湿度较高的空气中,由于其自身的吸水作用,糖体表面逐渐发黏和混浊,严重时糖体变形,甚至从原来的过饱和状态变为不饱和状态的一种现象。

03.1237 旋转式薄膜连续熬糖机 continuous rotary film sugar boiling equipment
一种转动式热交换器。制品的混合浆料由定量泵连续输入,通过夹套式热交换蒸发去除浆料中水分的熬糖设备。

03.1238 拉条机 bracing machine
通过拉条操作将保温辊床输出的粗糖条逐步拉细达到成型机或匀条机所需粗细要求糖条的设备。

03.1239 糖衣机 sugarcoating machine
通过锅体旋转使糖果表面均匀涂抹糖衣的设备。

03.1240 回转式冲压成型机 rotating and multi-forming machine
冷却、均匀后的糖条进入成型机,在切糖轮的挤压下,糖条被挤入成型槽并断裂成糖块,同时冲糖杆在凸轮的推动下往前运动,把糖块推入成型孔、冲压制得糖块的设备。

03.1241 水果硬糖 hard fruit candy
添加入香料、香精和有机酸等制成的有水果味的硬质糖果。

03.1242 硬质奶糖 hard creamy candy
以白砂糖、淀粉糖浆(或其他食糖)、乳制品为主要原料制成的糖体硬、脆的糖果。

03.1243 夹心硬糖 filled confection
以硬质糖果的糖膏为外皮,再以不同的酱状或粉粒状的其他辅料为馅心体,经充填拉伸成型

制成的外皮坚脆均匀、有夹心馅料的糖果。

03.1244 酥糖 crunchy candy
饴糖熬成半固休状,冷却成团,放入糖屑(芝麻炒熟、白砂糖轧成糖粉、面粉炒熟,三者打拌均匀)内打滚,经过切块、包装而成的甜酥香脆的糖块。

03.1245 半软糖 semi-soft candy
介于硬糖和软糖之间的一类糖果。

03.1246 焦香糖果 caramel candy
以砂糖、淀粉糖浆为主要原料,添加了乳品、油脂、乳化剂等辅料,经熬煮、冷却成型而成的带有特殊焦香风味的糖果。

03.1247 砂质化 making sandy
在糖果的生产过程中,物料内的糖浆处于一种微小的结晶状态,使糖果产生一定程度的返砂,从而改变了糖膏固体的组织结构的过程。

03.1248 太妃糖 toffee
一类以焦香风味为特征的糖果。

03.1249 充气糖果 inflatable candy
在糖果制造过程中加入发泡剂,经机械擦搅使糖体充入无数细密的气泡或定向的机械拉伸形成气孔,形成组织疏松、密度降低、体积增大、色泽改变的质构特点和风味各异的一类糖果。

03.1250 气泡基 bubble base
发泡剂与水一起经搅打形成的泡沫体。

03.1251 糖泡基 sugar bubble base
发泡剂等与一定浓度的糖浆经搅打形成的含糖泡沫体。

03.1252 充气作业 pneumatic operation
利用机械搅打作用将气体引入液体或固体中的加工过程。

03.1253 一步充气法 one-step aeration
一批糖料经过一次充气过程而形成含有稳定

泡沫的糖果的充气作业技术。

03.1254　两步充气法　two-step aeration
在制备气泡基的同时,将糖液熬至一定浓度,然后分散加到气泡基内,再连续搅打形成充气胚体的加工技术。

03.1255　连续压力充气混和机　continuous pressure inflatable mixer
一种充气设备。整个机组构成封闭系统,内有一个特殊设计的混和头,在充气过程中,发泡剂溶液、糖液和压缩空气分别计量并连续进入混和头被制成充气糖果。

03.1256　软糖　soft sweet
以亲水胶体为基本组成的软性糖果的总称。

03.1257　模粉成型　mould powder molding
将熬好的糖浆注入粉模内,然后在一定条件下加热干燥凝结成具有适当强度的糖粒的过程。

03.1258　脱水干缩　dehydration shrinkage
在软糖加工过程中过早加入酸或过度熬煮,导致产生大量还原糖而引起胶体网络破坏、糖浆相析出的一种严重质变现象。

03.1259　胶基糖果　gum based candy
以白砂糖(或甜味剂)和胶基物质为主要原料制成的可咀嚼或可吹泡的糖果。

03.1260　口香糖　chewing gum
以天然树胶或甘油树脂为胶体的基础,加入糖浆、薄荷、甜味剂等调和压制而成的一种耐咀嚼的胶基糖果。

03.1261　泡泡糖　bubble gum
以天然树胶或甘油树脂型的食用塑料作为胶体的基础,加入砂糖、淀粉糖浆、薄荷或白兰香精等,调和压制而成的可吹泡的胶基糖果。

03.1262　求斯糖　chews candy
一类以明胶为主要胶体原料,可含有酸的加香型半软糖。

03.1263　牛轧糖　nougat
用烘烤后的坚果与蜂蜜或糖浆制成的糖果。

03.1264　棉花糖　marshmallow
糖体内部有细密均匀气泡,外观呈海绵状的弹性糖果。

03.1265　结晶糖果　crystalline candy
经搅拌或添加晶种使糖体中的蔗糖在工艺控制条件下形成众多细微结晶的一类糖果。

03.1266　巧克力　chocolate
由可可制品(可可液块、可可粉、可可脂)、砂糖、乳制品、香料和表面活性剂等基本原料,经过混合、精磨、精炼、调温和浇模成型等工序加工成具有独特的色泽、香气、滋味及精细质感和高热值的香甜固体食品。

03.1267　可可豆　cocoa bean
可可树的果实。长卵圆形坚果的扁平种子。

03.1268　可可脂　cocoa butter
曾称"可可白脱"。从可可液块中提取出的天然植物油脂,液态时呈琥珀色,固态时呈淡黄色。

03.1269　类可可脂　cocoa butter equivalent
以植物脂肪(如棕榈油、牛油树脂、沙罗脂等)为原料,经过适当的提纯、蒸馏、改性与组合,在各方面与天然可可脂极为接近的巧克力专用油脂。不含反式脂肪酸。

03.1270　代可可脂　cocoa butter substitute
能部分模拟天然可可脂特点的硬化油脂,在物理性能上接近天然可可脂,制作巧克力时无须调温。可能含有反式脂肪酸。

03.1271　可可液块　cocoa liquid lump
又称"可可料(cocoa mass)""苦料(bitter mass)"。可可豆经过焙炒去壳分离出来的碎仁,经过研磨成的酱体。

03.1272　可可粉　cocoa powder
可可液块经压榨除去部分可可脂后再经粉

碎、筛分所得的棕红色粉体。

03.1273 精磨 fine grinding
将已经处理好的糖粉和一定数量的可可脂、奶粉、调味料、表面活性剂、香料等经精磨机进一步磨细，使物料形成高度均一的分散体系的一种加工工艺。

03.1274 精炼 refine
经过持续的机械碰撞与摩擦使物料中的质粒变小，可可粒和砂糖粒的形状变得光滑，增加物料的流动性，并除去可可物料残留的、不需要的挥发性酸类物质的一种提高物料品质的加工工艺。

03.1275 液态精炼法 liquid conching
又称"传统精炼法"。在精炼过程中，使巧克力物料始终保持液化状态的一种传统精炼方法。

03.1276 干粒-液化精炼法 dry-liquid conching
在精炼过程中，巧克力物料先后出现两种相态(干粒阶段和液化阶段)的一种精炼方法。

03.1277 往复式精炼机 longitudinal conche
机内有平坦的花岗石制成的大质量的滚轮，滚轮通过连杆被传动轮带动而进行往复运动，巧克力物料在滚轮的往复推动下，经不断翻动和摩擦的一种精炼设备。

03.1278 回旋式精炼机 rotary conche
巧克力物料置入缸壁可以加热的缸内，利用缸内水平行星式搅拌器剧烈搅混，使巧克力物料成为稠的酱体，酱体由缸底部的入口经螺旋器提升与旋转的滚柱结出，产生拍击作用，将物料摔出缸外，如此反复循环，直到物料达到精炼程度的一种精炼设备。

03.1279 涂层成型 coating molding
在制作夹心巧克力过程中，在预制糖果或甜食制品表面涂布巧克力物料的一种加工工艺。

03.1280 壳模成型 shell molding
利用巧克力物料在模内形成一层坚实壳体，随后，将心体物料定量注入壳体内，再将巧克力物料覆盖其上，密封凝固后从模内脱出，形成特定形态的夹心巧克力的一种加工工艺。

03.1281 纯巧克力 plain chocolate
任何一个剖面基本组成均匀一致的巧克力。按配方中原料油脂的性质和来源可分为天然可可脂纯巧克力和代可可脂纯巧克力。

03.1282 巧克力制品 chocolate product
利用糖果、果仁和焙烤制品作为芯子，采用不同工艺方法，覆盖不同类型和品种的纯巧克力，制成的不同形状和风味特色的一种糖果。

03.1283 果仁巧克力 nut chocolate
用果仁以一定比例与纯巧克力相混合，用浇模成型生产工艺制成的各种规格形状(排、块、粒)的巧克力制品。

03.1284 夹心巧克力 filled chocolate
一种用焙烤制品或糖果、酒心糖等为芯子，在外面覆盖一层纯巧克力，制成各种不同形状和口味的巧克力制品。

03.1285 抛光巧克力 polishing chocolate
一种用果仁、焙烤制品、膨化制品为芯子，采用滚动涂衣成型和抛光工艺，覆盖一层纯巧克力，制成外表光亮，呈圆形、扁圆形、椭圆形等颗粒状的巧克力制品。

03.02.11 茶 制 品

03.1286 茶 tea
又称"茶叶"。茶树 *Camellia sinensis*（L.）Kuntze 的叶子和芽，经揉捻、杀青、干燥加工而成的制品。可用开水直接泡饮，有绿茶、红茶、白茶等不同种类。

03.1287　鲜叶　fresh leaf
又称"生叶""青叶"。从茶树上采摘下的新梢的总称,包括芽、叶、梗,是茶叶加工的原料。

03.1288　揉捻　rolling of tea
在外力作用下,将茶叶卷缩成需要的各种形状的过程。

03.1289　杀青　de-enzyme
利用高温破坏鲜叶中酶活性,抑制酶促氧化,蒸发鲜叶部分水分,便于揉捻成型,促进香气形成的过程。

03.1290　嫩杀　light de-enzyme
轻度杀青,青叶失水少,减重率为30%,杀青叶含水率为62%~64%。

03.1291　老杀　deep de-enzyme
重度杀青,青叶失水多,减重率为40%,杀青叶含水率为58%~60%。

03.1292　贮青　storing of green leaf
鲜叶在采摘后的一段时间内,为了保持茶叶新鲜度所采取的措施。

03.1293　炒青　pan-fired tea
用炒茶锅炒制的茶叶。先高温后低温,使茶叶萎凋,水分快速蒸发,阻断了茶叶发酵过程。

03.1294　烘青　baked tea
采用烘焙干燥方式制作的茶叶。此方法也用于鲜叶加工最后阶段的烘焙干燥。

03.1295　蒸青　steaming
利用蒸汽来破坏鲜叶中酶活性的过程。

03.1296　晒青　drying of tea
鲜茶叶经炒青、揉捻后,经晾摊及自然晒干的过程。

03.1297　新茶　fresh tea
当年春季从茶树上采摘的头几批鲜叶,经加工而成的茶叶。

03.1298　毛茶　primary tea
又称"毛条"。鲜叶经过初加工后的产品。

03.1299　陈茶　aged tea
上年甚至更早时间采制加工的茶叶,保管严妥,茶性良好。

03.1300　明前茶　before fresh-green tea
清明节前采制的茶叶。

03.1301　雨前茶　before grain-rain tea
谷雨节气前采制的茶叶。

03.1302　初加工茶　raw tea
采摘的鲜叶经杀青、炒制或烘焙等过程制作的茶。

03.1303　再加工茶　reprocessed tea
以初加工茶为原料,经不同工艺制作而成的各种特色茶。如花茶、紧压茶、果味茶、保健茶、袋泡茶等。

03.1304　深加工茶　deep processed tea
以茶的鲜叶、成品茶叶为原料,或以茶叶、茶厂的废次品、下脚料为原料,利用相应的加工技术和手段生产出的茶制品。

03.1305　绿茶　green tea
鲜叶经杀青、揉捻、炒制或烘焙等工艺制作而成的茶叶。因未经发酵,产品保留了良好的青绿色泽。

03.1306　红茶　black tea
鲜叶经萎凋、揉捻、发酵、干燥等典型工艺制作而成。因其色泽及冲泡的茶汤以红色为主调得名。

03.1307　白茶　white tea
采摘后不经杀青或揉捻,把鲜叶摊放在竹席上,置于微弱的阳光下或通风透光的室内自然萎凋(微发酵),再用文火慢慢烘干而成的茶。相较于其他的茶,白茶的制作工艺是最自然的。

03.1308 黄茶 yellow tea
以一种自然嫩黄色鲜叶为原料,在绿茶加工过程的干燥步骤前增加堆积"闷黄"工艺而制成的茶。具有"黄叶黄汤"之特点。

03.1309 黑茶 dark green tea
鲜叶经杀青、揉捻、渥堆和干燥而制成外观呈黑色的茶。

03.1310 乌龙茶 Oolong tea
鲜叶经杀青、萎凋、摇青、半发酵、烘焙等工序后制出的茶。其品质介于绿茶和红茶之间,兼具红茶的浓鲜和绿茶的清香。

03.1311 眉茶 mee tea
鲜叶经摊放、杀青、揉捻、烘坯、锅炒、复烘等6道工序精制而成的茶。

03.1312 珠茶 gunpowder tea
又称"圆炒青""平炒青"。采用一芽二叶或三叶的鲜叶,经杀青、揉捻成珠,再经干燥而成的茶。

03.1313 花茶 scented tea
又称"窨制茶"。以绿茶、红茶或乌龙茶等作为茶坯,配以能够吐香的鲜花作为原料,采用窨制工艺制作而成的茶。

03.1314 紧压茶 compressed tea
又称"茶砖"。以黑毛茶、老青茶、做庄茶等为原料,经过渥堆、蒸、压等典型工艺过程加工而成的砖形或其他形状的茶。

03.1315 速溶茶 instant tea
又称"茶晶"。以成品茶或鲜叶为原料通过提取、浓缩和干燥等工序加工成的一种粉末状或小颗粒状的速溶茶制品。

03.1316 抹茶 matcha
茶鲜叶经蒸汽杀青后,再经碾磨或超微粉碎后干燥而成的绿色粉状茶制品。

03.1317 茶酒 tea wine, Chartreuse
含有茶叶成分并具有茶香的酒。包括以添加茶叶原料发酵而成的酿造酒及其蒸馏酒、用白酒浸泡茶叶后过滤而成的酒、以茶萃取液与白酒勾兑而成的酒等。

03.02.12 软 饮 料

03.1318 饮料 beverage, drink
经过定量包装的,供直接饮用或按一定比例用水冲调或冲泡饮用的,乙醇含量(质量分数)不超过0.5%的制品。

03.1319 软饮料 soft drink
不含乙醇或乙醇含量小于0.5%的饮料制品。

03.1320 碳酸饮料 carbonated drink
又称"汽水"。含有二氧化碳的软饮料。通常由水、甜味剂、酸味剂、香精香料、色素、二氧化碳及其他原辅料组成的饮料制品。

03.1321 碳酸化 carbonation
将CO_2与水混合的过程。

03.1322 一次灌装 one-step filling
将糖浆和水按一定比例加到配料罐中搅拌均匀,再经冷却、碳酸化后一次灌装入容器中的罐装方法。

03.1323 二次灌装 re-filling
将糖浆定量注入容器中,然后加入碳酸水至规定量,容器密封后再混合均匀,然后灌入包装容器的罐装方法。

03.1324 压差式灌装 differential pressure filling
贮液缸内的压力高于瓶中的压力,液体靠压

差流入瓶中而进行的罐装。

03.1325　等压式灌装　isobaric filling
贮液缸内的压力与瓶中的压力相等,靠液体
自重流入瓶中而进行的灌装。

03.1326　果蔬汁饮料　fruit-vegetable juice
　　　　　　beverage
以果蔬汁为基料,加水、糖、酸或香料调配而
成的饮料。

03.1327　果浆　fruit syrup
采用打浆工艺将水果或水果的可食部分加工
制成的浆状制品。

03.1328　糖酸比　sugar-acid ratio
饮料中总糖量与总酸量之比。

03.1329　酸度　acidity
测试样品中能与强碱发生中和作用的物质的
总量,以柠檬酸的量来计算。酸度的数值越
大说明溶液酸性越强。

03.1330　果肉饮料　fruit nectar
以果浆或浓缩果浆为原料,添加或不添加其
他食品原辅料和(或)食品添加剂,经加工制
成的饮料。

03.1331　果汁饮料　fruit drink
以果汁或浓缩果汁为原料,添加或不添加其
他食品原辅料和(或)食品添加剂,经加工制
成的饮料。

03.1332　果粒果汁饮料　fruit juice with gran-
　　　　　　ule
添加果肉颗粒的果汁饮料。

03.1333　水果饮料浓浆　fruit drink concentrate
在果汁或浓缩果汁中加入水、糖液、酸味剂等
调制而成的,含糖量较高的饮料浓浆。通常
需加水稀释后饮用。

03.1334　复合果蔬汁　mixed fruit-vegetable
　　　　　　juice

两种或两种以上的果(蔬)汁混合制成的果
蔬汁饮料。

03.1335　发酵蔬菜汁饮料　fermented vegeta-
　　　　　　ble juice drink
以蔬菜为原料,经发酵制成的饮料。

03.1336　配制型含乳饮料　formulated milk
　　　　　　beverage
以乳或乳制品为原料,加入水、白砂糖、甜味
剂、酸味剂、果汁、茶、咖啡、植物提取液等的
一种或几种调制而成的饮料。

03.1337　发酵型含乳饮料　fermented milk
　　　　　　beverage
以鲜乳或乳制品为原料,经发酵加工制成的
饮料。

03.1338　蛋白饮料　protein drink
以乳或乳制品为原料,或以其他动物来源的
可食用蛋白,或含有一定蛋白质的植物果实、
种子或种仁等为原料,添加或不添加其他食
品原辅料和(或)食品添加剂,经加工或发酵
制成的液体饮料。

03.1339　植物蛋白饮料　vegetable protein
　　　　　　drink
以一种或多种含有一定蛋白质的植物果实、
种子或种仁等为原料,添加或不添加其他食
品原辅料和(或)食品添加剂,经加工或发酵
制成的饮料。如豆奶(乳)、豆浆、豆奶(乳)
饮料、椰子汁(乳)、杏仁露(乳)、核桃露
(乳)、花生露(乳)等。

03.1340　纯净水　purified drinking water
以符合生活饮用水卫生标准的水为原料,通
过电渗析法、离子交换法、反渗透法、蒸馏法
及其他适当的加工方法制得的,密封于容器
中且不含任何添加物可直接饮用的水。

03.1341　矿泉水　mineral water
从地下深处自然涌出的或经钻井采集的,含有
一定量的矿物质、微量元素或其他成分的水。

03.1342　固体饮料　solid drink
用食品原辅料、食品添加剂等加工制成粉末状、颗粒状或块状等,供冲调或冲泡饮用的固态制品。

03.1343　运动饮料　sport drink
能及时补充人体运动后失去的电解质、能量,以恢复运动员体能的饮料。

03.1344　婴幼儿饮料　infant drink
通过调整饮料中营养素的成分和含量,以补充或适应婴幼儿人群特殊营养需要的饮料。

03.1345　低热量饮料　low-calorie drink
采用低糖或糖的代用品(功能性甜味剂、低聚糖等)研制出在人体内产生较少能量的饮料。

03.1346　茶饮料　tea drink
用水浸泡茶叶,经抽提、过滤、澄清等工艺制成的茶汤或在茶汤中加入水、糖液、酸味剂、食用香精、果汁或植(谷)物抽提液等调制加工而成的制品。

03.02.13　酒

03.1347　酒　Jiu, alcoholic drink
用高粱、米、麦等谷物或葡萄等水果发酵制成的含乙醇的饮料。

03.1348　白酒　Baijiu, Chinese spirit
又称"烧酒"。以粮谷为主要原料,用大曲、小曲或麸曲及酒母等为糖化发酵剂,经蒸煮、糖化、发酵、蒸馏而制成的高酒精度饮用酒。

03.1349　酱香型白酒　soy sauce aromatic Chinese spirit, Jiang-flavor Chinese spirit
又称"茅香型白酒(Maotai-flavor liquor)"。以高粱为主要原料,经传统茅台酒工艺固态法发酵、蒸馏、陈酿、勾兑而成,未添加食用酒精及非白酒发酵产生的呈香呈味物质,具有以高沸点羰基化合物和酚类化合物为主体复合香特征和茅台酒风格的白酒。

03.1350　浓香型白酒　strong aromatic Chinese spirit, strong flavor Chinese spirit
又称"泸香型白酒(Luzhou-flavor liquor)"。以五粮混合为主要原料,经传统泸州老窖工艺固态法发酵、蒸馏、陈酿、勾兑而成,未添加食用酒精及非白酒发酵产生的呈香呈味物质,具有以己酸乙酯和丁酸乙酯为主体复合香特征和泸州老窖风格的白酒。

03.1351　清香型白酒　mild aromatic Chinese spirit
又称"汾香型白酒(Fen-flavor liquor)"。以粮谷为原料,经传统汾酒工艺固态法发酵、蒸馏、陈酿、勾兑而成,未添加食用酒精及非白酒发酵产生的呈香呈味物质,具有以乙酸乙酯为主体复合香特征和汾酒风格的白酒。

03.1352　米香型白酒　rice aromatic Chinese spirit
又称"蜜香型白酒"。以大米等为原料,经传统半固态法发酵、蒸馏、陈酿、勾兑而成,未添加食用酒精及非白酒发酵产生的呈香呈味物质,具有以 β-苯乙醇、乳酸乙酯、己酸乙酯为主体复合香特征风格的白酒。

03.1353　凤香型白酒　Feng-flavor Chinese spirit
以粮谷为原料,经传统西凤酒工艺固态法发酵、蒸馏、酒海陈酿、勾兑而成,未添加食用酒精及非白酒发酵产生的呈香呈味物质,具有以乙酸乙酯和己酸乙酯为主的复合香气特征和西凤酒风格的白酒。

03.1354　药香型白酒　medicine aromatic Chinese spirit, Chinese herbaceous-flavor liquor
又称"董香型白酒"。以高粱为原料,小曲小窖制取酒醅,大曲大窖制取香醅,酒醅香醅串蒸而成的白酒。由于在制曲配料中添加了多种中草药,酒的香气有浓郁的酯类香气并突出特殊的药香香气。

03.1355 芝麻香型白酒 sesame-flavor liquor
以高粱、小麦(麸皮)等为原料,经传统固态法发酵、蒸馏、陈酿、勾兑而成,未添加食用酒精及非白酒发酵产生的呈香呈味物质,具有芝麻香特征风格的白酒。

03.1356 [浓酱]兼香型白酒 Nong Jiang-flavor Chinese spirit
以粮谷为原料,经传统固态法发酵、蒸馏、陈酿、勾兑而成,未添加食用酒精及非白酒发酵产生的呈香呈味物质,具有浓香兼酱香独特风格的白酒。

03.1357 豉香型白酒 Chi-flavor Chinese spirit
以大米为原料,经蒸煮、用大酒饼作为主要糖化发酵剂,经发酵、蒸馏、陈肉酝浸勾兑而成,未添加食用酒精及非白酒发酵产生的呈香呈味物质,具有豉香特点的白酒。

03.1358 特香型白酒 Te-flavor Chinese spirit
以大米为原料,经传统四特酒工艺固态法发酵、蒸馏、陈酿、勾兑而成,未添加食用酒精及非白酒发酵产生的呈香呈味物质,具有特别香味和四特酒风格的白酒。

03.1359 老白干香型白酒 Laobaigan-flavor Chinese spirit
以粮谷为原料,经传统固态法发酵、蒸馏、陈酿、勾兑而成,未添加食用酒精及非白酒发酵产生的呈香呈味物质,具有以乳酸乙酯、乙酸乙酯为主体复合香特征的白酒。

03.1360 馥郁香型白酒 fragrant-flavor liquor
具有馥郁香型的典型风格的白酒。以颗粒多粮原料配方,粮醅二次清蒸清烧,以小曲培菌糖化、高温曲堆积筛选菌群、中偏高温曲入窖,以续渣老窖发酵提质增香,经地窖、溶洞存贮数年,具有"色清透明、诸香馥郁、入口绵甜、醇厚丰满、香味协调、回味悠长"和"前浓、中清、后酱"的独特口味特征。

03.1361 酒曲 Jiuqu, distiller's yeast, starter
又称"曲蘖"。以大米等谷物为原料,并添加某些植物中药,加水溲成小块,在适宜条件下使霉菌和酵母菌在其中生长而制成的酿酒发酵剂,多用于黄酒、米酒的酿制。

03.1362 大曲 Daqu
以小麦或大麦和豌豆等为原料,经破碎、加水拌料、压成砖块状的曲坯后,再在人工控制的温度和湿度下培养、风干而成,用于白酒酿造的糖化发酵剂,一般为砖形的块状物。富含淀粉分解与乙醇发酵的各种微生物,如霉菌、细菌等。

03.1363 小曲 Xiaoqu
又称"酒药""白药""酒饼"。以米粉或米糠为原料,添加或不添加中草药,自然培养或接种曲母,或接种纯粹根霉(*Rhizopus*)和酵母,然后培养而成的酿酒用糖化发酵剂。

03.1364 麦曲 wheat Qu
以小麦为原料,经破碎、润水、添加或不添加种曲、踩(压)成方砖型、入曲房培养后晾干而成的黄酒生产糖化剂。

03.1365 红曲 red Qu, red rice
又称"红米"。以大米为原料,经蒸煮、接种产红色素的红曲菌后固体培养而成的酿酒发酵剂。也可用作食品添加剂——红色色素。因其能产生多种生理活性物质,也可用作保健食品原料。

03.1366 麸曲 bran Qu, Fuqu starter
以麦麸为原料,采用纯种微生物接种制备的一类糖化剂或发酵剂。按生产工艺一般分为帘子曲、通风曲。

03.1367 帘子曲 Fuqu starter incubated on bamboo curtain

物料摊放在竹帘子上培养制备的麸曲。

03.1368　通风曲　Fuqu starter prepared by blown wind
物料置于长方形曲池带孔假底上,由假底下方往上向物料通风供氧方式培养制备的麸曲。通常物料堆积层较高。

03.1369　高温大曲　high temperature Daqu
在制曲过程中,最高品温控制大于60℃而制成的大曲。一般用于酱香型白酒生产。

03.1370　中温大曲　medium temperature Daqu
在制曲过程中,最高品温控制在50℃以下而制成的大曲。一般用于清香型白酒生产。

03.1371　偏高温大曲　partial high temperature Daqu
在制曲过程中,品温控制在50~60℃而制成的大曲。一般用于浓香型白酒生产。

03.1372　清蒸原辅料　steam raw materials separately
不与发酵醅混合,而将润水后的原辅料进行单独汽蒸的方法。此法有利于驱除原料中异杂味,多用于清香型白酒生产。

03.1373　清蒸清糁　steam raw materials and distill separately, pure steaming and fermentation
又称"清蒸清烧"。原料、发酵酒醅分别蒸料与蒸酒的操作。

03.1374　混蒸续糁　steam raw materials and distill together, mixed steaming and fermentation
又称"混蒸混烧"。原料和酒醅混合在一起同时蒸料与蒸酒的操作。

03.1375　清蒸续糁　steam raw materials and distill separately with ferment together, pure steaming and mixed fermentation
发酵酒醅单独蒸馏出白酒后,再混合单独汽蒸的原辅料的操作。混合后再入缸发酵,多用于清香型白酒生产。

03.1376　高温润糁　moistening grains with high temperature water
采用75~90℃的热水泼洒酿酒原料,使之快速吸水的操作。有利于原料中淀粉的糊化。

03.1377　低温发酵　low temperature fermentation
采用较低的温度(18℃以下)进行发酵。

03.1378　回酒发酵　fermentation of reflux liquor
将尾酒或用水稀释后的成品白酒泼入酒醅中进行再次发酵的操作。

03.1379　白酒发酵池　liquor fermentation pool
又称"窖池"。用于白酒发酵的容器。

03.1380　地缸发酵　underground pottery vat fermentation
将大型陶缸埋于地下,缸口与地面齐平或略高于地面,以此为容器进行的发酵。

03.1381　老五甑法　multiple feedings solid fermentation technology
将窖中发酵完毕的酒醅分成五次蒸酒和配醅的传统操作方法。窖内有四甑酒醅,即大渣、二渣、小渣和面糟各一甑。

03.1382　窖泥　pit mud, mud in pit
附着于窖壁或窖底的富含酿酒有益微生物的黏土。

03.1383　窖池老化现象　aging phenomenon of the fermentation pit
发酵窖池出现池壁起碱,板结发硬,析出白色晶体,并出现异臭味等现象。

03.1384　人工窖泥　manmade pit mud
添加了人工培养微生物的窖泥。有利于加速窖泥成熟,以缩短窖泥成熟所需时间。

03.1385 酒头 initial distillate
蒸馏初期截取出的酒精度较高的酒-水混合物,含有较多的白酒香味物质。

03.1386 酒尾 last distillate
蒸馏后期截取出的酒精度较低的酒-水混合物,含有较多沸点高的酯类、酸类和醇类。

03.1387 双轮发酵工艺 double bottom fermentation
白酒生产中,将发酵正常的部分母糟不经蒸馏取酒,而是放回窖底,再与新加入的粮糟一起再次发酵的工艺操作。

03.1388 双轮底酒 double bottom wine
采用双轮发酵工艺制作的酒。

03.1389 勾兑 blend
把具有不同香气和口味的同类型的酒,按不同比例掺兑调配,起到补充、衬托、制约和缓冲的作用,使之符合同一标准,保持成品酒一定风格的专门技术操作。

03.1390 串香 string of incense
又称"串蒸""翻烤"。将风味品质比较一般的白酒置于蒸馏锅,其上放置优质酒的酒糟或发酵醅,加热产生的酒—水混合蒸气穿过其中,使之获得优质酒风味的蒸馏工艺。

03.1391 年份酒 cosecha, vintage, a particular year of liquor
窖藏一定年份时间的酒。年份越长酒就越醇香。

03.1392 原浆酒 original liquor
未经勾兑的蒸馏酒、酿造酒。

03.1393 陈酿 aging
又称"老熟"。在容器中贮存一定时间,使酒体协调、口感柔和的贮酒工艺过程。

03.1394 人工催陈 artificial aging
又称"人工老熟"。采用物理、化学的方法加速酒的老熟的技术。包括紫外线、超声波、磁化、微波、激光等处理方法。

03.1395 白兰地 brandy
以新鲜水果或果汁为原料,经发酵、蒸馏、陈酿、勾兑而成的蒸馏酒。狭义的白兰地则仅指以葡萄为原料,经发酵、蒸馏、橡木桶贮藏而得的酒,其他水果原料则在名称前加水果名。

03.1396 伏特加 vodka
以谷物、薯类、糖蜜及其他可食用淀粉质、糖质为原料,经发酵、蒸馏制成高浓度食用酒精,再用蒸馏水淡化至40°~60°,并经过活性炭过滤而制成的饮用酒。

03.1397 威士忌 whisky
以麦芽、谷物为原料,经糖化、发酵、蒸馏、陈酿、勾兑而成的蒸馏酒。

03.1398 金酒 gin
又称"杜松子酒"。以粮谷等为原料,经糖化、发酵、蒸馏后,用杜松子浸泡或串香复蒸馏制成的蒸馏酒。

03.1399 朗姆酒 rum
以甘蔗汁或糖蜜为原料,经发酵、蒸馏、陈酿、勾兑而成的蒸馏酒。

03.1400 龙舌兰酒 Tequila
又称"特基拉"。以龙舌兰为原料,经蒸煮、发酵、蒸馏、陈酿而成的蒸馏酒。墨西哥的国酒。

03.1401 日本清酒 Japanese wine, sake
借鉴中国黄酒酿造技术,以大米为原料,经过精碾、蒸煮、加曲、酿造、过滤、脱色而成的酿造酒,有时会勾兑食用酒精、糖类、盐类等。

03.1402 精白度 whiteness
大米精碾处理后精米量与原料大米量之比。

03.1403 露酒 Lu jiu, liquor
又称"配制酒"。以发酵酒、蒸馏酒或食用酒精为基酒,加入可食用或药食两用的辅料或食品添加剂,进行调配,混合或再加工制成的、已改变了其原料酒基风格的饮料酒。

03.1404 基酒 base spirit
又称"酒基"。作为配制酒调配的基础酒。

03.1405 鸡尾酒 cocktail
由两种或两种以上的酒与饮料、果汁、汽水等混合而成的含酒精饮品。

03.1406 啤酒 beer
以大麦芽为主要原料,加啤酒花(包括酒花制品),经酵母发酵酿制而成的、含有二氧化碳、起泡、低酒精度的酿造酒。

03.1407 啤酒麦芽 beer malt
以二棱、多棱大麦为原料,经浸麦、发芽、烘干、除根、焙焦所制成的啤酒酿造用麦芽。

03.1408 湿浸法 wet steeping method
麦芽完全浸于水中,定时通风、换水的浸麦方法。

03.1409 断水浸麦法 intermittent steeping method
又称"间歇浸麦法"。大麦浸水和断水交替进行的浸麦方法。

03.1410 长断水浸麦法 long intermittent steeping method
断水时间较长,一般每次断水 10h 以上的浸麦方法。

03.1411 喷淋浸麦法 spray steeping method
又称"喷雾法"。浸麦过程中的断水期间,用水喷淋麦粒使之吸水的浸麦方法。

03.1412 温水浸麦法 warm water steeping method
用温水($25\sim30$℃)进行的浸麦方法。

03.1413 重浸渍浸麦法 resteeping method
第一阶段浸麦使麦粒达到一定含水量(38%左右)时,即停止浸麦,开始发芽,待麦粒内

酶已开始形成时,再以较高的水温下再一次浸麦达到正常发芽所需浸麦度的方法。

03.1414 地板式发芽法 plate germination method
将麦芽铺在地板上进行发芽的方法。由于劳动强度大、占地面积大、受外界温度影响大等缺点,已被淘汰。

03.1415 通风式发芽法 ventilated germination method
将完成浸麦的大麦置于有孔假底的发芽箱中,由假底下方往上向麦层以通风供氧方式进行发芽的方法。通常堆积层较高,实现厚层发芽。

03.1416 浸麦度 steeping degree, steep-out moisture
浸麦后的大麦含水率。

03.1417 发芽率 germinating rate, germination capacity
大麦发芽 5 天后发芽的粒数占测试大麦总粒数的百分比。反映大麦最终发芽的能力。

03.1418 发芽力 germinability, germination power
大麦发芽 3 天后发芽的粒数占测试大麦总粒数的百分比。反映大麦发芽势能。

03.1419 露点率 outcropping rate
浸麦结束时露出白色根芽麦粒占总麦粒的百分比。

03.1420 特种麦芽 special malt
为适应生产不同类型啤酒的需要而生产、能对啤酒色、香、味或麦汁的性质起调节作用的各种麦芽制品。

03.1421 [啤]酒花 hop
又称"蛇麻花"。桑科葎草属一种多年生草本蔓性雌雄异株植物的花。雌花用于啤酒酿造,使啤酒具有独特的苦味和香气,并有防腐

和澄清麦芽汁的能力。

03.1422　α-酸　α-acid
酒花中具有酿造价值的主要成分。包括葎草酮、合葎草酮和加葎草酮 3 种异构体。

03.1423　β-酸　β-acid
酒花中具有酿造价值的重要成分。包括蛇麻酮、合蛇麻酮和加蛇麻酮 3 种异构体。

03.1424　糖化　saccharification
利用麦芽含有的酶将麦芽及辅料中淀粉分解转化为糖的过程。此工艺过程还伴随着蛋白质等大分子的降解,使之成为可溶性成分。

03.1425　煮出糖化法　decoction saccharification
在麦汁制备过程中,将糖化醪液的一部分取出进行加热煮沸后,又与未煮沸的醪液混合,使全部醪液温度升高到工艺所需要温度的糖化方法。根据具体工艺需求,进行一次煮出、二次煮出等。

03.1426　浸出糖化法　infusion saccharification
糖化醪液从起始温度开始,没有煮沸环节,而是按程序分阶段升温到糖化终了温度。

03.1427　蛋白质休止　protein hydrolysis, protein rest
啤酒酿造过程中的糖化阶段,利用麦芽中蛋白内切酶、羧肽酶、氨肽酶等将蛋白质分解成不同分子大小产物的过程。

03.1428　α-氨基氮　α-amino nitrogen
在麦芽和啤酒生产中,由于蛋白酶作用而形成的 α-氨基酸中含有的氮。

03.1429　冷凝固物　cold sludge
在麦汁冷却时形成的凝固物。以蛋白质和多酚物质为主,其析出量和原料、糖化工艺、麦汁过滤与煮沸有关。发酵时会黏附酵母细胞,影响正常发酵,增加过滤负担,使啤酒口味粗糙,稳定性欠佳。

03.1430　圆柱锥底发酵罐　cylindrical cone bottom fermentation tank
罐体圆柱状罐底圆锥形的发酵罐。

03.1431　大直径露天储酒罐　large diameter outdoor storage tank
安装于户外的大型发酵罐。主要用于啤酒的后发酵。

03.1432　鲜啤酒　draught beer, draft beer
又称"扎啤"。经过过滤但未经灭菌的啤酒。含有一定量活酵母菌,不可长期存放。

03.1433　生啤酒　non-pasteurized beer
又称"冷过滤啤酒"。采用低温膜过滤等方式除菌,而不经过巴氏灭菌,达到一定生物稳定性的啤酒。

03.1434　熟啤酒　pasteurized beer
经过巴氏灭菌或瞬时高温灭菌的啤酒。稳定性好,保质期可达 90 天以上。

03.1435　白啤酒　white beer, weiss bier(德)
先用酵母发酵,经过滤后接入乳酸菌,再进行乳酸发酵而成的啤酒,也可罐瓶后在瓶内完成乳酸发酵。主要产于德国柏林地区。

03.1436　黑啤酒　black beer, dark beer
酿造过程中添加了深色焦香麦芽酿制而成的深色啤酒。通常色度大于 41EBC 单位(EBC 为啤酒色度单位),而德国黑啤酒色度通常大于 100EBC 单位。

03.1437　无醇啤酒　non-alcoholic beer
酒精度小于等于 0.5%vol,原麦汁浓度大于等于 3.0°P 的啤酒。其他指标应符合相应类型啤酒的要求。

03.1438　葡萄酒　wine
以鲜葡萄或葡萄汁为原料,经全部或部分发酵酿制而成的,含有一定酒精度的酿造酒。

03.1439　染色葡萄品种　dyeing grape variety
用红色果肉和红色果汁的葡萄品种来酿造葡

萄酒。

03.1440　改良　amelioration
酿酒行业中一个特定的意思是用于葡萄醪（或汁）的改良，尤其是除酿酒葡萄果实以外的其他水果。它包括降低过高的酸度（常常是用水稀释）和增加糖含量以获得具有良好口感和稳定性的葡萄酒。

03.1441　沙尔马二次发酵　Charmat second fermentation
又称"罐式法（tank method）"。在大罐中而不是在瓶中进行的起泡葡萄酒的二次发酵过程。是以法国创造者来命名的。

03.1442　下胶　fining
通过添加有机或无机的澄清剂（如鱼胶、蛋清、干酪素、皂土等），使其在葡萄酒液中产生胶体沉淀物，将悬浮在酒液中的大部分悬浮物沉淀下来的操作。

03.1443　没食子酸当量　gallic acid equivalent，GAE
根据酚试样［通常为福林-乔卡尔特马（Folin-Ciocalteu）试剂］用没食子酸作为比较标准，以 mg/（L 葡萄酒）或 mg/（kg 葡萄）表示。

03.1444　二氧化碳浸渍法　carbon dioxide maceration
又称"二氧化碳浸泡法"。先将整粒葡萄置于二氧化碳饱和的罐中进行浸渍，然后破碎、压榨，再进行发酵的方法。

03.1445　带酒脚储藏　sur lie
经过去渣但未过滤的酒液在贮酒容器中的贮藏过程。通常含有酵母、细小悬浮物等，经贮存后产生香气交织、酒体充实、细腻优雅、味道醇熟的效果。

03.1446　干葡萄酒　dry wine
含糖（以葡萄糖计）小于或等于4.0g/L，或者当总糖与总酸（以酒石酸计）的差值小于或

等于2.0g/L时，含糖最高为9.0g/L的葡萄酒。葡萄品种风味体现最为充分。

03.1447　半干葡萄酒　semi-dry wine
含糖大于干葡萄酒，最高为12.0g/L，或者当总糖与总酸（以酒石酸计）的差值小于或等于2.0g/L时，含糖最高为18.0g/L的葡萄酒。

03.1448　香槟酒　champagne
产自法国香槟地区的含二氧化碳的葡萄酒（起泡葡萄酒）。现在其他国家与地区用同样的方法生产的葡萄酒也称香槟酒。

03.1449　起泡红葡萄酒　sparkling red wine，cold duck
含有二氧化碳的红葡萄酒，一般要求在20℃时，二氧化碳压力等于或大于0.05MPa。

03.1450　库勒酒　wine cooler
通常指用一半葡萄酒和一半溶解的酸性物质或水果汁和其他香精勾兑而成的低酒精度饮料酒。

03.1451　加香葡萄酒　flavored wine
以葡萄酒为酒基，经浸泡芳香植物或加入芳香植物的浸出液（或馏出液）而制成的葡萄酒。

03.1452　贵腐葡萄酒　botrytised wine，noble rot wine
采用感染了灰绿葡萄孢霉（贵腐病）的葡萄酿制的葡萄酒。因葡萄孢霉的作用，葡萄果实的成分发生了明显的变化，水分蒸发而糖度高，风味浓郁。

03.1453　佐餐葡萄酒　table wine
经过简单而完全发酵的葡萄酒。约12%（体积分数）的酒精度，是一种辅助就餐的饮料酒。

03.1454　冰[葡萄]酒　icewine
将葡萄推迟采收，当气温低于−7℃使葡萄在树枝上保持一定时间，结冰、采收，在结冰状态下压榨、发酵、酿制而成的葡萄酒（在生产

过程中不允许外加糖源)。

03.1455 黄酒 Huangjiu,Chinese rice wine

以稻米、黍米等为主要原料,加曲、酵母等糖化发酵剂酿制而成的饮料酒。

03.1456 淋饭法 pour rice wine method

黄酒酿造过程中,大米蒸煮成饭后采用凉水浇淋冷却,再进行发酵的生产方法。

03.1457 摊饭法 spread rice wine method

又称"大饭酒"。黄酒酿造过程中,大米蒸煮成饭后采用摊凉自然冷却或吹风冷却,再进行发酵的生产方法。

03.1458 喂饭法 feeding rice wine method

黄酒酿造过程中,在发酵中途分次加入米饭进行发酵的生产方法。喂饭次数可以两次,也可以三次。

03.1459 香雪酒 Xiangxue wine

生产过程中,米饭拌曲、培菌、糖化后,以糟烧白酒替代水,以此抑制发酵而制得的甜型黄酒。由于淀粉糖化形成的糖大多没被发酵,产品中的糖含量大于 100g/L,酒精度不小于15%(*V/V*)。

03.1460 善酿酒 Shanniang rice wine, good wine

又称"双套酒"。以糯米为原料,米饭拌曲、培菌、糖化后,以陈年黄酒替代水而酿制的半甜型黄酒。产品酒精度不小于12%(*V/V*)。

03.1461 青稞酒 Qingke liquor, highland barley wine

藏语又称"纳然""羌(Qiang)"。以青稞为原料,经淘洗、蒸煮后,以曲饼作为发酵剂发酵及老坛陈酿而成的酒。

03.1462 药酒 medicinal liquor, medicated wine, medicated liquor

以中药材为配料进行酿造,或以食用酒精、白酒等进行浸提后添加于基酒而制得的配制酒。

03.02.14 调 味 品

03.1463 调味品 flavoring, condiment, seasoning, dressing

又称"调味料"。在饮食、烹饪和食品加工中广泛应用的辅助食品。含各自不同的特殊成分,起调和滋味和气味功效。有去腥、除膻、解腻、增香、增鲜、杀菌等作用,能增进菜肴的色、香、味等质量,满足感官需要,促进食欲、有益健康。分为酿造类、腌菜类、鲜菜类、干货类、水产类等,具有不同的成品形状、呈味感觉、地方风味和烹制用途。

03.1464 咸味剂 salter

呈咸味的调味品。是 NaCl、KCl、MgCl₂、MgSO₄ 等中性盐呈现的味感特征。咸味是"百味之主",在调味中具有举足轻重的作用,是调制各种复合味的基础。

03.1465 食盐 salt

主要成分是 NaCl,具有调味、防腐保鲜、提高保水性和黏着性等重要作用。是人体内钠和氯的主要来源,有维持人体正常生理功能、调节血液渗透压、刺激唾液分泌、参与胃酸形成、促进消化酶活动的作用。摄入不足和过量均可能影响健康和生长发育,增加病变的风险。

03.1466 低钠盐 low sodium salt

以加碘食盐为基础,添加一定量 KCl(25%+5%)、MgSO₄·7H₂O(10%+2%)制成的比普通钠盐含钠低的一种食盐。能够实现减钠补钾不减咸,有助于人体钠钾平衡,适合高血压患者、中老年人和孕妇。但不适合心脏有疾病的人群,高钾药物服用者和肾功能不全、高血钾患者须遵医嘱。

03.1467 碘盐 iodised salt, salt iodization
可帮助人体补充碘元素的食盐。缺碘可能影响胎儿和婴幼儿的智力发育,引起甲状腺肿、克汀病、智力低下、身体变胖及活力不足。中国大部分地区水土环境缺碘,食盐中强制加碘,以预防碘缺乏病。但需防止食盐摄入超量,碘摄入过量的危险。对于部分甲状腺疾病患者应遵医嘱避免摄入碘盐。

03.1468 酸味剂 sourer
呈酸味的调味品。天然存在的柠檬酸、酒石酸、苹果酸和乳酸等,发酵法或人工合成制取的延胡索酸、琥珀酸和葡萄糖酸-δ-内酯等广泛用于食品调味。赋予食品酸味,给人清凉爽快感,可增进食欲,帮助消化,增加营养。并具有防腐效用,有助于溶解纤维素及钙、磷等物质。

03.1469 鲜味剂 freshness agent
又称"风味增强剂"。呈鲜味的调味品。能补充或增强食品原有风味,改进可口性。有氨基酸类(L-谷氨酸钠、L-丙氨酸、甘氨酸)、核苷酸类(5′-鸟苷酸二钠、5′-肌苷酸二钠、5′-呈味核苷酸二钠)、琥珀酸二钠和其他鲜味剂如蚝油、鱼露、虾酱、烤肉酱及水解蛋白、酵母抽提物等。

03.1470 味精 monosodium glutamate, MSG
主要成分为谷氨酸单钠盐,由糖质或淀粉原料经微生物发酵、提纯、精制而制得。成品为白色柱状结晶体或结晶性粉末,是广泛使用的增鲜调味品之一,可增加食品鲜味,促进食欲。

03.1471 辛香剂 spicy agent
又称"香辛料"。呈浓烈辛辣味的调味品。在食品调味调香中使用的芳香植物的干燥粉末、精油或提取复合的调味汁。能改善食品风味,促进食欲。可分为天然辛香剂和合成辛香剂两大类。

03.1472 复合调味料 compound condiment
源于意大利面的酱汁。包括固态复合调味料、液态复合调味料、复合调味酱等。用两种或多种调味原料配制,经特殊风格设计、预先调味、特殊加工而成。

03.1473 色拉酱 mayonnaise
利用蛋黄、细砂糖、色拉油和白醋(柠檬汁)拌打制成的酱料。源于18世纪法国,后传进西班牙。用于做各种沙拉和蘸酱。加番茄酱、酸菜末、洋葱末、香菜末、味噌、山葵酱、咖喱粉、浓缩果汁成不同口味。流行品种有千岛、塔塔、柳橙、味噌、山葵、咖喱色拉酱等。胃寒和胃酸过多者不宜过量进食。

03.1474 咸味食品香精 savory flavoring
由水解蛋白、酵母等氨基酸源与还原糖和其他配料通过热反应产生的食品香料化合物。可补充和改善各种食品特别是咸味食品的香味。包括肉味香精、海鲜香精、菜肴香精等。

03.1475 酿造类调味品 brewing condiment
以含有较丰富蛋白质和淀粉等成分的粮食为主要原料,经前处理、发酵,在微生物酶作用下发生生物化学变化,转变成的各种复杂的呈味有机调味品,主要包括酱油、食醋、酱、豆豉、豆瓣、豆腐乳等。

03.1476 酱油 soy sauce
由大豆、小麦、麸皮或其他可食性含蛋白质植物种子为原料,经过蒸煮、制曲、发酵等程序酿制而成;或经酶、酸水解而成。含有多种氨基酸、糖类、有机酸,呈鲜味、酱香味,色泽红褐、鲜艳透明、香气浓郁、滋味鲜美醇厚的液态调味品。3000多年前记载称为醢、醯。

03.1477 真空冷却回转蒸锅 vacuum cooling rotary steamer
酿造酱油等行业的原料蒸煮设备。由锅体、锅盖、空心轴、传动轴、真空管、进水管、进气管口、排气管口、传动机构、轴承座等组成。真空管兼作蒸汽进气管、排气管,空心轴端加装自调端密封装置,锅体上装有吸料凹形锅盖。可原锅吸料,升温升压、降压冷却迅速。

03.1478 通风制曲 koji-making heavy layer ventilation, pool aerated koji-making system

利用机械通风装置制造麸曲的方法。长方形曲箱内盛已接曲种的熟原料,料层厚25~30cm,利用鼓风机及空调箱供给空气、调节湿度和温度,促使曲霉生长繁殖。改进方法采用链箱式机构和电子测温,可减少工人手工操作,室外随时观察及时控制温度。

03.1479 圆盘制曲机 koji-making disc machine, disc aerated koji-making system

集消毒、培养、成曲全过程于一体的全封闭自动发酵制曲装置。由封闭的立式制曲室、外驱动回转圆盘曲床、垂直旋转翻曲机构及布料轴、进料和45°浮动式挡板排料机构、通风空调、隔温壳体等部件组成。全过程人与物料不接触,避免人为污染,温、湿、风量调控完全自动化,清洗方便、酶活力高。

03.1480 酿造酱油 fermented soy sauce

原料经蒸煮、曲霉菌制曲、发酵等程序酿制而成的液体调味品。按工艺分为高盐稀态发酵、固稀发酵和低盐固态发酵。

03.1481 高盐稀态发酵工艺 high salt diluted state soy sauce fermentation

酿造酱油工艺的一种。分为"广式"和"日式"。原料经蒸煮、制曲后,与原料量2~2.5倍、浓度18.5%~20.5%盐水混合成含盐15%、水分65%左右的流动态酱醪,再经天然常温发酵(广式)或开始用盐水制冷5℃低温发酵,中期慢慢升温到30℃左右恒温发酵(日式)制成酱油。一般发酵4~6个月,产品品质高,香气成分多,营养丰富,鲜美。

03.1482 固稀发酵工艺 solid-liquid state soy sauce fermentation

又称"固稀分酿发酵法"。酿造酱油工艺的一

种,原料经蒸煮、制曲后,与原料量1:1、12~14°Bé(波美度,表示溶液浓度的一种方法,下同)盐水混合成固态酱醪,表面盖盐防氧化,品温保持40~42℃发酵14天。再加入原料量1.5倍18°Bé盐水成稀醪状35~37℃发酵15~20天,压缩空气搅拌。酱醪用泵输送至常温发酵罐28~30℃发酵30~100天,每周搅拌1~2次。该工艺成醪具特有之酱香,滤液红褐澄清、鲜味浓。

03.1483 低盐固态发酵工艺 low salt solid state soy sauce fermentation

酿造酱油工艺的一种,原料经蒸煮、制曲后,与原料总量1:1、12°Bé盐水混合成固态酱醪,粗盐封面,40~45℃保温堆积发酵21天,移池或原池淋油。特点为基质水不溶性高,微生物易生长,酶活力高,发酵时间短,不需严格无菌,后处理简便,污染少,香浓色深,设备简单、投资少、能耗低、易操作,氨基酸转化率较低。

03.1484 浇淋发酵工艺 spraying-extraction soy sauce fermentation

低盐固态工艺的改良工艺。以设假底的发酵池进行发酵,用泵抽取假底下定时放出的酱汁均匀淋浇于酱醪面层,不断循环实现均匀发酵,并可借此将人工培养的酵母菌和乳酸菌接种于酱醪之中以改善酱油风味。该工艺较低盐固态发酵工艺原料利用率高、风味好,改造投资小,有取代低盐固态发酵工艺的趋势。

03.1485 配制酱油 blended soy sauce

以酿造酱油为主体,与酸水解植物蛋白调味液、食品添加剂等配制而成的液体调味品。配制酱油中酿造酱油比例(以全氮计)不能少于50%;凡在酿造酱油中添加酸水解植物蛋白液,不论添加量多少,均需标注为配制酱油;不得添加味精废液、胱氨酸废液或用非食品原料生产的氨基酸液。

03.1486 酸水解植物蛋白调味液 acid hydrolyzed vegetable protein seasoning

以食用植物蛋白如脱脂大豆、花生粕、小麦蛋白或玉米蛋白等为原料,经盐酸水解、碱中和制成的液态鲜味调味品。含有 20 多种氨基酸,以其全氮含量及氨基酸含量评价质量。在配制酱油中称为母液。

03.1487　生抽　light soy sauce
酱油的一个品种,经天然露晒发酵而成。色泽较淡,呈红褐色,滋味鲜美协调,豉味浓郁,体态清澈透明,风味独特。含盐 17%~20%,多用于一般的炒菜或凉菜烹调调味。

03.1488　老抽　dark soy sauce
酱油的一个品种。在生抽酱油基础上经延长发酵时间加焦糖色等工艺制成的浓色酱油。因长时间晾晒水分大量蒸发,浓度达到 25~30°Be′,含盐达 19%~23%。颜色深,呈棕褐色有光泽。口感鲜美微甜。多用于做红烧等需要上色的菜品着色。

03.1489　蚝油　oyster sauce, oyster cocktail, oyster flavoured sauce
用鲜蚝(牡蛎)与盐水共煮、浓缩、调配而成的营养丰富的液态调味料。以半流体状、稠度适中、无渣粒杂质、久贮无分层或沉淀,红褐至棕褐色、鲜艳有光泽,具特有的香和酯香,味道鲜美醇厚稍甜,无焦、苦、涩和腐败发酵等异味,入口有油样滑润感者为佳。分淡味和咸味两种。适用于炒、烩、烧等多种烹调技法。

03.1490　可溶性无盐固形物　soluble saltless solid
化学分析术语。酱油中除水、食盐、不溶性物质外其他物质的含量,用可溶性固形物(可溶性物质总量)减去氯化物(以氯化钠计)即得。主要是蛋白质、氨基酸、肽、糖类、有机酸等,是影响风味的重要指标。推荐性标准中特级、一级、二级、三级酱油指标的下限分别为 20g/100mL、18g/100mL、15g/100mL、10g/100mL。

03.1491　氨基酸态氮　amino acid nitrogen
化学分析术语。酱油中以氨基酸形式存在的氮元素的含量,用甲醛滴定法检测,判定产品发酵程度的特性指标。该指标越高品质越好,鲜味越好。推荐性标准中特级、一级、二级、三级酱油指标的下限分别为 0.8g/100mL、0.7g/100mL、0.55g/100mL、0.4g/100mL,小于 0.4g/100mL 为不合格。

03.1492　全氮　total nitrogen in soy sauce
化学分析术语。酱油中蛋白质、肽、胨、氨基酸和其他含氮化合物的总含量。用凯氏定氮法检测,衡量酿造酱油产品质量、产品风味的一个指标,非强制性指标。推荐性标准中特级、一级、二级、三级酱油指标的下限分别为 1.60g/100mL、1.40g/100mL、1.20g/100mL、0.80g/100mL。

03.1493　食醋　vinegar, table vinegar
以乙酸(3%~5%)为主要成分,可含有多种氨基酸、有机酸的酸性液态调味品。

03.1494　酿造食醋　fermented vinegar
以粮谷类、粮食加工下脚料或薯类、野生植物、水果等含淀粉、糖分的物料破碎后单独或混合为原料,经微生物制曲、原料蒸煮、糖化、乙醇发酵、乙酸发酵等阶段酿制,或以食用酒精为原料经醋酸发酵而成的含有以乙酸为主的有机酸的酸味液态调味品。含有多种有机酸、糖类、维生素、醇和酯等营养风味成分。具有独特的色、香、味;能增进食欲、健胃消食。工艺分固态法和液态法。

03.1495　固态法酿醋工艺　solid state vinegar fermentation
酿造食醋传统工艺。利用自然界中的微生物采用固态醋醅发酵酿制,发酵周期长,乙酸发酵过程需要翻醅,劳动强度大。主要代表有大曲制醋以高粱为主要原料,经熏醅过程(山西老陈醋);小曲制醋以糯米和大米为原料(镇江香醋);麸皮制醋(保宁麸醋)等。目前采用纯种培养麸曲、酵母和醋酸菌可提高效率及得率。

03.1496　固态通风回流法　solid state spraying-extraction vinegar fermentation

酿造食醋传统工艺的改进工艺。原料加水浸泡磨浆后,经 α-淀粉酶液化、麸曲糖化、乙醇发酵,酒醪与麸皮、砻糠及醋母充分混合后,送入设有假底的乙酸发酵池中,假底下有通风孔可让空气自然进入,同时流出醋发酵液。利用自然通风及醋回流代替人工翻醅,使醋醅温度均匀。该法的产量、出醋率和劳动生产率均比传统法高。

03.1497　液态法酿醋工艺　liquid state vinegar fermentation

液态醋醪静止发酵酿造食醋工艺。有多种代表:江浙玫瑰米醋由大米熟料酒坛自然发酵,加水成液态,常温发酵 3~4 月,压榨澄清而成;福建红曲老醋以糯米、红曲、芝麻为原料,分次添加,自然液态发酵,3 年陈酿加白糖配制而成;铜川米醋由小米蒸熟、麦芽液化糖化得糖化液,加大曲封缸保温发酵 3~4 个月而成,液面有醋皮。速酿、深层发酵为液态法新工艺。

03.1498　速酿法　short term liquid state vinegar fermentation

又称"回流速酿法"。酿造食醋现代工艺之一。淀粉质原料经破碎、酶法液化糖化、板框过滤、清液乙醇发酵,稀酒液从直径 1~1.3m、高 2~5m 圆桶形速酿塔顶喷洒入,经假底上铺设的醋酸菌固定化载体桦木刨花、玉米芯、木炭等填料,下部排气孔进入空气,气液逆向对流,保持温度 33~35℃,经醋酸菌氧化成为乙酸。塔底流出液间断回浇至转化完成即塔醋或速酿醋。改进型塔高仅 1.2m。

03.1499　深层发酵酿醋工艺　submerged vinegar fermentation, liquid deep layer vinegar fermentation

酿造食醋现代工艺之一。淀粉质原料经湿法磨浆、液化糖化及乙醇发酵,酒醪送入发酵罐,接入纯培养醋酸菌。控制品温及通风量,加速乙醇氧化,缩短生产周期。罐型较多,现趋势为自吸式充气发酵罐,结构紧凑,溶氧均匀,原料利用率和产酸效率高,连续运转能力强,机械化程度高,劳动强度低,工作环境好。

03.1500　配制食醋　blended vinegar

由酿造食醋与食用冰乙酸、食品添加剂等混合配制而成。有关法规规定,配制食醋中酿造食醋的比例(以乙酸计)不得小于 50%。

03.1501　合成醋　artificial vinegar

化学法合成的食用冰醋酸稀释而成。无色透明、无香味、不易发霉变质、酸味大、刺激性强,只能调味,没有营养作用,多用于泡菜、酸菜等食品的批量生产,对人体有一定的腐蚀作用,一般规定冰醋酸含量不能超过 4%,使用时应进行稀释。工业冰醋酸兑水制醋对人体健康有害。碘液法和高锰酸钾法可鉴别酿造食醋和合成醋。

03.1502　再制醋　remanufacturing vinegar

在酿造食醋中添加各种辅料配制而成的花色食醋系列品种。添加鱼露、虾粉、五香液、姜汁、砂糖等成海鲜醋、五香醋、姜汁醋、甜醋等,辅料未参与发酵过程;或用水果原料,清洗、沥干、切片,水果、冰糖分层交替放入密封的广口玻璃瓶或陶器,倒入酿造食醋,三者比为 1:1:1,盖紧,放阴凉处半年即成再制醋。

03.1503　酱　Jiang, sauce, paste

以豆类、小麦粉、水果、肉类或鱼虾等为主要原料,经微生物发酵而成的具酱香、澄黄至红褐色泽、糊状至黏稠状调味品。分为以小麦粉为主料的面酱,以豆类为主料的豆酱,以及肉酱、鱼酱和果酱。以豆酱、面酱为基础可调制不同花色酱,如甜辣酱、辣椒酱、花生酱、沙茶酱、虾酱、海鲜酱、芥末酱、芝麻辣酱等。

03.1504　豆豉　Douchi, fermented soybean

以黄豆或黑豆为原料,泡透蒸熟或煮熟,在毛霉、曲霉或细菌蛋白酶作用下蛋白质分解达到一定程度后,加盐、酒或干燥等方法抑制酶活延缓发酵过程,制成的呈干态或半干态颗粒状制品。蒸晒中芳香氨基酸氧化变黑,赋予豆豉特有的色香。按原料分黑豆豉、黄豆豉,按口味分咸豆豉、淡豆豉,按含水量分干豆豉、水豆豉。用于调味,也可入药。最早出现在汉代。

03.1505 腐乳 Furu, fermented bean curd
又称"霉豆腐"。以大豆为原料,经磨浆、点卤、制坯成豆腐,再经培菌、发酵而制成的调味、佐餐豆制品。我国特有的发酵型佐餐佳品,具开胃消食调中功效。常分白方、红方、青方三类。无添加,保持本色为白方;加红曲色素为红方;腌制中加入苦浆水、低度盐水,发酵更彻底,因硫基、氨基游离而呈独特臭味和豆青色为青方即臭腐乳。还有糟方、醉方、花色腐乳、菜包腐乳等。

03.1506 纳豆 natto
以大豆为原料,蒸熟后经纳豆芽孢杆菌发酵制成,具有黏性的颗粒。保持大豆的营养价值、提高蛋白质消化吸收率,因发酵过程产生纳豆激酶、纳豆异黄酮、皂青素、维生素 K_2 等多种功能因子,具有提高食物消化、促进血液循环、清除细胞中过氧化质色素等保健功能。自秦、汉以来即开始制作。

03.1507 丹贝 tempeh
又称"天培"。发源于印度尼西亚的发酵食品。煮过的脱皮大豆或其他五谷杂粮,接种少孢根霉菌(*Rhizopus oligosporus*),再以香蕉叶包覆,经过一两天发酵所得到的白色饼状食品。以大豆为主原料制成的大豆丹贝含有丰富的蛋白质,可作为肉类的代用品,是素食人士摄取蛋白质的主要食品之一。

03.1508 鲜菜类调味品 fresh vegetable condiment
主要包括葱、蒜、姜、辣椒、芫荽、辣根、香椿等起调味作用的新鲜植物。

03.1509 葱 scallion, green onion
百合科葱属植物 *Allium fistulosum* L. 的鳞茎和地上茎叶。可作调味品。富含维生素 A、C、B_1、B_2、不饱和脂肪酸等。性温,味辛。能保护肠胃、刺激胃液分泌,有助于消化、增进食欲等。

03.1510 蒜 garlic
百合科葱属植物 *Allium sativum* L. 的地下磷茎和地上茎叶。分为大蒜、小蒜两种。性温、味辛,有暖脾胃、消症积等功效。独有成分蒜氨酸进入血液成为大蒜素,能在瞬间杀死病菌和流感病毒等,蒜素与维生素 B_1(VB_1)结合产生的蒜硫胺素能消除疲劳、增强体力。其防癌效果在蔬菜、水果中居首位。

03.1511 姜 ginger
姜科姜属多年生草本植物 *Zingiber officinale* Rosc. 的根茎。有刺激性芳香和辛辣味。味辛性温,长于发散风寒、化痰止咳、温中止呕、解毒杀菌,称"呕家圣药"。

03.1512 辣椒 chilli, hot pepper
茄科辣椒属植物 *Capsicum annuum* L. 的果实。有辣味,供食用。含丰富的维生素 C、β胡萝卜素、叶酸、镁及钾。辣椒素具有抗炎及抗氧化、暖胃驱寒、止痢杀虫、促进血液循环,有助于延缓衰老,舒缓多种疾病。

03.1513 香菜 coriander herb
又称"芫荽"。伞形科芫荽属植物 *Coriandrum sativum* 的嫩茎和鲜叶。有特殊香味,常用作菜肴的点缀、提味。性温味甘,能健胃消食、发汗透疹、利尿通便、祛风解毒。是"咖喱粉"的原料之一。维生素 C 含量比普通蔬菜高得多,胡萝卜素含量要比番茄、菜豆、黄瓜等高出 10 倍多。

03.1514 辣根 horseradish
又称"马萝卜"。十字花科辣根属植物 *Armoracia rusticana* 的根。肉质根肥大含有黑介苷,具有刺激鼻窦的特殊香辣味道。用于烤牛肉、吃饺子佐料蘸酱。含丰富的维生素、油分,有杀菌、健胃、助消化等功效。

03.1515 山葵 *Eutrema yunnanense*
又称"山蒻菜"。十字花科山蒻菜属植物。海拔 1300～2500m 高寒山区林荫下生长,资源稀缺,价格昂贵。特有的 5-甲硫基戊基-异硫氰酸酯、6-甲硫基己基-异硫氰酸酯、7-甲硫基庚基-异硫氰酸酯赋予独特的辛辣香气,具有增进食欲、止痢抗菌、防腐保鲜作用。山葵酱口感柔和、细腻,后劲消散快,回味香甜和清爽。有香、辛、甘、黏 4 种特色风味。

03.1516 香椿 cedrela sinensis, tender leaves of Chinese toon
楝科香椿属植物 *Toona sinensis* (A. Juss.) Roem. 的嫩叶。香味浓郁独特,可做成菜肴或干燥后磨成细粉当调味料。营养丰富,蛋白质含量居群蔬之冠,维生素仅次于辣椒,磷、胡萝卜素、核黄素、铁均名列前茅。性凉,味苦平,具健胃理气、明目养颜等功效。

03.1517 干货类调味品 dried food condiment
有特殊辛香或辛辣等味道的根、茎、果等干制而成的调味品。主要包括胡椒、花椒、干辣椒、八角、小茴香、芥末、桂皮、姜片、姜粉、草果等。

03.1518 胡椒 pepper
胡椒科胡椒属植物 *Piper nigrum* L. 的近成熟或成熟果实,晒干后作为香料和调味料使用。味辛、性热,能健胃进食、温中散寒和抑制中枢神经系统。按加工方式分黑胡椒、白胡椒。

03.1519 花椒 pericarpium zanthoxyli
芸香科花椒属植物 *Zanthoxylum bungeanum* Maxim. 的干燥成熟果实。调味料,除肉类腥气,刺激味蕾促进唾液分泌,增加食欲。温中散寒、解鱼腥毒,治积食停饮、保护脾胃等。

03.1520 八角 anise, star anise, verum
又称"茴香"。木兰科八角属植物 *Illicium verum* 的干燥果实。烹饪调味料,气味芳香

而甜。性温、味辛,有驱虫、温中理气、健胃止呕、祛寒、兴奋神经等功效。

03.1521 小茴香 fennel
伞形科茴香属植物 *Foeniculum vulgare* 的干燥成熟果实。果实是调味料,茎叶部分也具有香气,用作包子、饺子等食品的馅,能除肉中臭气。含挥发油,主要为茴香醚、小茴香酮、甲基胡椒酚、茴香醛等成分。味辛,性温。

03.1522 芥末 mustard, black mustard
又称"芥子末"。分为黄芥末和绿芥末。黄芥末是芥菜类蔬菜种子研磨掺水,醋或酒类调制而成,呈黄色,微苦,多用于凉拌菜。绿芥末由辣根研磨而成,呈绿色,辛辣气味强于黄芥末,有独特香气。芥末性温味辛,可刺激唾液和胃液分泌,开胃,增强食欲,有解毒功能,可杀菌和消灭消化系统中的寄生虫,解鱼蟹之毒。

03.1523 桂皮 cinnamon, Chinese cinnamon, feathering
樟科樟属植物天竺桂、阴香、细叶香桂、川桂等 10 余种树皮的统称。各品种在西方古代被用作香料,中餐用作食品调味料,五香粉成分之一。味辛甘、性热,有补元阳、暖脾胃等功效。

03.1524 草果 fructus amomi tsao-ko
姜科豆蔻属植物 *Amomum tsaoko* 的干燥成熟果实。椭圆形,具三钝棱。具有特殊浓郁的辛辣香味,烹调菜肴,可去腥除膻,使肉清香可口,增进食欲、消食化食,是烹调佐料中的佳品,被誉为食品调味中的"五香"之一。味辛,性温。

03.1525 香菜籽 coriander seed
伞形科芫荽属植物芫荽 *Coriandrum sativum* L. 的双圆球形种子,表面淡黄棕色,成熟果实坚硬,带有温和的芳香和鼠尾草及柠檬的混合味道。原产于地中海沿岸。味微辣,常用于腌制食物,磨成细粉可用于许多食品调味的理想香料,调配咖喱的原料之一。

03.1526 孜然 cumin

又称"安息茴香"。伞形科孜然芹属植物 *Cuminum cyminum* L. 的果实,长圆形,两端狭窄。调味料,富有油性,气味芳香浓烈,适宜肉类烹调,理气开胃、防腐杀菌。是配制咖喱粉的主要原料之一。

03.1527 咖喱 curry

以姜黄为主料,加胡荽籽、辣椒、孜然、小茴香、白胡椒等多种香辛料配制而成的复合调味料。用于烹调牛羊肉、鸡、鸭、土豆、菜花和汤羹等。口味浓香、辛辣。有红、青、黄、白色之别,因配料细节不同而有 10 多种口味。

03.1528 水产类调味品 aquatic flavoring, aquatic condiment

以水产中的部分动植物如鱼类、虾类、蟹类、贝类、海藻等为原料,经相应工艺干制或加工制成,含蛋白质量较高,具有特殊鲜味的调味品。包括鱼露、虾米、虾皮、虾籽、虾酱、虾油、蚝油、蟹制品、淡菜、紫菜等。

03.02.15 其他食品(食用菌、蜂制品等)

03.1529 食用菌 edible mushroom

可食用的大型真菌。常包括食药兼用和药用大型真菌。多数为担子菌,如双孢蘑菇、香菇、草菇、牛肝菌等。少数为子囊菌,如羊肚菌、块菌等。

03.1530 鲜菇 fresh mushroom

采收整理后,未经任何保鲜处理直接销售的食用菌。

03.1531 保鲜菇 fresh-keeping mushroom

特指经脱水和低温技术处理并经冷链运输销售的鲜菇。

03.1532 干菇 dry mushroom

采用自然干燥或人工干燥方法加工的食用菌。

03.1533 蘑菇罐头 canned mushroom

以罐装形式保存和出售的食用菌。

03.1534 整菇 whole mushroom

以完整子实体做成的加工菇。

03.1535 片菇 sliced mushroom

纵切成片状的罐头菇或干菇。

03.1536 碎菇 pieces mushroom

不规则食用菌碎片(块)的加工菇。

03.1537 菇粉 mushroom powder

干菇粉碎成的粉状物。有时特指经超细粉碎的食(药)用菌干粉。

03.1538 花粉 pollen

种子植物雄花花药中的粉状物(花粉粒),是植物的雄性生殖细胞。因花种不同呈现黄色、白色、黄白色,具有较高的营养价值和药用价值。

03.1539 蜂巢制剂 bee comb preparation

由蜂巢制成的产品。

03.1540 蜂毒 apitoxin

蜜蜂工蜂毒腺和副腺分泌出的具有特殊芳香气味的透明液体。

03.1541 蜂毒肽 melittin

一种具有抗凝血作用的多肽溶血毒。是蜂毒中主要的抗凝组分,占蜂毒干重的 40% ~ 50%。

03.1542 蜂毒制剂 apitoxin preparation

由蜂毒制成的制剂。

03.1543 蜂花粉 bee pollen

蜜蜂采蜜时带回的花粉团,在蜂巢内经过储藏和发酵后形成的花粉。是蜜蜂哺育幼蜂的食品。

03.1544 单一品种蜂花粉 monofloral bee pollen
工蜂采集一种植物的花粉形成的蜂花粉。

03.1545 混合蜂花粉 multifloral bee pollen
工蜂采集两种以上植物的花粉形成的蜂花粉,或两种以上单一品种蜂花粉的混合物。

03.1546 破壁蜂花粉 wall broken bee pollen
经过加工,花粉细胞壁被打破的蜂花粉。

03.1547 蜂胶 propolis
蜜蜂将采自植物的枝条、叶芽及愈伤组织等的分泌物与其上颚腺、蜡腺等的分泌物同少量花粉混合后所形成的黏性物质。

03.1548 精制蜂胶 refined propolis
经过加工,除去蜂蜡和其他杂质的蜂胶。

03.1549 巢础 comb foundation
用蜂蜡或塑料等材料人工制造的巢房房基。

03.1550 [蜂]蜜 honey
蜜蜂从活的植物蜜腺或其他部位采来的花蜜,并经蜜蜂充分酿制、贮存于巢房的甜味物质。

03.1551 成熟蜂蜜 ripe honey
经充分酿造的蜂蜜。

03.1552 蜜露 honeydew
蚜虫、蚧、叶蝉、木虱等昆虫排泄于植物表面的含糖的液体。

03.1553 单花种蜂蜜 monofloral honey
蜜蜂采集一种植物的花蜜或分泌物酿造的蜂蜜。

03.1554 多花种蜂蜜 multifloral honey
(1)蜜蜂采集两种或两种以上植物的花蜜或分泌物酿造的蜂蜜。(2)两种或两种以上单花种蜂蜜的混合物。

03.1555 巢蜜 comb honey
又称"脾蜜"。不经分离而连巢带蜜原封不动在蜜脾巢房里的蜂蜜。

03.1556 甘露蜜 honeydew honey
当外界蜜源植物缺乏或不在流蜜期,蜂巢中又缺少蜂蜜时,蜜蜂也采集甘露或蜜露酿造的蜂蜜。

03.1557 分离蜜 extracted honey
又称"离心蜜""机蜜""摇蜜"。用摇蜜机从蜜脾中分离出来并用滤网过滤的蜂蜜。

03.1558 压榨蜜 press honey
土法饲养的中华蜜蜂,取蜜时靠挤压割下的蜜脾生产的蜂蜜。

03.1559 液态蜜 liquid honey
又称"液体蜜"。在常温常压下,留存在巢脾中或是从巢脾中分离出来的呈液体状态的蜂蜜。

03.1560 结晶蜜 crystal honey
在常温常压下,留存在巢脾中或从巢脾中分离出来的呈晶体状态的蜂蜜。

03.1561 解除结晶 solubilization
使结晶生成的晶体重新溶解的方法。

03.1562 滤蜜器 honey filter
利用尼龙网等材料对蜂蜜进行过滤的设备。

03.1563 蜂蜜粉 honey powder
分离蜜脱水加工而成的粉末。

03.1564 焙烤用蜂蜜 baker's honey
焙烤食品中用作原料的分离蜜,能赋予焙烤食品独特风味、色泽,可使面包和糕点保持松软。

03.1565 工业用蜂蜜 honey for industry
蜂蜜富含果糖,有良好的吸湿性,且黏稠度高,在食品、药品、化妆品等行业中用作生产原料的分离蜜。

03.1566 乳酪型蜂蜜 creamed honey
加入晶种制成的形似奶酪的结晶蜜。

03.1567 蜂蜡脱色 beeswax decolor
除去蜂蜡中有色杂质的操作。

03.1568　蜂王浆　royal jelly
又称"蜂皇浆""蜂乳"。哺育蜂舌腺和上颚腺的混合分泌物,是蜂王生命活动中的主要食物。

03.1569　蜂王浆[冻干]粉　[lyophilized] royal jelly
以蜂王浆为原料,经过真空冷冻干燥而成的固态产品。

03.1570　产浆框　jelly frame
放置在蜂箱内,固定人工王台的框架。

03.1571　蜂子制品　product of bee brood
由蜂子加工成的食品和药品。

03.1572　蜂幼虫干粉　lyophilized bee larva powder
冻干蜂幼虫制成的粉末。

03.1573　糖渍蜂子　sugared bee brood
用食糖或食糖溶液腌渍的蜂子。

03.1574　盐渍蜂子　salting bee brood
用食盐或食盐溶液腌渍的蜂子。

03.1575　蜂乳晶　royal jelly crystal
蜂王浆配以白砂糖、少量蜂蜜和其他辅料制成的颗粒制剂。

03.1576　王浆片　royal jelly tablet
快速冻结的鲜蜂王浆在真空条件下水分子冷冻升华后得到的干片。

03.1577　蜜蜂粉　bee powder
蜜蜂成虫体的干燥粉末。

03.1578　电取蜂毒器　electric shocking venom collector
电击刺激工蜂螫刺、排毒,并获取蜂毒的器具。

03.1579　花粉干燥器　pollen dryer
降低花粉或蜂花粉含水量的器具。

03.1580　取浆　royal jelly harvest
从王台里取出蜂王浆的操作。

03.1581　吸浆器　extractor for royal jelly
利用吸气装置取浆的器具。

03.1582　取蜜　extraction of honey
从蜂巢中取出蜜脾、分离蜂蜜的操作。

03.1583　分蜜机　honey extractor
又称"摇蜜机"。利用离心作用从蜜脾中分离蜂蜜的器具。

03.1584　吹蜂机　bee blower
采用高速低压气流脱除贮蜜继箱内和蜜脾上蜜蜂的取蜜器具。

03.1585　割蜡盖刀　uncapping knife
取蜜时从蜜脾上切除蜡盖的刀具。

03.1586　取蜜车　extracting truck
装备取蜜、过滤、包装蜂蜜和处理蜡盖设备,从事取蜜作业的车。

03.1587　脱蜂器　bee escape
取蜜时驱除贮蜜继箱内和蜜脾上蜜蜂的器具。

03.1588　榨蜜机　honey presser
采用挤压蜜脾的方法从蜜脾中分离蜂蜜的器具。

03.1589　脱粉器　shedding device
截留归巢工蜂后足携带的蜂花粉的器具。

03.1590　花粉破壁　pollen cell wall breaking
使花粉壁破裂,内含物暴露的操作。

03.1591　花粉浸膏　pollen extract
花粉的乙醇提取物经过滤、减压浓缩得到的膏状制剂。

03.1592　蜂蜡　beeswax
又称"黄蜡""蜜蜡"。工蜂蜡腺分泌的一种有机混合物。其主要成分有酸类、游离脂肪酸、游离脂肪醇和碳水化合物。

通过乙醇作用从蜂蜜中析出的部分。

03.1593 蜡花 beeswax sheet
蜂蜡熔化后,在冷气流或冷水流中重新凝结而成的不规则卷曲薄片。

03.1595 蜂蜜胶体 honey colloid
由蛋白质、蜂蜡、戊聚糖等构成的胶体质颗粒,在蜂蜜中分散均匀且稳定存在,为热力学稳定体系。这些物质的集合体即蜂蜜胶体。

03.1594 蜂蜜糊精 honey dextrin

03.03 食品工厂设计与管理

03.03.01 食品工厂设计

03.1596 品控中心 quality assurance center
食品厂的检验部门。职能是对产品和有关原材料进行卫生监督与质量检查,确保这些原材料和最终产品符合国家食品卫生法律、法规和有关部门颁发的质量标准或质量要求。

03.1602 特殊生产用水 special water for production
直接构成某些产品组分的用水和锅炉水。这些用水对水质有特殊要求,必须在符合国家标准《生活饮用水卫生标准》基础上给予进一步处理。

03.1597 食品工厂仓库 food factory warehouse
食品工厂贮存和保管生产原料、半成品、成品及辅助生产材料的场所。

03.1603 化验室 testing laboratory
对产品和有关原材料、半成品、成品等进行卫生监督与质量检查,确保这些原辅材料和最终产品符合国家卫生法和有关部门颁发的质量标准或质量要求的场所。

03.1598 冷库 refrigeration house
保持稳定低温用来贮藏生产原料、半成品、成品及辅助生产材料的仓库。

03.1604 悬浮物 suspended matter
在溶液中呈悬浮状态的固体状物质。如不溶于水的淤泥、黏土、有机物、微生物等。

03.1599 管路布置图 piping arrangement
又称"管路配置图"。表示车间内外设备、机器间、装置内管道的连接和阀件、管件、控制仪表的空间位置、尺寸与规格,以及安装情况的图样。主要表达车间或管道和管件、阀、仪表控制点的有关机器、设备的连接关系。

03.1605 好氧生物处理 aerobic biological treatment
在供氧充分、温度适宜、营养充足的条件下,好氧性微生物大量繁殖,并将水中的有机污染物氧化分解为二氧化碳、水、硫酸盐、硝酸盐等简单无机物的过程。

03.1600 化学需氧量 chemical oxygen demand, COD
在一定条件下,用化学氧化剂氧化一升水样中需氧污染物时所消耗的氧气量,反映了水中还原性物质污染的程度。

03.1606 生物自净 biological self-purification
生物类群通过代谢作用(异化作用和同化作用)使环境中的污染物数量减少、浓度下降、毒性减轻以至消失的现象。

03.1601 公称压力 nominal pressure
与管道系统部件耐压能力有关的参考数值。一般大于或等于实际工作的最大压力。

03.1607 物料流程图 supplies flow diagram
提交设计主管部门和投资决策者审查的,一

种以图形与表格结合的形式来反映设计计算某些物料走向与结果的图样。其作用在于使设计流程定量化，通常在完成物料衡算和热量衡算后进行绘制。

03.1608　过程控制　process monitoring
以温度、压力、流量、液位等工业过程状态量作为被控制量而进行的控制行为。

03.1609　风向玫瑰图　wind direction rose map
根据各方向风的风向频率，以相应的比例长度，以风向中心为中心描在 8 个或 16 个方位所表示的图线上，然后将各相邻方向的端点用直线连接起来，绘成一个形似玫瑰花样的闭合折线。

03.1610　产品方案　product scheme
又称"生产纲领"。食品工厂准备全年（季度、月）生产产品品种和各产品的规格、数量、产期、生产车间、生产班次等的计划安排。

03.1611　原位清洗　cleaning in place, CIP
又称"就地清洗"。罐体、管道、泵、整个生产线在无须拆开的前提下，在闭合回路中，采用高温、高浓度的洗涤液，对设备装置加以强力作用，进行循环清洗、消毒，将其与食品接触面洗净的方法。

03.1612　采光系数　lighting coefficient
采光面积和房间地坪面积的比值。我国目前各食品工厂的生产车间大部分是天然采光，一般要求食品工厂的采光系数为 1/6～1/4。

03.1613　公用系统　public system
与全厂各部门、车间、工段有密切关系的，为这些部门所共有的一类辅助设施的总称。一般包括给排水、供电、供汽、制冷、暖风等 5 项工程。

03.1614　配水系统　water distribution system
水塔以下的给水系统的统称。小型食品工厂的配水系统，一般采用枝状管网。

03.1615　洁净室　clean room
在食品生产过程中某些特定的范围内（如奶粉的粉碎车间、包装车间等），特别设计能排除空气中的微粒子、有害空气、细菌等污染物并按生产要求将温度、洁净度、压力、气流速度、气流分布、噪声振动及照明和静电控制在一定范围内的房间。

03.03.02　食品工厂管理

03.1616　ISO 系列质量标准　the ISO series of quality standards
国际标准化组织颁布的在全世界范围内适用的关于质量管理和质量保证方面的系列标准的统称。

03.1617　ISO14000 环境管理体系　ISO14000 environmental management system
国际标准化组织关于环境管理体系的国际标准，目的是规范企业和社会团体等所有组织的环境行为，以达到节省资源、减少环境污染、改善环境质量、促进经济持续、健康发展的目的。

03.1618　ISO9000 质量管理标准　ISO9000 standards of quality management
国际标准化组织的全员参与、全面控制、持续改进的综合性的质量管理体系。其核心是以满足客户的质量要求为标准。它所规定的文件体系具有很强的约束力，贯穿于整个质量管理体系的全过程，使体系内各环节环环相扣，互相督导，互相促进，任何一个环节发生脱节或故障，都可能直接或间接影响其他部门或其他环节，甚至波及整个体系。

03.1619　职业健康管理体系　occupation health safety management system, OHSMS

适应世界经济全球化和国际贸易发展的需要而在国际上兴起的现代安全生产管理模式，它与 ISO9000 和 ISO14000 等标准体系一并被称为"后工业化时代"的管理方法，企业必须采用现代化的管理模式，使包括安全生产管理在内的所有生产经营活动科学化、规范化和法制化。

03.1620 全面质量管理 total quality management, TQM

一个以质量为中心，以全员参与为基础，目的在于提供满足用户需要的产品或服务的管理途径。

03.1621 食品质量标准 food quality standard
食品生产、检验和评定质量的技术依据。

03.1622 食品质量审核 food quality audit
确定食品质量活动和有关结果是否符合计划安排，以及这些安排是否有效地实施并适合于达到预定目标、有系统的独立的检查。

03.1623 食品质量管理 food quality management

依据相关的标准和管理要求，经认证机构审核确认并颁发质量管理体系注册证书，来证明某一组织质量管理体系运作有效、质量保证能力符合质量保证标准的活动。

03.1624 食品质量控制 food quality control
为达到食品质量要求所采取的作业技术和活动。即通过监视质量形成过程，消除质量环节上可能引起不合格或不满意效果的因素，采用的各种质量作业技术和活动。

03.1625 食品质量保证 food quality guarantee
为了使食品达到一定的质量目标，在组织上、制度上和物质技术条件上所提供的实际保证。

03.1626 技术标准 technical standard
国家食品管理部门对产品结构、规格、质量、检验方法等所做的技术规范。

03.1627 产品质量认证 product quality certification

依据产品标准和相关要求，经认证机构确认并颁发认证证书和认证标志，证明某一产品符合相应标准和相应技术要求的活动。

03.1628 质量检验 quality inspection
按照国际、国家食品卫生/安全标准，对食品原料、辅助材料、半成品、成品及副产品的质量进行检验，以确保产品质量合格。食品检验的内容包括对食品的感官检测及对营养成分、添加剂、有害物质的检测等方面。

03.1629 显著危害 significance hazard
有极大可能发生，并且一旦发生可能对消费者导致不可接受的危害，即发生的可能性和严重性都很显著的危害。

03.1630 质量信息系统 quality information system, QIS
为达到规定的食品质量目标，由一定的人员、组织、设备和软件组成的，按照规定的程序和要求进行质量信息的收集、加工处理、储存、反馈与交换，以支持和控制食品质量管理活动有效运行的有机整体。

04. 食 品 安 全

04.01　食品安全危害因素

04.01.01　生物性危害

04.0001　食源性感染　foodborne infection
通过摄食而进入人体的生物性病原体等致病因子造成的感染性疾病。

04.0002　食源性致病菌　foodborne pathogen
由食物途径传播,可以侵犯人体引起感染性疾病的细菌。

04.0003　腐败微生物　spoilage microorganism
污染食品后使食品发生化学和物理性质改变,导致食品失去原有的营养价值、组织性状及色、香、味等感官品质特征的微生物。

04.0004　食品安全指示微生物　food safety indicator microorganism
用于指示食品安全性特征的微生物。

04.0005　粪便污染指示菌　fecal indicator microorganism
用于指示食品被人和温血动物粪便污染的微生物。

04.0006　毒力　virulence
病原体致病能力的强弱,包括菌体对宿主体表的吸附,向体内侵入、生长和繁殖,抵抗宿主防御功能及产生毒素等。

04.0007　侵袭力　invasion
致病菌突破宿主皮肤、黏膜生理屏障,在宿主体内定植、繁殖和扩散的能力。

04.0008　细菌菌落总数　total number of bacterial colonies
食品检样经过处理,在一定条件下培养后,经

平板计数,所得的每单位食品检样中的总菌落数。用来判定食品被细菌污染的程度,反映食品的卫生状况,以便对被检样品做出适当的卫生学评价。

04.0009　需氧菌计数　aerobic bacteria count
每单位食品检样在有氧条件下,经标准培养基、培养温度和培养时间所获得的需氧菌菌落数。

04.0010　霉菌酵母计数　mould and yeast count
食品检样经过处理,在一定条件下培养后,所得每单位检样中的霉菌和酵母菌落数。

04.0011　大肠菌群　coliform
在37℃培养条件下能发酵乳糖、产酸产气的需氧和兼性厌氧革兰氏阴性无芽孢杆菌。主要包括肠杆菌科中的埃希菌属、柠檬酸杆菌属、克雷伯菌属和肠杆菌属,均来自人和温血动物的肠道。多存在于恒温动物粪便、人类经常活动的场所及有粪便污染的地方,人、畜粪便对外界环境的污染是大肠菌群在自然界存在的主要原因。

04.0012　粪大肠菌群　fecal coliform
在44.5℃培养条件下能发酵乳糖、产酸产气的大肠菌群,主要为大肠菌群中埃希菌属的细菌。

04.0013　埃希菌属　*Escherichia*
隶属于肠杆菌科,革兰氏阴性小杆菌,$(1.1\sim1.5)\,\mu m \times (2.0\sim6.0)\,\mu m$,单个或成对排列。许多菌株有荚膜和微荚膜,以周生鞭毛运动

或不运动。兼性厌氧,具有呼吸和发酵两种代谢类型。大部分埃希菌属细菌属于温血动物肠道的正常居住菌,小部分为肠道致病菌,通过食品引起人的食源性疾病。

04.0014　沙门菌属　*Salmonella*
隶属于肠杆菌科,寄生于人类和动物肠道,大小为$(0.6 \sim 1.0)\mu m \times (2.0 \sim 3.0)\mu m$,无芽孢,除鸡白痢沙门菌和鸡伤寒沙门菌之外,都具有周生鞭毛,多数有菌毛,无荚膜,兼性厌氧。在普通琼脂平板上形成中等大小、半透明的 S 型菌落。不发酵乳糖和蔗糖,不产生吲哚,不分解尿素,伏-波试验阴性,大多产生硫化氢。发酵葡萄糖、麦芽糖和甘露醇,除伤寒杆菌产酸不产气外,其他沙门菌均产酸产气。沙门菌在引起人类食物中毒的疾病中排名首位。

04.0015　志贺菌属　*Shigella*
又称"痢疾杆菌"。隶属于肠杆菌科,是人类细菌性痢疾最为常见的病原菌。依据抗原类型分为痢疾志贺菌、福氏志贺菌、鲍氏志贺菌和宋内氏志贺菌 4 个群,革兰氏阴性,能在普通培养基上生长,形成中等大小、半透明的光滑型菌落。分解葡萄糖,产酸不产气。伏-波试验阴性,不分解尿素,不形成硫化氢,不能利用枸橼酸盐作为碳源。除宋内氏志贺菌能迟缓发酵乳糖外,其余均不发酵乳糖。

04.0016　变形杆菌属　*Proteus*
隶属于肠杆菌科,革兰氏阴性杆菌,无芽孢,没有荚膜,具有周生鞭毛,运动活泼,两端钝圆,菌体大小为$(0.4 \sim 0.6)\mu m \times (1.0 \sim 3.0)\mu m$。变形杆菌属于腐败菌,一般不致病,需氧或兼性厌氧,其生长繁殖对营养要求不高,在$4 \sim 7 ℃$下即可繁殖,属低温菌。

04.0017　链球菌属　*Streptococcus*
隶属于链球菌科,革兰氏阳性,菌体呈球形或卵圆形,直径不超过$2\mu m$,呈链状排列。致病性链球菌链较长。无芽孢,大多数无鞭毛,幼龄菌常有荚膜。多数兼性厌氧,少数厌氧,

过氧化氢酶阴性,最适生长温度为$37℃$,最适 pH 为$7.4 \sim 7.6$。在液体培养基中常呈沉淀生长,但也有的呈均匀混浊生长(如肺炎链球菌),在固体培养基上形成细小、表面光滑、圆形、灰白色、半透明或不透明的菌落。

04.0018　小肠结肠炎耶尔森菌　*Yersinia enterocolitica*
隶属于耶尔森菌属,革兰氏阴性杆菌或球杆菌,大小为$(1.0 \sim 3.5)\mu m \times (0.5 \sim 1.3)\mu m$,多单个散在,有时排列成短链或成堆。小肠结肠炎耶尔森菌可通过污染生的蔬菜、乳和乳制品、肉类、豆制品、沙拉、牡蛎、蛤和虾等引起人的食物中毒。

04.0019　阪崎克罗诺杆菌　*Cronobacter sakazakii*
曾称"阪崎肠杆菌""黄色阴沟肠杆菌"。隶属于肠杆菌科克罗诺杆菌属,革兰氏阴性无芽孢杆菌,具有周生鞭毛,有动力,大多数产黄色素的条件致病菌。能引起严重的新生儿脑膜炎、坏死性小肠结肠炎和菌血症,对早产儿、低体重出生儿和 28 天以下的新生儿有更高的感染风险。

04.0020　副溶血弧菌　*Vibrio parahaemolyticus*
又称"嗜盐菌"。隶属于弧菌属,革兰氏阴性杆菌,呈弧状、杆状、丝状等多种形状,无芽孢,在无盐培养基上不能生长,在$3\% \sim 6\%$食盐水中繁殖迅速。对酸和热十分敏感,在食醋中$1 \sim 3 min$即死亡,在$56℃$下$5 \sim 10 min$即死亡。是海产品中引起食物中毒的主要致病菌。

04.0021　空肠弯曲杆菌　*Campylobacter jejuni*
一种革兰氏阴性微需氧菌,菌体轻度弯曲似逗点状,大小为$(1.5 \sim 5)\mu m \times (0.2 \sim 0.8)\mu m$,菌体一端或两端有鞭毛,运动活泼,有荚膜,不形成芽孢。主要分布在动物粪便中,污染食品后可移行到人的结肠和回肠的远端,引起食物中毒。

04.0022　金黄色葡萄球菌　*Staphylococcus*

aureus

又称"嗜肉菌"。隶属于葡萄球菌属,革兰氏阳性菌,可引起许多严重感染。菌体呈球形,直径约 0.8μm,显微镜下排列成葡萄串状。无芽孢、无鞭毛,大多数无荚膜,革兰氏染色阳性。营养要求不高,需氧或兼性厌氧,具高度耐盐性,可在 10%~15%NaCl 肉汤中生长。有较强的抵抗力,对磺胺类药物、青霉素、红霉素、土霉素、新霉素等抗生素敏感,但易产生耐药性。产生血浆凝固酶和耐热核酸酶,产生肠毒素,污染食品后引起人的食物中毒。

04.0023　蜡样芽孢杆菌　*Bacillus cereus*

隶属于需氧芽孢杆菌属,菌体呈杆状,末端方形,呈短或长链排列,大小为(1.0~1.2)μm×(3.0~5.0)μm。产芽孢,芽孢圆形或柱形,中生或近中生,1.0~1.5μm,孢囊无明显膨大。革兰氏阳性,无荚膜。菌落大,表面粗糙,扁平,不规则。能够产生多种胞外毒素和酶类,包括卵磷脂酶、β内酰胺酶、蛋白酶、神经磷脂酶、蜡样芽孢杆菌溶血素等,通过谷物类、蔬菜、肉类等食品引起人的食物中毒。

04.0024　肉毒梭菌　*Clostridium botulinum*

又称"肉毒杆菌""肉毒梭状芽孢杆菌"。隶属于梭菌属,革兰氏阳性、致命性严格厌氧梭状芽孢杆菌,大小为(4.0~5.0)μm×(1.0~0.8)μm,多单在,两端钝圆,芽孢为卵圆形,大于菌体宽度,位于次极端,使菌体呈匙形或网球拍状,常见游离芽孢,有 4~8 根周生鞭毛,运动迟缓,无荚膜。在一定条件下,产生肉毒毒素,引起人的神经型食物中毒。

04.0025　产气荚膜梭菌　*Clostridium perfringens*

隶属于厌氧芽孢杆菌属,一种革兰氏阳性芽孢杆菌,严格厌氧及形成特殊荚膜,可分解肌肉和结缔组织中的糖类产生大量气体。污染食品,在厌氧条件下形成芽孢,引起人的食物中毒。

04.0026　炭疽杆菌　*Bacillus anthracis*

隶属于需氧芽孢杆菌属,菌体粗大,两端平截或凹陷,排列似竹节状,无鞭毛,无动力,革兰氏染色阳性。芽孢呈椭圆形,位于菌体中央,其宽度小于菌体的宽度。在人和动物体内能形成荚膜,在含血清和碳酸氢钠的培养基中,孵育于二氧化碳环境中,也能形成荚膜。形成荚膜是毒性特征,可引起牛、羊、马等草食动物的烈性传染病——炭疽,人和猪次之,一般为局部炭疽。

04.0027　单核细胞增生李斯特菌　*Listeria monocytogenes*

隶属于李斯特菌属,革兰氏阳性、无芽孢、不耐酸的杆菌。在自然界分布广泛,在牛奶、软奶酪、新鲜和冷冻肉类、家禽、海产品、水果和蔬菜中都曾发现该菌,产生溶血素,通过食品引起人的食物中毒。兼性嗜冷,在 4℃ 的环境中仍可生长繁殖,是冷藏食品威胁人类健康的主要病原菌之一。

04.0028　椰毒假单胞菌　*Pseudomonas cocovenenans* subsp.

隶属于假单胞菌属酵米面亚种,革兰氏阴性短杆菌,两端钝圆,无芽孢,有鞭毛。在自然界分布广泛,兼性厌氧,易在食品表面生长,最适生长温度为 37℃,最适产毒温度为26℃,pH 5.0~7.0 生长较好。存在于发酵的玉米、糯玉米、黄米、高粱米、变质银耳等食品中,是酵米面及变质银耳中毒的病原菌。

04.0029　结核分枝杆菌　*Mycobaterium tuberculosis*

隶属于分枝杆菌属,菌体细长略弯曲,端极钝圆,大小为(1.0~4.0)μm×0.4μm,呈单个或分枝状排列,有荚膜、无鞭毛、无芽孢。在陈旧的病灶和培养物中,形态常不典型,可呈颗粒状、串球状、短棒状、长丝形等多形态。一般用齐-内(Ziehl-Neelsen)抗酸性染色法染成红色。专性需氧,最适温度为 37℃,低于30℃不生长。细胞壁的脂质含量较高,影响营养物质的吸收,生长极其缓慢。能引起人类和畜禽动物的结核病。

04.0030　黄曲霉　*Aspergillus flavus*
常见腐生真菌，多见于发霉的粮食、粮食制品。菌体由许多复杂的分枝菌丝构成。营养菌丝具有分隔；气生菌丝的一部分形成长而粗糙的分生孢子梗，顶端产生烧瓶形或近球形顶囊，表面产生许多小梗，小梗上着生成串且表面粗糙的球形分生孢子。该菌所分泌的次级代谢产物（黄曲霉毒素）可使人致病。

04.0031　寄生曲霉　*Aspergillus parasiticus*
曲霉属真菌。分生孢子梗单生，不分枝，末端扩展成具有 1~2 列小梗的顶囊，小梗上有成串的 3.6~6μm 球形分生孢子。寄生于多种半翅目、鳞翅目或膜翅目昆虫。被感染寄生曲霉的昆虫，体表起初长有白色菌丝，后布满黄绿色菌丝及其孢子。可分泌黄曲霉毒素。

04.0032　链格孢菌　*Alternaria* spp.
常见腐生菌。广泛分布于泥土和植物中，可分泌多种毒素，污染蔬菜、水果、谷物等。

04.0033　橘青霉　*Penicillium citrinum*
杯霉科真菌。可引发柑橘果腐的霉菌。常见于腐烂的柑橘等水果、蔬菜、肉食及衣履，偶尔也在热带香料和谷物上生长，多呈灰绿色。

04.0034　杂色曲霉　*Aspergillus versicolor*
又称"花斑曲霉"。霉菌。主要污染玉米、花生、大米等谷物，可分泌杂色曲霉毒素。畜禽食用后会导致肝和肾坏死，也可以诱发肝癌。

04.0035　禾谷镰刀菌　*Fusarium graminearum*
又称"禾谷镰孢菌"。禾本科作物的重要病原菌。可引起小麦、大麦、水稻、燕麦的穗枯或穗疮痂病，可引起玉米的茎腐病与穗腐烂病，也称为赤霉病。另外，该菌在侵染过程中会产生对人体和动物有害的单端孢霉烯和玉米赤霉烯酮等真菌毒素，导致受污染的农作物不适宜作为食物或饲料。

04.0036　尖孢镰刀菌　*Fusarium axysporum*
既可侵染植物又可在土壤内生存的兼性寄生真菌。具有多种专化型。在自然条件下或人工培养条件下可产生小型分生孢子、大型分生孢子和厚垣孢子三种类型。

04.0037　甲型肝炎病毒　hepatitis A virus
单股正链 RNA 病毒。直径约 27nm，基因组约 7400 碱基对；病毒粒子对环境因子抵抗力强；该病毒可通过粪口途径传播，主要感染儿童和青年，造成肝功能损伤；诱发症状可分为急性黄疸型、急性无黄疸型、亚临床型和急性淤胆型甲型肝炎。现已有甲肝病毒疫苗。

04.0038　戊型肝炎病毒　hepatitis E virus
单股正链 RNA 病毒，直径约 30nm，基因组约 7600 碱基对；病毒粒子对外界环境因子敏感；该病毒可通过粪口途径传播，主要感染青壮年人群，诱发症状可分为黄疸型和无黄疸型肝炎。

04.0039　朊病毒　prion
能侵染动物并在宿主细胞内复制的小分子无免疫性疏水蛋白质。它不含核酸分子而只由蛋白质分子构成，通过引起同种或异种蛋白质构象改变而具有致病性和感染性。能引起哺乳动物中枢神经系统疾病。

04.0040　轮状病毒　rotavirus
分段的双链 RNA 病毒。直径约 70nm；共有 7 个种（A~G），其中 A 种最为常见，导致约 90% 感染病例。该病毒夏秋冬季流行，感染途径为粪口途径，临床表现为急性胃肠炎，呈渗透性腹泻病。病毒对环境因子抵抗力强；有疫苗可以预防该病毒感染。

04.0041　札幌病毒　sapovirus
又称"札如病毒""沙波病毒"。单股正链 RNA 病毒。直径约 42nm，基因组约 8000 碱基对；依照衣壳蛋白编码序列的不同，被分为 7 个组（GI~GVII），其中，GI、GII、GIV 和 GV 可以感染人。病毒感染儿童和成年人，多发于冬季，主要以粪口途径进行传播。临床症状表现为腹泻和呕吐。人源札幌病毒暂无体外增殖模式,也无疫苗可用于预防该病毒。

04.0042　诺如病毒　norovirus
单股正链 RNA 病毒。直径约 30nm,基因组约 7500 碱基对。目前,按照其主要衣壳蛋白序列被分为 10 个基因簇,其中 GI、GII、GIV、GVIII 和 GIX 型病毒可以感染人类,被称为"人源诺如病毒(human norovirus)"。其中,GI.1 型诺如病毒又被称为诺瓦克病毒。该病毒对环境因子抵抗力强;可通过粪口途径传播,可感染各年龄阶段人群;诱发自限性疾病,主要临床症状表现为腹泻和呕吐;人源诺如病毒暂无体外增殖模式,无疫苗。

04.0043　蓝氏贾第鞭毛虫　Giardia lamblia
寄生于人体十二指肠、小肠和胆囊,可引起腹痛、腹泻和吸收不良等症状的寄生虫。

04.0044　刚地弓形虫　Toxoplasma gondii
又称"弓浆虫""龚地弓形虫"。寄生于人和许多种动物的有核细胞,引起人畜共患的弓形虫病的寄生虫。特别是在宿主免疫功能低下时致病,属机会致病原虫。

04.0045　隐孢子虫　Cryptosporidium parvum
以腹泻为主要临床表现的人畜共患性原虫病。有三个发育阶段:裂殖生殖、配子生殖和孢子生殖。孢子生殖中产生卵囊,卵囊呈圆形或椭圆形,直径 4~6μm,成熟卵囊内含 4 个裸露的子孢子和残余体(residual body)。子孢子呈月牙形,残余体由颗粒状物和一空泡组成。在改良抗酸染色标本中,卵囊为玫瑰红色,背景为蓝绿色,对比性很强,囊内子孢子排列不规则,形态多样,残余体为暗黑(棕)色颗粒状。

04.0046　卡耶塔环孢子虫　Cyclospora cayetanensis
寄生性原虫。主要感染宿主小肠的上皮细胞,特别是空肠。环孢子虫可引起宿主持续性腹泻及其他胃肠炎等症状。

04.0047　肝片吸虫　Fasciola hepatica
虫体扁平叶状,长 20~25mm,宽 8~13mm。成虫寄生在牛、羊及其他草食动物和人的肝脏胆管内,刺激使胆管壁增生,可造成胆管阻塞、肝实质变性、黄疸等。分泌毒素具有溶血作用。人饮用生水、食用生蔬菜可能会感染肝片吸虫。

04.0048　华支睾吸虫　Clonorchis sinensis
寄生吸虫,成虫体形狭长,背腹扁平,前端稍窄,后端钝圆,状似葵花子,体表无棘。虫体大小为(10~25)mm×(3~5)mm。成虫寄生在人或哺乳动物的胆管内。

04.0049　肺吸虫　Paragonimus westermani
又称"卫氏并殖吸虫"。人畜共患的寄生虫。虫体可寄生在人畜肺部、脑、脊髓、腹腔、皮下等组织。虫体成对寄生于肺组织形成的虫囊内。长 7~15mm,宽 3~8mm,红褐色,半透明,口吸盘和腹吸盘大小相等。人因食生醉和未煮熟的蟹或蝲蛄而感染,引起肺吸虫病。

04.0050　布氏姜片吸虫　Fasciolopsis buski
人畜共患寄生虫。常寄生在人和猪的小肠(尤其是十二指肠)内,偶见于犬和野兔。该寄生虫通过强大的吸盘吸附于黏膜或植入黏膜中。生食茭白、荸荠和菱角等附着有囊蚴的水生植物,可能会导致感染该寄生虫。

04.0051　猪带绦虫　Taenia solium
人畜共患的寄生虫。猪是其中间寄主,成虫寄生在人体的小肠中,人是其唯一的终宿主。寄生该寄生虫的猪肉俗称"米猪肉""豆猪肉""珠仔肉"等。

04.0052　猪囊尾蚴　Cysticercus cellulosae
猪带绦虫的幼虫。呈卵圆形白色半透明的囊,大小约为 9mm×5mm。囊尾蚴的大小、形态因寄生部位和营养条件的不同与组织反应的差异而不同,在疏松组织与脑室中多呈圆形,长 5~8mm;在肌肉中略长;在脑底部可大到 2.5cm,并可分支或呈葡萄样,称葡萄状囊尾蚴。

04.0053　牛带绦虫　taeniasis bovis
寄生于人小肠的寄生虫。成虫乳白色,最长可达 25m。链体由 1000 余个节片组成,每一节片均有雌雄生殖器官各一套。孕节片和虫卵随人粪便排出污染土地和饮水,被牛吞食后发育成六钩蚴,经血液散布至全身肌肉,发育成牛囊尾蚴,人吃半生或生的含有囊尾蚴的牛肉而感染。

04.0054　旋毛虫　*Trichinella spiralis*
一种寄生虫。其幼虫寄生于肌纤维内,一般形成囊包,囊包呈柠檬状,内含一条略弯曲似螺旋状的幼虫。人感染主要与生食猪肉或食用腌制不当的猪肉制品有关。该虫不耐高温,但在-15℃条件下可存活 20 天。

04.0055　广州管圆线虫　*Angiostrongylus cantonensis*
寄生于鼠类的肺线虫,成虫寄生于鼠肺动脉,虫卵发育的一期幼虫随粪便排出体外,被中间宿主螺等吞食,人因摄食带感染幼虫的螺而感染,其幼虫主要侵犯人体中枢神经系统,可使人致残或致死。

04.0056　生物毒素　biotoxin
生物来源并不可自复制的有毒化学物质,包括动物、植物、微生物产生的对其他生物物种有毒害作用的各种化学物质。

04.0057　微生物毒素　microbial toxin
由微生物产生的毒素,按照产生菌的类型,分为细菌毒素和真菌毒素。微生物毒素通过直接破坏组织和免疫系统导致宿主感染及引发疾病。

04.0058　外毒素　exotoxin
又称"蛋白毒素"。许多革兰氏阳性菌及部分革兰氏阴性菌在生长繁殖过程中分泌到菌体外的次级代谢产物,其主要成分为可溶性蛋白质,不耐热、不稳定、抗原性强。

04.0059　内毒素　endotoxin
又称"菌内毒素"。革兰氏阴性菌合成的存在于细菌细胞壁最外层的脂多糖,是只有在细菌死亡、裂解或人工方法破坏菌细胞后才释出的有毒物质。

04.0060　类毒素　toxoid
将细菌外毒素用 0.3%～0.4%甲醛处理脱去毒性但仍保存免疫原性的毒素。

04.0061　肠毒素　enterotoxin
由微生物向肠道内释放的以肠黏膜上皮细胞为作用靶点,低分子量、热稳定、水溶性的蛋白质外毒素。

04.0062　热不稳定性肠毒素　heat-labile enterotoxin
又称"不耐热肠毒素"。埃希大肠杆菌和蜡样芽孢杆菌等细菌分泌产生的一类肠毒素,在高温下可失活,通过腺苷酸环化酶使环鸟苷酸(cAMP)水平升高,导致感染者腹泻。

04.0063　热稳定性肠毒素　heat-stable enterotoxin
又称"耐热肠毒素"。产肠毒素埃希大肠杆菌等细菌产生的分泌型多肽,在 100℃条件下仍能保持三维结构和活性,通常对人和动物致病。

04.0064　金黄色葡萄球菌肠毒素　*Staphylococcus aureus* enterotoxin
金黄色葡萄球菌产生的蛋白类水溶性毒素,由 18 种氨基酸组成,分为 A、B、C、D、E 等多种类型。对热抵抗力极强,100℃加热 30min 仍能保持活性。A 型肠毒素引起食物中毒者最多,但耐热性最差,B 型最耐热,C 型次之。肠毒素是金黄色葡萄球菌引起食物中毒的主要因素。

04.0065　志贺毒素　Shiga toxin
Ⅰ型痢疾志贺菌产生的一种烈性毒素,具有细胞毒性、肠毒性和神经毒性,是痢疾继发的严重疾病如溶血性尿毒综合征、血栓性血小板减少性紫癜等的主要原因。

04.0066 肉毒毒素 botulinum neurotoxin
又称"肉毒神经毒素"。肉毒杆菌产生的含有高分子蛋白质的神经毒素,是目前已知在天然毒素和合成毒剂中毒性最强烈的生物毒素,它主要抑制神经末梢释放乙酰胆碱,引起肌肉松弛麻痹,特别是呼吸肌麻痹,是致死的主要原因。

04.0067 米酵菌酸 bongkrekic acid
椰毒假单胞菌酵米面亚种产生的一种可以引起食物中毒的毒素。常见于发酵玉米面制品、变质鲜银耳及其他变质淀粉类制品中。

04.0068 热稳定直接溶血毒素 thermostable direct hemolysin
病原微生物所产生的能导致机体红细胞及其他有核细胞裂解的耐热、可逆的淀粉样毒素,由4个相同的蛋白亚基同源四聚体组成。

04.0069 热稳定直接溶血相关毒素 thermostable direct hemolysin-related hemolysin
与热稳定直接溶血毒素基因编码区有70%相似性的毒素。分为两个亚组,核酸序列相似性为84%。

04.0070 真菌毒素 mycotoxin
真菌污染粮食或食品后产生的有毒的次级代谢产物。对人和动物有害。

04.0071 黄曲霉毒素 aflatoxin
由黄曲霉或寄生曲霉所分泌的一种次生代谢产物。常见于发霉的食品和饲料,易污染花生、玉米、稻米、大豆等农产品及其制品。主要有 B_1、B_2、G_1、G_2、M_1 和 M_2 等几种。人类长期食用被污染的食品可造成肝损伤,严重时可诱发肝癌。

04.0072 链格孢霉毒素 alternaria toxin
链格孢菌分泌的毒素。共分四类,分别为二苯并吡喃酮衍生物、四氨基酸衍生物、苝衍生物和长链氨基多元醇的丙三羧酸酯类化合物。毒素影响宿主质膜透性、激素平衡及代谢过程等。食用被毒素污染的饲料,畜禽可出现发育迟缓、消化道出血和昏迷等症状。

04.0073 玉米赤霉烯酮 zearalenone
又称"F-2毒素"。由禾谷镰刀菌、黄色镰刀菌、半裸镰刀菌和茄病镰刀菌等菌种分泌的有毒代谢产物。广泛污染小麦、玉米、大米及其制品。该毒素具有雌激素样作用,能造成动物急慢性中毒,引起动物繁殖机能异常甚至死亡,可对畜牧场造成巨大经济损失。食用被毒素污染的食品可引起人类中枢神经系统中毒。

04.0074 柄曲毒素 sterigmatocystin
又称"杂色曲霉毒素"。由杂色曲霉、构巢曲霉等分泌的毒素。主要以被污染的玉米、花生、大米等谷物为传播载体。灵长类(猴)比啮齿类易感,可引起肝、肾等器官坏死。该毒素的慢性毒性作用较强,具有致癌性。

04.0075 单端孢霉烯族毒素 trichothecene toxin
由镰刀菌分泌的真菌毒素。可抑制蛋白质、DNA 和 RNA 的合成,导致动物机体消化紊乱、器官出血和免疫抑制等。该毒素广泛存在于制备食品和饲料的谷物中,如玉米粉、燕麦片等。

04.0076 黄绿青霉素 *Penicillium citreoviride*
由黄绿青霉分泌的毒素。紫外线下,毒素粗制品呈现金黄色荧光,对小鼠有毒性作用;但是,荧光消失后毒素变为无毒。毒素耐热性较强。

04.0077 橘青霉素 citrinin
由橘青霉分泌的毒性代谢产物。橘青霉素为黄色结晶,熔点172℃;溶于稀碱性溶液及有机溶剂,难溶于水。是肾毒素,有遗传毒性。

04.0078　展青霉素　patulin

又称"棒曲霉毒素"。由曲霉和青霉等真菌产生的次级代谢产物。广泛存在于各种霉变水果和青贮饲料中。对胃具有刺激作用,导致反胃和呕吐;具有影响生育、致癌和免疫等毒理作用;具有致畸性,同时也是一种神经毒素。对人体的危害很大,导致呼吸和泌尿等系统的损害。

04.0079　赭曲霉毒素　ochratoxin

7 种结构类似化合物的统称。化学稳定性、热稳定性高,其中赭曲[霉]毒素 A(R1 = C1, R2 = H)毒性最大,通常由污染粮食作物的曲霉和青霉产生。如果动物食用被污染的饲料,该毒素会侵害肝和肾等器官,也会导致肠黏膜的炎症和坏死,并且肉中会残留该毒素。

04.0080　伏马菌素　fumonisin

又称"腐马毒素""烟曲霉毒素"。由串珠镰刀菌分泌的水溶性代谢产物,是一类由不同的多氢醇和丙三羧酸组成的结构类似的双酯化合物。主要污染粮食及其制品,并对某些家畜及人产生急性毒性及潜在的致癌性。该毒素共有 11 种,其中 FB1 是其主要组分。

04.0081　麦角生物碱　ergot alkaloid

又称"麦角毒素"。麦角菌产生的一类毒素,包括麦角胺、麦角新碱、麦角生碱、麦角柯宁碱、麦角克碱和麦角环肽等。

04.0082　海洋生物毒素　marine biotoxin

海洋生物体内存在的一类高活性的特殊成分,一般具有剧烈毒性,主要由藻类或浮游植物产生,可在滤食性的软体贝壳类动物的组织内蓄积。

04.0083　微囊藻毒素　microsystin

主要由淡水藻类铜绿微囊藻(*Microcystis aeruginosa*)产生的环状七肽化合物,能够强烈抑制蛋白磷酸酶的活性,为分布最广泛的肝毒素。

04.0084　冈田软海绵酸　okadaic acid

主要为由有毒赤潮藻类鳍藻属(*Dinophysis*)和原甲藻属(*Prorocentrum*)产生的脂溶性多环醚类化合物,能引起食用者腹泻、恶心等症状。

04.0085　刺尾鱼毒素　maitotoxin

由岗比甲藻类产生的具有聚醚结构的非蛋白水溶性大分子,是从海洋生物中分离出的分子最大的生物毒素。

04.0086　软骨藻酸　domoic acid

非蛋白藻类酸性氨基酸,由长链羽状硅藻代谢产生的一种强烈的神经毒性物质。

04.0087　雪卡毒素　ciguatoxin

大分子聚醚神经毒素,热带或亚热带海域有毒鱼类的有毒成分,包括太平洋雪卡毒素、加勒比海雪卡毒素和印度雪卡毒素。最早发现于古巴一带名为"雪卡"的一种海生软体动物。

04.0088　石房蛤毒素　saxitoxin

四氢嘌呤的衍生物,属海洋胍胺类毒素,白色、吸湿性很强的固体,溶于水,微溶于甲醇和乙醇。

04.0089　蘑菇毒素　mushroom toxin

大型真菌的子实体产生的、人或畜禽食用后可致中毒的物质。

04.0090　毒蝇碱　muscarine

毒蘑菇中含有的使食用者麻醉或出现幻觉的一种羟色胺类神经毒素。

04.0091　茄碱　solanine

又称"龙葵素"。化学式 $C_{45}H_{73}NO_{15}$,分子量为 867,用色谱法可分出 6 个组分:α-茄碱、β-茄碱、γ-茄碱及少量的 α-查茄碱、β-查茄碱和 γ-查茄碱。其中 α-茄碱是主要成分,因主要见于秋茄中而得名。发芽土豆的芽眼部位或块茎绿色部位含量较高,人体超量摄入后可以引发中毒反应。

04.0092　秋水仙碱　colchicine

又称"秋水仙素"。由植物秋水仙中提取,能抑制纺锤丝形成从而延迟着丝粒分裂的一种生物碱,化学式 $C_{22}H_{25}NO_6$,分子量为399,味苦,有毒。新鲜黄花菜中含有秋水仙碱,食用容易发生中毒。

04.0093　棉籽酚　gossypol
棉籽中含有的一种淡黄色毒素。可作杀菌剂或杀虫剂,化学式 $C_{30}H_{30}O_8$,分子量为518。棉籽酚对肝、血管、肠道和神经系统有毒性。

04.0094　苦杏仁苷　amygdalin
又称"苦杏仁素""扁桃苷"。由2分子 D-葡萄糖、1分子苯甲醛和1个氰根组成的芳香族氰苷,化学式 $C_{20}H_{27}NO_{11}$,分子量为457,广泛存在于杏、桃、李子、苹果、山楂等多种蔷薇科种子中,本身无毒,但经葡萄糖苷酶代谢分解后会产生有毒的氢氰酸。

04.0095　氰苷　cyanogenic glycoside
味苦,易溶于水、醇,极易被酸或同存于同种植物中的酶水解,生成糖类、醛酮和氢氰酸。由于水解后会产生具有毒性的氰化物,因此食用含有氰苷的食物具有一定风险。常见的含有氰苷的食物有木薯、苦杏仁等。

04.0096　大麻酚　cannabinol
存在于大麻叶中,有止咳、镇痉、止痛、镇静、安眠等活性的一种麻醉药,分子式 $C_{21}H_{26}O_2$,分子量310。

04.0097　植物凝集素　phytohemagglutinin
使红细胞凝集的一种糖蛋白。常见于大豆、豌豆、蚕豆、绿豆、菜豆、扁豆等豆类,尤以大豆和菜豆中含量最高。

04.0098　蛋白酶抑制剂　protease inhibitor
与蛋白酶分子活性中心上的某些基团结合,导致蛋白酶活力下降甚至丧失,但不使蛋白酶变性的一类蛋白质。如大豆中胰蛋白酶抑制剂未充分加热变性可使食用者中毒。

04.0099　河鲀毒素　tetrodotoxin
含多羟基全氢甲基喹唑啉的生物碱。存在于鲀鱼类(俗称河豚鱼),分子式为 $C_{11}H_{17}O_8N_3$,分子量319,具有使神经、肌肉麻痹的作用。

04.01.02　化学性危害

04.0100　有机氯农药　organochlorine pesticide
在农业上用作杀虫剂的各种有机氯化合物的总称,是一种高效广谱杀虫剂。常见如滴滴涕、六六六。

04.0101　氯酚　monochlorophenol
又称"一氯苯酚"。分子式为 ClC_6H_4OH;有邻位、间位、对位3种异构体,其中对位体为无色至淡黄色晶体,均难溶于水,可溶于乙醇、乙醚,并有臭味。

04.0102　六氯苯　hexachlorobenzene, HCB
一种选择性的有机氯抗真菌剂,分子式为 C_6Cl_6,分子质量285。

04.0103　有机磷农药　organophosphorus pesticide
在农业上用作杀虫剂或除草剂的取代磷酸酯化合物,为昆虫胆碱酯酶抑制剂。常见如敌敌畏、乐果。

04.0104　氨基甲酸酯类农药　carbamate pesticide
在农业上用于防治植物病、虫、草害的含有氨基甲酸酯结构的农药。常见如西维因、速灭威。

04.0105　拟除虫菊酯类农药　pyrethroids pesticide
模拟天然除虫菊素化学结构的人工合成农

药,具有高效、广谱、较安全等特性。

04.0106 有机汞杀菌剂 organomercurous fungicide
以汞的有机化合物为有效成分的杀菌剂。对植物病原真菌具有强毒性。由于对人畜具有剧毒,残留毒性大,已禁用。

04.0107 苯并咪唑类杀菌剂 benzimidazole fungicide
以有杀菌活性的苯并咪唑环为母体的一类化合物。具有内吸杀菌活性。常见如多菌灵、苯菌灵。

04.0108 除草剂 herbicide
可以目标性杀死植物或抑制植物生长的药剂。

04.0109 杀螨剂 acaricide
一类专门用来防治蛛形纲中有害螨类的农药。常见如尼索朗、溴螨酯。

04.0110 植物生长调节剂 plant growth regulator
人工合成的具有生理活性的类似植物激素的化学物质。能调节植物生理过程、控制植物的生长和繁殖。

04.0111 磺胺 sulfonamide
具有对氨基苯磺酰胺结构的药物的总称。用于预防和治疗细菌感染性疾病。

04.0112 β-内酰胺类抗生素 beta-lactam antibiotics
具有 β-内酰胺环的一类抗生素。常见如青霉素、头孢菌素、单酰胺环类等,具有广谱杀菌效果。

04.0113 四环素 tetracycline
从放线菌金色链丝菌的培养液等分离出来的一种广谱抗生素。对革兰氏阳性菌、阴性菌、立克次体等都有很好的抑制作用,对结核菌、变形菌等则无效。

04.0114 己烯雌酚 diethylstilbestrol
人工合成的非甾体雌激素。能促进卵泡的生长和发育,对垂体促性腺激素的分泌有抑制作用,改变体内激素平衡,破坏肿瘤组织赖以生长发育的条件。

04.0115 氨基糖苷抗生素 aminoglycoside antibiotic
氨基糖与氨基环醇通过氧桥连接而成的苷类抗生素。常见如链霉素、庆大霉素、卡那霉素。

04.0116 喹诺酮 quinolone
具有 4-喹诺酮结构的吡酮酸类化学合成抗菌药。主要作用于革兰氏阴性菌。常见如诺氟沙星、环丙沙星。

04.0117 大环内酯类药物 macrolides
链霉菌产生的一类弱碱性抗生素。对革兰氏阳性菌有抗菌活性。常见如红霉素、麦迪霉素。

04.0118 阿维菌素 avermectin
又称"阿灭丁""阿巴美丁""阿佛菌素"。阿维链霉菌的天然发酵产物。是一种高效、低毒、低残留杀虫剂、杀菌剂和杀螨剂。

04.0119 镉 cadmium
符号 Cd,分子量 112,微带蓝色的软金属。主要通过呼吸道及消化道摄入,人体吸收入血后与蛋白质结合,随血流分布至全身,主要蓄积于肾、肝、肺(吸入时)和甲状腺。长期摄入被镉污染的鱼、贝类等食物而引起的骨软化症被称为痛痛病,最早发现于日本。

04.0120 汞 mercury
符号 Hg,原子量 201,是常温常压下唯一以液态存在的金属。汞蒸气和汞的化合物多有剧毒。

04.0121 甲基汞 methyl mercury
甲基($-CH_3$)与汞结合的有机汞化合物。剧毒,不易分解,对中枢神经的亲和性很强,造成中毒患者出现严重的视觉、听觉障碍。食入被有机汞污染河水中的鱼、贝类,可以引起以甲基汞为主的有机汞中毒,被称为水俣病,是有机汞侵入脑神经细胞而引起的一种综合性疾病。孕妇吃了被有机汞污染的海产品后可导致婴儿患先天性水俣病。因为该病1953年首先被发现于日本熊本县水俣湾附近的渔村而得名。

04.0122　砷　arsenic

符号 As,原子量 75,是一种类金属元素。元素砷基本无毒,但其氧化物及砷酸盐毒性较大,三价砷毒性较五价砷强。

04.0123　铅　lead

符号 Pb,原子量 207,是淡灰色重金属。有毒,温度超过 400℃ 时即有大量铅蒸气逸出,在空气中迅速氧化成氧化铅烟,超限量摄入对人体有害。

04.0124　氟　fluorine

符号 F,原子量 19,淡黄色剧毒气体。长期从外环境(水、空气、食物)摄入过量氟可以引发多种全身性疾病,如地方性氟中毒可引起氟斑牙与氟骨症。

04.0125　二噁英　dioxin

又称"二氧杂芑"。210 种同类物的总称。由多氯代二苯并-对-二噁英和多氯代二苯并呋喃两大类化合物组成,属高毒类、致癌类物质。

04.0126　多氯联苯　polychlorinated biphenyl, PCB

又称"聚氯联苯"。以联苯为骨架、符合通式 $C_{12}Cl_nH_{10-n}(n=1\sim10)$ 的氯代烃。对生物体有积蓄性毒害作用。

04.0127　二苯并呋喃　dibenzofuran

又称"氧芴"。杂环芳香有机化合物。分子式为 $C_{12}H_8O$,分子量为 168,有毒,有害,呈无色叶片状或鳞片状结晶,有蓝色荧光。

04.0128　多环芳烃　polycyclic aromatic hydro-

carbon

分子中有两个以上苯环的烃类。目前已证实有 30 多种多环芳烃具有不同程度的致癌性等。

04.0129　苯并芘　benzopyrene

含 5 个环的稠环芳烃。分子式 $C_{20}H_{12}$,分子量 252,有强烈的致癌作用。

04.0130　硝酸盐　nitrate

含有硝酸根(NO_3^-)的盐类。可被还原为亚硝酸盐,大量口服时可引起严重中毒。

04.0131　亚硝酸盐　nitrite

含有亚硝酸根(NO_2^-)的盐类。是 N-亚硝基化合物的前体物质,超限量食用会导致中毒。

04.0132　N-亚硝基化合物　N-nitroso compound

N-亚硝基化合物的分子结构通式为 $R_1(R_2)=N-N=O$,可分为 N-亚硝胺、N-亚硝酰胺和 N-亚硝脒等三类,属于高毒类物质。

04.0133　N-亚硝基二甲胺　N-nitrosodimethylamine

又称"二甲基亚硝胺(dimethylnitrosoamine, DMNA)"。N-亚硝基化合物的一种。分子式 $(CH_3)_2N_2O$,分子量 74,属高毒类物质。食品中含有丰富的蛋白质、脂肪及人体必需的氨基酸,这些营养物质在腌制、烘焙、油煎、油炸等加工过程后会产生一定数量的 N-亚硝基化合物。

04.0134　三甲胺　trimethylamine

最简单的叔胺,分子式 C_3H_9N,分子量 59,对眼、鼻、咽喉和呼吸道具有刺激作用,可用于判断鱼新鲜度。

04.0135　二乙胺　diethylamine

又称"N-乙基乙胺"。分子式 $C_4H_{11}N$,分子量 73,具有强烈刺激性和腐蚀性。

04.0136　杂环胺类　heterocyclic amines

在肉制品热加工过程中形成的一类具有多环芳香族结构的化合物。具有强烈的致突变性和致癌性,对人体健康存在潜在的危害。

04.0137　氨基咔啉　amino-carboline
氨基酸或蛋白质在高温下直接热解产生的杂环胺类化合物中的一种。

04.0138　吡啶　pyridine
又称"氮杂苯""吖嗪"。含有一个氮杂原子的六元杂环化合物。化学式为 C_5H_5N,分子量为 79,无色或微黄色液体,伴有恶臭。

04.0139　氯丙醇　propylene chlorohydrin
丙三醇上羟基被 1~2 个氯原子取代所构成的一系列同系物、同分异构体的总称。会在盐酸水解蛋白质生产酱油的工艺中产生。

04.0140　3-氯-1,2-丙二醇　3-chloro-1,2-propanediol
又称"α-氯丙二醇""α-氯甘油"。3′位被一个氯取代的氯丙醇化合物。化学式 $C_3H_7ClO_2$,分子量为 111,无色黏稠液体,具有致癌性。

04.0141　1,3-二氯-2-丙醇　1,3-dichloro-2-propanol
又称"α-二氯丙醇"。1,3′位被两个氯取代的氯丙醇化合物。化学式 $C_3H_6Cl_2O$,分子量为 129,无色液体,具有致癌性。

04.0142　氢氰酸　hydrocyanic acid
一种无色,苦杏仁味,极易挥发和极易溶于水的快速致毒物质。化学式 HCN,分子量为 27。

04.0143　多巴胺　dopamine
下丘脑和脑垂体腺中的一种关键神经递质。负责大脑的情欲和兴奋的传递,化学式 $C_8H_{11}NO_2$,分子量为 153。

04.0144　丙烯酰胺　acrylamide
白色晶体化学物质。分子式 C_3H_5NO,分子量 71,可致癌。含游离糖和氨基酸多的食品原料热加工过程中会产生丙烯酰胺。

04.0145　氨基甲酸乙酯　ethyl carbonate
又称"乌拉坦""乌来雅""尿烷"。无色结晶或白色粉末。分子式 $C_3H_7NO_2$,分子量 89,易燃,无臭,具有清凉味。

04.0146　生物胺　biogenic amine
具有生物活性的低相对分子质量含氮有机化合物的总称。是脂肪族、酯环族或杂环族的低相对分子质量有机碱,常存在于动植物体内及食品中。

04.0147　组胺　histamine
活性胺化合物。可致过敏反应、炎性反应、胃酸分泌等,也可以影响脑部神经传导,造成困倦。

04.01.03　物理性危害

04.0148　放射性污染物　contaminant of radio-active origin
在放射性同位素应用时,排放的含放射性物质的粉尘、废水和废弃物。

04.0149　放射性核素　radionuclide
能自发地放出射线(如 α 射线、β 射线等)的不稳定原子核。

04.0150　镭　radium
符号 Ra,原子量 226.03,银白色有光泽的软金属,具有强烈放射性。

04.0151　锶　strontium
符号 Sr,原子量 87.62,银白色带黄色光泽的碱土金属。是人体必需的微量元素,^{90}Sr 具有放射性。

04.0152　铯　caesium
符号 Cs,原子量 132.91,金黄色活泼金属。

能与水剧烈反应生成氢气且爆炸，^{137}Cs 具有放射性。

04.0153　诱变物　mutagenic agent
又称"诱变剂""致突变物"。能引起遗传物质突变的化学物质或物理因素。包括直接致突变物和间接致突变物。

04.0154　耐放射性　radiation resistance
在放射性环境中能耐一定辐射剂量而不受损伤的性能。

04.0155　诱发放射性　induced radioactivity
核裂变或聚变中，由于中子的诱导作用而形成的放射。

04.0156　食品致敏原　food allergen
又称"食品过敏原"。存在于食物中能引起过敏反应的物质。

04.02　食品安全检测与检疫

04.02.01　生物分析

04.0157　样品前处理技术　sample pretreatment technology
对样品采用合适的分解和溶解方法及对待测组分进行提取、净化与浓缩的过程，使被测组分转变成可以测定的形式，从而进行定量和定性分析。

04.0158　食品基质　food matrix
待测食品样品中除被分析物质之外的所有物质的总和。

04.0159　基质效应　matrix effect
食品基质对分析物分析过程和分析结果准确性的干扰作用。

04.0160　生化鉴定　biochemical identification
使用化学或生物化学方法检测细菌的代谢产物鉴定细菌属、种的方法。

04.0161　聚合酶链反应　polymerase chain reaction，PCR
在生物体外利用引物和 DNA 聚合酶进行的 DNA 特定区域扩增的一种技术。可以用于食品有害物微生物检测。

04.0162　多重聚合酶链反应　multiplex polymerase chain reaction
同时加入多对引物对同一 DNA 模板的几个不同区域进行扩增的技术。常用于检测碱基组成很长的特定序列。

04.0163　反转录聚合酶链反应　reverse transcription polymerase chain reaction，RT-PCR
提取总 RNA 后以其中的 mRNA 作为模板采用 oligo(dT) 或随机引物、利用反转录酶反转录成互补 DNA 链(cDNA)，再以互补链为模板进行 PCR 扩增获得目的基因的技术。可以用于特定目标基因的检测或基因表达分析。

04.0164　实时荧光定量聚合酶链反应　real time fluorescent quantitative polymerase chain reaction
在 DNA 聚合酶链反应的扩增反应中，加入荧光化学物质，实时测定每次聚合酶链反应循环后产物总量、对特定 DNA 序列进行定量分析的方法。

04.0165　实时荧光定量反转录聚合酶链反应　real time fluorescent quantitative reverse transcription polymerase chain reaction
在反转录 DNA 聚合酶链反应的扩增反应中，加入荧光化学物质，实时测定每次聚合酶链反应循环后产物总量、对特定 DNA 序列进行定量分析的方法。

04.0166 环介导等温扩增 loop-mediated iso-
thermal amplification
设计4条针对靶基因上6个区域的特定引物、
利用链置换型 DNA 聚合酶在恒温条件下快速
扩增目标基因,通过扩增产物的焦磷酸镁白色
沉淀直接判定目标基因是否存在的技术。

04.0167 酶联免疫吸附测定 enzyme-linked
immunosorbent assay, ELISA
以固相载体吸附抗原或抗体,利用抗原抗体
的特异性识别反应及酶标记抗体或酶标记二
抗或酶标记抗原的显色反应,检测特定目标
物的技术。

04.0168 间接竞争酶联免疫吸附测定 indi-
rect competitive enzyme-linked immu-
nosorbent assay
在固相载体表面吸附包被抗原然后加入抗体
和待测物,反应结束后洗去未反应的抗体和
待测物,加入酶标记抗体和底物进行显色反
应来测定特定目标物的方法。

04.0169 夹心酶联免疫吸附测定 sandwich
enzyme-linked immunosorbent assay
在固相载体上吸附捕获抗体,先加入待测物
进行反应后洗去未反应物,再加入酶标记抗
体进行显色反应,来测定特定目标物的技术。

04.0170 免疫胶体金检测 immune colloidal
gold assay
以胶体金标记抗体,利用抗原抗体反应,以胶
体金颜色作为结果判定依据,检测特定目标
物的方法。

04.0171 免疫电镜法 immunoelectron micros-
copy
将免疫化学技术和电镜技术相结合,在超微
水平上观察研究抗原抗体结合反应的技术。

04.0172 仿生免疫分析 bionic immunosor-
bent assay
利用对特定目标有特异性识别功能的仿生功
能材料建立的免疫分析方法。

04.02.02 检 验 检 疫

04.0173 检验检疫 inspection and quarantine
在国家的授权下,根据合同、标准或来样的要
求,用感官、物理、化学或微生物的分辨分析
方法,对国际贸易活动中买卖双方成交的商
品的质量、数量、重量、包装、安全、卫生及运
输工具等进行检验,并对涉及人、动物、植物
的传染病、病虫害、疫情等进行检疫的过程。

04.0174 检验 inspection
对有关特性的测量、测试、观察或校准,并做
出评价的过程。

04.0175 检疫 quarantine
由官方机构依法对动植物及其产品、装载容
器、包装物、铺垫材料、运输工具及其他应检
物采取一系列控制措施以完成检验、检测和

处理等程序,从而有效防止危险性动物疫病
和植物有害生物的传入、传出和(或)扩散的
重要体系。

04.0176 食品检验 food inspection
依据物理、化学、生物化学的一些基本理论和
各种技术,按照制定的技术标准,对食品原
料、辅助材料、半成品、成品及副产品的质量
进行检验,以确保产品质量合格。内容包括
对食品的感官检验、理化检验和微生物学检
验等方面。

04.0177 食品卫生检验 food hygiene inspec-
tion
对食品及食品在生产、加工、贮运等过程中可
能存在的威胁人类健康的有害因素的监督和

检验。

04.0178 食品微生物检验 food microbiological inspection

对食品及其原料、辅料、生产环境和加工、储藏、运输、销售等环节中与食品有关的人员卫生状况、装载容器、包装物、运输工具等的有害微生物及其毒素等进行定性或定量的检验。

04.0179 国家强制性产品认证 China compulsory certification

对涉及人类健康和安全,动植物生命和健康,以及环境保护和公共安全的产品实行强制性认证制度。列入《中华人民共和国实施强制性产品认证的产品目录》内的商品,必须经过指定的认证机构认证(合格)、取得指定认证机构颁发的认证证书并加施认证标志后,方可出厂、进口、销售和在经营服务场所使用。

04.0180 代理报检 agent inspection

代理报检单位依法接受有关关系人的委托,为有关关系人代理办理报检业务。

04.0181 报检员 inspection staff

获得国家质量监督检验检疫总局规定的资格,在各地检验检疫机构注册,办理出入境检验检疫报检业务的人员。

04.0182 检疫监管 quarantine supervision

检验检疫机构对进出境或过境的动植物及其产品的生产、加工、存放等过程及动物疫病、植物有害生物疫情实行监督管理的一种检疫措施。

04.0183 法定检验检疫 statutory inspection and quarantine

出入境检验检疫机构依照国家法律、行政法规和规定对必须检验检疫的出入境货物、交通运输工具、人员及其事项等依照规定的程序实施强制性检验检疫的措施。

04.0184 检疫处理 quarantine treatment

检验检疫机构根据检验、检测的结果及相关规定,采用一定的方式对检疫物实施处理的法定程序。

04.0185 产地检疫 quarantine in origin area, quarantine in producing area

动物及其产品在离开饲养、生产地之前由动物卫生监督机构派官方兽医所进行的到现场或指定地点实施的检疫。

04.0186 口岸检疫 port quarantine, quarantine at port

在口岸对出入国境的动植物、动植物产品、装载动植物或动植物产品或来自疫区的运输工具等进行的检疫。

04.0187 现场检疫 on-site quarantine, on-the-spot quarantine

检验检疫人员在现场环境中对动植物或动植物产品实施检查,也包括必要时按相关规定进行采样,并初步确认是否符合相关检疫要求的法定程序。

04.0188 实验室检疫 laboratorial quarantine

借助实验室仪器设备对检疫物样品进行动物疫病和植物有害生物检查、鉴定的法定程序。

04.0189 隔离检疫 isolation quarantine

依据检疫协议或有关标准,将拟出入境的动物置于与其他动物无直接或间接接触的隔离状态,在特定时间内进行必要的临床观察,必要时进行检验和检疫处理。

04.0190 自验 self-inspection

检验检疫机构接受对外贸易关系人提出的对出口商品进行品质、规格、数量、重量、安全、卫生、包装的检验、鉴定申请后,由检验检疫机构自行派出检验人员进行抽样和检验鉴定并出具检验证书。

04.0191 共验 joint inspection

检验检疫机构接受对外贸易关系人提出的对出口商品进行品质、规格、数量、重量、安全、卫生、包装的检验、鉴定申请后,与其授权检验鉴定单位各派检验人员共同执行抽样、检验鉴定。

04.0192 抽验 sampling inspection
出口商品在生产、经营单位检验合格的基础上,由检验检疫机构派人对出口商品按一定比例进行检验。当生产、经营单位的检验结果与检验检疫机构抽验结果相符时,检验检疫机构认可其检验结果。

04.0193 驻厂检验 plant inspection
检验检疫机构对某些特定的商品,派人进驻生产加工单位执行检验和监督管理。

04.0194 过境检疫 transit quarantine
对经过本国口岸运输的动植物、动植物产品及其他检疫物进行的检疫。

04.0195 卫生检疫 sanitary quarantine, health quarantine
对涉人传染病进行的出入境检疫、监测和卫生监督、进出口食品卫生监督检验和国际旅行卫生保健工作。

04.0196 检疫监测 quarantine surveillance, quarantine monitoring
为了发现疾病或病原而对特定动物群体或亚群进行的调查。监测的频率和类型取决于病原或疾病的流行病学和动物的出栏量。

04.0197 检验批 inspection lot
接受检验的同品种、同规格及相同生产条件的产品的集合。

04.0198 微生物限量 microbiological limit
被检样品中每单位重量中允许检出的微生物最高值。

04.0199 检验许可 inspection licensing
在输入动植物、动植物产品及检疫法规定的检疫物时,输入单位向检验检疫机构提前提出申请,检验检疫机构审查并决定是否批准

输入的法定程序。

04.0200 检疫性动物疫病 quarantine animal disease, quarantine-based animal disease
按照疫病的危害程度,《中华人民共和国动物防疫法》将国内检疫性动物疫病(包括传染病和寄生虫病)分为三类:一类动物疫病,指对人和动物危害严重,需要采取紧急、严厉的强制性预防、控制和扑灭措施的疾病;二类动物疫病,指可造成重大经济损失,需要采取严格控制和扑灭措施防止扩散的疾病;三类动物疫病,指常见多发、可能造成重大经济损失,需要控制和净化的疾病。

04.0201 检疫病原体 quarantine pathogen
需要被检验检疫的、能引起人畜共患疾病的微生物和寄生虫的统称。包括致病性细菌、衣原体、立克次体、支原体、螺旋体,以及致病性病毒和致病性真菌,也包括致病性的原虫和螨虫。

04.0202 管制性有害生物 regulated pest
正在被官方采取检疫手段进行控制的有害生物。包括检疫性有害生物和管制的非检疫性有害生物。

04.0203 检疫性有害生物 quarantine pest
对受其威胁的地区具有潜在经济重要性但尚未在该地区发生,或虽已发生但分布不广并进行官方防治的有害生物。

04.0204 管制的非检疫性有害生物 regulated non-quarantine pest
危及种植用植物的预定用途并产生无法接受的经济影响,因而在输入国家或地区正在受到控制的非检疫性植物有害生物。

04.0205 疫情 epidemic situation
疫病发生和蔓延发展的情况。

04.0206 法定通报疫病 notifiable disease
根据法律法规的规定,必须向官方通报的

疫病。

04.0207　检疫区　quarantine area
通过立法划定的动植物检疫对象区域。

04.0208　无规定动物疫病区　specified animal disease free zone
某种特定动物疫病达到了消灭标准的特定区域。按照是否采用免疫接种措施,分为"非免疫无疫病区"和"免疫无疫病区"。

04.0209　传染源　source of infection
体内有病原体寄居、生长、繁殖并能将其排出体外的动物或人。

04.0210　病原携带者　pathogen carrier
体内有病原体寄居、生长和繁殖并有可能排出体外而无症状的动物或人。

04.0211　基本无疫　practically free
由于在商品的生产和销售过程中采用了良好的栽培或饲养管理措施,对一批货物、种植地或产地而言,其有害生物(或某种特定有害生物)的数量不超过预期的数量。

04.0212　流行病学单位　epidemiological unit
暴露于病原的机会大致相同的有特定流行病学关系的一组动物。通常是指同群动物,因不同疾病、不同病原株而异。

04.0213　易感动物　susceptible animal
对某种病原体或致病因子缺乏足够的抵抗力而易受其感染的动物。

04.0214　患病动物　sick animal
表现某疾病临床症状的动物。

04.0215　感染动物　infected animal
被病原体侵害并发生可见或隐性反应的动物。

04.0216　疑似感染动物　animal suspected of being infected
与患病动物处于同一传染环境中,有可能感染该疫病的易感动物。如与患病动物同舍饲养、同车运输或位于患病动物临近下风的易感动物。

04.0217　病原体　pathogen
可引起人或动植物感染疾病的微生物(包括细菌、病毒、立克次体、真菌等)和寄生虫。

04.0218　致病性微生物　pathogenic microorganism
能够引起人和动植物病害的微生物。

04.0219　病原分离鉴定　isolation and identification of pathogen
应用微生物学、免疫学和分子生物学等技术从感染动物中分离病原体并进行生物学鉴定的过程。

04.0220　封存　sealing up
将可能携带病原体的物品存放在指定地点,并采取阻断性措施(如隔离、密封等)以杜绝病原体传播的一种检疫处理方式。物品封存后需经检验检疫机构同意后方可移动和解封。

04.0221　自然疫源地　natural epidemic focus, natural epidemic nidus
自然界中某些野生动物体内长期保存某种传染性病原体的地区。

04.0222　疫源地　nidus of infection
传染源及其排出的病原体向四周播散所能波及的范围,即可能发生新病例或新感染的范围。它包括传染源停留的场所和传染源周围区域及可能受到感染威胁的人。

04.0223　隔离饲养　isolated feeding, isolated raising
在宰前检疫过程中,对怀疑患有人畜共患病而不能确定的畜禽采取隔离观察和饲养的方法。

04.0224　扑灭　stamping out

采取强有力的物理和化学手段对患有人畜共患病动物、动物性产品及其环境中的病原体进行彻底杀灭的过程。

04.0225　扑杀　culling
将被某疫病感染的动物（有时包括可疑感染动物）全部杀死并进行无害化处理，以彻底消灭传染源和切断传播途径的一种检疫处理方式。

04.0226　生物安全处理　biosecurity treatment, biosafety disposal
又称"无害化处理"。运用物理、化学、生物学等方法处理带有或疑似带有病原体的动物尸体、动物产品或其他物品的过程。其目的是消灭传染源，切断传播途径，破坏毒素，保障人畜健康安全。

04.0227　自动扣留　automatic detention
食品运抵进口国口岸时，必须经进口国检验合格后，方允许放行入境销售的一种安全控制措施。

04.0228　认可屠宰场　approved abattoir
由市级人民政府根据设置规划，组织畜牧兽医行政主管部门、环境保护主管部门及其他有关部门，依照国家畜禽屠宰相关的规定条件进行审查，经征求省（自治区、直辖市）人民政府畜牧兽医行政主管部门的意见确定许可的畜禽屠宰企业。

04.0229　自然疫源性疾病　disease of natural nidus
传染源为野生动物或由野生动物传人、家畜、家禽，并通过一定的传播途径引起的疾病。一般在动物中传播，人进入该地区时才会被感染。

04.0230　无特定病原动物　specific pathogen free animal
机体内无特定的微生物和寄生虫存在的动物。

04.0231　屠宰检疫　slaughter quarantine
屠宰前和在屠宰过程中所进行的检疫。

04.0232　宰前检疫　pre-mortem quanantine
屠畜通过宰前临床检查，初步确定其健康状况，发现在宰后难以发现的人兽共患传染病。

04.0233　同步检验　synchronous inspection
在屠宰过程中，对其胴体、头、蹄、脏器、淋巴结、油脂及其他应检疫部位按规定的程序和标准实施的检疫。

04.0234　宰后检验　post-mortem inspection
动物检疫人员应用兽医病理学知识和实验室诊断技术，依照国家规定的检验项目、标准和方法，对解体后的畜禽胴体、脏器及组织实施检验，根据检验结果进行综合性的卫生评定，并在胴体加盖卫生检疫印。

04.0235　胴体检验　carcass inspection
宰后对胴体的检验。主要是预防致病菌及寄生虫的传播，防止危害人类健康的肉供给食用，同时对肉和皮张等进行卫生处理，在肉体加盖卫生检疫印。有问题的肉体应根据情况处理。

04.0236　炭疽　anthrax
由炭疽杆菌所致的一种人畜共患的急性传染病。人因接触病畜及其产品及食用病畜的肉类而发生感染。临床上主要表现为皮肤坏死、溃疡、焦痂和周围组织广泛水肿及毒血症症状，皮下及浆膜下结缔组织出血性浸润；血液凝固不良，呈煤焦油样，偶可引致肺、肠和脑膜的急性感染，并可伴发败血症。自然条件下，食草兽最易感，人类中等敏感，主要发生于与动物及畜产品加工接触较多及误食病畜肉的人员中。

04.0237　结核病　tuberculosis
由结核分枝杆菌引起人畜共患的一种慢性传染病。在畜禽中主要发生于牛和家禽，可由牛禽传染给人和猪、羊、狗、猫等动物。结核病患病器官不同,有肺结核、乳房结核、淋巴结核、肠结核、生殖器结核、脑结核、浆膜结核及全身结核等。

04.0238　布鲁氏菌病　brucellosis
又称"布病"。由布鲁氏杆菌所引起的疾病,传染源以家畜为主,接触传染为主要途径,可导致患者出现无力、失眠、低热、食欲症、上呼吸道炎等症状。

04.0239　禽流感　avian influenza
由禽流感病毒引起的一种禽类传染病。表现为较严重的全身性、出血性、败血性症状,死亡率较高,是国际兽疫局规定的 A 类疫病,可感染人类,并造成死亡。

04.0240　钩端螺旋体病　leptospirosis
由各种不同型别的致病性钩端螺旋体(简称钩体)所引起的一种急性全身性感染性疾病。属自然疫源性疾病,鼠类和猪是两大主要传染源。

04.0241　李斯特菌病　listeriosis
由胞内寄生性李斯特菌所致的散发性人畜共患病。表现为家畜发生脑膜炎、败血症、流产;家禽和啮齿动物发生坏死性肝炎、心肌炎及单核细胞增多;人类常见脑膜炎,其次是妊娠感染及败血症,或局部感染。

04.0242　猪 2 型链球菌病　*Streptococcus suis* serotype 2 disease
由猪链球菌 2 型引起的一种人畜共患病。猪链球菌 2 型引起猪急性败血性传染病,可由病猪传染给人,主要引起人链球菌急性中毒性休克症。人的感染与患猪 2 型链球菌病的病猪或死猪密切接触和食入病猪肉有关。

04.0243　狂犬病　rabies
又称"恐水病"。由狂犬病毒所致的急性传染病。人兽共患,多见于犬、狼、猫等肉食动物,人多因被病兽咬伤而感染,临床表现为特有的恐水怕风、咽肌痉挛、进行性瘫痪等。

04.0244　牛海绵状脑病　bovine spongiform encephalopathy，BSE
又称"疯牛病"。病程一般为 14~90 天,潜伏期长达 4~6 年。多发生在 4 岁左右的成年牛身上。食用被疯牛病污染了的牛肉、牛脊髓的人,有可能染上致命的克罗伊茨费尔特-雅各布病(简称克-雅病),威胁人类健康。

04.0245　口蹄疫　foot and mouth disease，FMD
由口蹄疫病毒(FMDV)所致急性、热性、高度接触性传染病。主要侵害偶蹄兽,以发热、口腔黏膜及蹄部和乳房皮肤发生水泡与溃烂为特征,是国际兽疫局规定的 A 类传染病,易通过空气传播,传染性强,流行迅速,偶尔感染人,主要发生在与患畜密切接触的人员中,多为亚临床感染。

04.0246　猪瘟　classical swine fever
又称"猪霍乱"。由黄病毒科猪瘟病毒属的猪瘟病毒引起的一种急性、发热、接触性传染病。具有高度传染性和致死性。

04.0247　猪丹毒　swine erysipelas
红斑丹毒丝菌(*Erysipelothrix rhusiopathiae*,俗称猪丹毒杆菌)引起的一种猪急性热性传染病。急性型呈败血症,亚急性型在皮肤上出现紫红色疹块,慢性型则主要发生心内膜炎和关节炎。偶见于其他畜禽。

04.0248　猪繁殖与呼吸综合征　porcine reproductive and respiratory syndrome，PRRS
又称"猪蓝耳病"。由猪繁殖与呼吸综合征病毒引起的以猪繁殖障碍和呼吸系统症状为特征的一种急性、高度传染的病毒性传染病。

04.0249　鸡新城疫　newcastle disease
又称"亚洲鸡瘟""伪鸡瘟"。由新城疫病毒引起的鸡急性、热性、败血性和高度接触性传染病。以高热、呼吸困难、下痢、神经紊乱、黏膜和浆膜出血为特征。

04.0250　鸡马立克病　Marek's disease
由双股 DNA 病毒目疱疹病毒科类鸡马立克病毒属病毒引起的鸡淋巴组织增生性肿瘤病。特征是病鸡的外周神经、性腺、虹膜、脏器、肌肉和皮肤等部位的单核细胞浸润和形成肿瘤病灶。

04.0251　鸡传染性法氏囊病　infectious bursal disease, IBD
又称"冈博罗病"。由传染性法氏囊病病毒引起的鸡急性、高度接触传染性的免疫抑制性疾病。

04.0252　禽白血病　avian leukemia
由禽 C 型反转录病毒群的病毒引起的禽类多种肿瘤性疾病的统称。主要是淋巴细胞性白血病,其次是成红细胞性白血病、成髓细胞性白血病。此外还可引起骨髓细胞瘤、结缔组织瘤、上皮肿瘤、内皮肿瘤等。

04.0253　鸡毒支原体感染　mycoplasma galli-septicun infection
又称"鸡慢性呼吸道病""鸡败血支原体感染"。由鸡毒支原体引起的世界性分布的鸡慢性呼吸道病。主要表现为气管炎、气囊炎等呼吸道症状。

04.0254　鸭瘟　duck plague
又称"鸭病毒性肠炎""大头瘟"。鸭、鹅和其他雁形目禽类的一种急性、热性、败血性传染病。

04.0255　肉的腐败　meat taint
肉在成熟和自溶阶段,蛋白质被分解为氨基酸,进而在微生物各种酶的作用下,氨基酸被分解为更低的代谢产物,使肉完全失去食用价值的过程。

04.0256　挥发性盐基总氮　total volatile basic nitrogen, TVBN
动物性食品在腐败过程中,由于酶和细菌的作用,蛋白质分解产生氨及胺类等具有挥发性的碱性含氮物质。其含量越高,表明氨基酸被破坏的越多,营养价值受影响越大,食品腐败的程度越严重。

04.0257　正常乳　normal milk
成分和性质正常的乳。一般指初乳过后到干乳期前由健康乳畜分泌的乳汁。

04.0258　异常乳　abnormal milk
乳畜受生理、病理、饲养管理或被污染等影响,导致乳的成分和性质发生变化的乳。按产生原因不同分为生理异常乳、微生物污染乳和化学异常乳。

04.03　食品安全风险分析

04.0259　食品安全风险　food safety risk
食品中危害因子所导致的有害于个人或群体健康的可能性和严重性。

04.0260　风险源　risk source
食品中潜在的可引发不良作用的物质和加工过程、加工步骤、加工场地。

04.0261　风险分析　risk analysis
对可能存在的危害进行预测,并在此基础上采取规避或降低危害影响的措施。包括风险

评估、风险管理和风险交流三个部分。

04.0262　风险评估　risk assessment
对在特定条件下,风险源暴露时将对人体健康产生不良作用事件发生的可能性和严重性进行预测,包括危害识别、危害描述、暴露评估、风险描述 4 个技术过程。

04.0263　风险管理　risk management
在咨询了利益相关方的前提下,综合考虑风险评估结果、保护消费者安全和促进公平贸

易等相关因素的基础上,权衡管理政策改变的影响,并在需要时选择合适防控措施的过程。

04.0264　风险交流　risk communication
风险评估者、风险管理者及社会相关团体、公众之间各个方面的信息交流。包括信息传递机制、信息内容、交流的及时性、所用的资料、信息的使用和获得、交流的目的、可靠性和意义等。

04.0265　风险意识　risk awareness
对食品安全风险的感受、认识及由利益与风险之间的关系而产生的对风险的态度。

04.03.01　风　险　评　估

04.0266　危害　hazard
食品中对人类健康产生的不良作用。

04.0267　生物性危害　biological hazard
食品中有害细菌、真菌、病毒、寄生虫、动植物及其代谢物引起的危害。

04.0268　化学性危害　chemical hazard
食品中有毒化学物质污染食物所造成的危害。

04.0269　外源化学物　xenobiotics
存在于外界环境中,而且能被机体接触并进入体内呈现一定的生物学作用的化学物质。

04.0270　物理性危害　physical hazard
食品中可导致食用者身体机械性、物理性损伤的物质造成的危害。

04.0271　毒性　toxicity
外源化学物质与机体接触或进入体内的易感部位后,能引起损害作用的相对能力。

04.0272　危害识别　hazard identification
又称"危害鉴定"。确定一种因素能引起生物、系统或人群发生不良作用的类型和属性的过程。

04.0273　超敏反应　hypersensitive response
又称"变态反应"。机体与抗原性物质在一定条件下相互作用,产生致敏淋巴细胞或特异性抗体,如与再次进入的抗原结合,可导致机体生理功能紊乱和组织损害的病理性免疫应答。

04.0274　特异质反应　idiosyncratic reaction
某些个体表现为对某种化学物质的异常敏感或异常不敏感的一种遗传性异常反应。

04.0275　即时毒性效应　instant toxic effect
单次暴露外源物后随即发生或出现的毒性作用。

04.0276　迟发毒性效应　delayed toxic effect
在一次或多次暴露外源物后间隔一段时间才出现的毒性作用。

04.0277　局部毒性效应　local toxic effect
在生物体最初暴露外源物的部位直接发生的毒性作用。

04.0278　全身毒性效应　systemic toxic effect
外源物进入机体后,经吸收和转运分布至全身或靶器官(靶组织)而引起的毒性效应。

04.0279　可逆毒性效应　reversible toxic effect
机体停止接触引起毒性效应的外源性化学物质后已造成的损害可逐渐消失的效应。

04.0280　不可逆毒性效应　irreversible toxic effect
机体停止接触外源性化学物质后已造成的损害作用仍不能消失甚至可能进一步加重的效应。

04.0281　危害描述　hazard characterization
又称"危害特征描述"。对在食品中能对健康造成不良影响的生物、化学或物理性物质的性质进行定性和/或定量判断的过程。

04.0282 外剂量 external dose
又称"接触剂量"。在一定途径、频率下,给予实验动物或人的外源化学物或微生物的数量。

04.0283 内剂量 internal dose
又称"吸收剂量"。外源化学物或微生物与机体接触后,机体获得的量或外部剂量被吸收进入体内循环的量或微生物感染机体能存活的量。对于外源化学物而言,这是化学物被机体吸收、分布、代谢和排泄的结果,其数据来源于大量的毒物代谢动力学研究。对于微生物而言,这是病原微生物、食品和宿主(动物或人)相互妥协的结果。

04.0284 靶剂量 target organ dose
又称"到达剂量"。机体吸收外源化学物或感染微生物后,分布并出现在特定器官的有效剂量。它是化学物代谢动力学分析测试或微生物感染致病机制研究的结果。

04.0285 剂量-反应关系 dose-response relationship
一种化学物的剂量与其在某一群体中引起某种反应强度的关系。

04.0286 剂量-效应关系 dose-effect relationship
一种化学物的剂量与其在某一个体中所呈现的效应之间的关系。

04.0287 量反应 graded response
生物学改变可以用计量方式来表达其强度的有毒作用。其有强度和性质的差别,可以被定量测定,而且所得的资料是连续性的。

04.0288 质反应 qualitative response
接触一定剂量的外源化学物质后,引起出现某种生物学改变并达到一定强度的个体数量在一个群体中所含的比率。没有强度的差别,不能以具体的数值来表示,只有两种可能

性,即发生与不发生。

04.0289 致死剂量 lethal dose, LD
引起实验动物死亡的最小剂量或浓度。

04.0290 绝对致死剂量 absolute lethal dose, LD100
引起全组实验动物全部死亡的最小剂量或浓度。

04.0291 最小致死剂量 minimum lethal dose, MLD
引起实验动物组中个别动物死亡的最小剂量或浓度。

04.0292 最大耐受剂量 maximal tolerance dose, MTD
全组受试动物全部存活的最大剂量或浓度。

04.0293 半数致死剂量 median lethal dose, LD50
又称"致死中量"。引起受试动物组中一半动物死亡的剂量或浓度。

04.0294 参考剂量 reference dose, RfD
人类在环境介质(空气、水、土壤、食品等)中接触某种外源化学物的日平均剂量估计值。人群(包括敏感亚群)在终生接触该剂量水平外源化学物的条件下,预期一生中发生非致癌或非致突变有害效应的危险度可低至不能检出的程度。

04.0295 基准剂量 benchmark dose, BMD
将按剂量梯度设计的动物试验结果以最适当的模型计算描述剂量-反应关系,求得 5% 阳性效应反应剂量的 95% 可信区间下限值。

04.0296 毒效应 toxic effect
又称"毒性作用"。化学毒物对机体所致的不良或有害的生物学改变。

04.0297 毒效应谱 spectrum of toxic effect
外源化学物接触生物体后所引起的生物体的变化,取决于外源化学物的性质和剂量。

04.0298　剂量–反应评估　dose-response assessment

确定某种风险源的暴露水平（剂量）与相应的不良效果的严重程度/或发生频度（反应）之间的关系。

04.0299　代偿能力　compensation ability

当体内组织或器官局部发生病变时，病变部功能降低，此时健部组织通过自身功能的加强来弥补病变部的功能不足的能力。

04.0300　暴露途径　exposure pathway

生物、化学或物理性因子从已知来源进入被暴露个体的路线。是暴露评估的一个重要组成部分。

04.0301　安全限值　safety limit

为保护人群健康，对生活、生产环境及各种介质（空气、水、食物、土壤等）中与人群身体健康有关的各种因素（物理、化学和生物）所规定的浓度和接触时间的限制性量值。

04.0302　每日允许摄入量　acceptable daily intake, ADI

人类终生每日随同食物、饮水和空气摄入某种外源化学物质而对健康不引起任何可观察到损害作用的量。

04.0303　最高容许浓度　maximum allowable concentration, MAC

在慢性毒性试验中，对试验生物无影响的最高浓度和有影响的最低浓度之间的毒物阈浓度。

04.0304　日平均暴露剂量　average daily dose, ADD

在一定时间内某种化合物平均每天对人体的暴露量。

04.0305　推荐每日摄入量　recommended daily intake, RDI

能够满足绝大多数人一天需求的某种物质的量。

04.0306　最高限量　maximum limit, ML

食品污染物及营养物质法定的允许的最高含量或食品添加剂标准所允许的某种添加剂的最高使用量。

04.0307　暴露剂量　exposure dose

有害物通过空气、食物及水等暴露途径进入体内的总量。

04.0308　最大残留限量　maximum residue limit, MRL

允许在食品表面或内部残留的内源或外源性化学物质的最高含量（或浓度）。

04.0309　理论每日最大摄入量　theoretical maximum daily intake, TMDI

在假设某种物质在食品中以最大残留水平（限量）存在，并且每人每天的食品消费量一定，由此计算出的不同地区或消费群体的某种物质每日最大摄入量的预测值。

04.0310　最低可见不良作用水平　lowest observed adverse effect level, LOAEL

在规定实验条件下，一种物质不引起实验组和对照组目标生物的形态、功能、生长、发育或预期寿命等方面发生在统计或生物学上具有显著差异不良改变的最低暴露浓度或剂量。

04.0311　最低可见作用水平　lowest observed effect level, LOEL

在规定实验条件下，一种物质不引起实验组和对照组目标生物的形态、功能、生长、发育或预期寿命等方面发生在统计或生物学上具有显著差异改变的最低暴露浓度或剂量。

04.0312　无可见不良作用水平　no observed adverse effect level, NOAEL

又称"未观察到有害作用水平"。在规定的暴露条件下，通过实验或观察发现的、一种物质不引起目标生物的形态、功能、生长、发育或预期寿命等方面出现明显不同于相同暴露条件下同一种属正常(对照组)生物任何不良改变的最大浓度或剂量。

04.0313　无可见作用水平　no observed effect level, NOEL

又称"未观察到作用水平"。在规定的暴露条件下,通过实验或观察发现的、一种物质不引起目标生物的形态、功能、生长、发育或预期寿命等方面出现明显不同于相同暴露条件下同一种属正常(对照组)生物任何改变的最大浓度或剂量。

04.0314　阈剂量　threshold dose

外源性化学物在一定时间内,按一定方式与最敏感的实验动物接触后,根据现有的知识水平,采用最有效的检测方法和最灵敏的观察指标,未能观察到对机体有任何损害作用的最高剂量。

04.0315　阈值效应　threshold effect

又称"临界值效应""阈强度效应"。某种物质摄入量超越阈值后打破原有均衡所引起的生物体状态的改变。

04.0316　耐受摄入量　tolerable intake

基于体重表示的某种物质的估计最大摄入量。在此剂量下(亚)人群的每个个体暴露于该物质一段时间而不会产生显著风险。

04.0317　暂定每日耐受摄入量　provisional tolerable daily intake, PTDI

食品添加剂联合专家委员会(JECFA)所制定的参考值。表示对无蓄积毒性污染物的安全摄入水平,该值代表人类允许暴露的水平。因为通常缺乏人类低剂量暴露的结果,所以该耐受量被称为暂定。

04.0318　暂定每周耐受摄入量　provisional tolerable weekly intake, PTWI

食品添加剂联合专家委员会(JECFA)对在人体内半衰期较长且有蓄积毒性的食品污染物所使用的健康指导值。代表人类消费健康且

有营养的食品时,不可避免的每周允许摄入的污染物量。

04.0319　联合毒性作用　joint toxic effect, combined toxic effect

两种或两种以上的毒物同时作用于机体所产生的综合毒性。可分为协同作用、独立作用、相加作用、拮抗作用4类。

04.0320　暴露边界值　margin of exposure, MOE

又称"暴露限值"。动物实验或人群研究所获得的剂量-反应曲线上分离点或参考点与估计的人群实际暴露量的比值。计算公式为暴露边界值=基准剂量低限值/暴露水平。

04.0321　安全边界值　margin of safety ratio, MOS ratio

日允许摄入量(ADI)与暴露剂量的比值。

04.0322　高端消费量　large portion size

能够代表某一种食品消费量的第97.5百分位数(仅食用者)的食品消费量。用于计算极端膳食暴露量。

04.0323　蓄积作用　accumulation

环境污染物进入机体的速度或数量超过机体消除的速度或数量,造成环境污染物在体内不断积累的作用。

04.0324　风险描述　risk characterization

在危害识别、危害描述和暴露评估的基础上,定性或定量估计(包括伴随的不确定性和变异性)在特定条件下相关人群产生不良作用的可能性和严重性。

04.0325　加工系数　processing factor

加工后产品中农兽药残留量除以初级农、畜产品中农兽药残留量的值。

04.0326　风险评估模型　risk assessment model

按预定的目的确定研究对象的属性(指标),并根据属性特征所建立的不同属性间的定量

或定性关系。

04.0327　总膳食研究　total diet study
用以评估某个国家和地区在不同人群组对于膳食中化学危害物的暴露量和营养素的摄入量,以及这些物质的摄入可能对健康造成的风险的膳食暴露研究方法。

04.0328　健康指导值　health guidance value
人类在一定时期内(终生或 24h)摄入某种(或某些)物质,而不产生可检测到的健康危害的量。

04.0329　不确定性　uncertainty
当一个事件或变量取值无法准确确定时,通常用可能发生的概率或区间表示。在进行风险特征描述时,应对所有可能的不确定性进行明确的描述和必要的解释。

04.0330　点评估筛选法　point assessment screening
对食品消费量和食品中化学物质的浓度采取最保守的假设,从而得到高消费人群的高估计暴露量的分析方法。

04.0331　膳食暴露评估　dietary exposure assessment
对生物性、化学性与物理性因子通过食品或其他与食品相关来源的摄入量进行的定量或定性预测。

04.0332　低剂量外推法　low dose extrapolation method
对于某些致癌物,可假设在低剂量反应范围内,致癌剂量和人群癌症发生率之间呈线性剂量-反应关系,获得致癌力的剂量-反应关系模型,用以估计因膳食暴露所增加的肿瘤发生风险的方法。

04.0333　协同作用　synergy effect
又称"增效作用"。两种或两种以上毒物同时(或先后)作用于机体所产生的毒作用大于各种化学物质单独对机体产生的毒性效应

的总和。

04.0334　拮抗作用　antagonism
又称"抑制效应"。两种或两种以上毒物同时(或先后)作用于机体所产生的毒作用低于各种化学物质单独对机体产生的毒性效应的总和。

04.0335　剂量相加　dose summation
物质通过相同的作用机制产生有毒作用,剂量发生的叠加作用。

04.0336　效应相加　effect summation
物质的作用机制不同,但是能够产生相同的效应,促使效应增加。

04.0337　定性风险评估　qualitative risk assessment
评估并识别风险的影响和可能性的过程。这一过程用来确定风险对目标物可能的影响,对风险进行排序。它在明确特定风险和指导风险应对方面十分重要。

04.0338　定量风险评估　quantitative risk assessment
对通过定性风险评估排出优先顺序的风险进行量化分析。一般在定性风险评估之后进行。

04.0339　毒性当量因子法　toxic equivalency factor, TEF
在一组具有共同作用的化学物中确定一个"指示化学物",然后将各组分与指示化学物效能的比值作为校正因子,计算相当于指示化学物浓度的总暴露量,最后基于指示化学物的健康指导值来描述风险的方法。

04.0340　不良反应　adverse reaction, ADR
用药后产生与用药目的不相符的,并给患者带来不适或痛苦的反应。

04.0341　安全系数　factor of safety
根据所得的无可见不良作用剂量(NOAEL)

提出安全限值时,为解决由动物实验资料外推至人的不确定因素及人群毒性资料本身所包含的不确定因素而设置的转换系数。

04.03.02 风 险 管 理

04.0342 风险管理选择评估 risk management option assessment
确定现有的管理选项、选择最佳的管理方案(包括考虑一个合适的安全标准)及最终的管理决定的过程。

04.0343 风险管理监控 risk management monitoring
对实施措施的有效性进行评估及在必要时对风险管理或风险评估进行审查,以确保食品安全目标的实现。

04.0344 风险规避 exposure rate index
通过一些方法来消除风险或降低风险,保护目标免受风险的影响。

04.0345 风险成本 risk cost
又称"风险代价"。由于风险的存在和风险事故的发生,人们所必须增加的费用支出和预期经济利益的减少。

04.0346 风险自留 risk retention
又称"风险承担"。企业主动承担风险,即一个企业以其内部的资源来弥补损失。

04.0347 风险概述 risk profile
对某一食品安全问题所涉及的风险概况进行系统总体描述。

04.04 食 品 安 全 管 理

04.04.01 过 程 控 制

04.0348 食品安全控制 food safety control
确保在生产、加工、储藏、运输及销售过程中食品是安全、健康、宜于人类消费的一种强制性规则。可以保证食品符合安全及质量的要求,并依照法规所述诚实、准确地对食品的质量与信息予以标注。

04.0349 食品安全管理 food safety management
政府在食品市场中,采取计划、组织、领导和控制等方式,对食品、食品添加剂和食品原材料的采购,以及食品生产、流通、销售及食品消费等过程进行有效的协调及整合,达到确保食品市场内活动健康有序地开展,保证实现公众生命财产安全和社会利益目标的活动过程。

04.0350 食品安全过程控制 food safety process control
确保所有食品在生产、加工、储藏、运输及销售过程中是安全、健康、宜于人类消费的一种规则。

04.0351 危害分析与关键控制点 hazard analysis and critical control point, HACCP
能确认、评估和控制食品生产过程(包括从原料采购到加工、储存和运输,乃至批发和零售)中所产生危害的食品安全管理系统。

04.0352 良好操作规范 good manufacturing practice, GMP
企业在原料、人员、设施设备、生产过程、包装运输、质量控制等方面达到国家有关法规的要求,形成一套可操作的作业规范。可帮助企业改善企业生产环境,及时发现生产过程中存在的问题,加以改善,适用于制药、食品等行业。

04.0353　良好卫生规范 good hygiene practice, GHP

企业在食品生产过程中为保证食品安全而制定的操作规范。可对生产环境、加工卫生和人员健康等进行控制,从而有效地防止外来有害物质的污染。

04.0354　良好农业规范 good agricultural practice, GAP

主要针对果蔬的种植、采收、清洗、摆放、包装和运输过程中常见的食品安全危害因子的控制,通过经济、环境和社会的可持续发展措施,来保障食品安全和食品质量的一种适用方法和体系,包含从农田到餐桌的整个食品链的所有环节。

04.0355　良好生产规范 good production practice, GPP

为保证产品能够按照审批的标准进行生产所制定的规范或指南。对食品生产过程的全部内容,包括人员、设计与设施、原料、生产过程、品质管理、成品储存与运输、卫生管理等进行规范。

04.0356　良好分销规范 good distribution practice

为控制经销商、代理商、分销商等组织在分包、储存与分流等环节中的食品质量和安全,降低食品在上述过程中的污染、交叉污染、混淆和差错等风险而制定的质量安全控制和质量安全保障的规范或指南。

04.0357　卫生标准操作程序 sanitation standard operating procedure, SSOP

食品生产企业为使食品符合卫生要求而制定的指导食品加工过程中清洗、消毒和卫生保持的作业指导文件。

04.0358　危害分析 hazard analysis

找出与食品原料有关和与食品加工过程有关的可能危及产品安全的潜在危害,然后确定这些潜在危害中可能发生的显著危害,并对每种显著危害制定预防措施的过程。

04.0359　控制点 control point, CP

食品生产过程中能控制与食品质量安全相关的各种生物、物理或化学危害因素的任何步骤或过程。

04.0360　关键控制点 critical control point, CCP

食品加工过程中可以防止、消除食品安全危害或减少到可接受水平的某一步骤或工序。

04.0361　控制措施 control measure

用以防止或消除食品安全危害或将其降低到可接受水平所采取的任何活动。

04.0362　关键控制点判断树 CCP decision tree

用来确定某个控制点是否是关键控制点的方法。

04.0363　关键限值 critical limit, CL

区分食品安全可接受或不可接受的判定标准。该值的确定应该合理、适宜、可操作性强、实用。如果确定过严,会造成即使没有发生影响食品安全的危害,也要采取纠偏措施;如果过松,又会产生不安全的食品。

04.0364　监控措施 monitoring and control measure

为评估某个步骤是否得到控制,对被控制参数按计划进行的一系列监视或测量活动。通常采用物理或化学的测量或观察来进行产品监控,要求迅速和准确。

04.0365　校正措施 corrective action

分析关键控制点产生偏离的原因并进行改正和消除,使其回到受控状态,以防止再次发生而制定的措施。

04.0366 操作限值 operation limit
用来减少偏离关键限值风险的指标或参数。

04.0367 关键缺陷 critical defect
可能导致危害发生的关键控制点的偏离。

04.0368 验证 validation
确定"危害分析与关键控制点(HACCP)"体系是否按照计划运转,或计划是否需要修改,以及再被确认生效使用的方法、程序、检测及审核手段。

04.0369 操作性前提方案 operational prerequisite program, OPRP
为控制食品安全危害在产品或产品加工环境中引入、污染或扩散的可能性,通过危害分析确定的必不可少的前提方案。

04.0370 安全支持性措施 supportive safe measure, SSM
除关键控制点外,为满足食品安全要求所实施的预防、消除或降低危害发生可能的特定活动。

04.0371 实质等同 substantial equivalence
一种生物工程食物或食物成分与其相应的传统食物或食物成分基本相同,则可以认为具有相同的安全性。是联合国经济合作与发展组织(OECD)于1993年提出的对新食物进行安全性评估的原则。

04.0372 食品掺假 food adulteration
向食品中非法掺入外观、物理性状或形态相似的非食品固有组分的行为。

04.0373 食品供应链 food supply chain
由食品的初级生产者到消费者各环节的经济利益主体(包括其前端的生产资料供应者和后端作为规制者的政府)所组成的整体。

04.0374 牛鞭效应 bullwhip effect
供应链上各节点企业只根据其相邻的下级企业的需求信息进行生产或决策时,需求信息

的不真实性会沿着供应链逆流而上,产生逐级放大的现象。

04.0375 预测微生物学 predictive microbiology
采用数学的方法描述不同环境条件下,细菌数变化和外部环境因素之间的响应关系,并对微生物的生长动力学做出预测的学科。是一门综合微生物学、化学、数学、统计学和应用计算机技术的交叉性学科。

04.0376 栅栏技术 hurdle technology
联合控制多种阻碍微生物生长的因素,以减少食品腐败,保证食品卫生与安全性的技术。

04.0377 栅栏因子 hurdle factor
能阻止食品内微生物生长繁殖的因素。包括内在栅栏因子和外在栅栏因子,内在栅栏因子包括水分活度、pH、氧化还原电位和食品中的抗菌成分;外在栅栏因子包括温度、包装、烟熏、辐射、竞争性菌群、食品防腐剂和抗氧化剂等。

04.0378 食品污染 food contamination
食品及其原料在生产、加工和贮藏过程中,因农药、废水、污水、各种非法添加物、病虫害和家畜疫病所引起的污染,霉菌毒素引起的食品霉变,以及运输、包装材料中有毒有害物质造成的污染的总称。

04.0379 交叉污染 cross pollution
不同食品原料、辅料及产品之间发生的相互污染。

04.0380 持久性有机污染物 permanent organic pollution, POP
通过各种环境介质(大气、水、生物体等)能够长距离迁移并长期存在于环境中,具有长期残留性、生物蓄积性、半挥发性和高毒性,对人类健康和环境具有严重危害的天然或人工合成的有机污染物质。

04.0381 生物性污染 biotic pollution

食品中有害微生物、寄生虫、昆虫等生物引起的食品污染。

04.0382　化学性污染　chemical pollution
食品中有毒、有害化学物质引起的食品污染。

04.0383　物理性污染　physical pollution
食品中杂质超过规定的含量,或食品吸附、吸收外来的放射性核素引起的食品污染。

04.0384　微生物污染　microbial contamination
食品中由细菌与细菌毒素、霉菌与霉菌毒素、病毒和其他微生物引起的食品污染。属于生物性污染。

04.0385　农药残留　pesticide residue
农药使用后残存于生物体、农副产品和环境中的微量农药原体、有毒代谢物、降解物和杂质的总称。

04.0386　兽药残留　residue of veterinary drug
动物产品的任何可食部分所含有兽药的母体化合物、代谢物及与兽药有关的杂质。

04.0387　真菌毒素残留　mycotoxin residue
真菌在生长繁殖过程中产生的次生有毒代谢产物残存于环境、生物体和食品中的总称。

04.0388　激素残留　hormone residue
通过血液循环或组织液起传递信息作用的化学物质存在于动物、人体、植物和环境中的总称。

04.0389　重金属残留　heavy metal residue
汞、镉、铅、铬等生物毒性显著的重金属元素经采矿、废气排放、污水灌溉和使用重金属超标制品等途径进入环境或食品,不能完全被排除而残留在环境或食品中的现象。

04.0390　蓄积系数　cumulative coefficient
一次给予所需的剂量与分次给予所需总剂量之比。表示一种化学物质的蓄积性大小。

04.0391　食品标签　food labeling
预包装食品容器上的文字、图形、符号及一切说明物。预包装食品:预先包装于容器中,以备交付给消费者的食品。

04.0392　食品防护　food defense
为了防范与消除以危害和破坏为目的的食品污染而实施的保护行为。

04.0393　食品安全利益相关者　food safety stakeholder
确保食品在整个流通过程中的安全性所涉及的生产者、消费者和监管者等各个行为主体。

04.0394　食品召回　food recall
食品生产者按照规定程序,对由其生产原因造成的某一批次或类别的不安全食品,通过换货、退货、补充或修正消费说明等方式,及时消除或减少食品安全风险的活动。

04.04.02　非法添加物

04.0395　非法添加物　illegal ingredient
不属于传统上认为的食品原料或不属于相关法律法规和标准允许在食品中使用的物质。

04.0396　三聚氰胺　melamine
化学式:$C_3N_3(NH_2)_3$,国际纯粹与应用化学联合会(IUPAC)将其命名为 1,3,5-三嗪-2,4,6-三胺,是一种三嗪类含氮杂环有机化合物。白色单斜晶体,几乎无味,微溶于水(3.1g/L 常温),可溶于甲醇、甲醛、乙酸、热乙二醇、甘油、吡啶等,不溶于丙酮、醚类,在高温下产生氰化物,用于化工原料,不可用于食品加工或食品添加物。

04.0397　苏丹红　Sudan red
人工合成的一种工业染料。是亲脂性偶氮化

合物,主要包括Ⅰ、Ⅱ、Ⅲ和Ⅳ四种类型,我国禁止用于食品。

04.0398　吊白块　rongalit
又称"雕白粉"。化学式:$NaHSO_2 \cdot CH_2O \cdot 2H_2O$,化学名称:次硫酸氢钠甲醛或甲醛合次硫酸氢钠。呈白色块状或结晶性粉状,易溶于水。常温时较为稳定,高温下具有极强的还原性,有漂白作用。遇酸即分解,其水溶液在60℃以上就开始分解出有害物质,120℃下分解产生甲醛、二氧化硫和硫化氢等有毒气体。常被非法用于食品增白,我国严格禁止在食品中使用。

04.0399　盐酸克伦特罗　clenbuterol
化学式:$C_{12}H_{19}N_2OCl_3$,化学名称:4-氨基-α-[(叔丁氨基)甲基]-3,5-二氯苯甲醇盐酸盐,是肾上腺受体激动药,瘦肉精的一种。白色或类白色的结晶粉末,无臭、味苦。以超过治疗剂量的用量用于家畜饲养时,有显著的营养"再分配效应"——促进动物体蛋白质沉积、促进脂肪分解抑制脂肪沉积,能显著提高胴体的瘦肉率、增重和提高饲料转化率,因此曾被用作牛、羊、猪等畜禽的促生长剂、饲料添加剂,现在我国已经禁止使用。

04.0400　莱克多巴胺　ractopamine
化学式:$C_{18}H_{23}NO_3$,化学名称:4-{3-[2-羟基-2-(4-羟基苯基)-乙基]氨基丁基}苯酚,是一种人工合成的肾上腺受体激动药,瘦肉精的一种。莱克多巴胺作为一种新型瘦肉精在一些国家被许可使用,适用范围和安全性限量各个国家的规定不尽相同。2011年12月5日起在中国境内禁止生产和销售莱克多巴胺。

04.0401　沙丁胺醇　salbutamol
又称"羟甲叔丁肾上腺素""柳丁氨醇"。化学式:$C_{13}H_{21}NO_3$,化学名称:1-(4-羟基-3-羟甲基苯基)-2-(叔丁氨基)乙醇,是肾上腺受体激动药,曾经在猪养殖中被用作瘦肉精,来

提高生猪的瘦肉产量。2002年被列为养殖行业违禁药物,不得在畜禽养殖中添加。

04.0402　西马特罗　cimaterol
又称"喜马特罗""塞曼特罗"。化学式:$C_{12}H_{17}N_3O$,化学名称:2-氨基-5-(1-羟基-2-异丙基氨基乙基)苯甲腈,是肾上腺受体激动药,可用作瘦肉精,我国禁止西马特罗在养殖业中使用,并规定所有动物产品中不得检出。

04.0403　碱性嫩黄　auramine
又称"奥拉明O"。化学式:$C_{17}H_{22}N_3Cl$,化学名称:4,4′-碳亚氨基双(N,N-二甲苯胺)单盐酸盐。黄色粉末,难溶于冷水和乙醚,易溶于热水和乙醇,工业染料。不得用于食品中。

04.0404　碱性橙Ⅱ　basic orange Ⅱ
化学式:$C_{12}H_{12}N_4 \cdot HCl$,化学名称:2,4-二氨基偶氮苯,偶氮类碱性工业染料。是非食用色素,禁止用作食品添加剂。

04.0405　酸性橙Ⅱ　acid orange Ⅱ
又称"酸性金黄Ⅱ""金橙Ⅱ""酸性艳橙GR"。化学式:$C_{16}H_{11}N_2NaO_4S$,化学名称:2-萘酚偶氮对苯磺酸钠,工业染料和指示剂。是非食用色素,禁止用作食品添加剂。

04.0406　孔雀石绿　malachite green
化学式:$C_{23}H_{25}N_2Cl$,化学名称:N,N,N′,N′-四甲基-4,4′-二氨基三苯基碳正离子氯化物。有毒的三苯甲烷类化学物,既是染料,又是杀真菌、杀细菌、杀寄生虫的药物,长期超量使用可致癌,已严禁在水产养殖中使用。

04.0407　玫瑰红B　rose-bengal B
又称"罗丹明B""四乙基罗丹明""碱性玫瑰精"。化学式:$C_{28}H_{31}N_2O_3Cl$,化学名称:9-(2-羧基苯基)-3,6-双(二乙基氨)呫吨鎓氯化物。曾经用作食品添加剂,后经实验证明可致癌,现已禁止使用。

04.0408 食品溯源体系 food traceability system

在食品供应的整个过程中,记录、存储食品构成与流向和食品鉴定及证明等各种信息的质量安全保证体系。

04.0409 食品溯源 food traceability

在食品生产的全过程中,供应链上所有的企业实施食品溯源体系,按照规范生产食品,记录相关信息,并通过标识技术(标识对每一批产品都是唯一的,即标识和被追溯对象有一一对应关系),将食品来源(包括原材料的来源)、生产过程、检验检测等可追溯信息标注于可追溯标签中,使该食品具备可追溯性。

04.0410 过程溯源 process traceability

对生产过程的溯源。包括记录原料来源,生产时间、地点,以及生产人员、检验人员等与生产有关的所有细节信息,以供还原生产全过程。

04.0411 基因溯源 genetic traceability

通过基因分析,确定食品产品的基因构成和来源。包括转基因食品的基因源及类型,以及农作物的品种等。

04.0412 投入溯源 input traceability

确定种植和养殖过程中投入物质的种类及来源。包括配料、化学喷洒剂、灌溉水源、家畜饲料、保存食物所使用的添加剂等。

04.0413 疾病和害虫溯源 disease and pest traceability

追溯病害的流行病学资料、生物危害(包括细菌、病菌、其他污染食品的致病菌)及来自原料的害虫和其他有害生物。

04.0414 测定溯源 measurement traceability

检测食品、环境因子、食品生产经营者的健康状况,获取相关信息资料。

04.0415 可追溯性 traceability

又称"溯源性"。生产者、加工者及流通者分别将食品生产销售过程中的可能影响食品质量安全的信息进行详细记录,食品消费者或管理者能够从终产品上准确获取食品的相关信息。

04.0416 食品追踪 food tracking

食品安全信息传递、控制食源性疾病危害、保障消费者利益的食品安全信息记录体系。

04.0417 食品贸易单元 food trading unit

食品在贸易过程中的包装规格。

04.0418 食品物流单元 food logistics unit

由食品的分类、包装、装卸与运送、保管与储存和安全控制等基本单元组成的操作单元。

04.0419 食品装运单元 food shipment unit

食品的装卸和运送单元。包括物资在运输、保管、包装、流通加工等物流活动过程中与装运相关的操作单元。

04.0420 食品流向 food flow

在生产流通过程中,从生产端或供应端到最终用户端的方向。

04.0421 记录管理 record management

为了便于产品质量的追踪和查阅,以及技术档案的可溯性而制定的统一原始记录的格式、内容、填制方法和传递程序,明确原始记录填制人与审核人责任的一种制度。

04.0422 查询管理 search management

为确保食品安全,防止安全隐患而制订的查询管理制度。涉及食品采购、收货、验收、储存、发货复核、运输及销售等环节发生的食品安全查询。

04.0423　标识管理　identifation management
在企业生产过程中,为了便于管理、提高效率
及减少安全隐患,在相应的岗位或区域设立
标识,便于规范管理。

04.0424　任务管理　task management
通过任务的周期来管理任务的过程。它涉及
规划、测试、跟踪和报告。

04.0425　信用管理　trustworthiness management
授信者对信用交易进行科学管理以控制信用
风险的专门技术。

04.0426　逆向物流　reverse logistics
商家客户委托第三方物流公司将交寄物品从
用户指定所在地送达商家客户所在地的过
程。

04.0427　耳标　earcon
动物标识之一。用于证明牲畜身份,承载牲
畜个体信息的标志,加施于牲畜耳部。

04.0428　外部追溯　external traceability
围绕产品召回、用户信息(包括售后服务、用
户投诉抱怨)等外部质量问题处理的追溯活
动。

04.0429　内部追溯　internal traceability
主要针对组织内部各环节间的联系而进行的
追溯活动。

04.0430　基本追溯信息　basic traceability data
原材料的基本信息、生产者的基本信息、辅助
材料的来源、食品添加剂信息、生产基本信
息、运输者基本信息、班次的信息。

04.0431　扩展追溯信息　expanded traceability data
可提供在基本追溯信息上扩大追溯覆盖面的
信息。

04.0432　食品追溯信息系统　food traceability information system
连接生产、检验、监管和消费各个环节,使消
费者了解符合质量安全的生产和流通过程,
提高消费者放心程度的信息管理系统。

04.0433　追溯码　traceability code
通过专有加密算法从产品流通码提取生产主
体码、产品代码、产地代码及产品批次代码加
密生成,是开展质量安全追溯的基础。

04.0434　商品条码标识系统　commodity bar code identification system
以对贸易项目、物流单元、位置、资产、服务关
系等的编码为核心,集条码和射频等自动数
据采集、电子数据交换、产品分类、数据同步、
产品电子代码等技术系统于一体、服务于物
流供应链的开放的标准体系。

04.0435　认证　identification
由国家认可的认证机构证明一个组织的产
品、服务、管理体系符合相关标准、技术规范
或其强制性要求的合格评定活动。

04.0436　追溯单元　traceable unit
农产品种植、养殖等源头环节,实行唯一标识
管理的产品区间或产品簇集,追溯单元可以
直接采用实物标示来标识,也可以采用生产
者或责任主体来标识。

04.0437　标签溯源管理　label traceability management
在产品交易过程中,经营者或最终消费者都
将获得食品溯源标签,其中包括溯源代码,经
营者或消费者进行质量安全信息追溯查询,
即可了解所购产品的产地信息、加工信息、检
验检疫等。

04.0438　个体溯源管理　individual traceability management
对于家畜,从供应商再到销售地的整个过程
或供应链体系的各个环节进行不同操作,对

动物个体信息进行追溯。

04.0439　食品污染物溯源管理　food contamination traceability management
通过污染物溯源技术调查危害物的来源或取证,进而有效监督和管理问题食品。

04.0440　原产地溯源管理　origin traceability management
对食品从种植或养殖到销售等的各种相关信息进行记录,能通过食品识别号对该产品进行查询认证,追溯其在各环节中信息的技术,是食品追溯体系中非常重要的组成部分。

04.0441　射频识别　radio frequency identification, RFID
通过无线电信号识别特定目标并读写相关数据,而无须识别系统与特定目标之间建立机械或光学的接触的通信技术。

04.0442　条形码自动识别　barcode autoidentification
通过扫描仪扫描商品的条码,获取商品的名称、价格、输入数量等信息,从而完成相应的核算等工作的一种自动识别技术。

04.0443　二维码动物标识　QR code animal identification
又称"动物电子身份证"。采用专用二维码数据存储动物标识,是动物标识溯源信息系统的基本信息载体,贯穿牲畜从出生到屠宰历经的防疫、检疫、监督环节,通过可移动智能识读器等终端设备把生产管理和执法监督数据汇总到数据中心,实现从牲畜出生到屠宰全过程的数据网上记录。

04.0444　生物识别　biological recognition
通过计算机与光学、声学、生物传感器和生物统计学原理等高科技手段密切结合,利用动物固有的生理特性(如指纹、脸像、虹膜等)和行为特征(如笔迹、声音、步态等)来进行身份鉴定的技术。

04.0445　电子数据交换　electronic data interchange, EDI
根据商定的交易或电子数据的结构标准实施商业或行政交易,从计算机到计算机的电子数据传输。

04.0446　电子编码　electronic code
可以读写探测器的地址编码、读写探测器剩余电流的报警值。

04.0447　自动识别　automatic identification
应用一定的识别装置,通过被识别物品和识别装置之间的接近活动,自动地获取被识别物品的相关信息,并提供给后台的计算机处理系统来完成相关后续处理的一种技术。

04.0448　食品安全预警　food safety earlywarning
将食品安全风险在萌芽状态时就掌握其动态并进行准确的预警提示,及时采取控制措施,主动预防解决食品安全问题的措施。

05. 食 品 营 养

05.01　基础营养

05.01.01　基础营养学

05.0001　食物　food
人体能够摄入和吸收以维持生命与满足生长发育所需要的物质。是营养物质的载体。

05.0002　营养　nutrition
机体摄取食物,经过消化、吸收、代谢和排泄,利用食物中对身体有益的物质构建组织器官、调节各种生理功能,维持正常生长发育和防病保健的过程。

05.0003　营养学　nutrition
研究食物与机体的相互作用,以及食物营养成分(包括营养素、非营养素、抗营养素等)在机体内的分布、运输、消化、代谢等特征的一门学科。涉及生理学、生物化学、食品科学、医学、卫生学、心理学、社会学等多个学科。

05.0004　食品营养学　food nutrition
研究食物、营养与人体生长发育和健康的关系以及如何提高食品营养价值的一门学科。

05.0005　营养素　nutrient
维持机体生长、发育、活动、繁殖及正常代谢所需的物质。包括蛋白质、脂肪、碳水化合物、矿物质及维生素等。

05.0006　必需营养素　essential nutrient
机体维持生命、正常生长和功能必需,但不能由机体合成或机体合成不能满足机体需要,必须从食物中获得的营养素。

05.0007　非必需营养素　non-essential nutrient
可以从必需营养素转化而来的对提高机体的健康水平具有良好促进作用的营养素。

05.0008　限制性氨基酸　limiting amino acid
食物蛋白质中含量相对较低,导致其他必需氨基酸在体内不能被充分利用而使蛋白质营养价值降低的一种或几种氨基酸。

05.0009　营养不良　malnutrition
能量及营养素不足、过剩或不平衡造成的不正常的营养状态。包括营养不足和营养不平衡。

05.0010　营养不足　undernutrition
又称"营养缺陷""营养低下"。摄入的营养素与能量不足,不能满足人体的营养需求的一种营养缺乏状况。

05.0011　营养不平衡　nutrition imbalance
又称"营养过剩"。营养素与能量摄入过多的不正常的营养状态。

05.01.02　能　　量

05.0012　能量系数　energy coefficient
每克产能营养素在体内氧化分解后为机体供给的净能量值。

05.0013　腺苷三磷酸　adenosine triphosphate, ATP
一种不稳定的高能化合物。由 1 分子腺嘌呤、1 分子核糖和 3 分子磷酸组成。水解时释放出的能量较多,是生物体内最直接的能量来源。

05.0014　供能比　percentage of energy-yielding
三大产能营养物质——碳水化合物、蛋白质和脂肪所提供能量的比例。

05.0015　食物热效应　thermic effect of food, TEF
又称"食物特殊动力作用"。由进食而引起能量消耗额外增加的现象。

05.0016　基础代谢　basal metabolism, BM
维持人体基本生命活动所需的最低能量消耗。

05.0017　基础代谢率　basal metabolism rate, BMR
人体处于基础代谢状态下,每小时每千克体重(或每平方米体表面积)的能量消耗。

05.0018　体力活动水平　physical activity lev-

除孕妇、乳母以外的成人一天平均每小时的能量消耗与其基础代谢率的比值。是身体活动强度的相对水平。PAL = (TEE/24h) / BMR (TEE, total energy expenditure, 总能量消耗)。

05.01.03　碳水化合物

05.0019　双糖　disaccharide
又称"二糖"。二分子的单糖经脱水形成的糖苷。

05.0020　同多糖　homopolysaccharide
又称"均一多糖"。由同一种单糖分子缩合而成的多糖。

05.0021　杂多糖　heteropolysaccharide
又称"不均一多糖"。由不同的单糖分子缩合而成的多糖。

05.0022　乳糖　lactose
由一分子葡萄糖和一分子半乳糖脱水缩合形成的二糖。是婴儿食用的主要碳水化合物。

05.0023　糖醇　sugar alcohol
糖类的醛羰基、酮羰基被还原为羟基后生成的多元醇。

05.0024　山梨[糖]醇　sorbitol
即己六醇。可由葡萄糖还原得到的六碳糖醇,甜度约为蔗糖的60%。摄入后小肠吸收缓慢,在血液内不转化为葡萄糖,也不受胰岛素影响。过多食用可引起腹泻。

05.0025　膳食纤维　dietary fiber, DF
又称"粗纤维"。不能被人体消化道的酶分解,但在大肠中可被微生物发酵利用的植物源或人工合成的食物成分。主要是多糖及其类似物和木质素。膳食纤维尽管不能为人体提供任何营养物质,但具有明显的降低血浆胆固醇、调节胃肠功能及胰岛素水平等作用。

05.0026　半纤维素　hemicellulose
膳食纤维的一种。是由不同类型单糖构成的异质多聚体。主链由木聚糖、半乳聚糖或甘露聚糖组成,支链可带有阿拉伯糖或半乳糖,与植物细胞壁中的纤维素共存。相比于纤维素,半纤维素是随机的非结晶结构,强度低,在稀酸、稀碱条件下或多种半纤维素酶作用下易于水解。其聚合度为500~3000(纤维素的聚合度是7000~15 000)。

05.0027　甘露聚糖　mannan
以甘露糖为主体形成的多糖。主要存在于酵母细胞壁中。

05.0028　糖原　glycogen
动物和真菌细胞内贮的葡聚糖。结构与支链淀粉相似,由 α-1,4-糖苷键和支链连接处的 α-1,6-糖苷键连接而成,用于能量贮藏。与支链淀粉在结构上的主要区别在于,糖原的支链多8~12个葡萄糖就有一个分支(支链淀粉一般是每隔24~30个葡萄糖才有一个分支)且分支有12~18个葡萄糖分子。

05.0029　肝糖原　hepatic glycogen
存储于肝中的糖原。由血糖合成,当机体需要时,可分解成葡萄糖,转化为能量。

05.0030　肌糖原　muscle glycogen
肌肉中糖的储存形式。在剧烈运动消耗大量血糖时,肌糖原分解供能。肌糖原不能直接分解成葡萄糖,必须先分解产生乳酸,经血液循环到肝,再在肝内转变为肝糖原或合成葡萄糖。

05.0031　血糖　blood glucose
血液中的葡萄糖。是细胞的主要能量来源。

05.0032　高血糖　hyperglycemia
人体血糖含量高于正常范围。即成年人空腹

血糖浓度大于 6.1mmol/L,餐后两小时血糖大于 7.8mmol/L。

05.0033 低血糖 hypoglycemia
人体血糖含量低于正常范围。即成年人空腹血糖浓度小于等于 2.8mmol/L,糖尿病患者血糖值小于等于 3.9mmol/L。

05.0034 快消化淀粉 rapidly digestible starch
在小肠中能够被快速消化吸收的淀粉。通常是指在体外模拟消化条件下(pH 5.2,37℃),20min 内被混酶(胰 α-淀粉酶、糖化酶与转化酶)消化的淀粉。

05.0035 慢消化淀粉 slowly digestible starch
在小肠中被完全消化吸收但速度较慢的淀粉。通常是指在体外模拟消化条件下(pH 5.2,37℃),20~120min 内被混酶(胰 α-淀粉酶、糖化酶与转化酶)消化的淀粉。

05.0036 赤藓糖 erythrose
一种丁醛糖。游离态多由人工制得,为糖浆状液体,有甜味。

05.0037 阿拉伯糖 arabinose
具有 5 个碳原子的醛糖。有 D-和 L-两种构型,通常与其他单糖结合,以杂多糖的形式存在于胶体、半纤维素、果胶酸、细菌多糖及某些糖苷中。

05.0038 山梨糖 sorbose
一种己酮糖。D-果糖的 C-2 位和 C-3 位差向异构体。可用作甜味剂,也是工业发酵生产维生素 C 的中间体。

05.0039 功能性多糖 bioactive polysaccharide
又称"生物活性多糖"。具有一些特殊生理活性的多糖化合物。

05.0040 蛋白多糖 proteoglycan
一类特殊的糖蛋白。由一条或多条糖胺聚糖和一个核心蛋白共价连接而成的糖蛋白。

05.0041 脂多糖 lipopolysaccharide
一种水溶性的糖基化脂质复合物。由脂质 A、核心多糖和 O-多糖侧链三部分以共价方式结合而成。是革兰氏阴性菌细胞壁外膜的主要组成成分。

05.0042 糖胺聚糖 mucopolysaccharide
蛋白聚糖大分子中聚糖部分的总称。由糖胺的二糖重复单位组成,二糖单位中通常有一个是含氨基的糖,另一个常常是糖醛酸,并且糖基的羟基常常被硫酸酯化。

05.0043 肽聚糖 peptidoglycan
又称"黏肽"。由 N-乙酰氨基葡糖、N-乙酰胞壁酸与 4~5 个氨基酸短肽聚合而成的多层网状大分子结构。存在于革兰氏阳性菌和革兰氏阴性菌的细胞壁中。

05.01.04 蛋白质、肽及氨基酸

05.0044 必需氨基酸 essential amino acid
人体自身不能合成或合成速度与数量不能满足人体需要,必须从食物中摄取的氨基酸。对人体来讲,必需氨基酸共有 8 种:赖氨酸、色氨酸、苯丙氨酸、蛋氨酸、苏氨酸、异亮氨酸、亮氨酸、缬氨酸。对于婴幼儿,组氨酸也是必需氨基酸。

05.0045 非必需氨基酸 non-essential amino acid
可在动物体内合成,不是必须从外部补充的氨基酸。是蛋白质的构成材料,且对必需氨基酸的需要量有影响。

05.0046 条件必需氨基酸 conditionally essential amino acid
又称"半必需氨基酸"。人体虽然能够合成但合成速度通常不能满足正常需要的氨基

酸。如半胱氨酸和酪氨酸在体内分别能由必需氨基酸蛋氨酸和苯丙氨酸合成,如果在膳食中能直接提供这两种氨基酸,则蛋氨酸和苯丙氨酸的需要量可分别减少30%和50%。

05.0047　丙氨酸　alanine, Ala
2-氨基丙酸,构成蛋白质的基本单位,组成人体蛋白质的氨基酸之一。

05.0048　精氨酸　arginine, Arg
2-氨基-5-胍基戊酸。是一种 α-氨基酸。精氨酸在蛋白质的外围,能在带电荷的环境下产生相互作用。精氨酸是一氧化氮、尿素、鸟氨酸及肌丁胺的直接前体。

05.0049　天冬氨酸　aspartic acid, Asp
2-氨基-4-羧基丁酸。脂肪族酸性 α-氨基酸。L-天冬氨酸是蛋白质合成中的编码氨基酸、哺乳动物非必需氨基酸和生糖氨基酸,可以为神经递质。D-天冬氨酸存在于多种细菌的细胞壁和短杆菌肽 A 中。

05.0050　半胱氨酸　cysteine, Cys
2-氨基-3-巯基丙酸。一种脂肪族的含巯基的极性 α-氨基酸。在中性或碱性溶液中易被空气氧化成胱氨酸。L-半胱氨酸是蛋白质合成中的编码氨基酸、人类条件必需氨基酸和生糖氨基酸。D-半胱氨酸存在于萤火虫的萤光素酶中。

05.0051　谷氨酸　glutamic acid, Glu
2-氨基-5-羧基戊酸。构成蛋白质的20种常见 α-氨基酸之一。L-谷氨酸是蛋白质合成中的编码氨基酸、哺乳动物非必需氨基酸,在体内可以由葡萄糖转变而来。D-谷氨酸参与多种细菌细胞壁和某些细菌杆菌肽的组成。

05.0052　组氨酸　histidine, His
2-氨基-3-咪唑基丙酸。一种含有咪唑基侧链的碱性及极性的 α-氨基酸。L-组氨酸是蛋白质合成中的编码氨基酸、儿童必需氨基酸和生糖氨基酸。其侧链是弱碱性的咪唑基。

天然蛋白质中尚未发现 D-组氨酸。

05.0053　异亮氨酸　isoleucine, Ile
2-氨基-3-甲基戊酸。疏水性氨基酸之一。L-异亮氨酸是组成蛋白质的20种氨基酸中的一种支链氨基酸,有两个不对称碳原子,是哺乳动物的必需氨基酸和生酮生糖氨基酸。

05.0054　甘氨酸　glycine, Gly
2-氨基乙酸。非手性分子,最简单的天然氨基酸。L-甘氨酸是蛋白质合成中的编码氨基酸、人类条件必需氨基酸,在体内可以由葡萄糖转变而成,因具有甜味而得名。

05.0055　天冬酰胺　asparagine, Asn
一种脂肪族极性 α-氨基酸,是天冬氨酸的酰胺。L-天冬酰胺是蛋白质合成中的编码氨基酸、哺乳动物非必需氨基酸和生糖氨基酸。D-天冬酰胺存在于多种细菌的细胞壁和短杆菌肽 A 中。

05.0056　谷氨酰胺　glutamine, Gln
一种非必需氨基酸,也是一种典型条件必需氨基酸。谷氨酰胺可以调节机体酸碱平衡,在保护机体、防止代谢性酸中毒方面具有重要作用。

05.0057　亮氨酸　leucine, Leu
一种含有6个碳原子的脂肪族非极性 α-氨基酸。是哺乳动物必需氨基酸和生酮氨基酸。

05.0058　赖氨酸　lysine, Lys
蛋白质中唯一有伯氨基侧链的氨基酸。是人体必需氨基酸和生酮氨基酸。

05.0059　蛋氨酸　methionine, Met
又称"甲硫氨酸"。2-氨基-4-甲硫基丁酸。L-甲硫氨酸是哺乳动物的必需氨基酸和生糖氨基酸,其侧链易氧化成甲硫氨砜。

05.0060　苯丙氨酸　phenylalanine, Phe
非极性 α-氨基酸,人体必需氨基酸之一,属芳香族氨基酸。在体内大部分经苯丙氨酸羟化酶催化作用氧化成酪氨酸,并与酪氨酸一起合成重要的神经递质和激素,参与机体糖代谢和脂肪代谢。

05.0061 脯氨酸 proline, Pro
一种 α-亚氨酸,组成蛋白质的常见氨基酸之一。脯氨酸除作为植物细胞质内渗透调节物质外,还在稳定生物大分子结构、降低细胞酸性、解除氨毒及作为能量库调节细胞氧化还原势等方面起重要作用。

05.0062 丝氨酸 serine, Ser
一种非必需氨基酸。在脂肪和脂肪酸的新陈代谢及肌肉的生长中发挥着作用,丝氨酸可促进脂肪和脂肪酸的新陈代谢,有助于维持免疫系统功能。

05.0063 苏氨酸 threonine, Thr
2 氨基-3-羟基丁酸。一种含有一个醇式羟基的脂肪族 α-氨基酸。L-苏氨酸有两个不对称碳原子,可以有 4 种异构体,是哺乳动物的必需氨基酸和生酮生糖氨基酸。

05.0064 色氨酸 tryptophan, Trp
2-氨基-3-吲哚基丙酸。一种芳香族、杂环、非极性 α-氨基酸。L-色氨酸是哺乳动物的必需氨基酸和生酮生糖氨基酸。在体内能够促进胃液及胰液的产生。

05.0065 酪氨酸 tyrosine, Tyr
一种 α-氨基酸,条件必需氨基酸之一。酪氨酸是酪氨酸酶单酚酶功能的催化底物,是最终形成优黑素和褐黑素的主要原料。

05.0066 缬氨酸 valine, Val
2-氨基-3-甲基丁酸。属于支链氨基酸,也是人体必需氨基酸和生糖氨基酸。与其他两种高浓度氨基酸(异亮氨酸和亮氨酸)一起促进身体正常生长、修复组织、调节血糖,并提供需要的能量。

05.0067 降血压肽 antihypertensive peptide
又称“血管紧张素转化酶抑制肽”。一类能够降低人体血压的小分子多肽的总称。

05.0068 免疫球蛋白 immunoglobulin, Ig
由两条相同的轻链和两条相同的重链所组成的具有抗体活性的动物蛋白。主要存在于血浆中,也见于其他体液、组织和一些分泌液中。分为 IgG、IgA、IgM、IgD、IgE 五类。

05.0069 乳铁蛋白 lactoferrin
乳汁中一种重要的非血红素铁结合糖蛋白。中性粒细胞颗粒中具有杀菌活性的单体糖蛋白,主要由乳腺上皮细胞表达和分泌。

05.0070 糖蛋白 glycoprotein
一种含有寡糖链的蛋白质,糖类分子和蛋白质分子以共价键相连。

05.0071 脂蛋白 lipoprotein
由蛋白质和脂类通过非共价键相连而成的蛋白质。存在于生物膜和动物血浆中。

05.0072 单纯蛋白质 simple protein
水解后只产生氨基酸而不产生其他物质的蛋白质。

05.0073 结合蛋白质 conjugated protein
由氨基酸和其他非蛋白化合物组成。按其非蛋白部分的不同分为核蛋白(含核酸)、糖蛋白(含多糖)、脂蛋白(含脂类)、磷蛋白(含磷酸)、金属蛋白(含金属)及色蛋白(含色素)等。

05.01.05 脂 类

05.0074 脂肪 fat
又称“中性脂肪”。甘油和各种脂肪酸链脱水形成的甘油三酯的混合物。是人体重要的产能营养素和储能物质。

05.0075　类脂　lipid
一类在某些理化性质上与脂肪类似的物质。包括磷脂、脂蛋白、固醇类等。

05.0076　类固醇　steroid
又称"类甾醇""甾族化合物"。广泛分布于生物界的一大类环戊烷多氢菲衍生物的总称。由3个环己烷和一个五碳环组成。

05.0077　固醇　sterol
又称"甾醇"。广泛存在于动植物食物中的一类重要的环戊烷多氢菲衍生物。由3个己烷环及一个环戊烷稠合而成。

05.0078　必需脂肪酸　essential fatty acid, EFA
人体不可缺少而自身又不能合成或体内合成远不能满足需要,必须通过食物供给的脂肪酸。

05.0079　非必需脂肪酸　non-essential fatty acid
在体内可以合成或由其他脂肪酸转变而成,即使不从食品中摄取,也能满足机体健康需要的脂肪酸。

05.0080　饱和脂肪酸　saturated fatty acid
烃类基团全由单键构成的脂肪酸。

05.0081　不饱和脂肪酸　unsaturated fatty acid
烃类基团至少含有一个碳碳双键的脂肪酸。

05.0082　单不饱和脂肪酸　monounsaturated fatty acid
烃类基团包含一个碳碳双键的脂肪酸。

05.0083　多不饱和脂肪酸　polyunsaturated fatty acid, PUFA
烃类基团包含两个或两个以上碳碳双键的脂肪酸。

05.0084　磷酸肌醇　phosphoinositide
又称"磷脂酰肌醇"。包括1-磷酸肌醇、1,4-二磷酸肌醇和1,4,5-三磷酸肌醇等。主要由两部分组成,一是磷酸1,2-二酯酰甘油,二是肌醇。

05.0085　鞘磷脂　sphingomyelin
由一个鞘氨醇、一个脂肪酸、一个磷酸、一个胆碱或乙醇胺组成的磷脂。存在于大多数哺乳动物细胞的细胞膜内,是髓鞘的主要成分。

05.0086　胆固醇　cholesterol
又称"胆甾醇"。5-胆烯-3-β-醇,由3个己烷环及一个环戊烷稠合而成的环戊烷多氢菲衍生物。广泛存在于动物性食品中。

05.0087　二十二碳六烯酸　docosahexaenoic acid, DHA
一种对人体非常重要的不饱和脂肪酸。属于ω-3不饱和脂肪酸。

05.0088　二十碳五烯酸　eicosapentaenoic acid, EPA
属于ω-3系列多不饱和脂肪酸,为人体必需脂肪酸。鱼油的主要成分。

05.0089　反式脂肪酸　*trans*-fatty acid
分子包含位于碳原子相对两边的反向共价键结构的一种不饱和脂肪酸。广泛存在于糕点、薯条及其他煎炸食品中。

05.0090　顺式脂肪酸　*cis*-fatty acid
不饱和键(烯键)两端的碳元素上连接的两个氢均在双键的同一侧的不饱和脂肪酸。多存在于天然动植物油脂中。

05.0091　丁酸　butyric acid
又称"酪酸"。短链脂肪酸的一种。为无色至浅黄色透明油状液体,具有浓烈的奶油、干酪般的不愉快气息和奶油味。在动物脂肪和植物油中以丁酸酯形式存在。

05.0092　己酸　caproic acid
又称"正己酸"。六碳的直链羧酸。无色油状液体,带有类似羊的气味。

05.0093　辛酸　caprylic acid

又称"羊脂酸""正辛酸"。属饱和脂肪酸。是一种八碳的直链羧酸。有汗臭味的无色透明状液体。存在于肉豆蔻、柠檬草、苹果、椰子油、葡萄酒、酒花等中。常用于烘烤食品、肉制品、快餐食品。

05.0094　癸酸　capric acid
又称"羊蜡酸""正癸酸""十烷酸"。属饱和脂肪酸。结晶为白色,有难闻气味。用月桂油、椰子油或山苍子油水解制取月桂酸时的副产物,主要用于制取癸酸酯类产品,其酯类用作香料、湿润剂、增塑剂和食品添加剂等。

05.0095　十二[烷]酸　lauric acid
又称"月桂酸"。无色针状结晶或粉末。有月桂油香,多用作食品添加剂、香料。

05.0096　十四[烷]酸　tetradecanoic acid
又称"肉豆蔻酸"。一种饱和脂肪酸。白色至带黄白色硬质固体,偶为有光泽的结晶状固体,或者为白色至带黄白色粉末,无气味。可作为制备山梨醇酐脂肪酸酯、肉豆蔻酸盐、甘油脂肪酸酯、乙二醇或丙二醇脂肪酸酯的原料,用于热稳定剂及增塑剂,也可用作香料的溶剂、润滑剂、分散剂、消泡剂、增香剂等。

05.0097　十六[烷]酸　palmitic acid
又称"软脂酸""棕榈酸"。一种无色、无味、呈蜡状固体的饱和高级脂肪酸。在中国产的乌桕种子的乌桕油中,软脂酸的含量可高达60%以上,棕榈油含量大约为40%,菜油中的含量则不足2%。

05.0098　棕榈油酸　palmitoleic acid
又称"十六碳-顺-9-烯酸""鳖酸"。一种单不饱和脂肪酸。在动植物油脂中含量很少,大量存在于海产油脂中。有多种生物活性,如提高人体对胰岛素的敏感性、改善皮肤的色素沉着、强化血管的代谢过程等。

05.0099　十八[烷]酸　stearic acid
又称"硬脂酸"。含有18个碳原子的饱和脂

肪酸。构成动植物油脂的一种主要成分。可用于药物制剂、油膏、肥皂和栓剂等产品。

05.0100　油酸　oleic acid
又称"十八碳-顺-9-烯酸"。一种单不饱和ω-9脂肪酸。以甘油酯的形式存在于动植物体内,是动物食物中不可缺少的营养素。

05.0101　亚油酸　linoleic acid
含有18个碳原子具有2个双键的不饱和脂肪酸。广泛分布于植物的油脂中,为哺乳动物营养所必需。

05.0102　亚麻酸　linolenic acid, LNA
含有18个碳原子具有3个双键的脂肪酸。在营养学上有意义的主要是 α-亚麻酸和 γ-亚麻酸,两者的主要区别在于双键的位置不同,对人体的生理功能也不同。

05.0103　α-亚麻酸　α-linolenic acid
一种必需脂肪酸。是构成细胞膜和生物酶的基础物质,在体内可转化为 DHA、2,6-吡啶二羧酸(DPA)、EPA 等。

05.0104　γ-亚麻酸　γ-linolenic acid
顺6、顺9、顺12-十八碳三烯酸。在少数植物油脂中存在。具有抗心血管疾病、降血脂、降血糖、抗癌、美白和抗皮肤老化等作用。

05.0105　二十[烷]酸　arachidic acid
又称"花生酸"。存在于花生、蔬菜和鱼油中的一种饱和脂肪酸。

05.0106　二十碳四烯酸　arachidonic acid, ARA
又称"花生四烯酸"。属于不饱和脂肪酸。其中含有4个碳碳双键、1个碳氧双键。广泛分布于动物界,少量存在于某个种的甘油酯中,也能在甘油磷脂类中找到。

05.0107　[顺]芥子酸　erucic acid
又称"二十二碳-顺-13-烯酸""4-羟基-3,5-二甲氧基肉桂酸"。一种含22个碳原子的不

饱和单羧基脂肪酸。天然存在于十字花科白芥属植物白芥及黄芥子的种子中,为中药芥子有效成分之一。

05.0108　糖脂　glycolipid
糖类和脂质结合所形成的物质的总称。在生物体中分布甚广,但含量较少,仅占脂质总量的一小部分。

05.0109　磷脂　phospholipid
含有磷酸基团的脂质。包括甘油磷脂和鞘磷脂两类。属于两亲脂质,在生物膜的结构与功能中占重要地位,少量存在于细胞的其他部位。

05.0110　甘油磷脂　glycerophosphatide
由甘油构成的磷脂。其分子结构中甘油的 1 号和 2 号位羟基均被脂酰基取代,3 号位羟基则被含磷基团所取代。是一种两性分子,也是生物膜的组成成分。

05.0111　卵磷脂　lecithin
又称“磷脂酰胆碱”。由一个含磷酸胆碱基团取代甘油三酯中的一个脂肪酸而形成的脂类物质。一种含磷酸的双亲两性复合脂质,由亲水的头部和疏水的尾部组成。主要存在于蛋黄、大豆、动物肝中。

05.0112　脑磷脂　cephalin
磷脂酰乙醇胺和磷脂酰丝氨酸的统称。

05.0113　脑苷脂　cerebroside
最早被发现的鞘糖脂。因发现于人脑而得名。由神经酰胺的 1 号位羟基被糖基化而得。其中的糖基可以是葡糖或半乳糖,它因此又分为葡糖脑苷脂与半乳糖脑苷脂,半乳糖脑苷脂多发现于神经组织,葡糖脑苷脂则主要分布于其他组织中。

05.0114　神经节苷脂　ganglioside
一类含唾液酸、广泛存在于脊椎动物各组织细胞膜上的鞘糖脂。结构:半乳糖-N-乙酰半乳糖胺–半乳糖–(葡萄糖–神经酰胺)–唾液酸。

05.01.06　矿　物　质

05.0115　矿物质　minerals
又称“无机盐”。人体内除碳、氢、氧、氮以外的所有化学元素的统称。

05.0116　常量元素　major element, macroelement
又称“宏量元素”。人体内含量大于 0.01% 的或每天需要量在 100mg 以上的矿物质。是人体组成的必需元素。包括钙、磷、硫、钾、钠、氯、镁 7 种。

05.0117　微量元素　trace element, microelement
人体内含量小于 0.01% 或每天需要量小于 100mg 的矿物质。包括必需微量元素(含可能必需微量元素)和具有潜在毒性但低剂量对人体可能具有功能的元素。

05.0118　必需微量元素　essential trace element
维持正常人体生命活动必不可少的微量元素。目前包括铁、铜、锌、锰、铬、钴、钼、碘、氟、硒、硅、镍、硼、矾等14种。

05.0119　钙　calcium
人体含量最多的常量元素。原子序数为20,约占正常人体体重的 2.0%。主要功能包括:构成骨骼和牙齿;促进体内酶活动;维持神经肌肉的正常兴奋性;参与血液凝固、激素分泌;维持体液酸碱平衡等。

05.0120　磷　phosphorus
人体必需的常量元素之一。原子序数为 15,

体内含量仅次于钙。主要功能包括:参与牙齿和骨骼的构成;参与物质代谢;维持机体酸碱平衡。

05.0121　镁　magnesium
人体必需的常量元素之一。原子序数为12,成人体内含量为20~30g。作为体内多种酶的激活剂参与机体的各种生理功能。

05.0122　钾　potassium
人体必需的常量元素之一。原子序数为19。主要功能包括:参与糖和蛋白质代谢;维持细胞渗透压;调节酸碱平衡;维持神经肌肉应激性及心脏的正常功能,对于预防高血压等慢性病具有重要作用。

05.0123　钠　sodium
人体必需的常量元素之一。原子序数为11,是体内的重要电解质。主要功能包括:调节细胞外液的容量与渗透压;维持酸碱平衡;维持正常血压等。低钠摄入对于预防高血压具有重要作用。

05.0124　氯　chlorine
人体必需的常量元素之一。原子序数为17。主要功能包括:维持细胞外液的容量与渗透压;维持体液酸碱平衡;参与胃液形成;参与血液 CO_2 的运输等。

05.0125　硫　sulfur
人体必需的常量元素之一。原子序数为16,是含硫氨基酸、硫胺素和生物素的组成成分并通过这些物质发挥多种生理功能。

05.0126　铁　iron
人体必需的微量元素之一。原子序数为26,以功能性铁和储备铁两种形式存在于体内。主要功能包括:参与体内氧的运输和组织呼吸;维持正常的造血和免疫功能等。

05.0127　锌　zinc
人体必需的微量元素之一。原子序数为30,具有催化功能、结构功能和调节功能,在人体

发育、认知行为、创伤愈合、味觉和免疫调节等方面发挥重要作用。

05.0128　硒　selenium
人体必需的微量元素之一。原子序数为34,存在于所有组织与器官,是包括谷胱甘肽过氧化物酶在内的多种硒蛋白的组成成分,具有抗氧化、免疫调节、调节甲状腺激素及排毒与解毒等功能。

05.0129　铬　chromium
人体必需的微量元素之一。原子序数为24,属于 VIB 族,是葡萄糖耐量因子的组成成分,也是胰岛素辅助因子。主要功能包括:调节糖代谢;调节脂质代谢;促进蛋白质合成和生长发育等。

05.0130　碘　iodine
人体必需的微量元素之一。原子序数为53,为卤族元素,是甲状腺激素的组成成分,并通过甲状腺激素发挥不同生理功能,主要包括:促进生长发育、参与脑发育、调节新陈代谢等。

05.0131　铜　copper
人体必需的微量元素之一。原子序数为29,参与铜蛋白与多种酶的构成。主要生理功能包括:维持正常造血功能;促进结缔组织构成;维持中枢神经系统的健康;促进正常黑色素形成及维护毛发正常结构,保护机体细胞免受氧化损伤等。

05.0132　钴　cobalt
人体必需的微量元素之一。原子序数为27,是维生素 B_{12} 的主要成分,通过维生素 B_{12} 的作用发挥生理功能。

05.0133　钼　molybdenum
人体必需的微量元素之一。属于过渡元素,原子序数为42。以多种钼金属酶发挥其生理功能,主要包括调节体内氧化还原反应、解毒、参与脂肪合成等。

05.0134　锰　manganese

人体可能必需的微量元素之一。属于过渡元素,原子序数为 25。通过锰金属酶或锰激活酶在参与骨形成,氨基酸、胆固醇和碳水化合物代谢,维持脑功能,以及神经递质合成与代谢等方面发挥功能。

05.0135　氟　fluorine
原子序数为 9,主要存在于骨骼和牙齿,参与构建牙釉质与骨盐。具有潜在毒性。

05.01.07　维　生　素

05.0136　维生素　vitamin
维持机体生命活动过程所必需的一类微量的低分子有机化合物。

05.0137　脂溶性维生素　lipid-soluble vitamin
不溶于水而溶于有机溶剂的维生素(如苯、乙醚及三氯甲烷等)。包括维生素 A、D、E、K。

05.0138　水溶性维生素　water-soluble vitamin
可溶于水的维生素,包括 B 族维生素(维生素 B_1、B_2、PP、B_6,叶酸,维生素 B_{12},泛酸,生物素等)和维生素 C。

05.0139　维生素 A　vitamin A
又称"视黄醇(retinol)"。一种在结构上与胡萝卜素相关的脂溶性维生素。有维生素 A_1 及维生素 A_2 两种。与类胡萝卜素不同,具有很好的多种全反式视黄醇的生物学活性。为某些代谢过程特别是视觉的生化过程所必需。

05.0140　视黄醇当量　retinol equivalent, RE
包括视黄醇和 β 胡萝卜素在内的具有维生素 A 活性物质所相当的视黄醇量。

05.0141　B 族维生素　vitamin B
由于具有很多共同特性(如都是水溶性、都是辅酶等)及需要相互协同作用而被归类为一族的维生素,包括维生素 B_1、维生素 B_2、维生素 PP、泛酸、维生素 B_6、生物素、叶酸、维生素 B_{12}。

05.0142　维生素 B_1　vitamin B_1
又称"硫胺素(thiamine)"。由嘧啶环和噻唑

环通过亚甲基结合而成的一种 B 族维生素。

05.0143　维生素 B_2　vitamin B_2
又称"核黄素(riboflavin)"。具有一个核糖醇侧链的异咯嗪类衍生物。

05.0144　烟酸　niacin
又称"尼克酸"。可由烟碱[1-甲基-2-(3-吡啶基)吡咯烷]氧化而制得的一种 B 族维生素,与烟酰胺一起合称为"维生素 PP"。缺乏此维生素则引起糙皮病,是 B 族维生素中唯一能在动物组织中合成的一种维生素(由色氨酸合成)。

05.0145　泛酸　pantothenic acid
由 β-丙氨酸与 α, γ-二羟-β-β-二甲基丁酸通过肽键连接而成的一种化合物。

05.0146　维生素 B_6　vitamin B_6
包括吡哆醇、吡哆醛和吡多胺。基本结构为 3-甲基-3-羟基-5-甲基吡啶。在酵母菌、肝、谷粒、肉、鱼、蛋、豆类及花生中含量较多。为人体内某些辅酶的组成成分,参与多种代谢反应,尤其是与氨基酸代谢有密切关系。

05.0147　生物素　biotin
又称"维生素 H""辅酶 R"。水溶性维生素,属于 B 族维生素。是合成维生素 C 的必要物质,是脂肪和蛋白质正常代谢不可或缺的物质,是维持人体自然生长、发育和正常人体机能健康必要的营养素。

05.0148　叶酸　folate
一种水溶性维生素。作为一种辅酶,对嘌呤、

嘧啶、核酸、蛋白质的生物合成、细胞分裂和生长具有重要作用。

05.0149 维生素 B_{12} vitamin B_{12}
又称"钴胺素(cobalamine)"。含有金属元素钴的一种维生素。参与制造骨髓红细胞,防止恶性贫血,防止大脑神经受到破坏。

05.0150 膳食叶酸当量 dietary folate equivalence,DFE
食物叶酸的生物利用率为50%,而叶酸补充剂与膳食混合时的生物利用率为85%,因此膳食叶酸当量 DEF(μg) = 膳食叶酸(μg) + 1.7×叶酸补充剂(μg)。

05.0151 维生素 C vitamin C
又称"抗坏血酸(ascorbic acid)"。能呈现抗坏血酸生物活性的化合物的统称。是一种水溶性维生素,水果和蔬菜中含量丰富。在氧化还原代谢反应中起调节作用,缺乏它可引起坏血病。

05.0152 维生素 D vitamin D
又称"抗佝偻病维生素(antirachitic vitamin)"。能呈现胆钙化固醇生物活性的所有类固醇的总称。具抗佝偻病作用。

05.0153 维生素 E vitamin E

又称"生育酚(tocopherol)"。含苯并二氢呋喃结构、具有 α-生育酚生物活性的一类物质,包括生育酚类和三烯生育酚类。是最主要的抗氧化剂之一。

05.0154 维生素 K vitamin K
显示抗出血活性的一组化合物,是 2-甲基-1,4-萘醌及其衍生物的总称。包括维生素 K_1、维生素 K_2、维生素 K_3,为形成活性凝血因子Ⅱ、凝血因子Ⅶ、凝血因子Ⅺ和凝血因子Ⅹ所必需。缺乏维生素 K 时会使凝血时间延长和引起出血病症。脂溶性,广泛存在于自然界中,也可人工合成。

05.0155 类维生素 vitamin like substance
不是维生素类但具有类似维生素类物质功效的物质。如生物类黄酮、肉毒碱、辅酶 Q、肌醇、苦杏仁苷、硫辛酸、潘氨酸、牛磺酸等。

05.0156 四氢叶酸 tetrahydrofolic acid,THFA
一种还原型叶酸。是辅酶形式的叶酸的母体化合物。

05.0157 视紫红质 rhodopsin
由视黄醛和视蛋白结合而成的眼色素。

05.01.08 食物成分表

05.0158 食品名称 food name
用以识别某一食品或某一类食品的专门称呼。

05.0159 食品分类 food category
根据食品来源、性质进行分别归类所属的条目。

05.0160 食品编码 food code

用于《食物成分表》的食物的编码,为 6 位数字编码。

05.0161 可食部 edible part
预包装食品净含量去除其中不可食用的部分后的剩余部分。

05.0162 分量 portion size
单位包装内含有食品的量。

05.02　食物营养价值、营养强化食品

05.02.01　益生菌和益生元

05.0163　益生菌　probiotics
可改善宿主(如动物或人类)肠内微生态的平衡,并对宿主有正面效益的活性微生物。

05.0164　益生元　prebiotics
食物中一种不易消化的成分。可刺激消化系统中益生菌(对人体有益的细菌)生长或活化。

05.0165　合生元　synbiotics
益生菌和益生元的混合制剂。

05.0166　乳杆菌　*Lactobacillus*
一类不形成芽孢、发酵碳水化合物形成乳酸的兼性厌氧革兰氏阳性杆菌。

05.0167　双歧杆菌　*Bifidobacterium*
一类广泛存在于人和动物的消化道、阴道、口腔等生境中、发酵糖类形成乳酸和乙酸、细胞形态常呈现分叉状、严格厌氧的革兰氏阳性杆菌。

05.02.02　新食品原料、植物化学物与保健食品

05.0168　新食品原料　new resource food
又称"新资源食品"。新研制、新发现、新引进的,无食用习惯的,对人体不得产生任何急性、亚急性、慢性或其他潜在性健康危害的动物、植物和微生物食品。

05.0169　甘油二酯　diacylglycerol, DG
甘油三酯中一个脂肪酸被羟基取代的一类脂质。是天然植物油脂的微量成分及体内脂肪代谢的内源中间产物。

05.0170　翅果油　*Elaeagnus mollis* oil
从翅果油树籽实中提取的油脂。

05.0171　御米油　poppyseed oil
罂粟籽经灭活后,从中提炼的一种富含具有多种生物活性物质的亚油酸与亚麻酸等多不饱和脂肪酸的纯天然食用植物油。

05.0172　盐地碱蓬籽油　*Suaeda salsa* seed oil
以藜科碱蓬属盐地碱蓬种子为原料,经萃取、脱色、过滤等工艺而制成的油脂。

05.0173　牡丹籽油　peony seed oil
从牡丹籽中提取的植物油。

05.0174　月见草油　*Oenothera biennis* oil
月见草种子加工制得的富含 γ-亚麻酸的不饱和脂肪酸的油脂。

05.0175　番茄籽油　tomato seed oil
从番茄籽中提取精炼的食用油。

05.0176　水飞蓟籽油　*Silybum marianum* seed oil
以菊科水飞蓟属水飞蓟籽为原料,经冷榨、过滤等工艺制成的水飞蓟籽油。

05.0177　牛蒡籽油　*Arctium lappa* seed oil
菊科植物牛蒡种子经压榨和萃取制得的油脂。富含油酸、亚油酸、亚麻酸等不饱和脂肪酸,含少量棕榈酸、硬脂酸。

05.0178　玫瑰茄籽油　*Hibiscus sabdariffa* seed oil
又称"玫瑰果油(rose hip oil)"。由玫瑰茄籽

制得的油脂。富含油酸、亚油酸,以及维生素A、维生素C、类胡萝卜素等。

05.0179 沙棘油 *Hippophae rhamnoides* seed oil

沙棘油通常指沙棘种子经压榨或萃取-分离-精制生产的油脂。富含不饱和脂肪酸、亚油酸、亚麻酸、油酸及棕榈烯酸。

05.0180 黑加仑籽油 black currant seed oil

从黑加仑籽中提取的油脂,富含 γ-亚麻酸的不饱和脂肪酸。

05.0181 长柄扁桃油 *Amygdalus pedunculata* oil

由长柄扁桃种仁经过炒制、冷榨的压榨方式,过滤精制而成的,富含不饱和脂肪酸的油脂。

05.0182 光皮梾木果油 *Swida wilsoniana* oil

以山茱萸科光皮梾木果实为原料,经压榨、过滤、脱色、脱臭等工艺而制成的富含油酸、亚油酸的油脂。

05.0183 美藤果油 *Sacha inchi* oil

以大戟科美藤果种籽为原料,经脱壳、粉碎、压榨、过滤等工艺而制成的富含油酸、亚油酸、亚麻酸的油脂。

05.0184 盐肤木果油 sumac fruit oil

以盐肤木果实为原料,经汽爆、浸出、脱色、脱臭等工艺制成的金黄色透明油状液体。

05.0185 樟树籽油 *Cinnamomum camphora* seed oil

从樟树籽中榨取的富含癸酸、月桂酸等中链脂肪酸的油脂。

05.0186 松籽油 pinenut oil

松树的果实(松籽仁)经物理压榨法或用溶剂浸出法制取的油脂。

05.0187 茶叶籽油 *Camellia* seed oil

以茶叶籽为原料,经烘干、脱壳、脱色、脱臭等步骤而制成的油脂。

05.0188 杜仲籽油 *Eucommia ulmoides* seed oil

杜仲科植物杜仲种子经压榨提取或萃取-分离-精制生产的油脂,富含亚麻酸、亚油酸、油酸等不饱和脂肪酸。

05.0189 元宝枫籽油 *Acer truncatum* bunge seed oil

元宝枫种子经压榨加工、提取的油脂。

05.0190 鱼油 fish oil

可食用海洋鱼经加热烹煮、压榨、离心、提纯、脱色、除臭等工艺而制成,富含二十二碳六烯酸(DHA)、二十碳五烯酸(EPA)的油状液体或粉状产品。

05.0191 磷虾油 krill oil

以磷虾科磷虾属南极大磷虾为原料,经水洗、破碎、提取、浓缩、过滤等步骤制得的油脂。

05.0192 DHA 藻油 DHA algal oil

提取自海洋微藻,富含 ω-3 多不饱和脂肪酸的油脂。

05.0193 枇杷叶 loquat leaf

蔷薇科植物枇杷的叶,含挥发油(主要为橙花椒醇和金合欢醇)及酒石酸、乌苏酸(熊果酸)、齐墩果酸、苦杏仁苷、鞣质,以及维生素B、维生素C、山梨醇等。

05.0194 显齿蛇葡萄叶 *Ampelopsis grossedentata* leaf

葡萄科蛇葡萄属显齿蛇葡萄的叶。可作为饮品原料食用。

05.0195 青钱柳叶 *Cyclocarya paliurus* (Batal.) leaf

胡桃科植物青钱柳的叶,含有黄酮、三萜、内脂、香豆精等。

05.0196 乌药叶 *Linderae aggregate* leaf

樟科植物乌药的嫩叶,可作为限定对象与用量的食品。

05.0197　辣木叶　*Moringa oleifera* leaf
辣木树带柄的羽状复叶,可食用。

05.0198　金花茶　*Camellia nitidissima*
属山茶科。一种古老的植物,国家一级保护植物。富含茶多糖、茶多酚、总皂苷、总黄酮、茶色素、咖啡因、蛋白质、维生素 B_1、维生素 B_2、维生素 C、维生素 E、叶酸、脂肪酸、β 胡萝卜素等多种天然营养成分。

05.0199　狭基线纹香茶菜　*Isodon lophanthoides* var. *gerardianus* (Bentham) H. Hara
又称"石疙瘩""沙虫叶""白线草"。多年生草本,基部匍匐生根。含有去羟基迷迭香酸甲酯、迷迭香酸甲酯、咖啡酸、二羟基香豆素、槲皮素、蓟黄素等活性成分。

05.0200　玫瑰茄　roselle
锦葵科植物,食用部分为花萼及果实,日晒缩水后脱出花萼,置于干净草席或竹笫上晒干。

05.0201　人参　ginseng
五加科人参属植物人参的干燥根。

05.0202　短梗五加　*Acanthopanax sessiliflorus*
以短梗五加全株为原料,经清洗、切片、干燥、杀菌、粉碎等步骤制成。可用于饮料类、酒类。

05.0203　平卧菊三七　*Gynura procumbens* (Lour.)
为菊科菊三七属,是多年生攀缘草本植物。

05.0204　海草　sea weed
生长于温带、热带海域沿岸浅水中的一类单子叶草本植物。我国浅海中的海带、紫菜和石花菜,都是很好的海草食品。含藻胶酸、多糖等化学成分。

05.0205　柳叶蜡梅　*Chimonanthus salicifolius*
半常绿灌木,其嫩叶可经加工制作成一种绿茶。香气馥郁、口感独特。男女老少皆宜,四季可饮。

05.0206　杜仲雄花　male flower of *Eucommia ulmoides*
杜仲雄树开的花。是中国的花粉资源。

05.0207　茶树花　tea blossom
山茶科山茶属茶树的花。含有蛋白质、茶多糖、茶多酚、活性抗氧化物质。

05.0208　玫瑰　*Rose rugosa*
蔷薇目蔷薇科蔷薇属落叶灌木,枝杆多针刺,奇数羽状复叶,小叶 5~9 片,椭圆形,有边刺。花瓣倒卵形,重瓣至半重瓣,花有紫红色、白色,果期 8~9 月,扁球形。玫瑰作为农作物时,其花朵主要用于食品及提炼香精玫瑰油,玫瑰油应用于化妆品、食品、精细化工等。

05.0209　显脉旋覆花　*Inula nervosa* Wall.
菊科多年生草本植物。分布于广西、云南、贵州等地。

05.0210　裸藻　*Euglena gracilis*
同时具备植物与动物两种特征,光合作用极强的微细胞藻类。含有蛋白质、维生素、矿物质、氨基酸、不饱和脂肪酸、叶绿素、黄体素、γ-氨基丁酸(GABA)等营养素和功能物质。裸藻多糖含有线性 β-1,3-葡聚糖。

05.0211　蛋白核小球藻　*Chlorella pyrenoidesa*
绿藻目小球藻属,球形单细胞淡水藻类。分布广、光合作用强。含有蛋白质、不饱和脂肪酸、多种维生素、铁、锌、钙、钾、膳食纤维、核酸等。

05.0212　雨生红球藻　*Haematococcus pluvialis*
一种有复杂生命周期的单细胞绿色淡水藻。可大致分为 2 个阶段:生长期和转化期。生长期的雨生红球藻细胞带有鞭毛,呈游动状态,其虾青素含量较低;在细胞生长处于逆境条件如高盐、高光照、高温、营养盐饥饿等,该藻进入转化期，以不动的厚壁孢子形态存在，细胞内会积累大量的次生类胡萝卜素，其中80%以上为左旋（3S、3'S）虾青素及其酯类。

05.0213　微藻　microalgae
一类分布广泛、营养丰富、光合利用度高的低等自养植物。

05.0214　盐藻　*Dunaliella salina*
又称"杜氏藻"。绿藻门团藻目盐藻属，极端耐盐的单细胞真核绿藻。富含β胡萝卜素。

05.0215　奇亚籽　Chia seed
芡欧鼠尾草的籽实。原产地为墨西哥等北美洲地区，可生长在海拔500~2500m的荒漠带地区。含有ω-3脂肪酸和天然抗氧化剂。

05.0216　玛卡粉　powder of *Lepidium meyenii*
玛卡根茎经切片、干燥、粉碎、灭菌等步骤制成的粉剂。

05.0217　阿萨伊［浆］果　acai berry
又称"巴西莓"。产自南美洲棕榈树的果实。果肉呈紫红色，富含丰富抗氧化成分。

05.0218　针叶樱桃果　acerola cherry
针叶樱桃结的果实。富含维生素 C、维生素 A、维生素 B₁、维生素 B₂、维生素 E、维生素 P、烟酸、SOD 及钙、铁、锌、钾和蛋白质等营养物质。

05.0219　诺丽果浆　noni purée
由遍布东南亚和澳大利亚的海滨木巴戟（*Morinda citrifolia*）的果实制成的果泥。富含抗氧化成分、保护心肌细胞的活性成分。

05.0220　刺梨　roxburgh rose
蔷薇科植物缫丝花的果实。果实内含有丰富的维生素 C。

05.0221　酸角　tamarind
热带植物酸角树的果实。我国云南为主要产区，其他省份也有分布。

05.0222　蛹虫草　*Cordyceps militaris*
又称"北冬虫夏草""北虫草"。子囊菌亚纲麦角菌目麦角菌科虫草属的模式种。

05.0223　广东虫草子　*Cordyceps guangdongensis*
来源于广东地区，隶属于子囊菌门子囊菌亚纲肉座菌目麦角菌科虫草属。

05.0224　雪莲培养物　tissue culture of *Saussurea involucrata*
雪莲在人工控制的条件下进行培养，组织或细胞增殖，或脱分化产生愈伤组织，并逐步分化出器官并长成完整植株而形成的培养物。

05.0225　塔格糖　tagatose
以半乳糖为原料，经异构化、脱色、脱盐、浓缩、结晶等步骤制成的天然六碳酮糖。

05.0226　透明质酸　hyaluronic acid
以葡萄糖、酵母粉、蛋白胨等为培养基，由马链球菌兽疫亚种经发酵生产而成的 D-葡萄糖醛酸及 *N*-乙酰葡糖胺组成的一种酸性黏多糖。

05.0227　酵母 β-葡聚糖　yeast β-glucan
酵母细胞壁的一种多糖成分。主要由 D-葡萄吡喃糖以 $\alpha,1\rightarrow6$ 键连接，支链点有 $1\rightarrow2$、$1\rightarrow3$、$1\rightarrow4$ 连接。

05.0228　茁霉多糖　pullulan
又称"短梗霉聚糖"。一种以淀粉或糖类为原料，经微生物发酵产生的主要由含 1/3 的 α-1,6 葡萄糖苷键、2/3 的 α-1,4 葡萄糖苷键连接的胞外高分子多糖。易溶于水，安全无毒、可食用，具有低热值、可塑性、成膜性等特点。

05.0229　凝结多糖　curdlan
以 β-$(1\rightarrow3)$-糖苷键构成的既能形成硬而有弹性的热不可逆性凝胶，又能形成热可逆性凝胶多糖类的总称。具有食用和多种工业用途。

05.0230　蚌肉多糖　*Hyriopsis cumingii* polysaccharide

以三角帆蚌肉为原料,经提取、酶解、超滤、醇沉、干燥、粉碎等步骤制成的高分子多糖。

05.0231　菊粉　inulin

主要来源于菊科、桔梗科、龙胆科等11科双子叶植物及百合科、禾本科单子叶植物,以胶体形态存在于细胞原生质的储备性多糖。通常以菊苣根为原料,去除蛋白质和矿物质后,经喷雾干燥等步骤获得。

05.0232　库拉索芦荟凝胶　*Aloe vera* gel

以库拉索芦荟叶片为原料,经沥醌清洗、去皮、杀菌、漂烫最大限度地去掉蒽醌类化合物等步骤制成的一种多糖。

05.0233　凉粉草　*Mesona chinensis*

又称"仙草"。唇形科植物,茎下部伏地。含有多糖、多酚、类黄酮等生物活性物质。

05.0234　种籽蛋白　seed protein

种籽中的蛋白质。如大豆、麻、扁豆、南瓜、向日葵、蓖麻等的种子,在其子叶或胚乳中形成粒(糊粉层),其中贮藏着特定的蛋白质。

05.0235　菜籽蛋白　rapeseed protein

从油菜籽中提取的蛋白质。

05.0236　棉籽蛋白　cottonseed protein

棉籽经剥绒、剥壳、浸油、沥干、脱毒后制成的蛋白质。

05.0237　油茶蛋白　oil-tea protein

从油茶果实榨油后的饼粕中提取制成的蛋白质。

05.0238　木豆蛋白　*Cajanus cajan* protein

从木豆干籽粒中提取制成的蛋白质。

05.0239　叶蛋白　leaf protein

新鲜的青绿植物茎叶经压榨取汁、汁液中蛋白质分离和浓缩干燥而制备的蛋白质。

05.0240　单细胞蛋白　single-cell protein, SCP

真菌蛋白与微生物蛋白的合称。按生产原料不同,可分为石油蛋白、甲醇蛋白、甲烷蛋白等;按产生菌的种类不同,可分为细菌蛋白、真菌蛋白等。

05.0241　牛奶碱性蛋白　milk basic protein

以鲜牛乳为原料,经脱脂、过滤、浓缩、去除酪蛋白等酸性蛋白、阳离子层析、冷冻干燥等工艺制成的一类蛋白质。

05.0242　昆虫蛋白　insect protein

可食昆虫经脱脂、提取蛋白质、分离、浓缩、干燥(喷雾、冻干等方式)制成的蛋白质。

05.0243　地龙蛋白　earthworm protein

又称"蚯蚓蛋白"。由地龙提取、制备的含有活性胶原酶、纤溶酶、蚓激酶、核酸、小分子肽类的蛋白质混合物。

05.0244　乳矿物盐　milk mineral

以乳清为原料,经去除蛋白质、乳糖等成分而制成的富含钙和磷的矿物质营养补充剂。

05.0245　珠肽　globin peptide

以猪血红细胞为原料,经黑曲霉蛋白酶酶解猪血红蛋白得到的寡肽混合物。

05.0246　小麦寡肽　wheat oligopeptide

以小麦谷蛋白粉为原料,经调浆、蛋白酶酶解、分离、过滤、喷雾干燥等工艺制成的肽类制品。

05.0247　水解蛋黄粉　bonepep, hydrolyzate of egg yolk powder

以鸡蛋蛋黄为原料,经蛋白酶处理、加热、离心分离、喷雾干燥等步骤生产而成的肽类制品。

05.0248　植物化学物　phytochemical

生物进化过程中植物维持其与周围环境相互作用的生物活性分子。植物次级代谢产物对人类有营养、免疫与代谢调节等营养与药理学作用。

05.0249　多酚　polyphenol

分子结构中有若干个酚羟基的植物成分的总称。包括黄酮类、单宁类、酚酸类及花色苷类等,多具有潜在的促进健康的作用。

05.0250　黄酮类化合物　flavonoid

又称"类黄酮"。泛指两个具有酚羟基的苯环通过中央三碳原子相互连接的一系列化合物。

05.0251　黄酮醇　flavonol

又称"3-羟基黄酮"。母核的 3 位被羟基取代的黄酮。广泛存在于水果和蔬菜中。黄酮醇互变异构诱导了双荧光现象,这有利于植物抵抗紫外线和呈现花色。

05.0252　异黄酮　isoflavone

植物苯丙氨酸代谢过程中,由肉桂酰辅酶 A 侧链延长后环化形成的以苯色酮环为基础的酚类化合物,其 3-苯基衍生物即异黄酮。

05.0253　异黄烷酮　dihydroisoflavone

又称"二氢异黄酮"。异黄酮类分子中双键被氢化后生成的化合物。

05.0254　查耳酮　chalcone

植物中由苯丙烷酸途径产生的香豆酰辅酶 A 经丙二酰辅酶 A 延长碳链再环化生成的黄酮类化合物。

05.0255　槲皮素　quercetin

又称"栎精""槲皮黄素"。结构为 4-氢-1-苯并芘喃-4-酮,2-(3,4 二羟基苯基)-3,5,7 三羟基黄酮。溶于冰醋酸,碱性水溶液呈黄色,几乎不溶于水,乙醇溶液味很苦的一种黄酮类化合物。

05.0256　芦丁　rutin

又称"芸香苷"。黄酮醇槲皮素与二糖芸香二糖(α-L-鼠李吡喃糖基-(1→6)-β-D-葡萄吡喃糖)相互作用形成的糖苷。

05.0257　橙酮　aurone

又称"澳咔"。可视为黄酮类的异构体,也可由查耳酮经氧化而得,是苯并呋喃的衍生物。

05.0258　黄烷醇　flavanol

植物黄酮类化合物的一部分,存在于可可、茶、红酒、水果和蔬菜等中。包括天然黄烷-3-醇类及其双聚体、3 位糖苷及没食子酸酯、黄烷-3,4-二醇类及缩合原花色素苷元。

05.0259　黄芩素　baicalein

黄芩中的一种黄酮类化合物。结构为 5,6,7-三羟基黄酮。

05.0260　甘草苷　liquiritin

豆科植物甘草的根中的一种黄酮类化合物。甜度为蔗糖的 100～500 倍,甜味缓慢、存留时间长,常作为甜味改良剂或增强剂与其他甜味剂混合使用。

05.0261　水飞蓟素　silybin

分子式为 2-[2,3-二氢-2-(4-羟基-3-甲氧基苯基)-3-羟甲基-1,4-苯并二恶烷-6-基]-2,3-二氢-3,5,7-三羟基-4H-1-苯并吡喃-4-酮。菊科药用植物水飞蓟种子的提取物,呈黄色粉末或结晶状粉末,味苦,主要成分有水飞蓟宾、异水飞蓟宾、水飞蓟宁和水飞蓟亭等黄酮类物质。

05.0262　大豆素　daidzein

4,7-二羟基异黄酮。是大豆中黄色的主要成分。

05.0263　鱼藤酮　rotenone

一种广泛地存在于植物的根皮部的异黄酮类化合物。是昆虫尤其是菜粉蝶幼虫、小菜蛾和蚜虫专属性很强的广谱杀虫剂。

05.0264　异甘草素　isoliquiritigenin

4,2′,4′-三羟基查耳酮。黄色粉末,是化妆品助剂,也用于食品添加剂。

05.0265　儿茶素　catechin

又称"儿茶精""茶单宁"。多羟基黄烷-3-酚的总称。由儿茶中提取,为无色结晶形固体,能溶于水。和咖啡因同属茶叶中的两大重要机能性成分,可增强新陈代谢,增加脂肪氧化供能。

05.0266　花青素　anthocyanidin
又称"花色素"。酚类化合物中的一类水溶性类黄酮类物质。包含 2 个苯环,并通过-3 碳位相连(C6-C3-C6)。与糖类以糖苷键结合之后即花色苷,它与花的颜色、叶变红等有关。

05.0267　原花青素　proanthocyanidin
一类黄烷醇单体及其聚合体的多酚化合物。其共同特点是原本没有颜色,但在酸性介质中加热后可水解产生花青素,从而产生粉红色、蓝紫色等颜色。

05.0268　飞燕草素　delphinidin
又称"翠雀[花]素"。花青素的一种。在 2-苯基上有 3 个羟基取代基,呈蓝色。

05.0269　矢车菊素　cyanidin
花青素的一种。在 2-苯基上有 2 个羟基取代基,呈紫红色。

05.0270　银杏素　ginkgetin
又称"银杏黄素"。存在于银杏科植物银杏的叶、外种皮中的活性物质。

05.0271　单宁　tannin
又称"鞣质"。多酚类化合物。包括缩合单宁与可水解单宁,前者是羟基黄烷类单体以 C-C 键连接形成的缩合物;后者是没食子酸或其衍生物的酚羧酸与葡萄糖(或多元醇)组成的酯。广泛存在于植物皮、根、叶、花和果实等组织中。

05.0272　柿子单宁　persimmon tannin
柿子中存在的单宁物质。主要由 4 种单体(儿茶素、儿茶素-3-棓酸、棓儿茶素、棓儿茶素-3-棓酸)聚合而成。

05.0273　酚酸　phenolic acid
一类含有酚类基团的有机酸。

05.0274　没食子酸　gallic acid
又称"五倍子酸""棓酸"。3,4,5-三羟基苯甲酸。可见于五倍子、漆树、茶等植物中。

05.0275　原儿茶酸　protocatechuic acid
3,4-二羟基苯甲酸。临床用于治疗慢性气管炎。

05.0276　龙胆酸　gentisic acid
一种多羟基酸。它是水杨酸经肾代谢之后的次要产物。

05.0277　月桂烯　myrcene
7-甲基-3-亚甲基-1,6-辛二烯。一种天然烯类有机化合物。

05.0278　柠檬醛　citral
3,7-二甲基-2,6-辛二烯醛。存在于柠檬草油(70%~80%)、山苍子油(约 70%)、柠檬油、白柠檬油、柑橘类叶油等中。主要用于配制柠檬香精、制造柑橘类香料及合成紫罗兰酮等化合物。

05.0279　芍药苷　paeoniflorin
来源于芍药根、牡丹根、紫牡丹根的活性成分。

05.0280　樟脑　camphor
从樟树的枝、干、叶及根部中提炼制得的颗粒状结晶。主要成分为右旋樟脑。

05.0281　龙脑　borneol
又称"冰片"。从艾纳香茎叶或龙脑樟枝叶中提炼制得的颗粒状结晶。

05.0282　木酚素类　lignans
具有芳香族 C6-C3 结构单元的醇或酸,在酶作用下通过侧链偶合形成的二聚物。

05.0283　黄豆素类　coumestans daidzein
4′,7-二羟基-6-甲氧基异黄酮。具有雌性激素及抗雌激素性质。

05.0284　二烯丙基硫化物　diallyl sulfide
又称"大蒜素"。大蒜含有的主要的生物活性物质。一种天然的广谱杀菌剂。

05.0285　熊胆　bear gallbladder
熊科动物黑熊或棕熊体内贮存胆汁的胆囊。主要含胆汁酸、胆甾醇及胆色素。

05.0286　蛇胆　snake gallbladder
蛇体内贮存胆汁的胆囊。

05.0287　水苏糖　stachyose
天然存在的一种四糖。可以显著促进双歧杆菌等有益菌增殖的功能性低聚糖。纯品为白色粉末,味稍甜,甜度为蔗糖的 22%,味道纯正,无不良口感或异味。

05.0288　棉籽糖　raffinose
由半乳糖、葡萄糖及果糖 3 个单糖缩合而成的非还原糖。纯净的棉籽糖为长针状结晶体,白色或淡黄色,带 5 分子结晶水;易溶于水,微溶于乙醇等极性溶剂,在热、酸环境中都很稳定。甜度为蔗糖的 22%~23%,无吸湿性。

05.0289　牛磺酸　taurine
又称"β-氨基乙磺酸"。最早从牛黄中分离出来的一种含硫的非蛋白氨基酸。在海鱼和贝类中含量较为丰富,动物心肌组织中含量也较高,尤其是神经、心肌与腺体组织。

05.0290　γ-氨基丁酸　gamma-aminobutyric acid, GABA
又称"氨酪酸""哌啶酸"。哺乳动物中枢神经系统中重要的抑制性神经递质。在人体大脑皮质、海马、丘脑、基底神经节和小脑中起重要作用,对多种功能具有调节作用。

05.0291　褪黑素　melatonin
N-乙酰基-5-甲氧基色胺,松果体产生的一种胺类激素。可以改善睡眠。

05.0292　[生物]活性肽　bioactive peptide
天然氨基酸以不同组成和排列方式构成的,从二肽到复杂的线形、环形结构的不同肽类的总称。

05.0293　超氧化物歧化酶　superoxide dismutase, SOD
生物体内广泛存在的抗氧化酶类。能催化超氧自由基生成过氧化氢和水,从而避免生物体被新陈代谢过程中产生的氧自由基所伤害。

05.0294　谷胱甘肽过氧化物酶　glutathione peroxidase, GSH-Px
机体内广泛存在的一种重要的过氧化物分解酶。GSH-Px 的活性中心是硒半胱氨酸,其活力大小可以反映机体内硒的水平。

05.0295　肌醇　inositol
又称"环己六醇"。一种类维生素。是磷脂酰肌醇和磷酸肌醇的前体。自然界中发现有 D-手性肌醇、L-手性肌醇、鲨肌醇和肌肉肌醇 4 种。

05.0296　左旋肉碱　L-carnitine
β-羟基 γ-三甲铵丁酸。一种类氨基酸。主要生理作用是将长链脂肪酸送入线粒体氧化分解供能,肉类是左旋肉碱的主要食物来源。

05.0297　胆碱　choline
一种类维生素,卵磷脂和神经鞘磷脂的组成成分,同时又是神经递质乙酰胆碱的前体。广泛存在于动植物中,其最丰富的来源是卵黄。

05.0298　辅酶 Q10　coenzyme Q10
一种脂溶性醌环类化合物。其母核 6 位的侧链聚异戊烯基的聚合度为 10。是线粒体呼吸链电子、质子的传递体,参与 ATP 形成、能量转化。

05.0299　谷维素　oryzanol
阿魏酸与植物甾醇的结合酯类。可从米糠油、胚芽油等谷物油脂中提取。外观白色至类白色结晶粉末,有特异香味,加热下可溶于各种油脂,不溶于水。

05.0300 六磷酸肌醇 inositol hexaphosphate

肌醇被 6 个磷酸酯化构成的天然化合物。是植物性食品中磷元素的储藏物质,存在于所有种子类食物中,包括全谷类、豆类、油籽和坚果类。

05.0301 阿魏酸 ferulic acid

4-羟基 3-甲氧基肉桂酸。是桂皮酸的衍生物之一。

05.0302 鞣花酸 ellagic acid

广泛存在于各种软果、坚果等植物组织中的一种天然多酚组分。是没食子酸的二聚衍生物,以游离、缩合(鞣花单宁、苷)形式存在于自然界。蓝莓、石榴、花椰菜、甘蓝、芥末等中含量较高。

05.0303 角黄素 canthaxanthin

一种胡萝卜素类色素。显橙色。天然存在于多种食物中,也可人工合成。多作为动物饲料添加剂,使蛋黄和禽肉的颜色更加鲜明。

05.0304 隐藻黄素 cryptoxanthin

一种天然的类胡萝卜素。

05.0305 皂苷 saponin

皂苷元与糖形成糖苷的总称。组成皂苷的糖有单糖(葡萄糖、半乳糖、鼠李糖、阿拉伯糖、木糖等)或低聚糖。皂苷种类繁多,主要分布于植物中。皂苷具有表面活性,能产生泡沫、作为乳化剂。

05.0306 生物碱 alkaloid

一类含氮的碱性有机化合物。多数有复杂的环状结构,氮素包含在环内。按照基本结构,可分为有机胺类、异喹啉类、嘌呤类、莨菪烷类等,目前发现有 10 000 种左右。具有光学活性。

05.0307 香菇嘌呤 eritadenine

又称"赤酮酸嘌呤"。从香菇中提取的一种嘌呤类功能成分。

05.0308 辣椒素 capsaicin

反式-8-甲基-N-香草基-6-壬烯酰胺。是辣椒中的辣味呈味成分,对哺乳动物包括人类都有刺激性并可在口腔中产生灼烧感。

05.0309 石杉碱甲 huperzine A

存在于石杉科植物千层塔中的倍半萜生物碱化合物。一种可逆性胆碱酯酶抑制剂。

05.0310 萜类化合物 terpenoids

以异戊二烯为基本结构单元、符合通式 $(C_5H_x)_n$ 的化合物及衍生物。包括单萜、倍半萜、二萜、二倍半萜、三萜、四萜和多萜;其衍生物多含氧,可以是醇、醛、酮、羧酸、酯等。是构成香精、树脂、色素等的主要成分,是食品工业不可缺少的原料。某些动物激素、维生素等也属于萜类化合物。

05.0311 柠檬烯 limonene

又称"苧烯"。单萜类化合物。无色油状液体,有类似柠檬的香味。

05.0312 叶绿素 chlorophyll

一类含镁离子的卟啉衍生物。是存在于植物、藻类和蓝藻中的光合色素,包括叶绿素 a、b、c、d、f,以及原叶绿素和细菌叶绿素等。高等植物叶绿体中主要有叶绿素 a 和叶绿素 b。深绿色叶菜是叶绿素的最好来源。

05.0313 姜黄素 curcumin

从姜科、天南星科一些植物的根茎(如姜黄)中提取的酸性多酚类物质,主链为不饱和脂族及芳香族基团,在姜黄中含 3% ~ 6%,是植物界稀少的具有二酮的色素,为二酮类化合物。

05.0314 醌类化合物 quinonoids

一类具有醌式结构的化学成分。主要分为苯醌、萘醌、菲醌和蒽醌 4 种类型,作为动植物、微生物色素广泛存在于自然界。

05.0315　角鲨烯　squalene
三十碳六烯,一种高度不饱和的烃类化合物。最初从鲨鱼的肝油中发现,苋菜籽、橄榄油、棕榈油等中含量丰富。

05.0316　保健食品　health food
又称"功能食品(functional food)"。适用于特定人群食用,具有调节机体功能,不以治疗疾病为目的,并且对人体不产生任何急性、亚急性或慢性危害的食品。

05.0317　营养素补充剂　nutrient supplement
又称"膳食补充剂"。单纯以一种或数种经化学合成或从天然动植物中提取的营养素为原料加工制成的食品。作为营养素补充剂纳入保健食品管理,需要经过注册。经批准的营养素补充剂不得以提供能量为目的,只能宣传补充某营养素,不得声称具有其他特定保健功能。

05.0318　增强免疫力　enhancing immunity
增强人体免疫系统进行自我保护的能力。

05.0319　辅助降血脂　assisted reducing blood fat
对血液中所含脂类物质的降低具有辅助功能。

05.0320　辅助降血糖　assisted reducing blood sugar
对血液中所含葡萄糖的降低具有辅助功能。

05.0321　抗氧化　antioxidant
防止因自由基产生过多或清除过慢导致生物大分子物质及各种细胞受到攻击,从而避免机体在分子水平、细胞水平及组织器官水平上受到损伤,防止机体衰老进程加速、诱发各种疾病。

05.0322　辅助改善记忆　assisted improving memory
对于改善人脑对经历过的事物的反应能力具有辅助功效。

05.0323　缓解视疲劳　relieving visual fatigue
缓解由各种原因导致的眼疲劳综合征。

05.0324　促进排铅　promoting excretion of lead
促进体内的铅通过粪便、汗液等途径排出体外的过程。

05.0325　清咽　clearing and nourishing throat
缓解咽喉红肿疼痛或不适病症。

05.0326　辅助降血压　assisted lowering blood pressure
对血压过高症状的降低具有辅助功能。

05.0327　促进泌乳　promoting lactation
帮助哺乳母亲提升原来不足的母乳产量。

05.0328　缓解体力疲劳　relieving physical fatigue
缓解由于长时间、高强度体力活动产生的代谢物质刺激人体组织细胞和神经系统所带来的疲劳感。

05.0329　提高缺氧耐受力　improving on hypoxia
在缺氧条件下帮助减轻人体器官因氧气不足所带来的代谢应激反应,保障各组织器官正常功能。

05.0330　减肥　weight control
减少体内脂肪堆积过多导致的体重增加,缓解机体因此发生的一系列病理、生理变化的病症,达到正常体重。

05.0331　改善生长发育　improving growth and development
对生长发育具有促进作用。具体包括促进骨骼生长、影响细胞分化和生长、促进器官发育。

05.0332　增加骨密度　increasing bone density
增加骨骼矿物质密度。

05.0333 改善营养性贫血 improving nutritional anemia

改善因机体生血所必需的营养物质(如铁、叶酸等)减少导致的血红蛋白或红细胞生成不足以致造血功能低下的症状。

05.0334 对化学性肝损伤的保护作用 protecting on chemical injury of liver

对由酒精、环境中的化学有毒物质及某些药物产生的化学性肝毒性物质所造成的肝损伤有保护作用。

05.0335 改善皮肤水分 improving skin moisture condition

改善由于皮肤缺水导致的干燥症状。

05.0336 改善皮肤油分 improving skin oil condition

改善由于皮肤油分分泌不足导致的症状。

05.0337 调节肠道菌群 improving intestinal flora condition

调节肠道内细菌种类、数量的平衡。

05.0338 促进消化 promoting digestion

促进人的消化器官把食物变成可以被机体吸收利用的过程。

05.0339 通便 facitating feces excretion

促进粪便排泄,治疗便秘,使大便通畅。

05.02.03 烹饪与营养保持

05.0340 烹饪 cooking

对食物进行处理,使其具有吸引人的色、香、味、形和口感的艺术。包括食材搭配、食材处理、调味品使用、装盘造型等各环节的技艺。具有地域、民族、宗教和文化传统方面的固有特征。

05.0341 重量保留率 weight retention ratio

烹调后食物重占烹调前原料重的百分率。这是由于烹调过程中存在水分、脂肪等成分的变化,烹调后的重量也会发生变化。重量保留率=[烹调后某食物的重量(g)/烹调前某食物的重量(g)]×100%。

05.0342 营养素损失率 nutrient loss ratio

烹调后食物的某种营养素含量和烹调前含量的差值,除以烹调前营养素的含量。营养素损失率=[烹调前的某营养素含量(/100g)−烹调后的某营养素含量(/100g)/烹调前的某营养素含量(/100g)]×100%。

05.0343 营养素保留率 nutrient retention ratio

又称"营养素保留因子"。营养素保留率=[烹调后的某营养素含量(/100g)/烹调前的某营养素含量(/100g)]×重量保留率×100%。

05.0344 表观保留率 apparent retention ratio

食物烹调后营养素保存率的指标。其中校正了烹调前后水分变化的影响,但未考虑其他成分在烹调过程中的损失可能带来的重量影响。表观保留率(%)=[按干重计的烹调后某营养素含量(/100g)/按干重计的烹调前某营养素含量(/100g)]×100%。

05.0345 真实保留率 true retention ratio

食物烹调后营养素保存率的指标。其中校正了食物在烹调前后因各因素引起的重量变化。真实保留率(%)=[按取样重量计的烹调后某营养素含量(/100g)×烹调后食物的总重量(g)]/[按取样重量计的烹调前某营养素含量(/100g)×烹调前食物的总重量(g)]×100%。

05.0346 择菜 trimming vegetable for cooking

烹调前对蔬菜类食材进行去除其不适合食用部分的处理。如去老叶、去硬皮、去筋、去籽、去根等。

05.0347 挂糊 hanging paste

在油炸之前,在经过刀工处理的原料表面挂上一层较稠淀粉糊和干淀粉的烹调技法。原料入油锅时,这层淀粉糊受热糊化并迅速脱水,形成有一定硬度和厚度的保护层,使质嫩的原料不会直接和高温热油接触,从而减少水分散失和营养成分的损失,得到外脆里嫩的口感。

05.0348 上浆 starching

在热处理前使原料表面裹上一层含淀粉浆液的烹调技法。浆液常为水淀粉加调味品,或水淀粉、鸡蛋清和调味品的混合物。原料受热时,外层的水淀粉首先糊化吸热,使质嫩原料避免直接受到高热,保持内部的水分和鲜味不流失,形态不散碎,营养素损失较小。

05.0349 勾芡 thickening soup

在加热烹调的菜肴接近成熟时,将调好的稀淀粉浆(其中常常含有调味料)淋入锅内,使汤汁稠浓的烹调技法。这个处理利用淀粉糊化后的高黏度,增加调味成分对菜肴原料的附着力,从而改善菜肴的味道,并使菜品具有悦人的光泽和口感。

05.0350 主食 staple food

饮食中可以配合菜肴食用的各种淀粉类食物。其原料包括稻米、小麦、小米、玉米等谷物,马铃薯、甘薯、芋头等薯类,以及红小豆、绿豆、芸豆等含淀粉豆类。除粥、馒头、饼、面条等外,还包括各种面点,以及燕麦片、早餐谷物等加工品。

05.0351 零食 snack food

一日三餐之外的时间里所食用的食品。其内容不限,但通常不是主食配合菜肴的组合。其中包括天然食物如水果、坚果、水果干、酸奶等,餐饮食品如小吃、面点,也包括加工食品如饼干、膨化食品、糖果等。

05.0352 主菜 main course

一餐当中分量最大、食材和制作最讲究、最能给人满足感的一道菜。通常其主要食材是数量较多的肉类或鱼类。在西餐中,主菜之前有开胃菜烘托,之后有甜食陪衬。

05.0353 配菜 side dish

西餐中用来配合主菜食用的食物。分量比一份单独点的菜肴小,内容通常为少量蔬菜、面包块、烤土豆、土豆条、土豆泥、米饭等。

05.0354 凉菜 cold dish

用餐时不需加热食用的菜肴。通常在热菜上桌之前摆上餐桌,较注重刀工和摆盘。其中包括经过调味的生鲜蔬菜水果、蒸煮加热后放冷调味食用的蔬菜和薯类,也包括提前烹熟入味的鱼肉海鲜和蛋类食物。

05.0355 餐饮营养环境 restaurant nutrition environment

餐饮消费过程中可能对消费者餐食营养质量产生影响的各种环境因素,主要包括食材供应、烹调方式、价格政策和营养信息提供4个方面。如果这些因素有利于消费者做出相对较为健康的用餐食物选择,则认为餐饮营养环境较好。

05.02.04 营养强化食品

05.0356 食品营养强化 food fortification

根据特殊需要,按照科学配方,通过一定方法把缺乏或损失的一种或多种营养素或某些天然食物成分加到食品中以提高食品的营养价值的过程。

05.0357 食品营养强化剂 food fortifier

为增加营养成分而加入食品中的天然或人工合成的属于天然营养素范围的食品添加剂。

05.0358 营养强化食品 fortified food
根据不同人群的需要,为保持食品原有的营养成分,或者为了补充食品中所缺乏的营养素,向食品中添加一定量的食品营养强化剂,以提高其营养价值,这样的食品称为营养强化食品。

05.0359 胶囊化 encapsulation
将营养强化剂包裹在胶囊中。

05.0360 微胶囊化 microencapsulation
用特殊手段将固体、液体或气体营养强化剂包裹在天然或合成的高分子材料中,使之形成微小的囊状颗粒。

05.0361 单一强化 single fortified
在食物载体中强化单一营养素。

05.0362 复合强化 composite fortified
在食物载体中强化两种或两种以上的营养素。

05.0363 食物载体 food vehicle
向其中添加食物营养强化剂的食物。

05.0364 强化剂量 fortification dose
营养强化食品中所添加的食品营养强化剂的剂量。

05.0365 铁强化酱油 soy sauce fortified with iron
以强化营养为目的,按照标准在酱油中加入一定量的乙二胺四乙酸铁钠(NaFeEDTA)制成的营养强化调味品。

05.03 循证营养学和食物营养学评价

05.03.01 膳食摄入情况

05.0366 膳食 diet
人类日常食用和饮用的食物(包括饮料)。

05.0367 膳食调查 dietary survey
通过各种方法获取一定时期内人群或个体消费食物的名称和数量等信息。

05.0368 膳食摄入量 dietary intake
人群或个体实际消费的食物数量。

05.0369 营养素摄入量 nutrient intake
机体摄取各种营养素的数量。

05.0370 称重法 weighing method
又称"称量法"。通过将研究对象每餐进食的各种食品一一称重记录,计算出其能量及营养素摄入量的一种方法。

05.0371 记账法 account-checking method
通过记录查阅研究对象一定时间内各种食物消耗总量和就餐者的人次数,计算出平均每人每日能量及营养素摄入量的一种方法。

05.0372 询问法 questionnaire method
通过问答方式了解研究对象过去一段时间内实际的膳食摄入状况,对其能量及营养素摄入量进行计算和评价的一种方法。

05.0373 24h 膳食回顾 24-hour dietary recall
研究对象回顾过去 24 小时内所摄入的所有食物的种类和数量。

05.0374 膳食史回顾法 dietary history questionnaire
通过询问研究对象平常的膳食模式、食物摄入频度及 3 天的食物记录,得到食物摄入频率、数量及有关食物制备方法的资料和研究对象的饮食习惯的一种方法。

05.0375 食物频率问卷 food frequency questionnaire, FFQ
包含食物清单和进食频率的调查表,依此估

计研究对象在一段时期内吃某些食物的频率。

05.0376　化学分析　chemical analysis
将研究对象一日份的全部食品收集进行化学分析,测定其能量和各种营养素含量的一种方法。

05.0377　生熟比　weight ratio of raw and cooked food
又称"生熟折算率"。某种食物的生重量与熟重量的比值。

05.0378　标准人　reference person
成年男性轻体力劳动者体重60kg。以其一日能量供给量9.41MJ(2250kcal)作为1,其他各类人员按其能量供给量与2250 kcal之比可得出各类人的折合系数。

05.0379　人日　all meals of a person per day
一个人24小时内所有餐次。

05.0380　总人日数　sum of all meals of subjects per day
研究对象全体全天个人总餐次之和。

05.0381　个人人日数　weighted average of meals of a person per day
早餐餐次总数×早餐餐次比、午餐餐次总数×午餐餐次比、晚餐餐次总数×晚餐餐次比三者之和。

05.0382　标准人日　all meals of reference person per day
标准人系数与人日数的乘积。

05.0383　标准人系数　reference person coefficient
又称"折合系数"。将研究对象按其能量推荐量与2400kcal之比得出的数值。

05.0384　餐次比　energy ratio of breakfast, lunch and dinner
一天之中每餐摄入的食物占这天摄入食物总

量的百分比。

05.0385　混合系数　mixed coefficient
一个群体中各类人的总标准人日数与其总人日数的比值。

05.0386　废弃率　abandonment ratio
某食物不可食用部分的质量占总质量的比值。

05.0387　饱腹感　satiety
进食后在一段时间内不觉饥饿,没有进食欲望的状态。

05.0388　膳食模式　dietary pattern
一定时期内特定人群膳食中动植物等食品的消费种类、数量及比例关系。

05.0389　营养密度　nutrition density
能量与营养素的含量,食品中以单位热量为基础所含重要营养素(维生素、矿物质和蛋白质)的浓度。

05.0390　能量密度　energy density
一定量食物提供的能量值与能量推荐摄入量的比值。

05.0391　营养素密度　nutrient density
食物中该种营养素占推荐膳食供给量之比与该食物能量占能量推荐膳食供给量之比的比值。

05.0392　生物利用率　bioavailability
营养素在体内被吸收和利用的程度。

05.0393　血糖葡萄糖当量　glycemic glucose equivalent, GGE
与50克葡萄糖引起餐后(通常为餐后两小时)体内血糖应答水平相当的碳水化合物食物的量。

05.0394　膳食营养素参考摄入量　dietary reference intake, DRI
为满足人群中健康个体基本所需的能量和特

定营养素的摄入量的参考值。

05.0395　平均需要量　estimated average requirement，EAR

群体中各个体需要量的平均值。能够满足群体中50%的成员的需要，不能满足另外50%的成员的需要的水平。

05.0396　推荐摄入量　recommended nutrient intake，RNI

可以满足某一特定性别、年龄及生理状况群体中绝大多数个体(97%~98%)需要量的某种营养素摄入水平。

05.0397　适宜摄入量　adequate intake，AI

通过观察或实验获得的健康群体某种营养素的摄入量。应用于当某种营养素的个体需要量研究资料不足而不能计算出平均需要量从而无法推算推荐摄入量时。

05.0398　可耐受最高摄入量　tolerable upper intake level，UL

营养素或食物成分的每日摄入量的安全上限。是一个健康人群中几乎所有个体都不

会产生毒副作用的最高摄入水平。

05.0399　宏量营养素可接受范围　acceptable macronutrient distribution range，AMDR

蛋白质、脂肪和碳水化合物理想的摄入量范围。该范围可以提供这些必需营养素的需要，并且有利于降低发生非传染性慢性病的危险，常用占能量摄入量的百分比表示。

05.0400　特定建议值　specific proposed level，SPL

某些传统营养素以外的膳食成分达到有利于维护人体健康的目的时所需要的摄入量。

05.0401　能量需要量　estimated energy requirement，EER

能长期保持良好的健康状态，维持良好的体型、机体构成及理想活动水平的个体或群体，达到能量平衡时所需要的膳食能量摄入量。

05.0402　膳食指南　dietary guideline

以良好科学证据为基础，为促进人类健康所提供的食物选择和身体活动的指导。

05.03.02　人 体 测 量

05.0403　身高　body height

人体纵向部位的长度。

05.0404　体重　body weight

裸体或穿着已知重量的工作衣称量得到的身体重量。

05.0405　上臂围　upper arm circumference

上肢自然下垂时，在上臂肱二头肌最粗处的水平围长。

05.0406　头围　head circumference

经眉弓上方突出部，绕经枕后结节一周的长度。

05.0407　胸围　chest circumference

人体胸部外圈的周长。

05.0408　腰围　waist circumference

经脐点的腰部水平围长。

05.0409　腰围身高比　waist-to-height ratio，WHtR

人体腰围与其身高的比值。

05.0410　臀围　hip circumference

经臀部最隆起部位的水平围长。

05.0411　腰臀比　waist-to-hip ratio，WHR

人体腰围与其臀围的比值。

05.0412　坐高　sitting height

头顶到坐骨结节的长度。

05.0413　膝高　knee height

从髌骨中点至地面的垂距。

05.0414　皮褶厚度　skinfold thickness
又称"皮下脂肪厚度"。皮肤及皮下脂肪厚度的测量值之和。是反映体脂含量的指标。常用测量部位有上臂肱三头肌部、肩胛下角部,以及肱二头肌部、髂上、腹壁侧等。

05.0415　年龄别身高　height for age
又称"年龄别身长"。测量身高占同年龄标准身高的百分比。

05.0416　年龄别体重　weight for age
测量体重占同年龄标准体重的百分比。

05.0417　身高别体重　weight for height
又称"身长别体重""身高标准体重"。儿童实际身高所对应的标准体重。

05.0418　平均值法　average value method
以测量值的和除以测量次数为标准,评价研究对象营养状况的方法。

05.0419　中位数百分比法　median percentage method
调查儿童的身高或体重的数值达到同年龄、性别参考标准中位数的百分比。以此来评价儿童的生长情况。

05.0420　标准差法　standard deviation method
又称"离差法"。以测量原始观测值的平均数为参照点、以标准差为计算单位来制订评价标准,评价研究对象营养状况的方法。

05.0421　标准差评分　Z score
又称"Z 评分"。将测量值表达为距离参考中位数的标准差数来评价营养状况的方法。通常使用两个标准差(SD)区间:±1.96SD 为 95%置信区间,±2.58SD 为 99%置信区间。

05.0422　百分位法　percentile method
以测量值在标准群体中的排序为标准,评价研究对象营养状况的方法。通常使用 3%、

10%、50%、90%、97%。

05.0423　体质[量]指数　body mass index, BMI
又称"体重指数"。体重与身高的平方的比值(kg/m^2)。

05.0424　血压　blood pressure, BP
循环血液在血管壁上施加的压力。

05.0425　收缩压　systolic blood pressure, SBP
心室收缩时,动脉血压所达到的最高数值。

05.0426　舒张压　diastolic blood pressure, DBP
心室舒张末期动脉血压的最低值。

05.0427　体成分　body composition
在人体总重量中,不同身体成分的构成比例。

05.0428　骨密度　bone density
骨骼矿物质密度(g/cm^2)。

05.0429　体脂含量　body fat content
又称"体脂率""体脂百分数"。人体脂肪重量占人体总重量的比例,通常以百分数表示。

05.0430　低密度脂蛋白　low density lipoprotein, LDL
一种密度较低($1.019 \sim 1.063g/cm^3$)的血浆脂蛋白,约含25%蛋白质与49%胆固醇和胆固醇酯。颗粒直径为 $18 \sim 25nm$,分子量为 3×10^6。电泳时其区带与 β 球蛋白共迁移。在血浆中起转运内源性胆固醇及胆固醇酯的作用。其浓度升高与动脉粥样硬化的发病率增加有关。

05.0431　高密度脂蛋白　high density lipoprotein, HDL
颗粒最小的血浆脂蛋白。直径为 $7.5 \sim 10nm$,密度为 $1.21g/cm^3$,含有 6% 胆固醇、13% 胆固醇酯与 50% 蛋白质,分子量为 $(1.5 \sim 3.0) \times 10^6$,其载脂蛋白大多为载脂蛋白 A。在肝、肠和血液中合成,担负着将内源性胆固醇(以胆固醇酯为主)从组织往肝的

逆向转运。血浆高密度脂蛋白含量的高低与患心血管病的风险呈负相关。

05.0432　非传染性慢性疾病　non-communicable chronic disease，NCD
以恶性肿瘤、心血管疾病、慢性阻塞性肺部疾病、糖尿病等为代表，具有病程长、病因复杂、损害健康、迁延性、无自愈性和很少治愈性等特点的一类疾病。

05.0433　超重　overweight
体重超出正常范围。世界卫生组织将体质指数等于或大于25kg/m² 但小于30kg/m² 视为超重，我国将体质指数等于或大于 24kg/m² 但小于28kg/m² 视为超重。

05.0434　肥胖　obesity
一种由多种因素引起的以脂肪异常累积为特征的代谢性疾病。世界卫生组织将体质指数等于或大于30kg/m² 视为肥胖，我国将体质指数等于或大于28kg/m² 视为肥胖。

05.0435　糖尿病　diabetes mellitus
一组由胰岛素分泌和作用缺陷所导致的碳水化合物、脂肪、蛋白质等代谢紊乱和以长期高血糖为主要表现的代谢性疾病。

05.0436　心血管疾病　cardiovascular disease
又称"循环系统疾病"。一系列涉及循环系统（心脏和血管）的疾病。主要包括冠心病、脑血管疾病、周围末梢动脉血管疾病、风湿性心脏病、先天性心脏病、深静脉血栓和肺栓塞等。

05.0437　原发性高血压　essential hypertension
一种病因未明、以体循环动脉压增高为主要表现的临床综合征。

05.0438　高脂血症　hyperlipidemia
又称"高血脂"。表现为血浆中某一类或几类脂蛋白水平升高的疾病。

05.0439　冠心病　coronary heart disease
又称"冠状动脉性心脏病"。冠状动脉硬化使管腔狭窄或阻塞导致心肌缺血、缺氧而引起的心脏病。

05.0440　脑卒中　stroke
又称"中风"。因脑血管阻塞或破裂引起的脑血流循环障碍和脑组织功能或结构损害的疾病。

05.0441　骨质疏松　osteoporosis
一种以骨量减少、骨质量受损及骨强度降低导致骨脆性增加易发生骨折为特征的全身性骨病。

05.0442　痛风　gout
由于嘌呤代谢障碍及（或）尿酸排泄减少，其代谢产物尿酸在血液中积聚，因血浆尿酸浓度超过饱和限度而引起组织损伤的一组疾病。

05.0443　家族性低磷酸盐血症　familial hypophosphatemia
又称"家族性抗维生素 D 佝偻病""骨软化病"。一种家族性遗传性肾小管功能障碍性疾病。由于磷酸盐再吸收障碍，肾小管磷重吸收率明显降低，尿磷大量丢失，血磷降低。临床表现与维生素 D 缺乏类似。

05.0444　糖原贮积病　glycogen storage disease
糖原贮积病是少见的一组常染色体相关的隐性遗传病。患者不能正常代谢糖原，使糖原合成或分解发生障碍，因此糖原（一种淀粉）大量沉积于组织中而致病。

05.0445　门克斯病　Menkes disease
又称"早老症"。一种 X 连锁隐性遗传病。由于 *ATP7A* 基因突变，铜吸收障碍，铜相关酶功能缺陷，引起多系统功能障碍。

05.0446　苯丙酮尿症　phenylketonuria
由于缺乏苯丙氨酸羟化酶不能生成酪氨酸，大量苯丙氨酸脱氨后生成苯丙酮酸，随尿排出而患病，儿童患者可出现先天性痴呆。

05.0447　阿尔茨海默病　Alzheimer's disease

又称"老年性痴呆"。一种中枢神经系统的退行性疾病。临床早期表现主要为患者记忆力的减退和生活自理能力下降,最终导致认知功能障碍和缺失、神经行为异常乃至生活自理能力完全丧失。

05.0448　帕金森病　Parkinson's disease
又称"震颤麻痹"。一种进行性的锥体外系功能障碍的中枢神经系统退行性疾病。易发于中老年人群。典型临床症状是静止震颤、肌僵直、运动迟缓和姿势反射受损。

05.0449　乳糖不耐受　lactose intolerance
一种乳糖酶缺乏或活性低下导致的临床综合征。典型临床表现为进食乳糖后出现腹痛、腹胀、腹泻等胃肠症状。

05.03.03　食品营养标签

05.0450　食品营养标签　nutrition labelling
预包装食品标签上为消费者提供食品营养信息和特性的说明。包括营养成分表、营养声称和营养成分功能声称。营养标签是预包装食品标签的一部分。

05.0451　核心营养素　core nutrient
《预包装食品营养标签通则》(GB 28050-2011)中规定必须在食品标签上标示的营养成分,包括蛋白质、脂肪、碳水化合物和钠。

05.0452　营养成分表　nutrition facts label
食品标签上标有食品中营养成分名称、含量和占营养素参考值(NRV)百分比的规范性表格。

05.0453　营养声称　nutrition claim
对食品营养相关特性的描述和说明,如能量水平、蛋白质含量水平、钠含量水平等。其中包括含量声称和比较声称。

05.0454　含量声称　content claim
有关食品中能量或营养成分含量水平的描述和说明。相关声称用语包括"含有""高""低""无"等。

05.0455　比较声称　comparative claim
与消费者熟知的同类食品的营养成分含量或能量值进行比较之后的声称。相关声称用语包括"增加"或"减少"等。

05.0456　属性声称　property claim
对食品营养属性的声称,如强化、多维、脱脂、瘦等。

05.0457　营养素功能声称　nutrient function claim
营养成分可以维持人体正常生长、发育和正常生理功能等作用的声称。在食品标签上使用时必须按照法规中列出的标准语言。

05.0458　健康声称　health claim
任何叙述、建议或暗示在某个食品种类、某种食品或其成分之一与健康之间存在某种关系的声称。

05.0459　营养素参考值　nutrient reference value, NRV
"中国食品标签营养素参考值"的简称,是专用于食品营养标签的,用于比较食品中营养成分含量的参考值,是消费者选择食品时的一种营养参照尺度。

05.0460　强制性标示　mandatory labeling
预包装食品营养标签强制标示的内容包括能量、核心营养素的含量值及其占营养素参考值(NRV)的百分比。当标示其他成分时,应采取适当形式使能量和核心营养素的标示更加醒目。

05.0461　选择性标示　selectively labeling
除强制性标示内容外,营养成分表中还可选择标示特定的其他成分,如核心营养素以外的其他营养成分和保健成分的含量,以及标 示含量声称、比较声称和营养素功能声称等。

05.04 食品营养与功能评价

05.0462 食物[营养]价值 food value
食品中所含营养素和能量能够满足人体营养需要的程度。包括营养素的种类是否齐全,数量及其相互比例是否适宜和能否被人体消化吸收与利用。

05.0463 营养质量指数 index of nutrition quality
营养素密度(该食物所含某营养素占供给量的比)与热能密度(该食物所含热能占供给量的比)之比。

05.0464 营养素需要量 nutritional requirement
维持人体正常生理功能所需要营养的数量。

05.0465 血糖指数 glycemic index
某种食物升高血糖效应与标准食品(通常为葡萄糖)升高血糖效应之比。

05.0466 血糖负荷 glycemic load
又称"血糖负载"。食物中碳水化合物质量与其血糖生成指数的乘积。

05.0467 脂类消化率 lipid digestibility
在酶催化下所摄入脂类消化为可吸收小分子占摄入脂类的百分比。

05.0468 油脂的稳定性 stability of lipids
测定油脂的过氧化值、羰基值或用气相色谱、紫外吸收光谱测定不饱和脂肪酸含量来评价油脂的氧化程度。用活性氧法或烘箱法来评价油脂氧化的稳定性。

05.0469 蛋白质-能量营养不良 protein-energy malnutrition
能量和(或)蛋白质不足所致的一种慢性营养缺乏性疾病。

05.0470 蛋白质功效比值 protein efficiency ratio
测定蛋白质生物利用率最常用的方法,其定义为在严格规定的条件下,处于生长发育期的幼龄动物每摄入 1g 待测蛋白质所增加的体重(g)。

05.0471 生物价 biological valence
每 100g 食物来源的蛋白质转化为人体蛋白质的质量(g)。

05.0472 参考蛋白 reference protein
用于评价其他食物蛋白质营养价值的标准食物蛋白质。

05.0473 氮平衡 nitrogen balance
氮的摄入量与排出量之间的平衡状态。

05.0474 氨基酸评分 amino acid score
又称"蛋白质化学评分"。被测食物蛋白质的必需氨基酸组成与推荐的理想蛋白质或参考蛋白质氨基酸模式进行比较,并计算氨基酸分值的方法。

05.0475 氨基酸模式 amino acid pattern
蛋白质中各种必需氨基酸的构成比例。用于反映人体蛋白质和食物蛋白质在必需氨基酸的种类与含量上的差异。

05.0476 经消化率修正的氨基酸评分 protein digestibility corrected amino acid score
氨基酸评分与蛋白质真消化率的乘积。

05.0477 营养干预 nutrition intervention
对人们营养所存在的问题进行相应改进的对策。

05.0478 蛋白质消化率 protein digestibility
在消化道内被吸收的蛋白质占摄入蛋白质的

百分数。是反映食物蛋白质在消化道内被分解和吸收程度的一项指标。

05.0479 蛋白质表观消化率 protein apparent digestibility

不考虑粪便代谢产物时，机体对食物蛋白质消化吸收的程度。

05.0480 蛋白质真消化率 protein true digestibility

在考虑粪便代谢产物时，蛋白质吸收量占摄入量的百分比。

05.0481 平衡膳食 balanced diet

选择多种食物，经过适当搭配制作出的饮食。能满足人们对能量及各种营养素的需求的膳食。

05.0482 血糖稳态 glucose homeostasis

血糖浓度总是处于血糖的来源和去路两个过程的动态平衡之中，含量稳定。

05.0483 必需脂肪酸含量 essential fatty acid content

食物中必需脂肪酸亚油酸和 α-亚麻酸的含量。

05.0484 蛋白质互补作用 protein complementary action

两种或两种以上食物蛋白质混合食用，而达到蛋白质中必需氨基酸以多补少的目的，提高膳食蛋白质的营养价值的作用。

05.0485 水肿型营养不良 edematous dystrophy

以蛋白质缺乏为主，能量摄入尚能勉强满足需要的状态主要表现为水肿、腹泻、常伴发感染、头发稀少易脱落、表情淡漠或情绪不好。

05.0486 干瘦型营养不良 marasmus

以能量缺乏为主，伴有蛋白质摄入不足引起的状态主要表现为皮下脂肪和骨骼肌显著消耗及内在器官萎缩，四肢犹如"皮包骨"。

05.0487 混合型营养不良 mixed malnutrition

蛋白质和能量均有不同程度缺乏的状态，主要体征有生长停滞、体重下降、易遭受感染，也可发生低血压、低体温和心跳过速等症状。

05.0488 蛋白质净利用率 net protein utilization

又称"蛋白质净效系数"。蛋白质真消化率与蛋白质生物价的乘积。机体的氮储留量与氮食入量之比，表示蛋白质实际被利用的程度。

05.0489 相对蛋白质值 relative protein value

将待测蛋白质按 3~4 种不同剂量饲喂不同组别的生长动物，然后按动物生长速度（体重增长数/g）与蛋白质供给量（按占日粮%计）绘制回归线，并求其斜率。以乳白蛋白作为标准蛋白质，其回归斜率作为相对蛋白值 100。

05.0490 净蛋白质比值 net protein ratio

平均增加体重和平均减少体重之和与食用蛋白质质量的比值。

05.0491 氮平衡指数 nitrogen balance index, NBI

反映食物中蛋白质消化吸收后被机体利用程度的指标。

05.0492 正氮平衡 positive nitrogen balance

摄入氮大于排出氮的情况。这表明体内蛋白质的合成量大于分解量。

05.0493 零氮平衡 zero nitrogen balance

摄入氮和排出氮相等时的情况。

05.0494 负氮平衡 negative nitrogen balance

摄入氮小于排出氮的情况。这表明体内蛋白质的合成量小于分解量。

05.0495 必要[性]氮损失 obligatory nitrogen loss

机体在完全不摄入蛋白质的情况下,体内蛋白质仍然在分解和合成,此时处于负氮平衡状态,这种状态持续几天之后,氮的排出将维持在一个较恒定的低水平,此时机体通过粪、尿及皮肤等一切途径所损失的氮。

05.0496 佝偻病 rickets
人体内维生素 D 不足引起钙、磷代谢紊乱,产生的一种以骨骼病变为特征的全身、慢性、营养性疾病。两岁以内婴幼儿中较常见。

05.0497 缺铁性贫血 iron deficiency anemia
机体对铁的需求与供给失衡,体内贮存铁不能满足红细胞生成需要导致的血液中血红蛋白含量减少的贫血。

05.0498 甲状腺功能亢进症 hyperthyroidism
简称"甲亢"。甲状腺合成释放过多的甲状腺激素,使机体代谢亢进和交感神经兴奋,引起心悸、多汗、多食、便次增多及体重减少的病症。

05.0499 高血压[症] hypertension
以体循环动脉血压(收缩压和/或舒张压)增高为主要特征(收缩压 ≥140mmHg,舒张压 ≥90mmHg),可伴有心脏、脑、肾等器官的功能或器质性损害的临床综合征。

05.0500 克山病 Keshan disease
又称"地方性心肌病"。一种原因不明的心肌病。始见于我国黑龙江省克山县,故命名为克山病。克山病全部发生在低硒地带。

05.0501 克汀病 cretinism
又称"呆小病"。先天性缺乏甲状腺或甲状腺功能严重不足所致的疾病。主要表现为痴呆、身材矮小、反应迟钝、畏寒,多伴有聋哑症。

05.0502 大骨节病 Kaschin-Beck disease
又称"矮人病""算盘珠病"。一种地方性、变形性骨关节病。

05.0503 高同型半胱氨酸血症 hyperhomo- cysteinemia
血液中同型半胱氨酸水平高于正常范围,大于 $16\mu mol/L$ 的人体状态。是动脉粥样硬化和冠心病的一个独立危险因素。

05.0504 夜盲症 night blindness
又称"雀蒙眼"。夜间或光线昏暗的环境下视物不清,行动困难或完全看不见的现象。与维生素 A 缺乏有关。

05.0505 脚气病 beriberi
维生素 B_1(硫胺素)缺乏引起,以消化系统、神经系统和心血管系统症状为主的全身性疾病。

05.0506 新生儿出血症 neonatal hemorrhagic disease
体内维生素 K 缺乏使维生素 K 依赖的凝血因子(包括第 II、VII、IX、X 活性)低下而导致的出血性疾病。

05.0507 坏血病 scurvy
因缺乏维生素 C(抗坏血酸)引起,临床特征为出血和骨骼病变。

05.0508 烟酸缺乏症 nicotinic acid deficiency
又称"癞皮病""糙皮病"。烟酸类维生素缺乏,临床以皮炎、舌炎、肠炎、精神异常及周围神经炎为特征的疾病。

05.0509 巨幼红细胞贫血 mega-loblastic anemia
又称"营养性大细胞性贫血"。由脱氧核糖核酸(DNA)合成障碍所引起的一种贫血。主要是体内缺乏维生素 B_{12} 和/或叶酸所致,也可因遗传性或药物等获得性 DNA 合成障碍引起。

05.0510 植物血凝素 phytohemagglutinin
低聚糖(由 D-甘露糖、氨基葡萄糖酸衍生物构成)与蛋白质的复合物。属于高分子糖蛋白类,存在于一些豆类种子中,对红细胞有一定凝集作用。

05.05 营养遗传学和营养基因组学

05.0511 营养遗传学 nutrigenetics
研究遗传变异对膳食应答的影响的学科。

05.0512 营养基因组学 nutrigenomics
研究营养素和生物活性成分对基因表达的影响的学科。

05.0513 生物标志 biomarker
对相关的生物学状态(如疾病等)具有指示作用的物质或现象。如某些特异抗原、相关的酶分子、生物发光等。

05.0514 单体型 haplotype
又称"单倍[体基因]型"。单倍体基因型的简称。在遗传学上是指在同一染色体上进行共同遗传的多个基因座上等位基因的组合。

05.0515 表型 phenotype
一个生物体可观察到的特征或性状的总和。

05.0516 等位基因 allele
位于一对同源染色体的相同位置上的控制不同性状的一对基因。

05.0517 单核苷酸多态性 single nucleotide polymorphism
基因组水平上由单个核苷酸的变异所引起的DNA序列多态性。

05.0518 基因频率 gene frequency
一个种群基因库中,某个基因占全部等位基因数的比率。

05.0519 连锁不平衡 linkage disequilibrium
某一群体中,不同基因座上某两个基因同时遗传的频率明显高于随机组合的预期值的现象。

05.0520 遗传多态性 genetic polymorphism
同一群体的不同个体或同一物种的不同群体存在不同基因型的现象。

05.0521 代谢组学 metabolomics
通过组群指标分析,进行高通量检测和数据处理,研究生物体的动态代谢变化,特别是研究内源代谢、遗传变异、环境变化乃至各种物质进入代谢系统的特征和影响的学科。

05.0522 DNA 芯片 DNA chip
在固相支持物上原位合成寡核苷酸或者直接将大量的 DNA 探针以显微打印的方式有序固化于表面,然后与标记的样品杂交,通过对杂交信号的检测分析,获得样品的遗传信息的技术。可用于 DNA 快速测序、DNA 突变检测、药物筛选等。

05.0523 哈迪-温伯格定律 Hardy-Weinberg law
在一个无限大的群体里,在没有迁入、迁出、突变和自然选择时,若个体间随机交配,该群体中基因和基因型频率将在未来世代中保持不变。

05.0524 蛋白质组学 proteomics
阐明生物体各种生物基因组在细胞中表达的全部蛋白质的表达模式及功能模式的学科。包括鉴定蛋白质的表达、存在方式(修饰形式)、结构、功能和相互作用等。

05.0525 表观遗传学 epigenetics
研究不改变 DNA 序列的基因或蛋白质表达的修饰,并使其在发育和细胞增殖过程中稳定传递的遗传学分支学科。主要包括 DNA甲基化、组蛋白共价修饰、染色质重塑、基因沉默和 RNA 编辑等。

05.0526 基因型 genotype
生物个体全部基因组的总称。反映生物体的遗传构成。

05.0527 基因–营养素相互作用 gene-nutrient interaction

营养素对基因表达的调控作用和遗传因素对营养素消化、吸收、分布、代谢和排泄的作用。

05.0528 基因–膳食相互作用 gene-diet interaction

不同膳食模式对基因表达的调控作用,以及遗传因素对不同膳食模式的应答。

05.0529 遗传变异 genetic variation

同一基因库中不同个体之间在 DNA 水平上的差异,也是对同一物种个体之间遗传差别的定性或定量描述。

05.0530 表型变异 phenotypic variation

基因型相同的个体因外部环境和条件状况可以形成不同的表型。

05.0531 基因环境变异 gene-environment variation

环境因素对碱基对组成或排列顺序的改变。

05.0532 主成分分析 principle component analysis

又称"主分量分析"。利用降维的思想,通过正交变换将一组可能存在相关性的变量转换为一组线性不相关的变量的一种多元统计分析方法。

05.06 荟萃分析和系统综述

05.0533 荟萃分析 meta-analysis

采用统计方法,将多个独立、针对同一临床问题、可以合成的临床研究综合起来进行定量分析。

05.0534 系统综述 systemic review

又称"系统评价"。针对一种疾病或某一治疗措施全面收集所有相关临床研究并逐个进行严格评价和分析,必要时进行量化的统计学处理,再得出综合结论的过程。

05.0535 循证营养学 evidence-based nutrition

系统收集现有的最佳证据,结合专业知识在制定营养政策与营养实践中应用的一门学科。

05.0536 随机对照试验 randomized controlled trial

通过随机化的原则,将研究对象分为试验组和对照组,观察两组的结果,评价干预措施效果的试验。试验过程中,使非研究因素在两组间尽可能保持一致,给试验组施加干预措施,对照组同时给予安慰剂或不予处理。

05.0537 文献综述 review of the literature

研究者在其提前阅读过某一主题的文献后,经过理解、整理、融会贯通、综合分析和评价而组成的一种不同于研究论文的文体。

05.0538 前瞻性研究 prospective study

以现在为起点追踪到将来的研究方法。研究开始时,暴露因素已经存在,而疾病尚未发生,研究的结果需要前瞻随访观察一段时间才能得到,这种方法可弥补回顾性研究的缺陷。

05.0539 回顾性研究 retrospective study

研究开始时暴露和疾病均已发生,通过追溯历史资料确定暴露组与非暴露组,然后追查到现在的发病或死亡情况的方法。

05.0540 横断面研究 cross-sectional study

某一特定时间,以个人为单位收集和描述人群的特征及疾病或健康状况的方法。

05.0541 病例对照研究 case-control study

以一组患有某种疾病的人群与未患这种病的人群相对照,调查他们过去是否暴露于可疑致病因子及其程度,通过比较,推断某种因子作为病因的可能性的方法。

05.0542 队列研究 cohort study
选择一个尚未发生所研究疾病的人群,根据有无暴露于研究因素而将其分为暴露组(也可根据暴露程度再分组)和非暴露组,随访观察一段时间后,比较两组发病率或死亡率的差异,从而判断暴露因素与疾病的关系的研究方法。

05.0543 发表偏倚 publication bias
又称"出版性偏倚"。同类研究中,阳性结果的论文(结果具有统计学意义的研究)比阴性结果的论文(结果无统计学意义的研究)更容易(机会更大)被接受和发表的现象。

05.0544 加权均数差 weighted mean difference
两均数的差值。消除了多个研究间的绝对值大小的影响,以原有的计量单位真实地反映了试验效应。

05.0545 标准化均差 standardized mean difference
两均数的差值再除以合并标准差的商。它不仅消除了多个研究间绝对值大小的影响,还消除了多个研究计量单位不同的影响,适用于计量单位不同或均数相差较大的资料汇总分析。

05.0546 相对危险度 relative risk
暴露组的危险度(测量指标是累积发病率)与对照组的危险度之比。

05.0547 比值比 odds ratio
在病例对照研究中,暴露组中患病者与非患病者的比值和非暴露组中患病者与非患病者的比值的比。

05.0548 危险度差值 risk difference
暴露于某种危险因素的观察对象的发病危险度与低暴露或非暴露的观察对象的发病危险度之间的差值。

05.0549 危险比 hazard ratio
又称"风险比"。应用一种干预措施所产生的风险率与不用该干预措施或空白对照及安慰剂等对照产生的风险率的比值。

05.0550 固定效应模型 fixed effect model
实验结果只想比较每一自变项的特定类目或类别间的差异及其与其他自变项的特定类目或类别间交互作用的效果,而不想依此推论到同一自变项未包含在内的其他类目或类别的实验设计。

05.0551 随机效应模型 random effect model
经典的线性模型的一种推广。把固定效应模型的回归系数看作随机变量,一般都假设是来自正态分布。

05.0552 漏斗图 funnel plot
检验系统性回顾与荟萃分析中所纳入的文献是否有发表偏倚的工具图。

05.0553 语言偏倚 language bias
非英语国家研究者,阴性结果可能发表于本国杂志;但得到阳性结果时,作者更愿意发表在国际性杂志上所产生的偏倚。

05.0554 森林图 forest plot
以统计指标和统计分析方法为基础,用数值运算结果绘制出的图形。它在平面直角坐标系中,以一条垂直的无效线(横坐标刻度为1或0)为中心,用平行于横轴的多条线段描述每个被纳入研究的效应量和可信区间,用一个菱形(或其他图形)描述多个研究合并的效应量及可信区间。

05.0555 敏感性分析 sensitivity analysis
排除某个研究后,重新估计合并效应量,并与未排除前的荟萃分析结果进行比较,探讨该研究对合并效应量的影响程度及结果稳健性。

05.0556 剪补法 trim and fill method
识别和校正由发表偏倚引起的漏斗图不对称的一种方法。

05.0557 亚组分析 subgroup analysis
针对研究对象的某一特征如性别、年龄段或疾病的亚型等进行的分析,以探讨这些因素对总效应的影响及影响程度。

05.0558 meta 回归 meta regression
分析研究间异质性来源及大小,并进一步阐述或解释异质性对荟萃分析中合并效应量的影响的分析方法。

05.0559 异质性 heterogeneity
描述参与者、干预措施和一系列研究间测量结果的差异与多样性,或那些研究间的内在真实性的变异。

05.0560 异质性检验 heterogeneity test
从数量关系上对研究间是否具有异质性进行检测的方法。

英 汉 索 引

A

ab 吸水率 02.0277

abandonment ratio 废弃率 05.0386

abnormal meat 异质肉 03.0933

abnormal milk 异常乳 04.0258

abrasive action 碾削作用 03.0699

absolute lethal dose 绝对致死剂量 04.0290

absolute threshold of luminance 绝对视阈 02.0399

absolute viscosity 绝对黏度 02.0303

absorbance 吸光率，*吸光度 02.0407

absorption coefficient 吸收系数 02.0545

acai berry 阿萨伊[浆]果，*巴西莓 05.0217

Acanthopanax sessiliflorus 短梗五加 05.0202

acaricide 杀螨剂 04.0109

accelerated model 加速模型 02.0355

acceptable daily intake 每日允许摄入量 04.0302

acceptable macronutrient distribution range 宏量营养素可
接受范围 05.0399

account-checking method 记账法 05.0371

accumulation 蓄积作用 04.0323

accuracy 准确度 02.0562

acerola cherry 针叶樱桃果 05.0218

Acer truncatum bunge seed oil 元宝枫籽油 05.0189

acesulfame potassium 乙酰磺胺酸钠 02.0689

acetic acid bacteria 醋酸菌 02.0166

α-acid α-酸 03.1422

β-acid β-酸 03.1423

acid-enzyme process 酸酶法 03.1209

acid hydrolyzed vegetable protein seasoning 酸水解植物
蛋白调味液 03.1486

acidic food 酸性食品 02.0230

acidic preservative 酸性防腐剂 02.0640

acidifier 酸度调节剂 02.0681

acidity 酸度 03.1329

acid modified starch 酸解淀粉，*稀沸淀粉 03.0789

acid orange Ⅱ 酸性橙Ⅱ，*酸性金黄Ⅱ，*金橙Ⅱ，
*酸性艳橙 GR 04.0405

acid value 酸价 02.0117

Acinetobacter 不动杆菌 02.0158

Acremonium 枝顶孢霉 02.0178

acrylamide 丙烯酰胺 04.0144

active oxygen method 活性氧法 02.0576

active packaging 活性包装，*AP 包装 03.0331

active site 活性部位 02.0431

ADD 日平均暴露剂量 04.0304

adenosine triphosphate 腺苷三磷酸 05.0013

adequate intake 适宜摄入量 05.0397

adhesiveness 黏着性 02.0273

ADI 每日允许摄入量 04.0302

ADR 不良反应 04.0340

adsorption and separation 吸附分离 03.0119

adsorption decoloring 吸附脱色 03.0123

adsorption equilibrium 吸附平衡 03.0124

adsorption isotherm 吸附等温线 03.0206

adsorption rate 吸附速率 03.0129

adverse reaction 不良反应 04.0340

aerobic bacteria count 需氧菌计数 04.0009

aerobic biological treatment 好氧生物处理 03.1605

affination 蜜洗 03.1156

aflatoxin 黄曲霉毒素 04.0071

AFS 原子荧光光谱法 02.0600

after image 残留影像 02.0396

agar 琼脂 02.0707

agar 琼胶，*寒天，*洋菜 03.1128

aged tea 陈茶 03.1299

agent inspection 代理报检 04.0180

aging 陈酿，*老熟 03.1393

aging phenome-non of the fermentation pit 窖池老化现象
03.1383

AI 适宜摄入量 05.0397

air chamber 气室 03.0983

air floatation 气浮 03.1145

air freezing 空气冻结 03.0343

air-impingement drying 冲击气流式干燥 03.0256

air-radio frequency dryer 气流–射频干燥机 03.0275

air thawing 空气解冻 03.0365

Ala 丙氨酸 05.0047

alanine 丙氨酸 05.0047

albumin 清蛋白，＊白蛋白 02.0017

Alcaligenes 产碱杆菌 02.0157

alcoholic drink 酒 03.1347

algae 藻类 03.1072

alginate 褐藻胶 03.1129

alitame 阿力甜 02.0695

alkaline neutralization 碱法中和 03.1211

alkaline taste 碱味 02.0148

alkaloid 生物碱 05.0306

allele 等位基因 05.0516

all meals of a person per day 人日 05.0379

all meals of reference person per day 标准人日 05.0382

allosteric regulation 别构调节 02.0453

Aloe vera gel 库拉索芦荟凝胶 05.0232

alpha complementation α互补 02.0517

Alternaria 链格孢霉 02.0177

Alternaria spp. 链格孢菌 04.0032

alternaria toxin 链格孢霉毒素 04.0072

alveogram 吹泡曲线 03.0713

Alzheimer's disease 阿尔茨海默病，＊老年性痴呆 05.0447

AMDR 宏量营养素可接受范围 05.0399

amelioration 改良 03.1440

amino acid 氨基酸 02.0005

amino acid nitrogen 氨基酸态氮 03.1491

amino acid pattern 氨基酸模式 05.0475

amino acid score 氨基酸评分，＊蛋白质化学评分 05.0474

amino-carboline 氨基咔啉 04.0137

aminoglycoside antibiotic 氨基糖苷抗生素 04.0115

α-amino nitrogen α-氨基氮 03.1428

amorphous 无定形 02.0048

Ampelopsis grossedentata leaf 显齿蛇葡萄叶 05.0194

amygdalin 苦杏仁苷，＊苦杏仁素，＊扁桃苷 04.0094

Amygdalus pedunculata oil 长柄扁桃油 05.0181

amylase 淀粉酶 02.0728

amylograph 淀粉粉力测定仪 02.0284

amylopectin 支链淀粉 02.0031

amylose 直链淀粉 02.0030

anabolism 合成代谢 02.0220

Angiostrongylus cantonensis 广州管圆线虫 04.0055

angle of repose 休止角 02.0541

angle of slide 滑落角 02.0542

animal oil 动物油脂 02.0750

animal protein 动物蛋白 02.0007

animal suspected of being infected 疑似感染动物 04.0216

anise 八角，＊茴香 03.1520

annealing 韧化处理 03.0778

antagonism 拮抗作用，＊抑制效应 04.0334

anthocyanidin 花青素，＊花色素 05.0266

anthracnose 炭疽病 03.0601

anthrax 炭疽 04.0236

antibiotic 抗生素，＊抗菌素 02.0252

anticaking agent 抗结剂 02.0739

antifoaming 消泡剂 02.0741

antihypertensive peptide 降血压肽，＊血管紧张素转化酶抑制肽 05.0067

antioxidant 抗氧化剂 02.0743

antioxidant 抗氧化 05.0321

antirachitic vitamin ＊抗佝偻病维生素 05.0152

antisepsis 防腐 02.0250

antistaling agent 保鲜剂 03.0611

AOM 活性氧法 02.0576

a particular year of liquor 年份酒 03.1391

apitoxin 蜂毒 03.1540

apitoxin preparation 蜂毒制剂 03.1542

APM 阿巴斯甜 02.0694

apparent density 表观密度 02.0375

apparent retention ratio 表观保留率 05.0344

apparent specific volume 表观比体积 02.0374

apparent viscosity 表观黏度 02.0299

appearance inspection 外观检查 03.0413

appropriate package 适度包装 03.0637

approved abattoir 认可屠宰场 04.0228

aquatic condiment 水产类调味品 03.1528

aquatic flavoring 水产类调味品 03.1528

aqueous two-phase extraction 双水相萃取 03.0091

ARA 二十碳四烯酸，＊花生四烯酸 05.0106

arabinose 阿拉伯糖 05.0037

arachidic acid 二十[烷]酸，＊花生酸 05.0105

arachidonic acid 二十碳四烯酸，＊花生四烯酸

05.0106

Arctium lappa seed oil 牛蒡籽油 05.0177

Arg 精氨酸 05.0048

arginine 精氨酸 05.0048

Arrhenius model 阿伦尼乌斯模型 02.0356

arsenic 砷 04.0122

artificial aging 人工催陈, ＊人工老熟 03.1394

artificial daylight 6500K D65 标准光源, ＊国际标准人工日光 02.0410

artificial vinegar 合成醋 03.1501

ascorbic acid ＊抗坏血酸 05.0151

ascorbyl palmitate 抗坏血酸棕榈酸酯 02.0656

aseptic filling 无菌灌装 03.0884

aseptic packaging 无菌包装 03.0325

Asn 天冬酰胺 05.0055

Asp 天冬氨酸 05.0049

asparagine 天冬酰胺 05.0055

aspartame 阿巴斯甜 02.0694

aspartic acid 天冬氨酸 05.0049

Aspergillus 曲霉 02.0184

Aspergillus flavus 黄曲霉 04.0030

Aspergillus oryzae 米曲霉 02.0192

Aspergillus parasiticus 寄生曲霉 04.0031

Aspergillus versicolor 杂色曲霉, ＊花斑曲霉 04.0034

assisted improving memory 辅助改善记忆 05.0322

assisted lowering blood pressure 辅助降血压 05.0326

assisted reducing blood fat 辅助降血脂 05.0319

assisted reducing blood sugar 辅助降血糖 05.0320

astaxanthin 虾青素, ＊变胞藻黄素, ＊虾红素 03.1126

astringency 涩味 02.0146

astringency removal 脱涩 03.0583

A sugar 甲糖 03.1178

atmospheric distillation 常压蒸馏 03.0100

atmospheric pressure sterilization 常压杀菌 03.0288

atmospheric sugar boiling 常压熬糖 03.1228

atomic absorption spectroscopy 原子吸收光谱 02.0590

atomic emission spectroscopy 原子发射光谱 02.0591

atomic fluorescence spectrometry 原子荧光光谱法 02.0600

atomic polarization 原子极化 02.0416

ATP 腺苷三磷酸 05.0013

ATR 衰减全反射 02.0592

attenuated total reflectance 衰减全反射 02.0592

auramine 碱性嫩黄, ＊奥拉明 O 04.0403

aurone 橙酮, ＊澳咔 05.0257

autoclaving treatment 压热处理 03.0780

automatic detention 自动扣留 04.0227

automatic identification 自动识别 04.0447

autoxidation 自动氧化 02.0120

auxiliary food packaging article 食品包装辅助材料 03.0308

auxotroph 营养缺陷型 02.0217

average daily dose 日平均暴露剂量 04.0304

average value method 平均值法 05.0418

avermectin 阿维菌素, ＊阿灭丁, ＊阿巴美丁, ＊阿佛菌素 04.0118

avian influenza 禽流感 04.0239

avian leukemia 禽白血病 04.0252

avidin 抗生物素蛋白 03.0992

B

Bacillus 芽孢杆菌 02.0159

Bacillus anthracis 炭疽杆菌 04.0026

Bacillus cereus 蜡样芽孢杆菌 04.0023

bacon 培根 03.0976

bacterial disease 细菌性病害 03.0599

bacterial soft rot 细菌性软腐 02.0262

bacteriocin 细菌素 02.0253

bag packaging 袋装技术 03.0316

baicalein 黄芩素 05.0259

Baijiu 白酒, ＊烧酒 03.1348

baked egg 烤蛋 03.1018

baked tea 烘青 03.1294

baker's honey 焙烤用蜂蜜 03.1564

baker's yeast 面包酵母 02.0235

baking 烘烤 03.0441

baking yeast 烘焙酵母 02.0236

balanced diet 平衡膳食 05.0481

ball mill 球磨机 03.0032

Baozi 包子 03.0525

barbecued pork bun 叉烧包 03.0527

barcode autoidentification 条形码自动识别 04.0442

basal metabolism 基础代谢 05.0016

basal metabolism rate　基础代谢率　05.0017

based material in gum candy　胶基糖果中基础剂物质　02.0747

base spirit　基酒，＊酒基　03.1404

basic orange Ⅱ　碱性橙Ⅱ　04.0404

basic traceability data　基本追溯信息　04.0430

batch distillation　间歇蒸馏，＊分批蒸馏，＊不连续蒸馏　03.0103

batch sterilization　分批灭菌　02.0476

BCA method　BCA 法　02.0569

beancurd　豆腐，＊水豆腐　03.0825

bean paste　豆沙酱　03.0831

bean sprout　豆芽，＊豆芽菜　03.0829

bean vitamin　豆类维生素　03.0818

beany flavor　豆腥味　02.0152

beard beating　打芒，＊除芒　03.0691

beard cutting machine　打芒机　03.0731

bear gallbladder　熊胆　05.0285

bedding buttress　垫垛　03.0657

bee blower　吹蜂机　03.1584

bee comb preparation　蜂巢制剂　03.1539

bee escape　脱蜂器　03.1587

bee pollen　蜂花粉　03.1543

bee powder　蜜蜂粉　03.1577

beer　啤酒　03.1406

beer malt　啤酒麦芽　03.1407

beeswax　蜂蜡，＊黄蜡，＊蜜蜡　03.1592

beeswax decolor　蜂蜡脱色　03.1567

beeswax sheet　蜡花　03.1593

beet red　甜菜红　02.0672

beet slicing　甜菜切丝　03.1136

before fresh-green tea　明前茶　03.1300

before grain-rain tea　雨前茶　03.1301

belt dryer　带式干燥机　03.0272

benchmark dose　基准剂量　04.0295

benzimidazole fungicide　苯并咪唑类杀菌剂　04.0107

benzopyrene　苯并芘　04.0129

beriberi　脚气病　05.0505

beta-lactam antibiotics　β-内酰胺类抗生素　04.0112

betalain　甜菜色素　02.0676

Beta vulgaris L.　甜菜，＊恭菜　03.1135

beverage　饮料　03.1318

beverage concentrate　饮料浓缩液　02.0773

bicinchoninic acid method　BCA 法　02.0569

bicone dryer　双锥式干燥机　03.0262

biconical mill　双锥磨　03.0041

bicontinuous microemulsion　双连续［微］乳液　03.0181

Bifidobacterium　双歧杆菌　05.0167

Bingham fluid　宾厄姆流体　02.0311

bioactive peptide　［生物］活性肽　05.0292

bioactive polysaccharide　功能性多糖，＊生物活性多糖　05.0039

bioavailability　生物利用率　05.0392

biochemical identification　生化鉴定　04.0160

biochemical oxygen demand　生化需氧量　02.0586

bio-enzymatic pasteurization　生物酶杀菌　03.0304

biofilm　生物膜　02.0210

biogenic amine　生物胺　04.0146

biological control　生物防治　03.0593

biological hazard　生物性危害　04.0267

biological modification of starch　淀粉生物变性　03.0783

biological recognition　生物识别　04.0444

biological self-purification　生物自净　03.1606

biological valence　生物价　05.0471

biomarker　生物标志　05.0513

bionic immunosorbent assay　仿生免疫分析　04.0172

bio-preservation　生物保鲜　03.0574

biosafety disposal　生物安全处理，＊无害化处理　04.0226

biosecurity treatment　生物安全处理，＊无害化处理　04.0226

biotic pollution　生物性污染　04.0381

biotin　生物素，＊维生素 H，＊辅酶 R　05.0147

biotoxin　生物毒素　04.0056

biscuit　饼干　03.0418

bitterant　苦味剂　02.0140

bitter mass　＊苦料　03.1271

bitter taste　苦味　02.0139

biuret method　双缩脲法　02.0570

black beer　黑啤酒　03.1436

black carp　青鱼，＊黑鲩，＊乌青，＊螺蛳青　03.1054

black currant seed oil　黑加仑籽油　05.0180

black mustard　芥末，＊芥子末　03.1522

black tea　红茶　03.1306

blanching　烫漂　03.0871

blanching effect　热烫作用　02.0112

blastodisc　胚盘　03.0988

bleaching　漂洗　03.1097

bleaching agent 漂白剂 02.0679

blend 勾兑 03.1389

blended soy sauce 配制酱油 03.1485

blended vinegar 配制食醋 03.1500

blending 调配 03.0879

blend oil 调和油，*高合油 03.0910

blood glucose 血糖 05.0031

blood pressure 血压 05.0424

BM 基础代谢 05.0016

BMD 基准剂量 04.0295

BMI 体质[量]指数，*体重指数 05.0423

BMR 基础代谢率 05.0017

BOD 生化需氧量 02.0586

body composition 体成分 05.0427

body fat content 体脂含量，*体脂率，*体脂百分数 05.0429

body height 身高 05.0403

bodying 稠化 03.0167

body mass index 体质[量]指数，*体重指数 05.0423

body weight 体重 05.0404

boiling 煮制 03.0511

boiling scheme 煮糖制度 03.1176

boiling system 煮糖制度 03.1176

bone density 骨密度 05.0428

bonepep 水解蛋黄粉 05.0247

bongkrekic acid 米酵菌酸 04.0067

borneol 龙脑，*冰片 05.0281

Botrytis 葡萄孢霉属 02.0180

botrytised wine 贵腐葡萄酒 03.1452

bottling technology 灌装技术 03.0314

bottom yeast 下面酵母 02.0239

botulinum neurotoxin 肉毒毒素，*肉毒神经毒素 04.0066

bound starch 结合淀粉 03.0782

bound water 结合水 02.0054

bovine spongiform encephalopathy 牛海绵状脑病，*疯牛病 04.0244

BP 血压 05.0424

Brabender farinograph 布拉本德粉质仪 02.0276

bracing 拉条 03.1230

bracing machine 拉条机 03.1238

brandy 白兰地 03.1395

bran finishing 打麸 03.0718

bran Qu 麸曲 03.1366

bread 面包 03.0416

breaking off 折断 03.0018

break release 剥刮率 03.0726

break strength 拉断力，*抗拉强度 03.0547

break system 皮磨系统 03.0719

brewing condiment 酿造类调味品 03.1475

brine 卤水 03.0500

brine immersion freezing 盐水浸渍冻结 03.0345

British gum 英国胶，*不列颠胶 03.0804

brittleness 脆度 02.0272

brix 糖度，*转光度 03.1173

broken rice separating 白米精选 03.0705

brown rice 糙米 03.0673

brown rice conditioner 糙米调质机 03.0736

brown rice grader 糙米精选机 03.0735

brown slab sugar 片糖 03.1188

brown sugar 红糖 03.1186

brucellosis 布鲁氏菌病，*布病 04.0238

BSE 牛海绵状脑病，*疯牛病 04.0244

B sugar 乙糖 03.1179

bubble 气泡 02.0377

bubble base 气泡基 03.1250

bubble gum 泡泡糖 03.1261

bubble point 泡点 03.0096

bulk modulus 体积模量 02.0332

bullwhip effect 牛鞭效应 04.0374

bun 包子 03.0525

Burger's model 伯格模型，*四要素模型 02.0344

butter 牛油 03.0896

butylated hydroxyanisole 丁基羟基茴香醚 02.0652

butyric acid 丁酸，*酪酸 05.0091

butyric acid fermentation 丁酸发酵 02.0216

C

cadmium 镉 04.0119

caesium 铯 04.0152

Cajanus cajan protein 木豆蛋白 05.0238

cake 蛋糕 03.0417

cake filtration 滤饼过滤 03.0085

calcium 钙 05.0119

calcium propanoate 丙酸钙 02.0644

calcium stearoyl lactylate 硬脂酰乳酸钙 02.0715

Camelina oil 荠蓝籽油 03.0894

Camellia nitidissima 金花茶 05.0198

camellia oil 山茶油，*油茶籽油 03.0888

Camellia seed oil 茶叶籽油 05.0187

camphor 樟脑 05.0280

Campylobacter 弯曲杆菌 02.0163

Campylobacter jejuni 空肠弯曲杆菌 04.0021

Candida 假丝酵母 02.0188

candied egg 蛋脯 03.1005

candy 糖果 03.1217

canister 金属罐 03.0385

cannabinol 大麻酚 04.0096

canned fruit and vegetable 果蔬罐头 03.0863

canned meat product 罐藏肉制品 03.0971

canned mushroom 蘑菇罐头 03.1533

canning 罐藏 03.0383

canning container 罐藏容器 03.0384

canola oil 油菜籽油，*菜[籽]油 03.0889

canthaxanthin 角黄素 05.0303

capillary electrophoresis 毛细管电泳 02.0574

capric acid 癸酸，*羊蜡酸，*正癸酸，*十烷酸
05.0094

caproic acid 己酸，*正己酸 05.0092

caprylic acid 辛酸，*羊脂酸，*正辛酸 05.0093

capsaicin 辣椒素 05.0308

capsule 荚膜 02.0211

caramel candy 焦香糖果 03.1246

caramelization 焦糖化 02.0065

caramel pigment 焦糖色素 02.0674

carbamate pesticide 氨基甲酸酯类农药 04.0104

carbohydrase 糖酶 02.0727

carbohydrate 碳水化合物，*糖类 02.0018

carbonated drink 碳酸饮料，*汽水 03.1320

carbonating tank 饱充罐 03.1165

carbonation 碳酸化 03.1321

carbonation process 碳酸法 03.1143

carbonator 饱充罐 03.1165

carbon dioxide anesthesia 二氧化碳麻醉法 03.0921

carbon dioxide maceration 二氧化碳浸渍法，*二氧化
碳浸泡法 03.1444

carboxymethyl starch 羧甲基淀粉 02.0752

carcass 胴体，*白条肉 03.0923

carcass inspection 胴体检验 04.0235

cardiovascular disease 心血管疾病，*循环系统疾病
05.0436

carrageenan 卡拉胶 02.0710

cartoning technology 装盒技术 03.0317

case-control study 病例对照研究 05.0541

case hardening 表面硬化 03.0209

casein 酪蛋白 03.1037

caseinate 干酪素 03.1043

casein phosphopeptide 酪蛋白磷酸肽 02.0772

cassava 木薯，*木番薯，*槐薯，*树番薯 03.0748

catabolism 分解代谢 02.0221

catalase 过氧化氢酶 02.0735

catechin 儿茶素，*儿茶精，*茶单宁 05.0265

cat fish 鲶鱼，*塘虱，*胡子鲢，*黏鱼 03.1056

cavitation 空穴作用 03.0192

CCP 关键控制点 04.0360

CCP decision tree 关键控制点判断树 04.0362

cDNA library cDNA 文库 02.0491

cedrela sinensis 香椿 03.1516

cellar storage 窖藏 03.0566

cellulase 纤维素酶 02.0729

cellulose 纤维素 02.0032

central cycle tube concentration pan 中央循环管式浓缩
锅 03.0071

central temperature 中心温度 03.0410

centrifugal filtration 离心过滤 03.0075

centrifugal fluidized bed drying 离心式流化床干燥
03.0235

centrifugal homogenizer 离心式均质机，*净化均质机
03.0197

centrifugal molecular distillator 离心式分子蒸馏器
03.0110

centrifugal sedimentation 离心沉降 03.0076

centrifugal separation 离心分离 03.0074

centrifuge 离心机 03.0077

centrifuging 分蜜 03.1155

centrifuging factor 离心分离因数 03.0078

cephalin 脑磷脂 05.0112

cephalopods 头足类 03.1068

ceramic membrane 陶瓷膜 03.0151

cereal 谷物 03.0667

cerebroside 脑苷脂 05.0113

chalaza 系带 03.0986

chalcone　查耳酮　05.0254

chamber dryer　箱式干燥机　03.0271

champagne　香槟酒　03.1448

Charmat second fermentation　沙尔马二次发酵　03.1441

Chartreuse　荼酒　03.1317

Chashaobao　叉烧包　03.0527

check up　检查　03.0411

cheese　干酪　03.1030

chemical analysis　化学分析　05.0376

chemical control　化学防治　03.0594

chemical hazard　化学性危害　04.0268

chemical modification of starch　淀粉化学变性　03.0784

chemical oxygen demand　化学需氧量　03.1600

chemical pasteurization　化学杀菌　03.0302

chemical pollution　化学性污染　04.0382

chemical preservation　化学保鲜　03.0575

chemisorption　化学吸附　03.0121

chemometrics　化学计量学　02.0563

chest circumference　胸围　05.0407

chewiness　咀嚼性　02.0323

chewing gum　口香糖　03.1260

chews candy　求斯糖　03.1262

Chia seed　奇亚籽　05.0215

chicken oil　鸡油　03.0898

Chi-flavor Chinese spirit　豉香型白酒　03.1357

chilled air cooling　冷风冷却　03.0354

chilled meat　冷却肉，＊冷鲜肉　03.0926

chilled storage　冷藏　03.0337

chilled water cooling　冷水冷却　03.0355

chilli　辣椒　03.1512

chilling loss　冷却干耗　03.0927

Chimonanthus salicifolius　柳叶蜡梅　05.0205

China compulsory certification　国家强制性产品认证　04.0179

Chinese bacon　腊肉　03.0958

Chinese cinnamon　桂皮　03.1523

Chinese herbaceous-flavor liquor　药香型白酒，＊董香型白酒　03.1354

Chinese mitten crab　中华绒螯蟹，＊河蟹，＊毛蟹，＊大闸蟹　03.1065

Chinese rice wine　黄酒　03.1455

Chinese spirit　白酒，＊烧酒　03.1348

Chinese-style meat product　中式肉制品，＊中国传统风味肉制品　03.0974

Chinese yam　山药，＊怀山药，＊白山药　03.0752

chitin　甲壳素，＊甲壳质，＊几丁质，＊壳多糖　03.1123

chitosan　壳聚糖，＊脱乙酰甲壳素，＊可溶性甲壳素　03.1124

chitosan oligosaccharide　壳寡糖，＊壳聚寡糖，＊低聚壳寡糖　03.1125

Chlorella pyrenoidesa　蛋白核小球藻　05.0211

chlorine　氯　05.0124

chlorophyll　叶绿素　05.0312

3-chloro-1,2-propanediol　3-氯-1,2-丙二醇，＊α-氯丙二醇，＊α-氯甘油　04.0140

chocolate　巧克力　03.1266

chocolate product　巧克力制品　03.1282

choke-fed grinding　滞塞进料粉碎　03.0011

cholesterol　胆固醇，＊胆甾醇　05.0086

choline　胆碱　05.0297

chopping　斩拌　03.0942

Chroma Cosmos 5000　日本颜色体系　02.0404

chromatic aberration　色差　02.0397

chromaticity　彩度　02.0402

chromium　铬　05.0129

CIELAB color scale　L*a*b*表色系统　02.0391

ciguatoxin　雪卡毒素　04.0087

cimaterol　西马特罗，＊喜马特罗，＊塞曼特罗　04.0402

Cinnamomum camphora seed oil　樟树籽油　05.0185

cinnamon　桂皮　03.1523

CIP　原位清洗，＊就地清洗　03.1611

cis-fatty acid　顺式脂肪酸　05.0090

citral　柠檬醛　05.0278

citric acid　柠檬酸　02.0682

citrinin　橘青霉素　04.0077

CL　关键限值　04.0363

clarification　澄清　03.0877

clarification　清净　03.1138

classical swine fever　猪瘟，＊猪霍乱　04.0246

Clavieps purpurea　麦角菌　02.0179

cleaned paddy　净谷　03.0677

cleaning flow of wheat　麦路　03.0707

cleaning in place　原位清洗，＊就地清洗　03.1611

clean room　洁净室　03.1615

clean white rice　免淘米　03.0679

clearing and nourishing throat　清咽　05.0325

clear juice　澄清汁　03.0857

cleaving　劈碎　03.0017

clenbuterol　盐酸克伦特罗　04.0399

climbing-film evaporator　升膜蒸发器　03.0067

cloning　克隆　02.0508

cloning vector　克隆载体　02.0502

Clonorchis sinensis　华支睾吸虫　04.0048

closed-circuit grinding　闭路粉碎　03.0012

Clostridium　梭状芽孢杆菌　02.0164

Clostridium botulinum　肉毒梭菌，＊肉毒杆菌，＊肉毒
梭状芽孢杆菌　04.0024

Clostridium butyricum　丁酸梭菌，＊酪酸梭菌　02.0160

Clostridium perfringens　产气荚膜梭菌　04.0025

cloudy juice　浑浊汁　03.0858

cluster analysis method　聚类分析法　02.0565

CMC-Na　羧甲基纤维素钠　02.0712

coacervation method　凝聚法，＊相分离法　03.0182

coagulation value　聚沉值　02.0109

coagulator　凝固剂　02.0737

coalescence　聚结　03.0165

coarse grinding　粗粉碎　03.0004

coated confection　包衣［抛光］型硬糖　03.1222

coating　涂膜，＊包衣　03.0586

coating agent　被膜剂　02.0742

coating molding　涂层成型　03.1279

cobalamine　＊钴胺素　05.0149

cobalt　钴　05.0132

cocktail　鸡尾酒　03.1405

cocoa bean　可可豆　03.1267

cocoa butter　可可脂，＊可可白脱　03.1268

cocoa butter equivalent　类可可脂　03.1269

cocoa butter substitute　代可可脂　03.1270

cocoa liquid lump　可可液块　03.1271

cocoa mass　＊可可料　03.1271

cocoa powder　可可粉　03.1272

cocoa product　可可制品　02.0781

coconut oil　椰子油　03.0901

COD　化学需氧量　02.0554

COD　化学需氧量　03.1600

coenzyme　辅酶　02.0436

coenzyme Q10　辅酶Q10　05.0298

cofactor　辅因子　02.0440

cohesiveness　黏聚性　02.0322

cohort study　队列研究　05.0542

coin type concentration pan　盘管式浓缩锅　03.0072

cola concentrate　可乐饮料主剂　02.0776

colchicine　秋水仙碱，＊秋水仙素　04.0092

cold acclimation　低温锻炼　03.0589

cold chain logistics　冷链物流　03.0650

cold damage　冷害　03.0606

cold dish　凉菜　05.0354

cold duck　起泡红葡萄酒　03.1449

cold filling　冷灌装　03.0882

cold molding extrusion　冷成型挤压　03.0475

cold processing　冷加工，＊低温加工　03.0382

cold room storage　冷库贮藏　03.0568

cold-shortening　冷收缩　03.0930

cold sludge　冷凝固物　03.1429

cold smoking　冷熏　03.1089

coliform　大肠菌群　04.0011

collagen casing　胶原蛋白肠衣　03.0947

collision effect　碰撞效应　03.0191

colloid　胶体　02.0373

colloid mill　胶体磨　03.0035

colony　菌落　02.0209

colony forming unit　菌落形成单位　02.0244

colorant　着色剂　02.0664

color fixative　护色剂　02.0678

color mixture　混色现象　02.0386

color selector　色选机　03.0740

colostrum　初乳　03.1022

color selecting　色选　03.0704

color sorting　色选　03.0704

comb foundation　巢础　03.1549

comb honey　巢蜜，＊脾蜜　03.1555

combined drying　组合干燥　03.0250

combined thawing　组合式解冻　03.0370

combined toxic effect　联合毒性作用　04.0319

commercial sterility　商业无菌　03.0409

comminuting force　粉碎力　03.0015

comminution　粉碎　03.0001

comminution degree　粉碎比，＊粉碎度　03.0008

commodity bar code identification system　商品条码标识
系统　04.0434

comparative claim　比较声称　05.0455

compensation ability　代偿能力　04.0299

competent cell　感受态细胞　02.0516

competitive inhibition 竞争性抑制 02.0446

completion stage 完成阶段 03.0425

complex modulus of elasticity 复数弹性模量，*复数弹性率 02.0349

complexometric titration 络合滴定法 02.0584

complex viscosity 复黏度 02.0302

compliance 柔量 02.0334

composite fortified 复合强化 05.0362

compound condiment 复合调味料 03.1472

compressed tea 紧压茶，*茶砖 03.1314

compressive strength 抗压强度 02.0535

concavity 埋头度 03.0390

concentrated fruit and vegetable juice 浓缩果蔬汁 03.0859

concentration 浓缩 03.0060

concerted feedback inhibition 协同反馈抑制 02.0449

condensed milk 炼乳 03.1034

condiment 调味品，*调味料 03.1463

conditionally essential amino acid 条件必需氨基酸，*半必需氨基酸 05.0046

conditioning 调质 03.0696

cone crusher 圆锥粉碎机 03.0029

conformation 构象 02.0091

conjugated protein 结合蛋白质 05.0073

constant rate drying stage 恒速阶段，*第一干燥阶段 03.0219

consumer package 销售包装 03.0636

contact freezing 接触冻结 03.0344

contaminant of radioactive origin 放射性污染物 04.0148

content 内装物 03.0633

content claim 含量声称 05.0454

continuous crystallizer 连续结晶设备 03.0118

continuous distillation 连续蒸馏 03.0104

continuous pan 连续煮糖罐 03.1170

continuous phase 连续相 03.0170

continuous pressure inflatable mixer 连续压力充气混和机 03.1255

continuous rotary film sugar boiling equipment 旋转式薄膜连续熬糖机 03.1237

continuous sterilization 连续灭菌 02.0477

controlled atmosphere storage 气调贮藏 03.0571

controlled freezing point storage 冰温贮藏 03.0569

controlled freezing point technique 冰温技术 03.0363

controlled release technology 控释技术 02.0132

control measure 控制措施 04.0361

control point 控制点 04.0359

convection drying 对流干燥 03.0258

convective mass transfer coefficient 对流传质系数 03.0228

convection oven 热风炉 03.0454

conveying channel inside of sieve frame 筛格内通道 03.0728

conveying channel outside of sieve frame 筛格外通道 03.0729

cooking 熟制 03.0514

cooking 烹饪 05.0340

cooking extrusion 热塑挤压 03.0476

cooking loss rate 蒸煮损失率 03.0545

cooking loss 蒸煮损失 03.0945

cooking rate 蒸煮速率 03.0543

cooling 冷却 03.0353

cooling 冷置 03.0442

cooling taste 清凉味 02.0147

Coomassie brilliant blue method 考马斯亮蓝法 02.0568

copper 铜 05.0131

Cordyceps guangdongensis 广东虫草子 05.0223

Cordyceps militaris 蛹虫草，*北冬虫夏草，*北虫草 05.0222

core 芯部 03.0549

core nutrient 核心营养素 05.0451

coriander herb 香菜，*芫荽 03.1513

coriander seed 香菜籽 03.1525

corn oil 粟米油，*玉米胚芽油 03.0885

corn puffing extruder 玉米膨化果挤压机 03.0485

corn starch 玉米淀粉 02.0754

coronary heart disease 冠心病，*冠状动脉性心脏病 05.0439

corrective action 校正措施 04.0365

cosecha 年份酒 03.1391

cossettes scalding 菜丝热烫 03.1137

cosurfactant 助表面活性剂 03.0162

cottonseed oil 棉籽油 03.0893

cottonseed protein 棉籽蛋白 05.0236

coumestans daidzein 黄豆素类 05.0283

Cox-Merz rule 考克斯-默茨规则 02.0360

CO_2 puffing CO_2 膨化 03.0246

CP 控制点 04.0359

crab meat paste 蟹粉 03.1115

crabs 蟹类 03.1063

cracked kernel 裂纹粒，＊爆腰粒 03.0681

cracking 破碎 03.0002

cream 奶油 03.1031

creamed honey 乳酪型蜂蜜 03.1566

creaming 乳析 03.0164

crease of wheat 小麦腹沟，＊麦沟 03.0688

creep test 蠕变试验 02.0346

cretinism 克汀病，＊呆小病 05.0501

crisp 薯片 03.0754

critical control point 关键控制点 04.0360

critical defect 关键缺陷 04.0367

critical limit 关键限值 04.0363

critical moisture content point 临界水分点 03.0207

Cronobacter sakazakii 阪崎克罗诺杆菌，＊阪崎肠杆菌，＊黄色阴沟肠杆菌 04.0019

cross breeding 杂交育种 02.0472

cross-linked starch 交联淀粉 03.0797

crosslinking degree 交联度 03.0133

cross pollution 交叉污染 04.0379

cross-sectional study 横断面研究 05.0540

crude oil 毛油 03.0908

crude protein 粗蛋白质 02.0084

crunchy candy 酥糖 03.1244

crushing 压碎 03.0016

crushing 破碎 03.0002

cryogenic grinding 低温粉碎，＊冷冻粉碎 03.0022

Cryptosporidium parvum 隐孢子虫 04.0045

cryptoxanthin 隐藻黄素 05.0304

crystal growing 养晶 03.1153

crystal honey 结晶蜜 03.1560

crystalline candy 结晶糖果 03.1265

crystallization 结晶 03.0111

crystallization concentration 结晶浓缩 03.0063

crystallizer 助晶箱 03.1172

crystal-resistance agent 抗晶剂 03.1226

crystal sugar 冰糖 03.1187

C sugar 丙糖 03.1180

culling 扑杀 04.0225

cumin 孜然，＊安息茴香 03.1526

cumulative coefficient 蓄积系数 04.0390

cumulative feedback inhibition 积累反馈抑制 02.0450

curcumin 姜黄素 05.0313

curdlan 凝结多糖 05.0229

cured meat product 腌腊制品 03.0956

cured product 腌制品 03.0493

curing 腌制，＊腌渍 03.0491

curing solution 腌制液 03.0499

curry 咖喱 03.1527

cut meat 分割肉 03.0940

cut molding 切分成型 03.0764

cutting 切分 03.0868

cuttlefish 乌贼，＊花枝，＊墨[斗]鱼 03.1070

cyanidin 矢车菊素 05.0269

cyanogenic glycoside 氰苷 04.0095

Cyclocarya paliurus (*Batal.*) leaf 青钱柳叶 05.0195

cyclodextrin 环糊精 02.0027

Cyclospora cayetanensis 卡耶塔环孢子虫 04.0046

cylindrical cone bottom fermentation tank 圆柱锥底发酵罐 03.1430

Cys 半胱氨酸 05.0050

cysteine 半胱氨酸 05.0050

Cysticercus cellulosae 猪囊尾蚴 04.0052

D

daidzein 大豆素 05.0262

dairy protein 乳蛋白 03.1036

damaged starch 破损淀粉 03.0685

Daqu 大曲 03.1362

dark beer 黑啤酒 03.1436

dark firm dry meat 黑硬干肉，＊DFD 肉，＊黑切肉 03.0935

dark green tea 黑茶 03.1309

dark soy sauce 老抽 03.1488

dasheen 芋头，＊芋艿，＊芋魁 03.0751

dashpot model 阻尼模型 02.0339

date of manufacture 生产日期，＊制造日期 03.0630

DBP 舒张压 05.0426

deastringency 脱涩 03.0583

deboned meat 剔骨肉 03.0939

deck oven 层炉 03.0453

decoction saccharification 煮出糖化法 03.1425

decorate 装饰 03.0433

de-enzyme 杀青 03.1289

deep-bed filtration 深层过滤 03.0084

deep de-enzyme 老杀 03.1291

deep-fried boiled egg 虎皮蛋 03.1015

deep processed tea 深加工茶 03.1304

deep sea fish oil 深海鱼油 03.0902

defecation process 石灰法 03.1141

deformation 形变，*变形 02.0317

defrosting 除霜 03.0381

degassing 脱气 03.0878

degreening 脱绿 03.0584

degree of hydrolysis of protein 蛋白质水解度 02.0111

degree of polymerization 聚合度 02.0069

degree of substitution 取代度 02.0079

dehydration 脱水 03.1099

dehydration shrinkage 脱水干缩 03.1258

dehydrogenase *脱氢酶 02.0040

delayed light emmision 延迟发光 02.0384

delayed toxic effect 迟发毒性效应 04.0276

delphinidin 飞燕草素，*翠雀[花]素 05.0268

demolding 脱模 03.0443

demulsification 破乳，*反乳化作用 03.0173

denaturation 变性 02.0096

dense phase carbon dioxide pasteurization 高压二氧化碳杀菌，*高密度二氧化碳杀菌 03.0297

deodorization 脱腥 03.1077

deoxygen packaging 脱氧包装 03.0334

deposit forming 浇模成型 03.1233

derivative spectrum 微分光谱，*导数光谱 02.0385

desalting 脱盐 03.0872

desorption 解吸 02.0061

deteriorate 变质 03.0631

deviation 偏差 02.0561

dextrin 糊精 03.0800

dextrose equivalent 葡萄糖当量 02.0075

DF 膳食纤维，*粗纤维 05.0025

DFE 膳食叶酸当量 05.0150

DG 甘油二酯 05.0169

DHA 二十二碳六烯酸 05.0087

DHA algal oil DHA 藻油 05.0192

diabetes mellitus 糖尿病 05.0435

diacetyl tartaric acid ester of monoglyceride 甘油双乙酰酒石酸单酯 02.0720

diacylglycerol 甘油二酯 05.0169

diallyl sulfide 二烯丙基硫化物，*大蒜素 05.0284

dialysis 渗析，*透析 03.0139

diastolic blood pressure 舒张压 05.0426

dibenzofuran 二苯并呋喃，*氧芴 04.0127

dibutyl hydroxy toluene 二丁基羟基甲苯 02.0653

1,3-dichloro-2-propanol 1,3-二氯-2-丙醇，*α-二氯丙醇 04.0141

dielectric constant 介电常数 02.0547

dielectric drying 介电干燥 03.0237

dielectric induction thawing 介电加热解冻 03.0369

dielectric loss 介电损耗 02.0420

diet 膳食 05.0366

dietary exposure assessment 膳食暴露评估 04.0331

dietary fiber 膳食纤维，*粗纤维 05.0025

dietary folate equivalence 膳食叶酸当量 05.0150

dietary guideline 膳食指南 05.0402

dietary history questionnaire 膳食史回顾法 05.0374

dietary intake 膳食摄入量 05.0368

dietary pattern 膳食模式 05.0388

dietary reference intake 膳食营养素参考摄入量 05.0394

dietary survey 膳食调查 05.0367

diethylamine 二乙胺，*N-乙基乙胺 04.0135

diethylstilbestrol 己烯雌酚 04.0114

differential medium 鉴别培养基 02.0199

differential pressure filling 压差式灌装 03.1324

differential scanning calorimetry 差示扫描量热法 02.0365

differential scanning calorimetry 差示扫描量热法 02.0621

differential thermal analysis 差[示]热分析 02.0366

differential threshold 识别阈 02.0270

digester 蒸煮器 03.0562

dihydroisoflavone 异黄烷酮，*二氢异黄酮 05.0253

dilatancy 胀容现象 02.0313

dilatant fluid 胀塑性流体 02.0308

dimethylnitrosoamine *二甲基亚硝胺 04.0133

3,5-dinitrosalicylic acid colorimetric method 二硝基水杨酸法 02.0583

dioxin 二噁英，*二氧杂芑 04.0125

directed molecular evolution of enzyme 酶的分子定向进化 02.0459

direct fermentation 直接发酵法 03.0438

direct inoculation 直投式接种 03.1048

direct microscopic count 直接显微计数 02.0247

direct puffing 直接膨化 03.0477

direct thermal desorption method 直接热解吸法 02.0134

disaccharide 双糖，*二糖 05.0019

disc aerated koji-making system 圆盘制曲机 03.1479

disease and pest traceability 疾病和害虫溯源 04.0413

disease of natural nidus 自然疫源性疾病 04.0229

disinfection 消毒 03.0279

disk mill 爪式粉碎机 03.0025

disodium ethylenediamine tetraacetic acid 乙二胺四乙酸二钠 02.0659

disodium guanosine-5′-monophosphate 5′-鸟苷酸二钠 02.0701

disodium inosine-5′-monophosphate 5′-肌苷酸二钠 02.0700

dispersed phase 分散相，*弥散相 03.0169

dispersion method 分散法 03.0183

distillation 蒸馏 03.0094

distiller's yeast 酒曲，*曲蘖 03.1361

divider 分割机 03.0449

division 分割 03.0427

DMNA *二甲基亚硝胺 04.0133

DNA chip DNA 芯片 05.0522

DNA ligase DNA 连接酶 02.0499

DNA polymerase DNA 聚合酶 02.0498

DNA replication DNA 复制 02.0520

DNA sequencing DNA 测序 02.0521

DNS method 二硝基水杨酸法 02.0583

docosahexaenoic acid 二十二碳六烯酸 05.0087

domoic acid 软骨藻酸 04.0086

dopamine 多巴胺 04.0143

dose-effect relationship 剂量-效应关系 04.0286

dose-response assessment 剂量-反应评估 04.0298

dose-response relationship 剂量-反应关系 04.0285

dose summation 剂量相加 04.0335

double bottom fermentation 双轮发酵工艺 03.1387

double bottom wine 双轮底酒 03.1388

double roll crusher 双滚筒轧碎机 03.0031

double seam 二重卷边 03.0392

Douchi 豆豉 03.1504

dough development time 面团形成时间 02.0278

dough kneading 揉面 03.0541

dough leavening 发面 03.0540

dough mixer 和面机 03.0560

dough preparation 面团调制，*和面 03.0420

dough scalding 烫面 03.0539

dough sheeter 开酥机 03.0447

dough weakness 面团衰落度，*面团弱化度 02.0279

draft beer 鲜啤酒，*扎啤 03.1432

draining and forming 漏丝成型 03.0767

draining machine 漏粉机 03.0768

draught beer 鲜啤酒，*扎啤 03.1432

dressing 调味品，*调味料 03.1463

dressing percentage 屠宰率 03.0922

DRI 膳食营养素参考摄入量 05.0394

dried beancurd stick 腐竹 03.0827

dried egg floss 蛋松 03.1004

dried egg product 干蛋品 03.1006

dried fish 干制水产品 03.1076

dried fish fillet 烤鱼片 03.1078

dried fish floss 鱼松 03.1113

dried food condiment 干货类调味品 03.1517

dried fruit and vegetable 脱水果蔬 03.0850

dried meat floss 肉松 03.0969

dried meat slice 肉脯 03.0968

dried salted fish 咸鱼干 03.1085

dried small shrimp 虾皮 03.1080

dried whole-egg 全蛋粉 02.0786

dried yeast 干酵母 02.0785

drink 饮料 03.1318

droop 垂边 03.0391

drum drying 滚筒干燥 03.0232

dry-bulb temperature 干球温度 03.0223

dry-cured chicken 风鸡 03.0960

dry-cured goose 风鹅 03.0961

dry-cured ham 干腌火腿 03.0955

dry-cured meat 风干肉 03.0959

dry curing 干腌 03.0494

dry grinding 干法粉碎 03.0014

drying 干燥 03.0201

drying curve 干燥曲线 03.0214

drying kinetics 干燥动力学 03.0213

drying loss 干耗 03.0361

drying of tea 晒青 03.1296

drying rate 干燥速率 03.0215

drying rate curve 干燥速率曲线 03.0216

drying temperature curve 干燥温度曲线 03.0217

dry-liquid conching 干粒-液化精炼法 03.1276

dry mill 干法粉碎机 03.0023

dry mushroom 干菇 03.1532

dry processing of starch modification 淀粉干法变性 03.0786

dry sausage 干制香肠 03.0951

dry shrinkage 干缩 03.0208

dry weight basis 干基重 02.0548

dry wine 干葡萄酒 03.1446

DSC 差示扫描量热法 02.0365

DSC 差示扫描量热法 02.0621

D sugar 丁糖 03.1181

dt 面团形成时间 02.0278

DTA 差[示]热分析 02.0366

duck oil 鸭油 03.0899

duck plague 鸭瘟，＊鸭病毒性肠炎，＊大头瘟 04.0254

dumpling 饺子，＊水饺，＊娇耳 03.0515

dumpling machine 水饺成型机 03.0556

Dunaliella salina 盐藻，＊杜氏藻 05.0214

D value *D* 值 02.0257

dyeing grape variety 染色葡萄品种 03.1439

dyeing reduction technology 染料还原技术 02.0246

dynamic viscoelasticity 动态黏弹性 02.0353

dynamic viscosity ＊动力黏度 02.0303

E

EAR 平均需要量 05.0395

earcon 耳标 04.0427

ear remover 除穗机 03.0730

earthworm protein 地龙蛋白，＊蚯蚓蛋白 05.0243

earthy smell 土腥味 03.1052

EBT 铬黑 T 02.0555

ECD 电子捕获检测器 02.0623

edematous dystrophy 水肿型营养不良 05.0485

edge effect 棱角效应，＊尖角集中效应 02.0427

edge runner 轮碾机，＊盘磨 03.0034

EDI 电子数据交换 04.0445

edible mushroom 食用菌 03.1529

edible packaging 可食性包装 03.0324

edible part 可食部 05.0161

EER 能量需要量 05.0401

EFA 必需脂肪酸 05.0078

effective thermal conductivity 有效导热系数 02.0361

effect summation 效应相加 04.0336

egg-beater 打蛋机 03.0445

egg butter 蛋黄油 03.1003

egg powder 蛋粉 03.1008

egg preserved in rice wine 糟蛋 03.1012

egg-sausage 蛋肠 03.1002

egg-shaped index 蛋形指数 03.0996

eggshell inner membrane 蛋壳内膜，＊壳下膜 03.0978

eggshell outer membrane 蛋壳外膜，＊壳上膜 03.0977

egg white flake 蛋白片 03.1009

egg white membrane 蛋白膜 03.0979

egg white powder 蛋清粉 02.0787

egg white protein 蛋清蛋白 02.0012

egg yolk membrane 蛋黄膜 03.0980

egg yolk percentage 蛋黄百分率 03.0999

egg yolk powder 蛋黄粉 02.0764

eicosapentaenoic acid 二十碳五烯酸 05.0088

eigen frequency 本征频率 02.0419

ejector 喷射液化器 03.1203

Elaeagnus mollis oil 翅果油 05.0170

elasticity 弹性 02.0319

elastic constant 弹性常数 02.0533

elastic limit 弹性极限 02.0326

ELCD 电导检测器 02.0624

electrical resistance thawing 电流解冻，＊电阻解冻，＊电加热解冻 03.0368

electrical stimulation 电刺激 03.0924

electric dipole moment 电偶极矩 02.0546

electric shocking venom collector 电取蜂毒器 03.1578

electric smoking 电熏 03.1093

electrodialysis 电渗析 02.0412

electrolytic conductivity detector 电导检测器 02.0624

electron capture detector 电子捕获检测器 02.0623

electronic code 电子编码 04.0446

electronic data interchange 电子数据交换 04.0445

electronic displacement polarization 电子位移极化 02.0415

electronic nose 电子鼻 02.0130

electronic tongue 电子舌 02.0131

electro-osmosis 电渗透 02.0411

electrophoresis 电泳 02.0571

electroporation 电穿孔 02.0129

electrostatic interaction 静电相互作用 02.0092

electrostatic separation 静电分离 02.0422

ELISA 酶联免疫吸附测定 04.0167

ellagic acid 鞣花酸 05.0302

elongation rate 延伸率 03.0546

embryonated egg 鸡胚蛋，*毛蛋 03.1016

embryo rice 留胚米 03.0674

emery roll 砂辊 03.0738

emulsification 乳化 03.0157

emulsifier 乳化剂 02.0037

emulsifying property 乳化性 02.0103

emulsion capacity 乳化能力 02.0105

emulsion stability 乳化稳定性 02.0104

encapsulation 胶囊化 05.0359

encrust 包馅 03.0431

endoenzyme 胞内酶 02.0437

endotoxin 内毒素，*菌内毒素 04.0059

energy coefficient 能量系数 05.0012

energy density 能量密度 05.0390

energy elasticity ［内］能弹性 02.0335

energy ratio of breakfast 餐次比 05.0384

enhancer 增强子 02.0511

enhancing immunity 增强免疫力 05.0318

enrichment culture 富集培养 02.0464

Enterobacter 肠杆菌 02.0165

enterotoxin 肠毒素 04.0061

entropy elasticity 熵弹性，*橡胶弹性 02.0336

enzymatic browning 酶促褐变反应 02.0063

enzymatic catalysis in non-aqueous system 酶的非水相催化 02.0454

enzymatic dextrin 酶法糊精，*麦芽糊精 03.0805

enzyme 酶 02.0039

enzyme engineering 酶工程 02.0441

enzyme inactivation by injection 喷射灭酶 03.1210

enzyme linked immunosorbent assay 酶联免疫吸附测定 02.0587

enzyme-linked immunosorbent assay 酶联免疫吸附测定 04.0167

enzyme molecular modification 酶分子修饰 02.0458

enzyme preparation 酶制剂 02.0726

enzyme reactor 酶反应器 02.0456

EPA 二十碳五烯酸 05.0088

epidemic situation 疫情 04.0205

epidemiological unit 流行病学单位 04.0212

epigenetics 表观遗传学 05.0525

equilibrium distillation 平衡蒸馏，*闪蒸 03.0098

equilibrium moisture content 平衡湿含量 03.0205

equilibrium relative humidity 平衡相对湿度 02.0195

ergot alkaloid 麦角生物碱，*麦角毒素 04.0081

eriochrome black T 铬黑T 02.0555

eritadenine 香菇嘌呤，*赤酮酸嘌呤 05.0307

erucic acid ［顺］芥子酸，*二十二碳－顺-13-烯酸，*4-羟基-3,5-二甲氧基肉桂酸 05.0107

erythorbic acid 异抗坏血酸 02.0657

erythrose 赤藓糖 05.0036

Escherichia 埃希菌属 04.0013

essential amino acid 必需氨基酸 05.0044

essential fatty acid 必需脂肪酸 05.0078

essential fatty acid content 必需脂肪酸含量 05.0483

essential hypertension 原发性高血压 05.0437

essential nutrient 必需营养素 05.0006

essential trace element 必需微量元素 05.0118

esterification 酯化 02.0077

esterified starch 酯化淀粉 03.0796

estimated average requirement 平均需要量 05.0395

estimated energy requirement 能量需要量 05.0401

etherification 醚化 02.0078

ethyl carbonate 氨基甲酸乙酯，*乌拉坦，*乌来雅，*尿烷 04.0145

ethylene absorbent 乙烯吸收剂 03.0617

ethylene action inhibitor 乙烯作用抑制剂 03.0616

ethylene peak 乙烯高峰 03.0614

ethylene synthesis inhibitor 乙烯合成抑制剂 03.0615

Eucommia ulmoides seed oil 杜仲籽油 05.0188

Euglena gracilis 裸藻 05.0210

eutectic point 低共熔点 03.0339

Eutrema yunnanense 山葵，*山嵛菜 03.1515

evaporation concentration 蒸发浓缩 03.0064

evaporation crystallization 蒸发结晶法 03.0114

evaporative crystallizer 蒸发结晶设备 03.0117

evidence-based nutrition 循证营养学 05.0535

excessive package 过度包装 03.0638

exchange capacity 交换容量 03.0136

exchange selectivity 交换选择性 03.0135

exclusion chromatography　排阻色谱　02.0609

exhaust　排气　03.0404

exoenzyme　胞外酶　02.0438

exotoxin　外毒素，＊蛋白毒素　04.0058

expanded traceability data　扩展追溯信息　04.0431

expansion stage　扩展阶段　03.0424

exposure dose　暴露剂量　04.0307

exposure pathway　暴露途径　04.0300

exposure rate index　风险规避　04.0344

expression vector　表达载体　02.0503

extension properties　拉伸特性　03.0712

extension strength　拉伸强度　03.0548

external diffusion　外扩散　03.0125

external diffusion control　外扩散控制　03.0127

external dose　外剂量，＊接触剂量　04.0282

external traceability　外部追溯　04.0428

extracted honey　分离蜜，＊离心蜜，＊机蜜，＊摇蜜　03.1557

extracting truck　取蜜车　03.1586

extraction　萃取　03.0087

extraction of honey　取蜜　03.1582

extraction phase　萃取相　03.0088

extractor for royal jelly　吸浆器　03.1581

extruder　挤压机　03.0460

extrusion　挤压　03.0457

extrusion and enzyme hydrolysis　挤压酶解　03.1191

extrusion and puffing　挤压膨化　03.0459

extrusion forming　挤压成形　03.0469

F

facitating feces excretion　通便　05.0339

factor of safety　安全系数　04.0341

falling-film evaporator　降膜蒸发器　03.0068

falling-film molecular distillator　降膜式分子蒸馏器　03.0108

falling rate drying stage　降速阶段，＊第二干燥阶段　03.0220

familial hypophosphatemia　家族性低磷酸盐血症，＊家族性抗维生素 D 佝偻病，＊骨软化病　05.0443

far-infrared heating sterilization　远红外加热杀菌　03.0293

far-infrared radiation thawing　远红外辐射解冻　03.0373

farinogram properties　粉质曲线特性　03.0711

Fasciola hepatica　肝片吸虫　04.0047

Fasciolopsis buski　布氏姜片吸虫　04.0050

fat　脂肪，＊中性脂肪　05.0074

fat replacer　代脂肪　02.0779

fatty acid　脂肪酸　02.0034

feathering　桂皮　03.1523

fecal coliform　粪大肠菌群　04.0012

fecal indicator microorganism　粪便污染指示菌　04.0005

feedforward activation　前馈激活　02.0451

feedforward inhibition　前馈抑制　02.0452

feeding rice wine method　喂饭法　03.1458

Fen-flavor liquor　＊香型白酒　03.1351

Feng-flavor Chinese spirit　凤香型白酒　03.1353

fennel　小茴香　03.1521

fermentation　发酵　02.0462

fermentation engineering　发酵工程，＊微生物工程　02.0463

fermentation medium　发酵培养基　02.0475

fermentation of reflux liquor　回酒发酵　03.1378

fermented bean curd　腐乳，＊霉豆腐　03.1505

fermented condiment　发酵调味品　02.0234

fermented flour product　发酵面制品　03.0437

fermented food　发酵食品　02.0233

fermented fruit and vegetable product　发酵果蔬制品　03.0842

fermented meat product　发酵肉制品　03.0949

fermented milk　发酵乳　03.1026

fermented milk beverage　发酵型含乳饮料　03.1337

fermented milk product　发酵乳制品　03.1027

fermented olive　发酵橄榄　03.0849

fermented sausage　发酵香肠　03.0950

fermented sour cream　发酵稀奶油　03.1032

fermented soybean　豆豉　03.1504

fermented soy sauce　酿造酱油　03.1480

fermented vegetable juice drink　发酵蔬菜汁饮料　03.1335

fermented vinegar　酿造食醋　03.1494

fermenting box　醒发箱　03.0448

ferulic acid　阿魏酸　05.0301

FFQ　食物频率问卷　05.0375

FID　火焰离子化检测器　02.0619

filled chocolate　夹心巧克力　03.1284

filled confection　夹心硬糖　03.1243

filling　灌装　03.0880

filling mixing　调馅　03.0537

filling technology　充填技术　03.0313

film dryer　薄膜干燥机　03.0266

filter aid　助滤剂　03.0086

filtration　过滤　03.0083

final forming　后道成形　03.0468

final molasses　废蜜，＊最终糖蜜　03.1160

fine dried noodle　挂面　03.0521

fine grinding　精磨　03.1273

fine grinding　微粉碎，＊细粉碎　03.0006

fingerprinting analysis　指纹分析　02.0129

fining　下胶　03.1442

firmness　硬度　02.0271

first operation　预封　03.0401

FISH　荧光原位杂交　02.0522

fish ball　鱼丸　03.1104

fish cake　鱼饼　03.1110

fish cake　鱼糕，＊板付鱼糕　03.1108

fish gelatin　鱼鳔胶，＊黄鱼胶　03.1120

fish glue from scale　鱼鳞胶，＊鱼鳞冻　03.1121

fish liver oil　鱼肝油　03.1122

fish meal　鱼粉　03.1116

fish noodle　鱼面　03.1107

fish oil　鱼油　05.0190

fish paste　鱼糜　03.1100

fish paste　鱼排，＊鱼脯　03.1114

fish protein　鱼蛋白　02.0008

fish roll　鱼卷　03.1105

fish sauce　鱼露，＊鱼酱油　03.1119

fish sausage　鱼香肠　03.1109

fish steak　鱼排，＊鱼脯　03.1114

fish tofu　鱼豆腐，＊豆腐鱼糕　03.1106

fixed effect model　固定效应模型　05.0550

flame ionization detector　火焰离子化检测器　02.0619

flame photometric detector　火焰光度检测器　02.0620

flat sour bacteria　平酸菌　02.0161

flat sour spoilage　平酸败　02.0263

flavanol　黄烷醇　05.0258

flavonoid　黄酮类化合物，＊类黄酮　05.0250

flavonol　黄酮醇，＊3-羟基黄酮　05.0251

flavor body　香味体　03.1224

flavored wine　加香葡萄酒　03.1451

flavor enhancer　增味剂　02.0698

flavor enzyme　风味酶　02.0128

flavoring　调味品，＊调味料　03.1463

flavoring agent　调味剂　02.0680

flavoring material　呈味物质　02.0143

flavor wheel　风味轮　02.0127

floating clarifier　上浮器　03.1169

floating preservation　浮腌　03.0496

flour dressing　粉筛　03.0724

flour dressing cover　粉筛　03.0724

flour mill flow　＊制粉流程　03.0708

flour mixer　和面机　03.0560

flour sieve　面粉筛　03.0444

flour stranding machine　面条机　03.0557

flour treatment agent　面粉处理剂　02.0745

flow movement　散落性　03.0725

fluidity　流度　02.0305

fluidized bed drying　流化床干燥　03.0234

fluorescence *in situ* hybridization　荧光原位杂交　02.0522

fluorescence phenomenon　荧光现象　02.0383

fluorescence spectrophotometry　荧光分光光度法　02.0605

fluorine　氟　04.0124，05.0135

fluted roll　齿辊　03.0744

FMD　口蹄疫　04.0245

foaming ability　起泡能力　02.0106

foam stability　泡沫稳定性　02.0107

folate　叶酸　05.0148

food　食品　01.0001

food　食物　05.0001

food acceptance examination　食品验收　03.0655

food additive　食品添加剂　02.0638

food adulteration　食品掺假　04.0372

food allergen　食品致敏原，＊食品过敏原　04.0156

food analysis　食品分析　02.0529

food and nutrition　食品营养　01.0007

food aseptic packaging　食品无菌包装　03.0332

foodborne infection　食源性感染　04.0001

foodborne pathogen　食源性致病菌　04.0002

foodborne virus　食源性病毒　02.0162

food category　食品分类　05.0159

food checking　食品检查　03.0659

food chemistry 食品化学 02.0001

food circulation 食品流通 03.0641

food code 食品编码 05.0160

food cold chain 食品冷藏链，＊冷链 03.0666

food contamination 食品污染 04.0378

food contamination traceability management 食品污染物溯源管理 04.0439

food defense 食品防护 04.0392

food dilivery 食品配送 03.0665

food disinfectant 食品消毒剂 02.0251

food distribution processing 食品流通加工 03.0652

food drying 食品干制 03.0202

food engineering 食品工程 01.0005

food factory ware-house 食品工厂仓库 03.1597

food flavor 食品风味 02.0122

food flow 食品流向 04.0420

food fortification 食品营养强化 05.0356

food fortifier 食品营养强化剂 05.0357

food frequency questionnaire 食物频率问卷 05.0375

food hygiene inspection 食品卫生检验 04.0177

food ingredient 食品配料 02.0748

food inspection 食品检验 04.0176

food internal logistics 食品企业物流 03.0644

food labeling 食品标签 04.0391

food logistics 食品物流 03.0640

food logistics activity 食品物流活动 03.0642

food logistics information 食品物流信息 03.0653

food logistics unit 食品物流单元 04.0418

food matrix 食品基质 04.0158

food microbiological inspection 食品微生物检验 04.0178

food microbiology 食品微生物学 02.0155

food microorganism 食品微生物 02.0156

food name 食品名称 05.0158

food nutrition 食品营养学 05.0004

food outbound 食品出库 03.0662

food packaging 食品包装 03.0306

food packaging article 食品包装材料 03.0307

food packaging auxiliary 食品包装辅助物 03.0309

food packaging container 食品包装容器，＊内包装容器 03.0310

food packaging technology 食品包装技术 03.0311

food perfume 食品用香料 02.0723

food physical property 食品物性 02.0268

food preservation attrition rate 食品保管损耗率，＊库存商品自然损耗率 03.0661

food preservation loss 食品保管损耗 03.0660

food preservative 食品防腐剂 02.0639

food processing aid 食品工业用加工助剂 02.0746

food production logistics 食品生产物流 03.0646

food quality audit 食品质量审核 03.1622

food quality control 食品质量控制 03.1624

food quality guarantee 食品质量保证 03.1625

food quality management 食品质量管理 03.1623

food quality standard 食品质量标准 03.1621

food recall 食品召回 04.0394

food returned logistics 食品回收物流 03.0648

food rheology 食品流变学 02.0287

food safety 食品安全 01.0006

food safety control 食品安全控制 04.0348

food safety early-warning 食品安全预警 04.0448

food safety indicator microorganism 食品安全指示微生物 04.0004

food safety management 食品安全管理 04.0349

food safety process control 食品安全过程控制 04.0350

food safety risk 食品安全风险 04.0259

food safety stakeholder 食品安全利益相关者 04.0393

food sales logistics 食品销售物流 03.0647

food science 食品科学 01.0003

food science and technology 食品科学技术 01.0002

food shipment unit 食品装运单元 04.0419

food sortation 食品分拣 03.0663

food spoilage 食品腐败 02.0248

food stocktaking 食品盘点 03.0658

food storage 食品入库 03.0654

food supply chain 食品供应链 04.0373

food supply logistics 食品供应物流 03.0645

food technology 食品技术 01.0004

food texture 食品质构 02.0269

food traceability 食品溯源 04.0409

food traceability information system 食品追溯信息系统 04.0432

food traceability system 食品溯源体系 04.0408

food tracking 食品追踪 04.0416

food trading unit 食品贸易单元 04.0417

food value 食物[营养]价值 05.0462

food vehicle 食物载体 05.0363

food warehousing 食品入库 03.0654

foot and mouth disease 口蹄疫 04.0245

forced-air precooling 强制通风预冷，*压差预冷 03.0581

foreign microorganism 外来微生物 02.0241

forest plot 森林图 05.0554

formula milk powder 配方乳粉 03.1035

formulated milk beverage 配制型含乳饮料 03.1336

fortification dose 强化剂量 05.0364

fortified food 营养强化食品 05.0358

Fourier transform infrared spectrometer 傅里叶变换红外光谱仪 02.0594

Fourier transform infrared spectrum 傅里叶变换红外光谱 02.0599

FPD 火焰光度检测器 02.0620

fragrant-flavor liquor 馥郁香型白酒 03.1360

free fatty acid 游离脂肪酸 02.0036

free grinding 自由粉碎 03.0010

free volume 自由体积 02.0062

freeze concentration 冷冻浓缩 03.0062

freeze drying 冷冻干燥，*升华干燥 03.0236

freezer burn 冻结烧 03.0362

freezing 冷冻 03.0336

freezing curve 冻结曲线 03.0359

freezing point 冻结点 03.0338

freezing rate 冻结速率 03.0360

fresh-cut fruit and vegetable 鲜切果蔬 03.0840

fresh-keeping mushroom 保鲜菇 03.1531

fresh leaf 鲜叶，*生叶，*青叶 03.1287

fresh mushroom 鲜菇 03.1530

freshness agent 鲜味剂，*风味增强剂 03.1469

freshness maintaining management 鲜度维持管理 03.0643

fresh sausage 生鲜肠 03.0954

fresh tea 新茶 03.1297

fresh vegetable condiment 鲜菜类调味品 03.1508

freshwater fish 淡水鱼 03.1053

frictional action 擦离作用 03.0698

friction-typed mill 摩擦型碾磨机 03.0037

frozen beancurd 冻豆腐 03.0834

frozen dough method 冷冻面团法 03.0440

frozen egg product 冰蛋品 03.1007

frozen food 冻结食品 03.0341

frozen meat 冷冻肉 03.0925

frozen prepared food 冷冻调理食品 03.0377

frozen storage 冻藏 03.0570

fructo-oligosaccharide 低聚果糖 02.0759

fructose 果糖 02.0022

fructus amomi tsaoko 草果 03.1524

fruit and vegetable crisp 果蔬脆片 03.0851

fruit and vegetable juice 果蔬汁 03.0855

fruit and vegetable powder 果蔬粉 02.0777

fruit and vegetable powder 果蔬粉 03.0853

fruit and vegetable puree 果蔬浆 03.0856

fruit and vegetable sauce 果蔬酱 03.0862

fruit drink 果汁饮料 03.1331

fruit drink concentrate 水果饮料浓浆 03.1333

fruit juice concentrate 浓缩果汁 02.0774

fruit juice concentrate 果汁饮料主剂 02.0775

fruit juice with granule 果粒果汁饮料 03.1332

fruit nectar 果肉饮料 03.1330

fruit powder 水果粉 02.0777

fruit syrup 果浆 03.1327

fruit-vegetable juice beverage 果蔬汁饮料 03.1326

fruit vinegar 果醋 03.0861

fruit wine 果酒 03.0860

FTIR 傅里叶变换红外光谱仪 02.0594

full ripening 完熟 03.0609

fumonisin 伏马菌素，*腐马毒素，*烟曲霉毒素 04.0080

functional food *功能食品 05.0316

fungal disease 真菌性病害 03.0598

funnel plot 漏斗图 05.0552

Fuqu starter 麸曲 03.1366

Fuqu starter incubated on bamboo curtain 帘子曲 03.1367

Fuqu starter prepared by blown wind 通风曲 03.1368

Furu 腐乳，*霉豆腐 03.1505

Fusarium axysporum 尖孢镰刀菌 04.0036

Fusarium graminearum 禾谷镰刀菌，*禾谷镰孢菌 04.0035

F value *F* 值 02.0259，02.0770

G

GABA γ-氨基丁酸，*氨酪酸，*哌啶酸 05.0290
GAE 没食子酸当量 03.1443
galactose 半乳糖 02.0023
galato-oligosaccharide 低聚半乳糖 02.0760
gallic acid 没食子酸，*五倍子酸，*棓酸 05.0274
gallic acid equivalent 没食子酸当量 03.1443
gamma-aminobutyric acid γ-氨基丁酸，*氨酪酸，*哌啶酸 05.0290
gamy odor 膻味 02.0151
ganglioside 神经节苷脂 05.0114
GAP 良好农业规范 04.0354
gardenia blue 栀子蓝 02.0667
gardenia yellow 栀子黄 02.0666
garlic 蒜 03.1510
gas chromatography 气相色谱法 02.0612
gas chromatography-mass spectrometry 气相色谱-质谱法 02.0614
gas packaging 充气包装 03.0328
gas permeation 气体渗透，*气体膜分离 03.0141
GC 气相色谱法 02.0612
GC-MS 气相色谱-质谱法 02.0614
gel 凝胶 02.0067
gelatin 明胶 02.0703
gelatinization 糊化 02.0071
gelatinization completion temperature 糊化终了温度 02.0372
gelatinization peak temperature 糊化峰值温度 02.0369
gelatinization properties 糊化特性 03.0714
gelatinization start temperature 糊化开始温度 02.0282
gelatinization temperature 糊化温度 02.0073
gelation 胶凝 02.0068
gel degradation 凝胶劣化 03.1103
gel-filtration chromatography 凝胶过滤色谱法 02.0615
gel-forming 凝胶化 03.1102
gene 基因 02.0483
gene amplification 基因扩增 02.0487
gene deletion 基因缺失 02.0493
gene-diet interaction 基因-膳食相互作用 05.0528
gene-environment variation 基因环境变异 05.0531
gene expression 基因表达 02.0488

gene frequency 基因频率 05.0518
gene inactivation 基因失活 02.0495
gene knockout 基因敲除 02.0492
gene library 基因文库 02.0490
gene mapping 基因图谱 02.0489
gene-nutrient interaction 基因-营养素相互作用 05.0527
gene pleiotropism 基因多效性 02.0494
gene polymorphism 基因多态性 02.0524
general food packaging technology 食品通用包装技术 03.0312
genetically modified food 转基因食品 02.0528
genetic engineering 基因工程 02.0485
genetic engineering breeding 基因工程育种 02.0473
genetic marker 遗传标记 02.0496
genetic polymorphism 遗传多态性 05.0520
genetic traceability 基因溯源 04.0411
genetic variation 遗传变异 05.0529
genome 基因组 02.0484
genotype 基因型 05.0526
gentisic acid 龙胆酸 05.0276
germicide 杀菌剂 03.0280
germinability 发芽力 03.1418
germinated brown rice 发芽糙米 03.0675
germinating rate 发芽率 03.1417
germination capacity 发芽率 03.1417
germination power 发芽力 03.1418
GFC 凝胶过滤色谱法 02.0615
GGE 血糖葡萄糖当量 05.0393
GHP 良好卫生规范 04.0353
Giardia lamblia 蓝氏贾第鞭毛虫 04.0043
gin 金酒，*杜松子酒 03.1398
ginger 姜 03.1511
ginkgetin 银杏素，*银杏黄素 05.0270
ginseng 人参 05.0201
glass jar 玻璃罐 03.0397
glass state 玻璃态 02.0049
glass transition temperature 玻璃化转变温度 02.0371
glassy 玻璃化 03.0340
gliadin 醇溶蛋白 02.0015

Gln　谷氨酰胺　05.0056

globin peptide　珠肽　05.0245

globulin　球蛋白　02.0016

Clu　谷氨酸　05.0051

glucoamylase　糖化酶，＊葡萄糖淀粉酶，＊淀粉 α-1,4-葡萄糖苷酶　03.1196

glucose　葡萄糖　02.0021

α-glucose anhydrous　无水 α-葡萄糖　03.1206

β-glucose anhydrous　无水 β-葡萄糖　03.1207

glucose effect　葡萄糖效应　02.0482

glucose homeostasis　血糖稳态　05.0482

α-glucose hydrous　含水 α-葡萄糖　03.1205

glucose isomerase　葡萄糖异构酶　03.1214

glucose oxidase　葡萄糖氧化酶　02.0734

glucoside　糖苷　02.0019

glutamic acid　谷氨酸　05.0051

glutamine　谷氨酰胺　05.0056

glutathione　谷胱甘肽　02.0769

glutathione peroxidase　谷胱甘肽过氧化物酶　05.0294

glutelin　谷蛋白　02.0014

gluten　面筋蛋白　02.0013

gluten　面筋　03.0534

gluten extensibility　延展性，＊拉伸性　02.0320

gluten index　面筋指数　03.0684

glutinous rice　糯米　03.0670

Gly　甘氨酸　05.0054

glycemic glucose equivalent　血糖葡萄糖当量　05.0393

glycemic index　血糖指数　05.0465

glycemic load　血糖负荷，＊血糖负载　05.0466

glycerol　甘油，＊丙三醇　02.0038

glycerophosphatide　甘油磷脂　05.0110

glycine　甘氨酸　05.0054

glycogen　糖原　05.0028

glycogen storage disease　糖原贮积病　05.0444

glycolipid　糖脂　05.0108

glycolysis　糖酵解　02.0481

glycoprotein　糖蛋白　05.0070

glycyrrhizin　甘草甜素　02.0692

GMP　良好操作规范　04.0352

golden slab sugar　冰片糖　03.1189

good agricultural practice　良好农业规范　04.0354

good distribution practice　良好分销规范　04.0356

good hygiene practice　良好卫生规范　04.0353

good manufacturing practice　良好操作规范　04.0352

good production practice　良好生产规范　04.0355

good wine　善酿酒，＊双套酒　03.1460

gossypol　棉籽酚　04.0093

gout　痛风　05.0442

GPP　良好生产规范　04.0355

graded response　量反应　04.0287

grading　分级　03.0865

graining　糖果返砂　03.1235

grass carp　草鱼，＊鲩，＊草青，＊棍鱼　03.1055

grass shrimp　草虾，＊斑节对虾，＊壳虾　03.1061

gravity feeding　重力加料　03.0461

green algae　绿藻　03.1073

green molasses　原蜜　03.1158

green onion　葱　03.1509

green packaging　绿色包装，＊无公害包装　03.0322

green tea　绿茶　03.1305

grinding　绞肉　03.0943

grinding　擂溃　03.1101

grinding　研磨，＊磨碎　03.0003

growth associated product accumulation　生长产物合成偶联型发酵，＊Ⅰ型发酵　02.0467

growth partial associated product accumulation　生长产物合成半偶联型发酵，＊Ⅱ型发酵　02.0469

growth pH range　生长 pH 范围　02.0198

growth temperature range　生长温度范围　02.0197

growth unassociated product accumulation　生长产物合成非偶联型发酵，＊Ⅲ型发酵　02.0468

GSH　谷胱甘肽　02.0769

GSH-Px　谷胱甘肽过氧化物酶　05.0294

guaiac resin　愈创树脂　02.0663

gum arabic　阿拉伯［树］胶　02.0705

gum based candy　胶基糖果　03.1259

gumminess　胶着性　02.0633

gunpowder tea　珠茶，＊圆炒青，＊平炒青　03.1312

gustation　味觉　02.0126

Gynura procumbens (Lour.)　平卧菊三七　05.0203

gyratory crusher　环动压碎机，＊悬轴式锥形轧碎机　03.0028

H

HACCP 危害分析与关键控制点 04.0351

Haematococcus pluvialis 雨生红球藻 05.0212

hairtail 带鱼，＊刀鱼，＊牙鱼，＊白带鱼 03.1059

half-life of operation 操作半衰期 02.0457

halogen lamp combinated with microwave drying 卤素灯－微波联合干燥 03.0255

halogen lamp drying 卤素[灯]干燥 03.0244

hammer mill 锤式粉碎机 03.0024

hanging paste 挂糊 05.0347

haplotype 单体型，＊单倍[体基因]型 05.0514

hard candy 硬质糖果 03.1218

hard creamy candy 硬质奶糖 03.1242

hardening 硬化 03.0870

hardening the grain 固晶 03.1151

hard fruit candy 水果硬糖 03.1241

hardness 硬度 02.0271

hard wheat 硬质[小]麦 03.0686

Hardy-Weinberg law 哈迪-温伯格定律 05.0523

Haugh unit 哈夫单位 03.1000

hazard 危害 04.0266

hazard analysis 危害分析 04.0358

hazard analysis and critical control point 危害分析与关键控制点 04.0351

hazard characterization 危害描述，＊危害特征描述 04.0281

hazard identification 危害识别，＊危害鉴定 04.0272

hazard ratio 危险比，＊风险比 05.0549

HCB 六氯苯 04.0102

HDL 高密度脂蛋白 05.0431

head circumference 头围 05.0406

headspace 顶隙度 03.0403

headspace trapping 顶空捕集 02.0133

health claim 健康声称 05.0458

health food 保健食品 05.0316

health guidance value 健康指导值 04.0328

health quarantine 卫生检疫 04.0195

heat flow 热流量 02.0363

heat forming packaging technology 热成型包装技术 03.0320

heating exhaust 热力排气 03.0405

heat-labile enterotoxin 热不稳定性肠毒素，＊不耐热肠毒素 04.0062

heat-moisture treatment 湿热处理 03.0779

heat pump dryer 热泵干燥机 03.0274

heat pump drying 热泵干燥 03.0231

heat recovery ability 复热性 03.0554

heat shock treatment 热激处理 03.0588

heat shrinking packaging technology 热收缩包装技术 03.0319

heat-stable enterotoxin 热稳定性肠毒素，＊耐热肠毒素 04.0063

heavy metal residue 重金属残留 04.0389

HEF-AC 交流高场强技术 02.0430

height for age 年龄别身高，＊年龄别身长 05.0415

heme 血红素 02.0675

hemicellulose 半纤维素 05.0026

hepatic glycogen 肝糖原 05.0029

hepatitis A virus 甲型肝炎病毒 04.0037

hepatitis E virus 戊型肝炎病毒 04.0038

herbicide 除草剂 04.0108

Herschel-Bulkley model 赫-巴模型 02.0354

heterocyclic amines 杂环胺类 04.0136

heterogeneity 异质性 05.0559

heterogeneity test 异质性检验 05.0560

heterolactic fermentation 异型乳酸发酵 02.0202

heteropolysaccharide 杂多糖，＊不均一多糖 05.0021

hexachlorobenzene 六氯苯 04.0102

HFCS 果葡糖浆 02.0757

Hibiscus sabdariffa seed oil 玫瑰茄籽油 05.0178

high *F* value oligopeptide from egg white 高 *F* 值蛋清寡肽 03.0995

high carbon dioxide injury 高二氧化碳伤害 03.0626

high conversion syrup 高转化糖浆 03.1200

high density lipoprotein 高密度脂蛋白 05.0431

high-electric field AC 交流高场强技术 02.0430

high electrostatic voltage thawing 高静电压解冻 03.0367

high frequency wave 高频波 02.0426

high fructose corn syrup 果葡糖浆 02.0757

high fructose syrup 高果糖浆 03.1216

high *F* value oligopeptide 高 *F* 值低聚肽 02.0771

high gluten flour 高筋面粉 03.0530

high hydrostatic pressure pasteurization 高静压杀菌, *超高压灭菌 03.0296

high hydrostatic pressure thawing 高静水压解冻 03.0375

highland barley wine 青稞酒, *纳然 03.1461

highly conserved sequence 高度保守序列 02.0514

high maltose syrup 高麦芽糖浆 02.0758

high performance liquid chromatography 高效液相色谱法 02.0616

high pressure homogenizer 高压均质机 03.0196

high pressure molding extruder 高压成型挤压机 03.0487

high pressure molding extrusion 高压成型挤压 03.0471

high pressure thawing 加压解冻 03.0372

high salt diluted state soy sauce fermentation 高盐稀态发酵工艺 03.1481

high shear dispersing emulsification 高剪切分散乳化 03.0188

high shear homogenizer 高剪切均质机 03.0199

high speed centrifuge 高速离心机 03.0080

high speed vibrating sieving 高速振动式筛分 03.0054

high temperature Daqu 高温大曲 03.1369

high temperature injury 高温损伤 02.0113

high temperature meat product 高温肉制品 03.0973

high temperature short time pasteurization 高温短时杀菌 03.0290

hip circumference 臀围 05.0410

Hippophae rhamnoides seed oil 沙棘油 05.0179

His 组氨酸 05.0052

histamine 组胺 04.0147

histidine 组氨酸 05.0052

HLB 亲水亲油平衡值, *HLB 值 03.0177

hollow fiber module 中空纤维式膜分离器 03.0156

homogenization 均质, *匀浆 03.0158

homogenizing valve 均质阀 03.0195

homolactic fermentation 同型乳酸发酵 02.0201

homopolysaccharide 同多糖, *均一多糖 05.0020

homoprotein 简单蛋白质 02.0083

honey [蜂]蜜 03.1550

honey colloid 蜂蜜胶体 03.1595

honeydew 蜜露 03.1552

honeydew honey 甘露蜜 03.1556

honey dextrin 蜂蜜糊精 03.1594

honey extractor 分蜜机, *摇蜜机 03.1583

honey filter 滤蜜器 03.1562

honey for industry 工业用蜂蜜 03.1565

honey powder 蜂蜜粉 03.1563

honey presser 榨蜜机 03.1588

Hooker model 胡克模型 02.0338

hop [啤]酒花, *蛇麻花 03.1421

hormone residue 激素残留 04.0388

horseradish 辣根, *马萝卜 03.1514

host cell 宿主细胞 02.0518

hot air combined with freeze drying 热风-冷冻联合干燥 03.0252

hot air combined with microwave drying 热风-微波联合干燥 03.0251

hot air combined with microwave vacuum drying 热风-微波真空联合干燥 03.0253

hot air drying 热风干燥 03.0230

hot-boned meat 热鲜肉 03.0928

hot filling 热灌装 03.0881

hot pepper 辣椒 03.1512

hot spot 热点 02.0428

24-hour dietary recall 24h 膳食回顾 05.0373

HPLC 高效液相色谱法 02.0616

HTST pasteurization 高温短时杀菌 03.0290

HU 哈夫单位 03.1000

Huangjiu 黄酒 03.1455

human norovirus *人源诺如病毒 04.0042

Huntun 馄饨, *抄手, *扁食, *云吞 03.0516

huperzine A 石杉碱甲 05.0309

hurdle factor 栅栏因子 04.0377

hurdle technology 栅栏技术 04.0376

husked rice 糙米 03.0673

husker 砻谷机 03.0732

hyaluronic acid 透明质酸 05.0226

hybrid enzyme 杂合酶 02.0435

hydration 水合 02.0051

hydration number 水合数 03.0171

hydrocyanic acid 氢氰酸 04.0142

hydrocyclone 旋流分离器 03.0806

hydrogenated oil and fat 氢化油脂, *氢化油 03.0912

hydrogenation 氢化 02.0082

hydrogen bonding 氢键 02.0094

hydrolase 水解酶 02.0042

hydrolysis of starch 淀粉水解 02.0070

hydrolyzate of egg yolk powder 水解蛋黄粉 05.0247

hydrolyzed animal protein 水解动物蛋白 02.0767

hydrolyzed vegetable protein 水解植物蛋白 02.0766

hydrophile-lipophile balance value 亲水亲油平衡值, * HLB 值 03.0177

hydrophilic group 亲水基, * 疏油基团 03.0176

hydrophobic group 亲油基, * 疏水基团 03.0175

hydrophobic association 疏水缔合 02.0056

hydrophobic hydration 疏水水合 02.0055

hydrophobic interaction 疏水相互作用 02.0093

hydrostatic pressure denaturation 静水压变性 02.0100

hydro-thermal treatment 水热处理 03.0692

hyperglycemia 高血糖 05.0032

hyperhomocysteinemia 高同型半胱氨酸血症 05.0503

hyperlipidemia 高脂血症, * 高血脂 05.0438

hypersensitive response 超敏反应, * 变态反应 04.0273

hypertension 高血压[症] 05.0499

hyperthyroidism 甲状腺功能亢进症, * 甲亢 05.0498

hypervelocity centrifuge 超高速离心机 03.0081

hypobaric storage 减压贮藏, * 低压贮藏 03.0573

hypoglycemia 低血糖 05.0033

Hyriopsis cumingii polysaccharide 蚌肉多糖 05.0230

hysteresis 滞后现象 02.0058

hysteresis 滞后 02.0330

hysteresis curve 滞变曲线, * 滞回曲线 02.0347

hysteresis loop 滞变回环 02.0314

I

IBD 鸡传染性法氏囊病, * 冈博罗病 04.0251

ice 冰 02.0003

ice cooling 冰冷却 03.0356

ice cream 冰淇淋 03.1033

ice glazing 镀冰衣, * 包冰衣 03.0352

ice water precooling 冰水预冷 03.0579

icewine 冰[葡萄]酒 03.1454

ICP-AES 电感耦合等离子体原子发射光谱法 02.0625

identifation management 标识管理 04.0423

identification 认证 04.0435

idiosyncratic reaction 特异质反应 04.0274

IFE 等电聚焦电泳 02.0573

Ig 免疫球蛋白 05.0068

Ile 异亮氨酸 05.0053

illegal ingredient 非法添加物 04.0395

immersion 浸泡 03.0535

immobilized enzyme 固定化酶 02.0455

immune colloidal gold assay 免疫胶体金检测 04.0170

immunoadsorption 免疫吸附 02.0587

immunoelectron microscopy 免疫电镜法 04.0171

immunoglobulin 免疫球蛋白 05.0068

impact grinding 冲击破碎 03.0019

imposed dormancy 强制休眠 03.0628

improving growth and development 改善生长发育 05.0331

improving intestinal flora condition 调节肠道菌群 05.0337

improving nutritional anemia 改善营养性贫血 05.0333

improving on hypoxia 提高缺氧耐受力 05.0329

improving skin moisture condition 改善皮肤水分 05.0335

improving skin oil condition 改善皮肤油分 05.0336

increasing bone density 增加骨密度 05.0332

increasing rate drying stage 升速阶段, * 预热阶段 03.0218

index of nutrition quality 营养质量指数 05.0463

indirect competitive enzyme-linked immunosorbent assay 间接竞争酶联免疫吸附测定 04.0168

indirect puffing 间接膨化 03.0478

individual quick freezing 单体速冻 03.0347

individual traceability management 个体溯源管理 04.0438

induced mutation breeding 诱变育种 02.0471

induced radioactivity 诱发放射性 04.0155

inducer 诱导物 02.0445

inducible enzyme 诱导酶, * 适应酶 02.0439

inductively coupled plasma-atomic emission spectroscopy 电感耦合等离子体原子发射光谱法 02.0625

infant drink 婴幼儿饮料 03.1344

infant formula 婴幼儿配方乳粉 03.1045

infected animal 感染动物 04.0215

infectious bursal disease 鸡传染性法氏囊病, * 冈博罗病 04.0251

infectious disease　侵染性病害　03.0596

inflatable candy　充气糖果　03.1249

infrared drying　红外干燥　03.0243

infrared spectrophotometry　红外分光光谱法　02.0602

infrared spectrum　红外光谱　02.0593

infusion saccharification　浸出糖化法　03.1426

inhibitor　抑制剂　02.0444

initial distillate　酒头　03.1385

injection　注液　03.0883

injection curing　注射腌制，＊盐水注射法　03.0501

injection molding　注模　03.0432

inner coating　内涂料　03.0399

inositol　肌醇，＊环己六醇　05.0295

inositol hexaphosphate　六磷酸肌醇　05.0300

input traceability　投入溯源　04.0412

insect protein　昆虫蛋白　05.0242

insect-resistant packaging　防虫包装　03.0639

insertional inactivation　插入失活　02.0513

inspection　检验　04.0174

inspection and quarantine　检验检疫　04.0173

inspection licensing　检验许可　04.0199

inspection lot　检验批　04.0197

inspection staff　报检员　04.0181

instant tea　速溶茶，＊茶晶　03.1315

instant tea powder　速溶茶粉　02.0778

instant toxic effect　即时毒性效应　04.0275

intelligent packaging　智能化包装　03.0335

interfacial property　界面性质　02.0102

interfacial tension　界面张力　03.0160

intermediate grinding　中粉碎，＊中碎　03.0005

intermediate stock　清粉　03.0717

intermittent warming　间隙升温　03.0590

intermittent drying　罨蒸　03.1084

intermittent steeping method　断水浸麦法，＊间歇浸麦法　03.1409

intermittent sterilization　间歇灭菌　03.0289

internal browning　黑心病　03.0605

internal diffusion　内扩散　03.0126

internal diffusion control　内扩散控制　03.0128

internal diffusion stage　内部扩散阶段　03.0222

internal dose　内剂量，＊吸收剂量　04.0283

internal stress　内应力　02.0318

internal traceability　内部追溯　04.0429

internal transmittance　物质内部透光率　02.0406

intrinsic viscosity　特性黏度　02.0300

intrinsic viscosity number　＊限黏度数　02.0300

Inula nervosa Wall.　显脉旋覆花　05.0209

inulin　菊粉　05.0231

inulinase　菊粉酶，＊β-1,2-D-果聚糖酶　03.1215

invasion　侵袭力　04.0007

iodine　碘　05.0130

iodine value　碘值　02.0119

iodised salt　碘盐　03.1467

ion exchange adsorption　离子交换吸附　03.0122

ion exchange membrane　离子交换膜　03.0150

ion exchanger　离子交换剂　03.0130

ion exchange resin　离子交换树脂　03.0131

ionic atmosphere　离子气氛　02.0423

IQF　单体速冻　03.0347

IR　红外光谱　02.0593

iron　铁　05.0126

iron deficiency anemia　缺铁性贫血　05.0497

iron egg　铁蛋　03.1019

iron ribbed rotor　铁辊　03.0737

iron roll　铁辊　03.0737

irradiation preservation　辐照保鲜　03.0577

irreversible toxic effect　不可逆毒性效应　04.0280

isobaric filling　等压式灌装　03.1325

isobathic variable pitch screw　等深变距螺杆　03.0489

Isodon lophanthoides var. *gerardianus* (Bentham) H. Hara　狭基线纹香茶菜，＊石疙瘩，＊沙虫叶，＊白线草　05.0199

isoelectric focusing electrophoresis　等电聚焦电泳　02.0573

isoelectric point　等电点　02.0085

ISO14000 environmental management system　ISO14000 环境管理体系　03.1617

isoflavone　异黄酮　05.0252

isolated feeding　隔离饲养　04.0223

isolated raising　隔离饲养　04.0223

isolation and identification of pathogen　病原分离鉴定　04.0219

isolation quarantine　隔离检疫　04.0189

isoleucine　异亮氨酸　05.0053

isoliquiritigenin　异甘草素　05.0264

isomalto-oligosaccharide　低聚异麦芽糖　02.0761

isomerase　异构酶　02.0044

isometric deepen screw　等距变深螺杆　03.0488

ISO9000 standards of quality management　ISO9000 质量管理标准　03.1618

isothermal extrusion　等温式挤压　03.0473

J

Japanese wine　日本清酒　03.1401

jaw crusher　颚式压碎机　03.0027

jellied beancurd　豆腐脑　03.0828

jelly frame　产浆框　03.1570

jerky　肉干　03.0967

jerusalem artichoke　菊芋，＊洋姜，＊五星草　03.0753

jerusalem artichoke powder　菊芋全粉　03.0761

jet-air rice milling　喷风碾米　03.0700

jet homogenizer　喷射式均质机，＊射流式均质机　03.0198

jet mill　气流粉碎机，＊流能磨　03.0038

jet pasting　喷射糊化　03.0777

Jiang　酱　03.1503

Jiang-flavor Chinese spirit　酱香型白酒　03.1349

Jiaozi　饺子，＊水饺，＊娇耳　03.0515

Jiu　酒　03.1347

Jiuqu　酒曲，＊曲蘖　03.1361

joint inspection　共验　04.0191

joint-rate　接缝盖钩完整率　03.0396

joint toxic effect　联合毒性作用　04.0319

K

kamaboko　鱼糕，＊板付鱼糕　03.1108

Kaschin-Beck disease　大骨节病，＊矮人病，＊算盘珠病　05.0502

keep alive　保活　03.1050

keep fresh　保鲜　03.1051

kefir　开菲尔乳　03.1029

kelp　海带　03.1075

Kelvin-Voigt model　开尔文–沃伊特模型　02.0342

Keshan disease　克山病，＊地方性心肌病　05.0500

killing log value　杀灭对数值　03.0284

killing rate　杀灭率　03.0285

killing time　杀灭时间　03.0283

kimchi　韩国泡菜　03.0844

kinematic viscosity　运动黏度　02.0304

Kjeldahl determination　凯氏定氮法　02.0566

knee height　膝高　05.0413

knocking sound checking　敲音检查　03.0414

koji-making disc machine　圆盘制曲机　03.1479

koji-making heavy layer ventilation　通风制曲　03.1478

konjac　魔芋，＊蒟蒻，＊磨芋　03.0749

konjac flour　魔芋粉　03.0762

konjac glucomannan　魔芋葡甘露聚糖　03.0750

KR　杀灭率　03.0285

krill oil　磷虾油　05.0191

KT　杀灭时间　03.0283

L

label traceability management　标签溯源管理　04.0437

laboratorial quarantine　实验室检疫　04.0188

lactic acid　乳酸　02.0683

lactic acid bacteria　乳酸菌　02.0167

lactic bacteria beverage　乳酸菌饮料　02.0232

Lactobacillus　乳杆菌　05.0166

Lactobacillus delbrueckii subsp. *bulgaricus*　德氏乳杆菌保加利亚亚种，＊保加利亚乳杆菌　02.0170

Lactococcus　乳球菌　02.0168

lactoferrin　乳铁蛋白　05.0069

lactose　乳糖　05.0022

lactose intolerance　乳糖不耐受　05.0449

lairage　待宰　03.0917

Lambert-Beer law　朗伯–比尔定律　02.0394

Lambert's law　朗伯定律　02.0393

Lamian　拉面，＊甩面，＊扯面，＊抻面　03.0520

laminar flow tank　层流罐　03.1195

lamination　包酥　03.0430

language bias　语言偏倚　05.0553

Laobaigan-flavor Chinese spirit　老白干香型白酒

03.1359

lard　猪油，＊荤油，＊大油　03.0895

large diameter outdoor storage tank　大直径露天储酒罐　03.1431

large portion size　高端消费量　04.0322

last distillate　酒尾　03.1386

latent infection　潜伏侵染　03.0597

lauric acid　十二[烷]酸，＊月桂酸　05.0095

laver　紫菜　03.1074

layered　分层　03.0172

LC　液相色谱法　02.0611

L-carnitine　左旋肉碱　05.0296

LC-MS　液质色谱–质谱法　02.0613

LD　致死剂量　04.0289

LD100　绝对致死剂量　04.0290

LD50　半数致死剂量，＊致死中量　04.0293

LDL　低密度脂蛋白　05.0430

leaching　沥水　03.0866

lead　铅　04.0123

leaf protein　叶蛋白　05.0239

leavening agent　膨松剂　02.0738

leaven product　酵母制品　02.0783

lecithin　卵磷脂，＊磷脂酰胆碱　05.0111

legume mineral element　豆类矿物质元素　03.0819

length grading　＊长度分级　03.0705

leptospirosis　钩端螺旋体病　04.0240

lethal dose　致死剂量　04.0289

Leu　亮氨酸　05.0057

leucine　亮氨酸　05.0057

ligase　连接酶　02.0045

ligation　扎线　03.0536

light de-enzyme　嫩杀　03.1290

light degradation packaging　光降解包装　03.0323

lighting coefficient　采光系数　03.1612

lightness value　明度，＊光值　02.0401

light reflectance　光反射率　02.0381

light soy sauce　生抽　03.1487

lignans　木酚素类　05.0282

limiting amino acid　限制性氨基酸　05.0008

limonene　柠檬烯，＊苧烯　05.0311

Linderae aggregate leaf　乌药叶　05.0196

linear viscoelasticity　线性黏弹性　02.0358

linkage disequilibrium　连锁不平衡　05.0519

linoleic acid　亚油酸　05.0101

linolenic acid　亚麻酸　05.0102

α-linolenic acid　α-亚麻酸　05.0103

γ-linolenic acid　γ-亚麻酸　05.0104

lipase　脂肪酶　02.0732

lipid　类脂　05.0075

lipid　脂类，＊脂质　02.0033

lipid modification　脂质改性　02.0115

lipid oxidation　脂质氧化　02.0114

lipids digestibility　脂类消化率　05.0467

lipid-soluble vitamin　脂溶性维生素　05.0137

lipophilic group　亲油基，＊疏水基团　03.0175

lipopolysaccharide　脂多糖　05.0041

lipoprotein　脂蛋白　05.0071

lipoxidase　脂肪氧化酶　03.0821

liquefaction　液化　02.0072

liquefied enzyme　液化酶，＊α-淀粉酶　03.1193

liquefied tank　液化罐　03.1194

liquid chromatography　液相色谱法　02.0611

liquid chromatography-mass spectroscopy　液质色谱–质谱法　02.0613

liquid conching　液态精炼法，＊传统精炼法　03.1275

liquid deep layer vinegar fermentation　深层发酵酿醋工艺　03.1499

liquid honey　液态蜜，＊液体蜜　03.1559

liquid-liquid extraction　液–液萃取　03.0089

liquid smoking　液熏，＊湿熏，＊无烟熏　03.1092

liquid state vinegar fermentation　液态法酿醋工艺　03.1497

liquiritin　甘草苷　05.0260

liquor　露酒，＊配制酒　03.1403

liquor fermentation pool　白酒发酵池，＊窖池　03.1379

liquor saturating　醉制　03.0505

Listeria　李斯特菌　02.0171

Listeria monocytogenes　单核细胞增生李斯特菌　04.0027

listeriosis　李斯特菌病　04.0241

livetin　卵黄蛋白　03.0994

LNA　亚麻酸　05.0102

LOAEL　最低可见不良作用水平　04.0310

lobster piece　龙虾片　03.1079

local microorganism　本土微生物　02.0240

local toxic effect　局部毒性效应　04.0277

LOEL　最低可见作用水平　04.0311

long intermittent steeping method　长断水浸麦法

03.1410

longitudinal conche 往复式精炼机 03.1277

loop-mediated isothermal amplification 环介导等温扩增 04.0166

loquat leaf 枇杷叶 05.0193

loss modulus 损耗模量 02.0350

loss modulus 损耗模量 02.0535

loss tangent 损耗角正切 02.0351

low-calorie drink 低热量饮料 03.1345

low conversion syrup 低转化糖浆 03.1198

low density lipoprotein 低密度脂蛋白 05.0430

low dose extrapolation method 低剂量外推法 04.0332

lowering temperature crystallization 降温结晶法 03.0113

lowest observed adverse effect level 最低可见不良作用水平 04.0310

lowest observed effect level 最低可见作用水平 04.0311

low gluten flour 低筋面粉 03.0532

low oxygen injury 低氧伤害 03.0625

Lowry method 劳里法 02.0567

low salt solid state soy sauce fermentation 低盐固态发酵工艺 03.1483

low sodium salt 低钠盐 03.1466

low temperature fermentation 低温发酵 03.1377

low-temperature meat product 低温肉制品 03.0972

low-temperature vacuum frying 低温真空油炸 03.0249

Lu jiu 露酒，＊配制酒 03.1403

lukewarm smoking 温熏 03.1090

luminance 亮度 02.0543

luminance difference threshold 光度视阈 02.0398

lunch and dinner 餐次比 05.0384

Luzhou-flavor liquor ＊泸香型白酒 03.1350

lyase 裂合酶 02.0043

lyophilized bee larva powder 蜂幼虫干粉 03.1572

[lyophilized] royal jelly 蜂王浆［冻干］粉 03.1569

Lys 赖氨酸 05.0058

lysine 赖氨酸 05.0058

lysogenic bacterium 溶原菌 02.0212

lysogenic phage ＊溶原性噬菌体 02.0214

lysozyme 溶菌酶 02.0651

M

MAC 最高容许浓度 04.0303

macaroni extruder 通心粉挤压机 03.0484

macroelement 常量元素，＊宏量元素 05.0116

macrolides 大环内酯类药物 04.0117

magma 糖糊 03.1148

magnesium 镁 05.0121

Maillard reaction 美拉德反应，＊羰氨反应 02.0066

main course 主菜 05.0352

maitotoxin 刺尾鱼毒素 04.0085

major element 常量元素，＊宏量元素 05.0116

making sandy 砂质化 03.1247

malachite green 孔雀石绿 04.0406

male flower of Eucommia ulmoides 杜仲雄花 05.0206

malic acid 苹果酸 02.0684

malic acid-lactic acid fermentation 苹果酸-乳酸发酵 02.0203

malnutrition 营养不良 05.0009

maltodextrin 麦芽糖糊精 02.0755

maltose 麦芽糖 02.0026

mandatory feeding 强制加料 03.0462

mandatory labeling 强制性标示 05.0460

manganese 锰 05.0134

manmade pit mud 人工窖泥 03.1384

mannan 甘露聚糖 05.0027

mannitol 甘露醇 03.1127

Maotai-flavor liquor ＊香型白酒 03.1349

marasmus 干瘦型营养不良 05.0486

marbling 大理石花纹 03.0937

Marek's disease 鸡马立克病 04.0250

margarine 人造奶油 03.0913

margin of exposure 暴露边界值，＊暴露限值 04.0320

margin of safety ratio 安全边界值 04.0321

marinated egg 卤蛋 03.1017

marine biotoxin 海洋生物毒素 04.0082

marine fish 海水鱼 03.1057

marshmallow 棉花糖 03.1264

mashed tuber 薯泥 03.0758

mashing 打浆 03.0875

mashing 糖化 03.1424

massecuite 糖膏 03.1154

mass spectrometry 质谱 02.0606

mass-to-charge ratio 质荷比 02.0550

matcha 抹茶 03.1316

matrix 基质 03.0981

matrix effect 基质效应 04.0159

maturation 成熟 03.0607

maximal tolerance dose 最大耐受剂量 04.0292

maximum allowable concentration 最高容许浓度 04.0303

maximum limit 最高限量 04.0306

maximum residue limit 最大残留限量 04.0308

maximum viscosity temperature 最高黏度时温度 02.0283

Maxwell model 麦克斯韦模型 02.0341

mayonnaise 色拉酱 03.1473

mean particle size 平均粒度 03.0021

measurement traceability 测定溯源 04.0414

meat aging 肉的成熟, ＊排酸 03.0929

meat collection 采肉 03.1096

meat color 肉色 03.0936

meat conditioning 肉的成熟, ＊排酸 03.0929

meat product 肉制品 03.0916

meat separation 采肉 03.1096

meat taint 肉的腐败 04.0255

mechanical property 力学性能 02.0532

mechanical shearing denaturation 机械剪切变性 02.0099

median lethal dose 半数致死剂量, ＊致死中量 04.0293

median percentage method 中位数百分比法 05.0419

medicated liquor 药酒 03.1462

medicated wine 药酒 03.1462

medicine aromatic Chinese spirit 药香型白酒, ＊董香型白酒 03.1354

medium temperature Daqu 中温大曲 03.1370

mee tea 眉茶 03.1311

megaloblastic anemia 巨幼红细胞贫血, ＊营养性大细胞性贫血 05.0509

melamine 三聚氰胺 04.0396

melatonin 褪黑素 05.0291

melittin 蜂毒肽 03.1541

membrane emulsification method 膜乳化方法 03.0189

membrane flux 膜通量 03.0138

membrane separation 膜分离 03.0137

membrane separation equipment 膜分离设备 03.0152

Menkes disease 门克斯病, ＊早老症 05.0445

mercury 汞 04.0120

Mesona chinensis 凉粉草, ＊仙草 05.0233

Met 蛋氨酸, ＊甲硫氨酸 05.0059

meta-analysis 荟萃分析 05.0533

metabolic engineering 代谢工程 02.0224

metabolic flux 代谢流 02.0226

metabolic network 代谢网络 02.0225

metabolic pathway 代谢途径 02.0222

metabolism 代谢 02.0219

metabolite 代谢产物 02.0218

metabolome 代谢组 02.0227

metabolomics 代谢组学 05.0521

metallic taste 金属味 02.0149

metameric color 异谱同色, ＊假同色 02.0387

meta regression meta 回归 05.0558

methionine 蛋氨酸, ＊甲硫氨酸 05.0059

methyl mercury 甲基汞 04.0121

microalgae 微藻 05.0213

microbial contamination 微生物污染 04.0384

microbial indicator 指示微生物 02.0260

microbial toxin 微生物毒素 04.0057

microbiological limit 微生物限量 04.0198

microelement 微量元素 05.0117

microemulsion 微乳液 03.0178

microemulsion based organogel 微乳液凝胶 03.0174

microencapsulation 微胶囊化 05.0360

microfiltration 微滤, ＊微孔过滤 03.0142

microsystin 微囊藻毒素 04.0083

microwave convection drying 微波对流干燥 03.0259

microwave drying 微波干燥 03.0240

microwave freeze-drying 微波冷冻干燥 03.0260

microwave puffing 微波膨化 03.0247

microwave sterilization 微波杀菌 03.0292

microwave vacuum drying 微波真空干燥 03.0261

middle conversion syrup 中转化糖浆 03.1199

middle gluten flour 中筋面粉 03.0531

middle juice 中间汁 03.1144

mild aromatic Chinese spirit 清香型白酒 03.1351

milk 液态乳 03.1021

milk basic protein 牛奶碱性蛋白 05.0241

milk beverage 乳饮料 03.1025

milk fat 乳脂肪 03.1039

milk fat candy 乳脂型硬糖 03.1221

milk mineral 乳矿物盐 05.0244

milk powder 乳粉 03.1040

milk protein concentrate 浓缩乳蛋白粉 03.1044

milk purification 乳净化 03.1046

milk standardization 乳标准化 03.1047

milled long-grain nonglutinous rice 籼米 03.0671

milled medium to short-grain nonglutinous rice 粳米 03.0672

mill flow 粉路 03.0708

milling train 压榨机组 03.1163

minerals 矿物质, *无机盐 05.0115

mineral water 矿泉水 03.1341

minimum growth temperature 最低生长温度 02.0196

minimum lethal dose 最小致死剂量 04.0291

mistake error 过失误差 02.0560

mixed coefficient 混合系数 05.0385

mixed fruit-vegetable juice 复合果蔬汁 03.1334

mixed malnutrition 混合型营养不良 05.0487

mixed steaming and fermentation 混蒸续糁, *混蒸混烧 03.1374

mixing 拌和 03.1231

mixing and kneading 合粉揣揉 03.0766

mixing curing 混合腌制 03.0502

ML 最高限量 04.0306

MLD 最小致死剂量 04.0291

moderate processing 适度加工 03.0669

modification enzyme 修饰酶 02.0501

modified and controlled atmosphere packaging 改善和控制气氛包装, *气调包装 03.0327

modified atmosphere storage 简易气调贮藏 03.0572

modified soybean phospholipid 改性大豆磷脂 02.0714

modified starch 变性淀粉 02.0751

modulus of elasticity 弹性模量 02.0348

MOE 暴露边界值, *暴露限值 04.0320

moist 发烊 03.1236

moistening grains with high temperature water 高温润糁 03.1376

moisture content of dry basis 干基含水率 03.0203

moisture content of wet basis 湿基含水率 03.0204

moisture diffusion coefficient 水分扩散系数 03.0227

moisture gradient 湿度梯度 03.0226

moisture-proof packaging 防潮包装 03.0326

moisture-retaining agent 水分保持剂 02.0740

moisture sorption isotherm 水分吸附等温线 02.0057

molasses 糖蜜 03.1157

molding 成型 03.0435

molecular distillation 分子蒸馏, *短程蒸馏 03.0099

molecular distillation equipment 分子蒸馏设备 03.0107

molecular substitution 分子取代度 03.0788

molecular weight 分子量, *相对分子质量 02.0549

molybdenum 钼 05.0133

monitoring and control measure 监控措施 04.0364

monochlorophenol 氯酚, *一氯苯酚 04.0101

monofloral bee pollen 单一品种蜂花粉 03.1544

monofloral honey 单花种蜂蜜 03.1553

monolayer water 单分子层水 02.0046

monosaccharide 单糖 02.0020

monosodium glutamate 味精 03.1470

monosodium L-glutamate L-谷氨酸钠 02.0699

monounsaturated fatty acid 单不饱和脂肪酸 05.0082

Moringa oleifera leaf 辣木叶 05.0197

MOS ratio 安全边界值, *安全限值 04.0321

most probable number 最大概率数 02.0245

mother liquor 母液 03.1149

mould and yeast count 霉菌酵母计数 04.0010

mould powder molding 模粉成型 03.1257

mould-proof packaging 防霉包装 03.0634

mound storage 堆藏 03.0564

mouth feel 口感 02.0274

MPN 最大概率数 02.0245

MRL 最大残留限量 04.0308

MS 质谱 02.0606

MSG 味精 03.1470

MTD 最大耐受剂量 04.0292

Mucor 毛霉 02.0181

mucopolysaccharide 糖胺聚糖 05.0042

mud in pit 窖泥 03.1382

multicomponent distillation 多组分蒸馏 03.0106

multi-effect concentration equipment 多效浓缩设备 03.0070

multi-effect evaporation 多效蒸发 03.0066

multienzyme complex 多酶复合体 02.0434

multifloral bee pollen 混合蜂花粉 03.1545

multifloral honey 多花种蜂蜜 03.1554

multilayer water 多分子层水 02.0047

multiple cloning site 多克隆位点 02.0515

multiple feedings solid fermentation technology 老五甑法 03.1381

multiplex polymerase chain reaction 多重聚合酶链反应

multi-stage extraction 多级萃取 03.0093

Munsell color system 芒塞尔色系 02.0403

muscarine 毒蝇碱 04.0090

muscle glycogen 肌糖原 05.0030

muscle protein 肌肉蛋白 02.0009

mushroom powder 菇粉 03.1537

mushroom toxin 蘑菇毒素 04.0089

mustard 芥末，＊芥子末 03.1522

mutagenic agent 诱变物，＊诱变剂，＊致突变物

mutton fat 羊油 03.0897

MW 分子量，＊相对分子质量 02.0549

Mycobaterium tuberculosis 结核分枝杆菌 04.0029

mycoplasma gallisepticun infection 鸡毒支原体感染，＊鸡慢性呼吸道病，＊鸡败血支原体感染 04.0253

mycostatin 制霉菌素 02.0264

mycotoxin 真菌毒素 04.0070

mycotoxin residue 真菌毒素残留 04.0387

myrcene 月桂烯 05.0277

N

nanofiltration 纳滤 03.0144

natamycin 纳他霉素 02.0266

natto 纳豆 03.1506

natural amaranth red 天然苋菜红 02.0673

natural antioxidant 天然抗氧化剂 02.0660

natural antiseptics 天然防腐剂 02.0649

natural bacteria 自然菌 03.0281

natural breaking rate 自然断条率 03.0544

natural breeding 自然选育 02.0470

natural casing 天然肠衣 03.0948

natural epidemic focus 自然疫源地 04.0221

natural epidemic nidus 自然疫源地 04.0221

natural perfume 天然香料 02.0724

natural sweetener 天然甜味剂 02.0138

NBI 氮平衡指数 05.0491

NCD 非传染性慢性疾病 05.0432

near infrared spectrometry 近红外光谱法 02.0597

negative nitrogen balance 负氮平衡 05.0494

negative thixotropy 逆触变现象 02.0316

Nelson-Somogyi method 纳尔逊-索莫吉法 02.0582

neohesperidosyl dihydrochalcone 新橙皮苷二氢查耳酮 02.0697

neonatal hemorrhagic disease 新生儿出血症 05.0506

net protein ratio 净蛋白质比值 05.0490

net protein utilization 蛋白质净利用率，＊蛋白质净效系数 05.0488

net structure breaking effect 净结构破坏效应 02.0060

net structure forming effect 净结构形成效应 02.0059

newcastle disease 鸡新城疫，＊亚洲鸡瘟，＊伪鸡瘟 04.0249

new resource food 新食品原料，＊新资源食品

Newtonian fluid 牛顿流体 02.0296

niacin 烟酸，＊尼克酸 05.0144

nicotinic acid deficiency 烟酸缺乏症，＊癞皮病，＊糙皮病 05.0508

nidus of infection 疫源地 04.0222

night blindness 夜盲症，＊雀蒙眼 05.0504

NIRS 近红外光谱法 02.0597

nisin 乳酸链球菌素 02.0650

nitrate 硝酸盐 04.0130

nitrite 亚硝酸盐 04.0131

nitrogen balance 氮平衡 05.0473

nitrogen balance index 氮平衡指数 05.0491

NMR spectroscopy 核磁共振波谱法 02.0622

N-nitroso compound *N*-亚硝基化合物 04.0132

N-nitrosodimethylamine *N*-亚硝基二甲胺 04.0133

NOAEL 无可见不良作用水平，＊未观察到有害作用水平 04.0312

noble rot wine 贵腐葡萄酒 03.1452

NOEL 无可见作用水平，＊未观察到作用水平 04.0313

nominal pressure 公称压力 03.1601

non-acidic food 非酸性食品 02.0231

non-alcoholic beer 无醇啤酒 03.1437

non-communicable chronic disease 非传染性慢性疾病 05.0432

non-competitive inhibition 非竞争性抑制 02.0447

non-enzymatic browning 非酶褐变反应 02.0064

non-essential amino acid 非必需氨基酸 05.0045

non-essential fatty acid 非必需脂肪酸 05.0079

non-essential nutrient 非必需营养素 05.0007

non-esterified fatty acid　游离脂肪酸　02.0036

Nong Jiang-flavor Chinese spirit　［浓酱］兼香型白酒　03.1356

noni purée　诺丽果浆　05.0219

non-Newtonian fluid　非牛顿流体　02.0297

non-pasteurized beer　生啤酒，＊冷过滤啤酒　03.1433

non-respiratory climacteric　非呼吸跃变　03.0620

no observed adverse effect level　无可见不良作用水平，＊未观察到有害作用水平　04.0312

no observed effect level　无可见作用水平，＊未观察到作用水平　04.0313

noodle　面条　03.0518

noodle press machine　压面机　03.0558

normal milk　正常乳　04.0257

normal speed centrifuge　常速离心机　03.0079

norovirus　诺如病毒　04.0042

notifiable disease　法定通报疫病　04.0206

nougat　牛轧糖　03.1263

NRV　营养素参考值　05.0459

nuclear magnetic resonance　核磁共振　02.0621

nuclear magnetic resonance spectroscopy　核磁共振波谱法　02.0622

nuclease　核酸酶　02.0500

nucleation　起晶　03.1150

nut chocolate　果仁巧克力　03.1283

nutrient　营养素　05.0005

nutrient density　营养素密度　05.0391

nutrient function claim　营养素功能声称　05.0457

nutrient intake　营养素摄入量　05.0369

nutrient loss ratio　营养素损失率　05.0342

nutrient reference value　营养素参考值　05.0459

nutrient retention ratio　营养素保留率，＊营养素保留因子　05.0343

nutrient supplement　营养素补充剂，＊膳食补充剂　05.0317

nutrigenetics　营养遗传学　05.0511

nutrigenomics　营养基因组学　05.0512

nutrition　营养　05.0002

nutrition　营养学　05.0003

nutritional requirement　营养素需要量　05.0464

nutrition claim　营养声称　05.0453

nutrition density　营养密度　05.0389

nutrition facts label　营养成分表　05.0452

nutrition fortification rice　营养强化米　03.0529

nutrition imbalance　营养不平衡，＊营养过剩　05.0011

nutrition intervention　营养干预　05.0477

nutrition labelling　食品营养标签　05.0450

nutrition strengthening rice　营养强化米　03.0529

O

obesity　肥胖　05.0434

objective method　客观评价法　02.0632

obligatory nitrogen loss　必要［性］氮损失　05.0495

occupation health safety management system　职业健康管理体系　03.1619

ochratoxin　赭曲霉毒素　04.0079

octopus　章鱼，＊八爪鱼　03.1071

odds ratio　比值比　05.0547

odor　气味　02.0124

odor threshold　嗅味阈值　02.0554

Oenothera biennis oil　月见草油　05.0174

off-flavor　＊异味　03.1052

off-flavor material　异味物质　02.0153

ohmic heating　欧姆加热　02.0425

ohmic heating sterilization　欧姆加热杀菌　03.0294

OHSMS　职业健康管理体系　03.1619

oil foot　油脚　03.0915

oil in water emulsion　水包油型乳液　03.0180

oil stability index　油稳定性指数　02.0579

oil-tea protein　油茶蛋白　05.0237

okadaic acid　冈田软海绵酸　04.0084

oleic acid　油酸，＊十八碳-顺-9-烯酸　05.0100

olfactory sensation　嗅觉　02.0123

olfactory sense substance　嗅感物质　02.0150

oligomeric enzyme　寡聚酶　02.0433

oligosaccharide　寡糖，＊低聚糖　02.0024

olive oil　橄榄油　03.0887

one-step aeration　一步充气法　03.1253

one-step filling　一次灌装　03.1322

on-site quarantine　现场检疫　04.0187

on-the-spot quarantine　现场检疫　04.0187

on-tree storage　留树保鲜，＊挂果保鲜　03.0578

Oolong tea　乌龙茶　03.1310

open-circuit grinding　开路粉碎　03.0009

operational prerequisite program　操作性前提方案　04.0369

operation limit　操作限值　04.0366

operon　操纵子　02.0509

opponent-color theory　反色学说　02.0395

OPRP　操作性前提方案　04.0369

optical density　光密度　02.0408

organochlorine pesticide　有机氯农药　04.0100

organomercurous fungicide　有机汞杀菌剂　04.0106

organophosphorus pesticide　有机磷农药　04.0103

orientation polarization　取向极化　02.0417

original liquor　原浆酒　03.1392

origin traceability management　原产地溯源管理　04.0440

oryzanol　谷维素　05.0299

OSI　油稳定性指数　02.0579

osmosis　渗透　03.0140

osmotic dehydration　渗透压脱水，＊渗透脱水　03.0238

osmotic dehydration combined with hot-air drying　渗透-热风联合干燥　03.0254

osmotic pressure　渗透压　03.0148

osteoporosis　骨质疏松　05.0441

Ostwald ripening　＊奥斯特瓦尔德熟化　03.0166

outcropping rate　露点率　03.1419

ovalbumin　卵白蛋白，＊卵清蛋白　03.0989

overlap length　叠接长度　03.0394

overlap rate　叠接率，＊重合率　03.0393

over-mix　搅拌过度　03.0426

oversize product　筛余物，＊筛上物　03.0044

overweight　超重　05.0433

ovomucin　卵黏蛋白　03.0991

ovotransferrin　卵伴白蛋白，＊卵转铁蛋白　03.0990

ovule　胚珠　03.0987

oxidase　＊氧化酶　02.0040

oxidoreductase　氧化还原酶　02.0040

oyster　牡蛎，＊生蚝，＊海蛎子　03.1066

oyster cocktail　蚝油　03.1489

oyster flavoured sauce　蚝油　03.1489

oyster sauce　蚝油　03.1489

ozone pasteurization　臭氧杀菌　03.0303

ozone preservation technology　臭氧保鲜技术　03.0576

P

package density　包制密度　03.0542

packing technology　装箱技术　03.0318

paddy separator　谷糙分离筛，＊谷糙分离设备　03.0734

paeoniflorin　芍药苷　05.0279

PAGE　聚丙烯酰胺凝胶电泳　02.0572

paired difference test　2 点识别实验法　02.0636

paired preference test　2 点嗜好实验法　02.0637

PAL　体力活动水平　05.0018

pale soft exudative meat　苍白松软渗水肉，＊PSE 肉　03.0934

palmitic acid　十六[烷]酸，＊软脂酸，＊棕榈酸　05.0097

palmitoleic acid　棕榈油酸，＊十六碳-顺-9-烯酸，＊鳖酸　05.0098

panel　评审组　02.0635

pan-fired tea　炒青　03.1293

pan mill　轮碾机，＊盘磨　03.0034

pantothenic acid　泛酸　05.0145

paprika red　辣椒红　02.0668

Paragonimus westermani　肺吸虫，＊卫氏并殖吸虫　04.0049

parboiled rice　蒸谷米，＊半煮米　03.0678

parboiling　蒸谷　03.0693

Parkinson's disease　帕金森病，＊震颤麻痹　05.0448

partial freezing　微冻　03.0358

partial high temperature Daqu　偏高温大曲　03.1371

partical size　粒径　02.0539

particle size　粒度　03.0020

paste　酱　03.1503

pasteurization　巴氏杀菌，＊低温长时杀菌法　03.0287

pasteurized beer　熟啤酒　03.1434

pasteurized milk　巴氏杀菌乳　03.1023

pasting　打糊　03.0421

pastry　糕点　03.0419

pastry machine　包馅机　03.0452

pathogen　病原体　04.0217

pathogen carrier　病原携带者　04.0210

pathogenic microorganism　致病性微生物　04.0218

pathway engineering　途径工程　02.0223

patulin　展青霉素，＊棒曲霉毒素　04.0078

paupiette　鱼卷　03.1105

PCB 多氯联苯，＊聚氯联苯 04.0126

PCR 聚合酶链反应 04.0161

peanut oil 花生油 03.0886

peanut protein flour 花生蛋白粉 02.0765

pectin 果胶 02.0709

pectinase 果胶酶 02.0730

pediocin 片球菌素 02.0265

peeling 去皮 03.0867

Penicillium 青霉 02.0182

Penicillium citreoviride 黄绿青霉素 04.0076

Penicillium citrinum 橘青霉 04.0033

peony seed oil 牡丹籽油 05.0173

pepper 胡椒 03.1518

peptide 肽 02.0006

peptide bond 肽键 02.0110

peptidoglycan 肽聚糖，＊黏肽 05.0043

percentage of energy-yielding 供能比 05.0014

percentage of open area 开孔率，＊筛面利用系数，＊筛孔系数 03.0046

percentage of release 剥刮率 03.0726

percentile method 百分位法 05.0422

pericarpium zanthoxyli 花椒 03.1519

permanent organic pollution 持久性有机污染物 04.0380

peroxide value 过氧化值 02.0081

persimmon tannin 柿子单宁 05.0272

pervaporation 渗透蒸发，＊渗透汽化 03.0145

pesticide residue 农药残留 04.0385

phase inversion emulsification 转相乳化 03.0185

phase transition temperature 相变点 02.0370

Phe 苯丙氨酸 05.0060

phenolic acid 酚酸 05.0273

phenol-sulfuric acid method 苯酚–硫酸法 02.0581

phenotype 表型 05.0515

phenotypic variation 表型变异 05.0530

phenylalanine 苯丙氨酸 05.0060

phenylketonuria 苯丙酮尿症 05.0446

pH memory pH 记忆 02.0461

phosphoinositide 磷酸肌醇，＊磷脂酰肌醇 05.0084

phospholipase 磷脂酶 02.0733

phospholipid 磷脂 05.0109

phosphoric floatation 磷浮 03.1146

phosphorus 磷 05.0120

photosensitized oxidation 光敏氧化 02.0121

p-hydroxybenzoate 对羟基苯甲酸酯类 02.0645

physical activity level 体力活动水平 05.0018

physical adsorption 物理吸附，＊范德瓦耳斯吸附，＊非极性吸附 03.0120

physical control 物理防治 03.0595

physical hazard 物理性危害 04.0270

physical map 物理图谱 02.0523

physical modification of starch 淀粉物理变性 03.0775

physical pollution 物理性污染 04.0383

physiological disorder 生理性病害，＊非侵染性病害 03.0602

physiological dormancy 生理休眠 03.0627

phytic acid 植酸 02.0661

phytochemical 植物化学物 05.0248

phytochemical extract 植物提取物 02.0762

phytohemagglutinin 植物凝集素 04.0097

phytohemagglutinin 植物血凝素 05.0510

Pichia pastoris 毕赤酵母 02.0190

pickle 泡菜 03.0843

pickle curing 湿腌 03.0495

pickled fish 糟鱼 03.1086

pickled in wine or with grains 糟制 03.0506

pickled vegetable 腌制蔬菜 03.0841

pickled vegetable with salt 盐渍菜 03.0846

pickled vegetable with soy sauce 酱渍菜 03.0845

pickled vegetable with sugar 糖渍菜 03.0847

pickle liquid 腌制液 03.0499

pick up stage 拾起阶段 03.0422

pieces mushroom 碎菇 03.1536

pigment 色素，＊天然着色剂 02.0665

pinenut oil 松籽油 05.0186

piping arrangement 管路布置图，＊管路配置图 03.1599

piquancy 辣味 02.0145

pit mud 窖泥 03.1382

plain chocolate 纯巧克力 03.1281

planar rotating sieve surface 平面回转筛面 03.0051

planar rotating sieving 平面回转式筛分 03.0055

planetary mill 行星磨 03.0040

plant growth regulator 植物生长调节剂 04.0110

plant inspection 驻厂检验 04.0193

plasma pasteurization 等离子体杀菌 03.0305

plastic 整形 03.0434

plastic flow 塑性流动 02.0310

plastic forming　塑压成型　03.1234

plasticity　塑性　02.0329

plate and frame module　板框式膜分离器　03.0153

plate freezing　平板冻结　03.0346

plate germination method　地板式发芽法　03.1414

pneumatic flash dryer　气流闪蒸干燥机　03.0269

pneumatic operation　充气作业　03.1252

pneumatic ring dryer　气流环形干燥机　03.0270

point assessment screening　点评估筛选法　04.0330

Poisson's ratio　泊松比　02.0331

polarization　极化　02.0413

polarization charge　极化电荷　02.0414

polisher　抛光机　03.0739

polishing chocolate　抛光巧克力　03.1285

pollen　花粉　03.1538

pollen cell wall breaking　花粉破壁　03.1590

pollen dryer　花粉干燥器　03.1579

pollen extract　花粉浸膏　03.1591

polyacrylamide gel electrophoresis　聚丙烯酰胺凝胶电泳　02.0572

polychlorinated biphenyl　多氯联苯，＊聚氯联苯　04.0126

polycyclic aromatic hydrocarbon　多环芳烃　04.0128

ε-polylysine　ε-聚赖氨酸　02.0267

polymerase chain reaction　聚合酶链反应　04.0161

polymorphism　同质多晶　02.0080

polyphenol　多酚　05.0249

polysaccharide　多糖　02.0028

polysorbate　吐温类乳化剂　02.0722

polyunsaturated fatty acid　多不饱和脂肪酸　05.0083

pool aerated koji-making system　通风制曲　03.1478

POP　持久性有机污染物　04.0380

poppyseed oil　御米油　05.0171

porcine reproductive and respiratory syndrome　猪繁殖与呼吸综合征，＊猪蓝耳病　04.0248

porosity　孔隙率　02.0376

porous starch　多孔淀粉　03.0798

portion size　分量　05.0162

port quarantine　口岸检疫　04.0186

positive nitrogen balance　正氮平衡　05.0492

post-mortem inspection　宰后检验　04.0234

postripeness　后熟　03.0608

potassium　钾　05.0122

potassium pyrosulfite　焦亚硫酸钾　02.0648

potassium sorbate　山梨酸钾　02.0642

potato　马铃薯，＊土豆，＊洋芋　03.0746

potato chips　薯条　03.0755

potato rasp　马铃薯锉磨机　03.0809

potato residue　薯渣　03.0810

pour rice wine method　淋饭法　03.1456

powder of Lepidium meyenii　玛卡粉　05.0216

power law model　幂律模型　02.0357

practically free　基本无疫　04.0211

prawn　对虾，＊大虾　03.1062

prebiotics　益生元　05.0164

precooking and hardening　预煮硬化　03.0765

precooling　预冷　03.0342

precursor　前体　02.0442

predictive food microbiology　预测食品微生物学　02.0261

predictive microbiology　预测微生物学　04.0375

pregelatinization　预糊化　03.0776

pregelatinized starch　预糊化淀粉　02.0753

premodulation　预调制　03.0467

pre-mortem quanantine　宰前检疫　04.0232

prepackaged food　预包装食品　03.0629

prepared meat product　调理肉制品　03.0970

preservative　保鲜剂　03.0611

preserved egg　变蛋，＊卞蛋，＊皮蛋，＊松花蛋　03.1010

preserved fruit and vegetable　果蔬脯　03.0852

preserved tuber　薯干　03.0756

preserving color　护色　03.0869

press honey　压榨蜜　03.1558

pressure distillation　加压蒸馏　03.0101

pre-storage　预贮　03.0591

primary metabolism　初级代谢　02.0204

primary metabolite　初级代谢产物　02.0479

primary structure　一级结构　02.0087

primary tea　毛茶，＊毛条　03.1298

primer　引物　02.0512

principle component analysis　主成分分析，＊主分量分析　05.0532

prion　朊病毒　04.0039

Pro　脯氨酸　05.0061

proanthocyanidin　原花青素　05.0267

probiotics　益生菌　05.0163

processing factor　加工系数　04.0325

processing with salt 盐制，＊盐腌，＊盐渍 03.0492

process monitoring 过程控制 03.1608

process traceability 过程溯源 04.0410

product of bee brood 蜂子制品 03.1571

product quality certification 产品质量认证 03.1627

product scheme 产品方案，＊生产纲领 03.1610

proline 脯氨酸 05.0061

promoter 促进剂 02.0443

promoter 启动子 02.0510

promoting digestion 促进消化 05.0338

promoting excretion of lead 促进排铅 05.0324

promoting lactation 促进泌乳 05.0327

property claim 属性声称 05.0456

prophage 原噬菌体 02.0215

propolis 蜂胶 03.1547

propylene chlorohydrin 氯丙醇 04.0139

propylene glycol fatty acid ester 丙二醇脂肪酸酯 02.0718

propyl gallate 没食子酸丙酯 02.0654

prospective study 前瞻性研究 05.0538

protamine 鱼精蛋白 03.1130

protease 蛋白酶 02.0731

protease inhibitor 蛋白酶抑制剂 04.0098

protecting on chemical injury of liver 对化学性肝损伤的保护作用 05.0334

protein 蛋白质 02.0004

protein apparent digestibility 蛋白质表观消化率 05.0479

protein complementary action 蛋白质互补作用 05.0484

protein digestibility 蛋白质消化率 05.0478

protein digestibility corrected amino acid score 经消化率修正的氨基酸评分 05.0476

protein drink 蛋白饮料 03.1338

protein efficiency ratio 蛋白质功效比值 05.0470

protein-energy malnutrition 蛋白质-能量营养不良 05.0469

protein hydrolysis 蛋白质休止 03.1427

protein index 蛋白指数 03.0997

protein oxidation 蛋白质氧化 02.0097

protein rest 蛋白质休止 03.1427

protein true digestibility 蛋白质真消化率 05.0480

proteoglycan 蛋白多糖 05.0040

proteomics 蛋白质组学 05.0524

Proteus 变形杆菌属 04.0016

protocatechuic acid 原儿茶酸 05.0275

provisional tolerable daily intake 暂定每日耐受摄入量 04.0317

provisional tolerable weekly intake 暂定每周耐受摄入量 04.0318

PRRS 猪繁殖与呼吸综合征，＊猪蓝耳病 04.0248

Pseudomonas 假单胞菌 02.0172

Pseudomonas cocovenenans subsp. 椰毒假单胞菌 04.0028

pseudoplastic fluid 假塑性流体 02.0306

PTDI 暂定每日耐受摄入量 04.0317

PTWI 暂定每周耐受摄入量 04.0318

publication bias 发表偏倚，＊出版性偏倚 05.0543

public system 公用系统 03.1613

PUFA 多不饱和脂肪酸 05.0083

puffing 膨化 03.0458

puffing at low temperature and high pressure 低温高压膨化 03.0248

puffing drying 膨化干燥 03.0245

pullulan 茁霉多糖，＊短梗霉聚糖 05.0228

pullulanase 普鲁兰酶，＊短梗霉多糖酶 03.1213

pulping machine 磨浆机 03.0559

pulsed electric field pasteurization 脉冲电场杀菌 03.0298

pulsed magnetic field pasteurization 脉冲磁场杀菌，＊振荡磁场杀菌 03.0299

pulsed microwave drying 脉冲微波干燥 03.0241

pure steaming and fermentation 清蒸清糁，＊清蒸清烧 03.1373

pure steaming and mixed fermentation 清蒸续糁 03.1375

purging 分蜜 03.1155

purified drinking water 纯净水 03.1340

pyrethroids pesticide 拟除虫菊酯类农药 04.0105

pyridine 吡啶，＊氮杂苯，＊吖嗪 04.0138

Q

Qiang　＊羌　03.1461

Qingke liquor　青稞酒，＊纳然　03.1461

QIS　质量信息系统　03.1630

QR code animal identification　二维码动物标识，＊动物电子身份证　04.0443

qualitative response　质反应　04.0288

qualitative risk assessment　定性风险评估　04.0337

quality assurance center　品控中心　03.1596

quality information system　质量信息系统　03.1630

quality inspection　质量检验　03.1628

quantitative risk assessment　定量风险评估　04.0338

quarantine　检疫　04.0175

quarantine animal disease　检疫性动物疫病　04.0200

quarantine area　检疫区　04.0207

quarantine at port　口岸检疫　04.0186

quarantine-based animal disease　检疫性动物疫病　04.0200

quarantine in origin area　产地检疫　04.0185

quarantine in producing area　产地检疫　04.0185

quarantine monitoring　检疫监测　04.0196

quarantine pathogen　检疫病原体　04.0201

quarantine pest　检疫性有害生物　04.0203

quarantine supervision　检疫监管　04.0182

quarantine surveillance　检疫监测　04.0196

quarantine treatment　检疫处理　04.0184

quaternary structure　四级结构　02.0090

quercetin　槲皮素，＊栎精，＊槲皮黄素　05.0255

questionnaire method　询问法　05.0372

quick-freeze　速冻　03.0376

quick-frozen fruit and vegetable　速冻果蔬　03.0854

quinolone　喹诺酮　04.0116

quinonoids　醌类化合物　05.0314

R

rabies　狂犬病，＊恐水病　04.0243

rack oven　转炉　03.0455

ractopamine　莱克多巴胺　04.0400

radiation pasteurization　辐照杀菌　03.0300

radiation resistance　耐放射性　04.0154

radiation treatment　辐射处理，＊辐照处理　03.0585

radio frequency drying　射频干燥　03.0242

radio frequency identification　射频识别　04.0441

radionuclide　放射性核素　04.0149

radium　镭　04.0150

raffinose　棉籽糖　05.0288

rancidity　酸败　02.0116

random effect model　随机效应模型　05.0551

random error　随机误差　02.0559

randomized controlled trial　随机对照试验　05.0536

randomly amplified polymorphic DNA　随机扩增多态性DNA　02.0525

RAPD　随机扩增多态性DNA　02.0525

rapeseed protein　菜籽蛋白　05.0235

rapidly digestible starch　快消化淀粉　05.0034

rapid visco analyzer　快速黏度分析仪　02.0626

rate of vitreous wheat　角质率　03.0689

ratio of color separation　色选精度　03.0706

raw material cleaning　原料清理　03.0864

raw material handling　原料清理　03.0864

raw paddy　毛谷　03.0676

raw sugar　原糖　03.1182

raw tea　初加工茶　03.1302

Rayleigh scattering spectrophotometry　瑞利散射分光光度法　02.0595

razor clams sauce　蛏油　03.1118

RDI　推荐每日摄入量　04.0305

RE　视黄醇当量　05.0140

real time fluorescent quantitative polymerase chain reaction　实时荧光定量聚合酶链反应　04.0164

real time fluorescent quantitative reverse transcription polymerase chain reaction　实时荧光定量反转录聚合酶链反应　04.0165

reciprocating sieve surface　往复运动筛面　03.0049

reciprocating vibrating sieving　往复振动式筛分　03.0053

recombinant DNA technique　重组DNA技术　02.0486

recommended daily intake　推荐每日摄入量　04.0305

recommended nutrient intake　推荐摄入量　05.0396

record management　记录管理　04.0421

recrystallization　重结晶法　03.0116

rectification　精馏　03.0095

redder　撕裂机　03.1162

red green blue　三原色　02.0544

red kojic rice　红曲米　02.0670

red Qu　红曲，＊红米　03.1365

red rice　红曲，＊红米　03.1365

reducing sugar　还原糖　02.0076

reduction system　心磨系统　03.0720

reference dose　参考剂量　04.0294

reference person　标准人　05.0378

reference person coefficient　标准人系数，＊折合系数　05.0383

reference protein　参考蛋白　05.0472

re-filling　二次灌装　03.1323

refine　精炼　03.1274

refined filtration　精滤　03.1098

refined propolis　精制蜂胶　03.1548

refined soybean oil　精炼大豆油　03.0909

refined sugar　精［制］糖　03.1185

reflection density　反射密度　02.0409

reformed egg　再制蛋　03.1001

refractive index　折射率　02.0577

refrigerated container　冷藏集装箱　03.0380

refrigerated transport　冷藏运输　03.0378

refrigerated truck　冷藏车　03.0379

refrigeration house　冷库　03.1598

regeneration of ion exchange resin　离子交换树脂再生　03.0132

regularizing grain　整晶　03.1152

regulated non-quarantine pest　管制的非检疫性有害生物　04.0204

regulated pest　管制性有害生物　04.0202

rehydration　复水　03.0874

rehydration capacity　复水性　03.0212

relative humidity　相对湿度　02.0194

relative mobility　相对迁移率　02.0556

relative protein value　相对蛋白质值　05.0489

relative risk　相对危险度　05.0546

relative sweetness　相对甜度　02.0136

relative viscosity　相对黏度　02.0301

relaxation time　弛豫时间　02.0418

relieving physical fatigue　缓解体力疲劳　05.0328

relieving visual fatigue　缓解视疲劳　05.0323

remanufacturing vinegar　再制醋　03.1502

remelt syrup　回溶糖浆　03.1175

reprocessed tea　再加工茶　03.1303

residue of veterinary drug　兽药残留　04.0386

resistant starch　抗性淀粉，＊酶阻淀粉，＊抗消化淀粉　03.0799

respiration heat　呼吸热　03.0622

respiration rate　呼吸速率　03.0618

respiratory climacteric　呼吸跃变　03.0619

respiratory disorder　呼吸失调　03.0624

respiratory quotient　呼吸商，＊气体交换率　03.0621

response surface　响应面　02.0564

restaurant nutrition environment　餐饮营养环境　05.0355

resteeping method　重浸渍浸麦法　03.1413

restriction endonuclease　限制性内切核酸酶　02.0497

restriction modification system　限制修饰系统　02.0519

retardation elasticity　弹性滞后　02.0343

retinol　＊视黄醇　05.0139

retinol equivalent　视黄醇当量　05.0140

retortable pouch　蒸煮袋　03.0330

retrogradation　回生，＊老化　02.0074

retrogradation properties　老化特性　03.0715

retrospective study　回顾性研究　05.0539

reverse logistics　逆向物流　04.0426

reverse osmosis　反渗透　03.0149

reverse transcription polymerase chain reaction　反转录聚合酶链反应　04.0163

reversible toxic effect　可逆毒性效应　04.0279

review of the literature　文献综述　05.0537

RfD　参考剂量　04.0294

RFID　射频识别　04.0441

RGB　三原色　02.0544

RGB color model　RGB 表色系统　02.0392

RH　相对湿度　02.0194

rheometer　流变仪　02.0275

rheopexy　胶变性流动，＊逆触变流动　02.0315

Rhizopus　根霉　02.0186

Rhizopus oligosporus　少孢根霉　02.0193

Rhizopus stolonifer　匍枝根霉，＊黑面包霉　02.0183

rhodopsin　视紫红质　05.0157

Rhodotorula　红酵母　02.0189

RI　折射率　02.0577

riboflavin　＊核黄素　05.0143

rice　米饭，＊白饭　03.0528

rice aromatic Chinese spirit　米香型白酒，＊蜜香型白酒　03.1352

rice bran oil　米糠油　03.0903

rice husking　砻谷，＊脱壳　03.0695

rice milling machine　［碾］米机　03.0733

rice noodle　米粉，＊米线，＊米面条　03.0519

rice polishing　擦米，＊刷米　03.0702

rice washing machine　淘米机，＊洗米机　03.0561

rice whitener　［碾］米机　03.0733

rice whitening machine　［碾］米机　03.0733

rice with remained germ　留胚米　03.0674

rickets　佝偻病　05.0496

rigidity　刚度　02.0328

rigor　僵直　03.0931

rinsing and peeling　清洗去皮　03.0763

ripe honey　成熟蜂蜜　03.1551

ripen　催熟　03.0612

ripener　催熟剂　03.0613

ripening　陈化　03.0166

risk analysis　风险分析　04.0261

risk assessment　风险评估　04.0262

risk assessment model　风险评估模型　04.0326

risk awareness　风险意识　04.0265

risk characterization　风险描述　04.0324

risk communication　风险交流　04.0264

risk cost　风险成本，＊风险代价　04.0345

risk difference　危险度差值　05.0548

risk management　风险管理　04.0263

risk management monitoring　风险管理监控　04.0343

risk management option assessment　风险管理选择评估　04.0342

risk profile　风险概述　04.0347

risk retention　风险自留，＊风险承担　04.0346

risk source　风险源　04.0260

RNI　推荐摄入量　05.0396

roast dextrin　焙炒糊精　03.0801

roasted duck　烤鸭　03.0966

roasted product　烧烤制品　03.0965

rock sugar　冰糖　03.1187

rod mill　棒磨机　03.0033

roller mill　辊式磨粉机　03.0742

rolling　辊轧　03.0429

rolling　摇制　03.0513

rolling of tea　揉捻　03.1288

roll up stage　卷起阶段　03.0423

rongalit　吊白块，＊雕白粉　04.0398

rose-bengal B　玫瑰红 B，＊罗丹明 B，＊四乙基罗丹明，＊碱性玫瑰精　04.0407

rose hip oil　＊玫瑰果油　05.0178

roselle　玫瑰茄　05.0200

Rose rugosa　玫瑰　05.0208

rotary conche　回旋式精炼机　03.1278

rotary drum dryer　转鼓干燥机　03.0263

rotary drum sieving　转筒式筛分　03.0056

rotary dryer　回转圆筒式干燥机　03.0268

rotary sieve surface　旋转筛面　03.0052

rotary vacuum filter　旋转真空过滤机　03.0807

rotating and multi-forming machine　回转式冲压成型机　03.1240

rotavirus　轮状病毒　04.0040

rotenone　鱼藤酮　05.0263

rough rice　毛谷　03.0676

rounder　滚圆机　03.0450

rounding　滚圆　03.0428

roxburgh rose　刺梨　05.0220

royal jelly　蜂王浆，＊蜂皇浆，＊蜂乳　03.1568

royal jelly crystal　蜂乳晶　03.1575

royal jelly harvest　取浆　03.1580

royal jelly tablet　王浆片　03.1576

RT-PCR　反转录聚合酶链反应　04.0163

rum　朗姆酒　03.1399

rupture strength　破断强度　02.0327

rupture stress　破断强度　02.0327

rutin　芦丁，＊芸香苷　05.0256

RVA　快速黏度分析仪　02.0626

S

sabot　装盘　03.0436

saccharification　糖化　03.1424

saccharifying tank　糖化罐　03.1197

saccharin　糖精　02.0687

Saccharomyces cerevisiae 酿酒酵母 02.0191

Saccharum officinarum L. 甘蔗 03.1132

Sacha inchi oil 美藤果油 05.0183

safe level 安全限 02.0551

safety limit 安全限值 04.0301

sake 日本清酒 03.1401

salad oil 色拉油 03.0911

salbutamol 沙丁胺醇，＊羟甲叔丁肾上腺素，＊柳丁氨醇 04.0401

saline taste 咸味 02.0142

Salmonella 沙门菌 02.0173

Salmonella 沙门菌属 04.0014

salt 食盐 03.1465

salted duck 板鸭 03.0964

salted egg 咸蛋，＊盐蛋，＊腌蛋，＊味蛋 03.1011

salted vegetable 蔬菜咸坯 03.0848

salt effect of protein 蛋白质盐效应 02.0101

salter 咸味剂 03.1464

salting 盐制，＊盐腌，＊盐渍 03.0492

salting and sunning preservation 腌晒 03.0498

salting bee brood 盐渍蜂子 03.1574

salting in ＊盐溶 02.0101

salting out ＊盐析 02.0101

salt iodization 碘盐 03.1467

sample pretreatment technology 样品前处理技术 04.0157

sampling inspection 抽验 04.0192

sanding 拌砂 03.1232

sandwich enzyme-linked immunosorbent assay 夹心酶联免疫吸附测定 04.0169

sanitary quarantine 卫生检疫 04.0195

sanitation standard operating procedure 卫生标准操作程序 04.0357

saponification value 皂化值 02.0118

saponin 皂苷 05.0305

sapovirus 札幌病毒，＊札如病毒，＊沙波病毒 04.0041

satiety 饱腹感 05.0387

saturated fatty acid 饱和脂肪酸 05.0080

saturation 饱充 03.1139

sauce 酱 03.1503

sauce pickled product 酱卤制品 03.0962

sausage 香肠 03.0946

savory flavoring 咸味食品香精 03.1474

saxitoxin 石房蛤毒素 04.0088

SBP 收缩压 05.0425

scallion 葱 03.1509

scallop 扇贝，＊海扇 03.1067

scalping 粗筛 03.0723

scalping cover 粗筛 03.0723

scanning electron microscope 扫描电子显微镜 02.0598

scented tea 花茶，＊窨制茶 03.1313

SCM 供应链管理 03.0664

SCP 单细胞蛋白 05.0240

scraped-film molecular distillator 刮膜式分子蒸馏器 03.0109

scraper type evaporator 刮板式薄膜蒸发器 03.0069

scratch system 渣磨系统 03.0721

screening 筛分 03.0042

screw conveying hammer mill 螺旋输送锤磨机 03.0036

screw feeder 螺旋喂料器 03.0466

screw feeding 螺旋喂料 03.0465

scurvy 坏血病 05.0507

SD 标准偏差 02.0557

sealant 密封胶 03.0400

sealing 密封 03.0408

sealing up 封存 04.0220

seam thickness 卷边厚度 03.0388

seam width 卷边宽度 03.0389

search management 查询管理 04.0422

sea sedge 海苔 03.1081

seasoned and cooked product 调味熟制品 03.1111

seasoning 调味品，＊调味料 03.1463

sea-tangle 海带 03.1075

seawater fish 海水鱼 03.1057

sea weed 海草 05.0204

seaweed 藻类 03.1072

secondary metabolism 次级代谢 02.0205

secondary metabolite 次级代谢产物 02.0480

secondary puffing 二次膨化 03.0479

secondary structure 二级结构 02.0088

section drying 枯水 03.0603

sedimentation 沉降 03.0163

sedimentation-type centrifuge 沉降式离心机 03.0082

seed culture medium 种子培养基 02.0474

seed pan 晶种罐 03.1171

seed protein 种籽蛋白 05.0234

segmented sugar boiling 分段煮糖 03.1177

selective culture medium 选择性培养基 02.0200

selectively labeling 选择性标示 05.0461

selenium 硒 05.0128

self bodying action 白稠化作用 03.0168

self-emulsifying 自然乳化 03.0187

self-inspection 自验 04.0190

SEM 扫描电子显微镜 02.0598

semi-continuous fermentation 半连续发酵 02.0466

semi-dry processing of starch modification 淀粉半干法变性 03.0787

semi-dry sausage 半干制香肠 03.0952

semi-dry wine 半干葡萄酒 03.1447

semipermeable membrane 半透膜 03.0147

semi-soft candy 半软糖 03.1245

semolina 麦渣 03.0690

senescence 衰老 03.0610

sensitivity analysis 敏感性分析 05.0555

sensory analysis 感官分析 02.0628

sensory evaluation 感官评价 02.0154

sensory organ 感觉器官 02.0629

separation 分离 03.0073

Ser 丝氨酸 05.0062

serine 丝氨酸 05.0062

sesame-flavor liquor 芝麻香型白酒 03.1355

sesame oil 芝麻油, *香油, *麻油 03.0891

settling centrifugal machine 沉降式离心机 03.0082

settling table 沉淀槽 03.0808

SFI 固体脂肪指数 02.0580

shaking 摇制 03.0513

Shanniang rice wine 善酿酒, *双套酒 03.1460

shaper 整形机 03.0451

shark fin 鱼翅 03.1112

shear effect 剪切效应 03.0190

shearing cooking extruder 剪切蒸煮挤压机 03.0486

shearing cooking extrusion 剪切蒸煮挤压 03.0470

shear modulus 剪切模量 02.0333

shear rate 剪切速率 02.0292

shear strength 抗剪强度 02.0536

shear stress 剪切应力 02.0295

shear thickening flow 剪切增稠流动 02.0309

shear thinning flow 剪切稀化流动 02.0307

shear viscosity 剪切黏度 02.0289

shedding device 脱粉器 03.1589

shelf life 货架期, *保质期 03.0632

sheller 砻谷机 03.0732

shelling 砻谷, *脱壳 03.0695

shell molding 壳模成型 03.1280

Shiga toxin 志贺毒素 04.0065

Shigella 志贺菌 02.0174

Shigella 志贺菌属, *痢疾杆菌 04.0015

shortening oil 起酥油 03.0914

short term liquid state vinegar fermentation 速酿法, *回流速酿法 03.1498

shrimps 虾类 03.1060

shrimp sauce 虾油 03.1117

sick animal 患病动物 04.0214

side dish 配菜 05.0353

sieve frame 筛格 03.0727

sieve scheme 筛路 03.0709

sieve surface 筛面 03.0047

sieving 筛分 03.0042

sieving analysis 筛分分析 03.0057

sieving efficiency 筛分效率 03.0045

sifting scheme 筛路 03.0709

significance hazard 显著危害 03.1629

silybin 水飞蓟素 05.0261

Silybum marianum seed oil 水飞蓟籽油 05.0176

simple distillation 简单蒸馏 03.0097

simple protein 单纯蛋白质 05.0072

simulated fat 模拟脂肪 02.0780

single-cell protein 单细胞蛋白 05.0240

single-effect evaporation 单效蒸发 03.0065

single fortified 单一强化 05.0361

single nucleotide polymorphism 单核苷酸多态性 05.0517

single screw extruder 单螺杆挤压机 03.0482

single stage extraction 单级萃取 03.0092

site-directed mutagenesis of enzyme 酶的定点突变 02.0460

sitting height 坐高 05.0412

size reduction 粉碎 03.0001

skeletal structure 骨架结构 03.0551

skinfold thickness 皮褶厚度, *皮下脂肪厚度 05.0414

skin of soybean milk 豆腐皮 03.0830

skin packaging 贴体包装 03.0333

SL 安全限 02.0551

slaughter 屠宰 03.0918

slaughter quarantine 屠宰检疫 04.0231

sliced mushroom 片菇 03.1535

slicer 切片机 03.0456

slider model 滑块模型 02.0340

slowly digestible starch 慢消化淀粉 05.0035

smoked and cooked sausage 熏煮香肠 03.0953

smoked egg 熏蛋 03.1013

smoked fish 熏鱼 03.1094

smoking 熏制 03.1088

smooth 滑腻 02.0634

smooth roll 光辊 03.0743

snack food 零食 05.0351

snake gallbladder 蛇胆 05.0286

soaking preservation 泡腌 03.0497

SOD 超氧化物歧化酶 05.0293

sodium 钠 05.0123

sodium alginate 海藻酸钠 02.0708

sodium benzoate 苯甲酸钠 02.0641

sodium carboxymethyl cellulose 羧甲基纤维素钠 02.0712

sodium casinate 酪蛋白酸钠 02.0704

sodium copper chlorophyllin 叶绿素铜钠 02.0671

sodium cyclohexyl sulfamate 甜蜜素 02.0688

sodium erythorbic acid 异抗坏血酸钠 02.0658

sodium propanoate 丙酸钠 02.0643

sodium pyrosulfite 焦亚硫酸钠 02.0647

sodium stearoyl lactylate 硬脂酰乳酸钠 02.0716

soft can 软罐头 03.0398

soft drink 软饮料 03.1319

softening 回软，*均湿 03.0873

softness 柔软度 03.0552

soft rot 软腐病 03.0600

soft sugar 绵白糖 03.1184

soft sweet 软糖 03.1256

soft wheat 软质[小]麦 03.0687

sol 溶胶 02.0378

solanine 茄碱，*龙葵素 04.0091

solar dryer 太阳能干燥机 03.0277

solar drying 太阳能干燥 03.0229

solder 焊料 03.0387

solid drink 固体饮料 03.1342

solid fat index 固体脂肪指数 02.0580

solid foam 固体泡 02.0380

solid-liquid extraction 固-液萃取，*浸取 03.0090

solid-liquid state soy sauce fermentation 固稀发酵工艺，*固稀分酿发酵法 03.1482

solid state spraying-extraction vinegar fermentation 固态通风回流法 03.1496

solid state vinegar fermentation 固态法酿醋工艺 03.1495

solubilization 解除结晶 03.1561

soluble saltless solid 可溶性无盐固形物 03.1490

solute transport 溶质迁移 03.0210

solvent evaporation method 溶剂蒸发法 03.0184

solvent extraction of soybean oil 溶剂提取大豆油 03.0907

sonic dryer 声波场干燥机 03.0276

sorbitan fatty acid ester 司盘类乳化剂 02.0721

sorbitol 山梨[糖]醇 05.0024

sorbose 山梨糖 05.0038

soup bun 灌汤包 03.0526

source of infection 传染源 04.0209

sourer 酸味剂 03.1468

Southern blotting DNA 印迹法 02.0526

Soxhlet extraction 索氏抽提法 02.0575

soybean dietary fiber 大豆膳食纤维 03.0811

soybean essential amino acid 大豆必需氨基酸 03.0815

soybean meal 豆粕 03.0839

soybean milk 豆浆 03.0826

soybean milk powder 豆乳粉，*干燥豆乳 03.0835

soybean non-essential amino acid 大豆非必需氨基酸 03.0816

soybean oil 大豆油 03.0904

soybean oligosaccharide 大豆低聚糖 03.0817

soybean peptide 大豆肽 03.0813

soybean phospholipid 大豆磷脂 02.0713,03.0814

soybean phytic acid 大豆植酸 03.0823

soybean protease inhibitors 大豆蛋白酶抑制剂 03.0820

soybean protein concentrate 大豆浓缩蛋白 03.0836

soybean protein isolate 大豆分离蛋白 03.0837

soybean RBC agglutinin 大豆红细胞凝集素 03.0822

soybean sterol 大豆固醇 03.0812

soy protein 大豆蛋白 03.0824

soy sauce 酱油 03.1476

soy sauce aromatic Chinese spirit 酱香型白酒 03.1349

soy sauce fortified with iron 铁强化酱油 05.0365

SO_2 releaser 二氧化硫缓释剂 03.0592

Span 司盘类乳化剂 02.0721

sparkling red wine 起泡红葡萄酒 03.1449

SPC 标准平板计数 02.0243

special food packaging technology 食品专用包装技术 03.0321

special malt 特种麦芽 03.1420

special water for production 特殊生产用水 03.1602

specific growth rate 比生长速率 02.0478

specific heat capacity 比热容 02.0364

specific pathogen free animal 无特定病原动物 04.0230

specific proposed level 特定建议值 05.0400

specific viscosity 比黏度 02.0298

specific volume 比体积 02.0540

specific volume of dough 面团比容 03.0555

specified animal disease free zone 无规定动物疫病区 04.0208

spectrometer 光谱仪 02.0589

spectroscopy 能谱法 02.0286

spectrum locus 光谱轨迹 02.0389

spectrum of toxic effect 毒效应谱 04.0297

sphingomyelin 鞘磷脂 05.0085

spicy agent 辛香剂, *香辛料 03.1471

spiral mixer 搅拌器 03.0446

spiral-wound module 螺旋卷式膜分离器 03.0154

SPL 特定建议值 05.0400

spoilage 腐败 03.0286

spoilage microorganism 腐败微生物 04.0003

sponge dough fermentation 中种发酵法, *二次发酵法 03.0439

sponge structure 海绵结构 03.0550

spontaneous extrusion 自然式挤压 03.0472

spore 芽孢, *芽胞 02.0208

sport drink 运动饮料 03.1343

spray drying 喷雾干燥 03.0233

spray freezing 喷淋冻结 03.0348

spraying-extraction soy sauce fermentation 浇淋发酵工艺 03.1484

spray puffing 喷射膨化 03.0481

spray steeping method 喷淋浸麦法, *喷雾法 03.1411

spread rice wine method 摊饭法, *大饭酒 03.1457

spring model *弹簧模型 02.0338

squalene 角鲨烯 05.0315

square plansifter 高方平筛 03.0745

squeeze the soybean oil 压榨大豆油 03.0906

squeezing 榨汁 03.0876

squeezing roller 压榨辊 03.1164

squid 鱿鱼, *柔鱼, *枪乌贼 03.1069

squid slice 鱿鱼丝 03.1082

SSM 安全支持性措施 04.0370

SSOP 卫生标准操作程序 04.0357

ST 存活时间 03.0282

stability of lipids 油脂的稳定性 05.0468

stabilizer 稳定剂 02.0744

stachyose 水苏糖 05.0287

stacking 码垛 03.0656

stamping out 扑灭 04.0224

standard deviation 标准偏差 02.0557

standard deviation method 标准差法, *离差法 05.0420

standardized mean difference 标准化均差 05.0545

standard plate count 标准平板计数 02.0243

standard sieve 标准筛 03.0058

Staphylococcus 葡萄球菌 02.0175

Staphylococcus aureus 金黄色葡萄球菌, *嗜肉菌 04.0022

Staphylococcus aureus enterotoxin 金黄色葡萄球菌肠毒素 04.0064

staple food 主食 05.0350

star anise 八角, *茴香 03.1520

starch 淀粉 02.0029

starch acid hydrolysis 淀粉酸解法 03.1201

starch cationization 淀粉阳离子化 03.0793

starch cross-linking 淀粉交联 03.0795

starch enzymatic hydrolysis 淀粉酶解法 03.1202

starch esterification 淀粉酯化 03.0792

starch etherification 淀粉醚化 03.0791

starch gel 淀粉凝胶 03.0774

starch graft copolymerization 淀粉接枝共聚 03.0794

starching 上浆 05.0348

starch liquefaction 淀粉液化, *糊精化 03.1192

starch milk 淀粉乳 03.1204

starch oxidation 淀粉氧化 03.0790

starch paste 淀粉糊 03.0773

starch size mixing 淀粉调浆 03.1208

starch sugar 淀粉糖 03.1190

starch syrup 淀粉糖浆 02.0756

starch syrup hard candy 淀粉糖浆型硬糖 03.1220

starter 酒曲, *曲糵 03.1361

static viscoelasticity 静黏弹性 02.0345

stationary screening surface 静止筛面 03.0048

statutory inspection and quarantine 法定检验检疫 04.0183

steamed beancurd roll 素鸡 03.0832

steamed bread 馒头，＊馍 03.0524

steaming 蒸制 03.0510

steaming 蒸青 03.1295

steam injection exhaust 蒸汽喷射排气 03.0407

steam raw materials and distill separately 清蒸清糁，＊清蒸清烧 03.1373

steam raw materials and distill separately with ferment together 清蒸续糁 03.1375

steam raw materials and distill together 混蒸续糁，＊混蒸混烧 03.1374

steam raw materials separately 清蒸原辅料 03.1372

steam tube rotary dryer 旋转蒸气管式干燥机 03.0265

stearic acid 十八[烷]酸，＊硬脂酸 05.0099

steeping degree 浸麦度 03.1416

steep-out moisture 浸麦度 03.1416

steric interaction 空间相互作用 02.0086

sterigmatocystin 柄曲毒素，＊杂色曲霉毒素 04.0074

sterilization 杀菌 03.0278

steroid 类固醇，＊类甾醇，＊甾族化合物 05.0076

sterol 固醇，＊甾醇 05.0077

stevioside 甜菊苷 02.0691

stew in soy sauce 卤制 03.0944

stimulus 刺激 02.0630

stirred mill 搅拌磨 03.0039

stirring emulsifier 搅拌乳化机 03.0193

stoma 气孔 03.0982

storability 耐贮性 03.0563

storage modulus 储能模量 02.0352

storing of green leaf 贮青 03.1292

strain 应变 02.0293

strain degeneration 菌种退化 02.0465

straining 精滤 03.1098

Streptococcus 链球菌属 04.0017

Streptococcus suis serotype 2 disease 猪 2 型链球菌病 04.0242

Streptococcus thermophilus 唾液链球菌 02.0169

stress 应力 02.0294

stress 应激 03.0919

stress relaxation 应力松弛 02.0285

stress response 胁迫应答 02.0207

stress-strain relation 应力应变关系 02.0359

strike 糖膏 03.1154

string of incense 串香，＊串蒸，＊翻烤 03.1390

stroke 脑卒中，＊中风 05.0440

strong aromatic Chinese spirit 浓香型白酒 03.1350

strong flavor Chinese spirit 浓香型白酒 03.1350

strontium 锶 04.0151

stuffing 馅料 02.0782

stuffing 包制 03.0512

stuffing mixing 调馅 03.0537

stunning 致昏，＊击昏 03.0920

Suaeda salsa seed oil 盐地碱蓬籽油 05.0172

subgroup analysis 亚组分析 05.0557

subjective method 主观评价法 02.0631

sublimation crystallization 升华结晶法 03.0115

submerged vinegar fermentation 深层发酵酿醋工艺 03.1499

subsider 沉降器 03.1168

substantial equivalence 实质等同 04.0371

sucralose 三氯蔗糖，＊蔗糖素 02.0693

sucrose 蔗糖 02.0025

sucrose ester of fatty acid 蔗糖脂肪酸酯 02.0717

Sudan red 苏丹红 04.0397

sugar-acid ratio 糖酸比 03.1328

sugar alcohol 糖醇 05.0023

sugar beet 甜菜，＊恭菜 03.1135

sugar boiling 糖煮 03.0508

sugar boiling 煮糖 03.1147

sugar boiling 熬糖 03.1227

sugar bubble base 糖泡基 03.1251

sugar cane 甘蔗 03.1132

sugar cane cutter 切蔗机 03.1161

sugar cane disintegration 甘蔗破碎 03.1133

sugar cane milling 甘蔗压榨 03.1134

sugarcoating machine 糖衣机 03.1239

sugar confection 砂糖型硬糖 03.1219

sugar crops 糖料[作物] 03.1131

sugar curing 糖腌 03.0507

sugared bee brood 糖渍蜂子 03.1573

sugar-free candy 无糖型硬糖 03.1223

sugar-preserving 糖制，＊糖渍 03.0504

sulfitation 硫漂 03.1140

sulfitation process 亚硫酸法 03.1142

sulfitator 硫漂罐 03.1167

sulfonamide 磺胺 04.0111

sulfur 硫 05.0125

sulfur burner 硫黄炉 03.1166

sulfur dioxide 二氧化硫 02.0646

sumac fruit oil 盐肤木果油 05.0184

sum of all meals of subjects per day 总人日数 05.0380

sunflower oil 葵花籽油 03.0890

superficial scald 虎皮病 03.0604

superheated steam drying 过热蒸汽干燥 03.0257

superoxide dis-mutase 超氧化物歧化酶 05.0293

supplies flow diagram 物料流程图 03.1607

supply chain management 供应链管理 03.0664

supportive safe measure 安全支持性措施 04.0370

surface active agent 表面活性剂 03.0161

surface evaporation stage 表面蒸发阶段 03.0221

surface heat transfer coefficient 表面传热系数，＊对流换热系数 02.0362

surface tension 表面张力 03.0159

surfactant 表面活性剂 03.0161

surimi 鱼糜 03.1100

surimi-based product 鱼糜制品 03.1095

sur lie 带酒脚储藏 03.1445

survival time 存活时间 03.0282

susceptible animal 易感动物 04.0213

suspended matter 悬浮物 03.1604

sweet body 甜体 03.1225

sweetener 甜味剂 02.0686

sweet potato 甘薯，＊山芋，＊红薯，＊地瓜 03.0747

sweet taste 甜味 02.0135

swelling degree 膨化度 03.0480

swelling property 溶胀性 03.0134

Swida wilsoniana oil 光皮梾木果油 05.0182

swimming crab 梭子蟹，＊三疣梭子蟹，＊枪蟹，＊海螃蟹 03.1064

swine erysipelas 猪丹毒 04.0247

swing hammer mill 锤碎机 03.0030

swollen package 胀袋 02.0249

synbiotics 合生元 05.0165

synchronous inspection 同步检验 04.0233

synergy effect 协同作用，＊增效作用 04.0333

synthetic biology 合成生物学 02.0229

synthetic perfume 合成香料 02.0725

synthetic sweetener 合成甜味剂 02.0137

syrup 糖浆 03.1174

systemic error 系统误差 02.0558

systemic review 系统综述，＊系统评价 05.0534

systemic toxic effect 全身毒性效应 04.0278

system metabolic engineering 系统代谢工程 02.0228

systolic blood pressure 收缩压 05.0425

T

table vinegar 食醋 03.1493

table wine 佐餐葡萄酒 03.1453

taeniasis bovis 牛带绦虫 04.0053

Taenia solium 猪带绦虫 04.0051

tagatose 塔格糖 05.0225

tailing roll 尾磨 03.0722

tamarind 酸角 05.0221

tamarind polysaccharide 罗望子多糖 02.0706

Tangbao 灌汤包 03.0526

tangential flow filtration 切向流过滤，＊错流过滤 03.0146

tangerine peel egg 陈皮蛋 03.1020

Tangyuan 汤圆 03.0522

tank method ＊罐式法 03.1441

tannic acid 单宁酸 02.0677

tannin 单宁，＊鞣质 05.0271

target gene 目的基因 02.0507

target organ dose 靶剂量，＊到达剂量 04.0284

tartaric acid 酒石酸 02.0685

tart flavor 酸味 02.0141

task management 任务管理 04.0424

taste 滋味 02.0125

taurine 牛磺酸，＊β-氨基乙磺酸 05.0289

TBA 硫代巴比妥酸法 02.0578

tea 茶，＊茶叶 03.1286

tea blossom 茶树花 05.0207

tea drink 茶饮料 03.1346

tea flavored egg 茶叶蛋 03.1014

tea polyphenol 茶多酚 02.0662

tea wine 茶酒 03.1317

technical standard 技术标准 03.1626

TEF 毒性当量因子法 04.0339

TEF 食物热效应，*食物特殊动力作用 05.0015

Te-flavor Chinese spirit 特香型白酒 03.1358

tempeh 丹贝，*天培 03.1507

temperate phage 温和噬菌体 02.0214

temperature gradient 温度梯度 03.0225

temperature quotient of respiration 呼吸温度系数 03.0623

tempering 缓苏 03.0694

tempering of wheat 润麦 03.0710

tender leaves of Chinese toon 香椿 03.1516

tenderness 嫩度 03.0938

tensile viscosity 延伸黏度 02.0290

Tequila 龙舌兰酒，*特基拉 03.1400

terpenoids 萜类化合物 05.0310

tertiary butyl hydroquinone 特丁基对苯二酚 02.0655

tertiary structure 三级结构 02.0089

testing laboratory 化验室 03.1603

tetracycline 四环素 04.0113

tetradecanoic acid 十四[烷]酸，*肉豆蔻酸 05.0096

tetrahydrofolic acid 四氢叶酸 05.0156

tetrodotoxin 河鲀毒素 04.0099

texture 质地 02.0531

textured soybean protein 大豆组织化蛋白 03.0838

texture profile analysis 质构分析 02.0627

TGA 热重分析 02.0618

thaumatin 索马甜 02.0696

thawing 解冻 03.0364

thaw rigor 解冻僵直 03.0932

the ISO series of quality standards ISO 系列质量标准 03.1616

theoretical maximum daily intake 理论每日最大摄入量 04.0309

thermal death curve 热致死曲线，*耐热性曲线 02.0256

thermal death point 热致死温度 02.0254

thermal death time 热致死时间 02.0255

thermal denaturation 热变性 02.0098

thermal insulation insp-ection 保温检查 03.0412

thermal radiation 热辐射 02.0421

thermal smoking 热熏，*焙熏 03.1091

thermic effect of food 食物热效应，*食物特殊动力作用 05.0015

thermogram 温谱图 02.0367

thermogravimetric analysis 热重分析 02.0618

thermogravimetry 热重法 02.0368

thermomechanical analysis 热力分析 02.0617

thermoplasticity 热塑性 03.0211

thermosetting property 热凝性 02.0108

thermospray-mass spectrometry 热喷雾质谱法 02.0608

thermostable direct hemolysin 热稳定直接溶血毒素 04.0068

thermostable direct hemolysin-related hemolysin 热稳定直接溶血相关毒素 04.0069

the third party logistics 第三方物流 03.0651

THFA 四氢叶酸 05.0156

thiamine *硫胺素 05.0142

thickening agent 增稠剂 02.0702

thickening soup 勾芡 05.0349

thick white 浓厚蛋白 03.0984

thin-layer chromatography 薄层色谱法 02.0610

thin white 稀薄蛋白 03.0985

thiobarbituric acid method 硫代巴比妥酸法 02.0578

thixotropy 触变性流动，*摇溶性流动 02.0312

Thr 苏氨酸 05.0063

threonine 苏氨酸 05.0063

threshold dose 阈剂量 04.0314

threshold effect 阈值效应，*临界值效应，*阈强度效应 04.0315

tightness rate 紧密度 03.0395

time-of-flight mass spectrometer 飞行时间质谱仪 02.0607

tinning 装罐 03.0402

tinplate 镀锡薄钢板，*马口铁 03.0386

tips 米稍 03.0680

tissue culture of Saussurea involucrata 雪莲培养物 05.0224

titratable acidity 可滴定酸度 02.0585

TLC 薄层色谱法 02.0610

TMA 热力分析 02.0617

TMDI 理论每日最大摄入量 04.0309

tocopherol *生育酚 05.0153

toffee 太妃糖 03.1248

TOFMS 飞行时间质谱仪 02.0607

tolerable intake 耐受摄入量 04.0316

tolerable upper intake level 可耐受最高摄入量 05.0398

tolerance index 耐性指数 02.0281

tomato seed oil 番茄籽油 05.0175

toothed disc mill 齿盘式粉碎机 03.0026

top yeast 上面酵母 02.0238

torsional modulus 扭转模量 02.0534

total bacteria count 细菌总数 02.0242

total diet study 总膳食研究 04.0327

total nitrogen in soy sauce 全氮 03.1492

total number of bacterial colonies 细菌菌落总数 04.0008

total quality management 全面质量管理 03.1620

total reflectance 全反射率 02.0382

total solid 总固形物 02.0552

total volatile basic nitrogen 挥发性盐基总氮 04.0256

tough and chewy 筋道 03.0553

toxic effect 毒效应，*毒性作用 04.0296

toxic equivalency factor 毒性当量因子法 04.0339

toxicity 毒性 04.0271

toxoid 类毒素 04.0060

Toxoplasma gondii 刚地弓形虫，*弓浆虫，*龚地弓形虫 04.0044

TPA 质构分析 02.0627

TPL 第三方物流 03.0651

TQM 全面质量管理 03.1620

traceability 可追溯性，*溯源性 04.0415

traceability code 追溯码 04.0433

traceable unit 追溯单元 04.0436

trace element 微量元素 05.0117

transduction 转导 02.0506

trans-fatty acid 反式脂肪酸 05.0089

transfection 转染 02.0505

transferase 转移酶 02.0041

transformation 转化 02.0504

transglutaminase 转谷氨酰胺酶 02.0736

transglycosidation 葡萄糖转苷 03.1212

transit quarantine 过境检疫 04.0194

transmittance 透光率 02.0405

transport package 运输包装 03.0635

tray dryer 托盘干燥机 03.0264

trench storage 沟藏 03.0565

Trichinella spiralis 旋毛虫 04.0054

trichothecene toxin 单端孢霉烯族毒素 04.0075

trichromatic coefficients 三色系数，*三刺激比值 02.0388

trim and fill method 剪补法 05.0556

trimethylamine 三甲胺 04.0134

trimming vegetable for cooking 择菜 05.0346

tripolyglycerol monostearate 三聚甘油单硬脂酸酯 02.0719

Trp 色氨酸 05.0064

true retention ratio 真实保留率 05.0345

trustworthiness management 信用管理 04.0425

tryptophan 色氨酸 05.0064

TS 总固形物 02.0552

TS-MS 热喷雾质谱法 02.0608

tuber cleaning machine 洗薯机 03.0770

tuberculosis 结核病 04.0237

tuber flour 薯粉 03.0760

tuber paste 薯酱 03.0759

tuber pulp 薯脯 03.0757

tuber starch 薯类淀粉 03.0772

tubular module 管式膜分离器 03.0155

tumbling 滚揉 03.0941

tumbling curing 滚揉腌制 03.0503

tunnel dryer 隧道式干燥机，*洞道式干燥器 03.0273

turmeric yellow 姜黄 02.0669

TVBN 挥发性盐基总氮 04.0256

Tween 吐温类乳化剂 02.0722

twin screws extruder 双螺杆挤压机 03.0483

two-component distillation 双组分蒸馏 03.0105

two-step aeration 两步充气法 03.1254

Tyler standard sieve 泰勒标准筛 03.0059

Tyr 酪氨酸 05.0065

tyrosine 酪氨酸 05.0065

U

UHT sterilization 超高温瞬时杀菌 03.0291

UL 可耐受最高摄入量 05.0398

ultrafiltration 超滤 03.0143

ultrafine grinding 超微粉碎，*超细粉碎 03.0007

ultra high temperature milk 超高温灭菌乳 03.1024

ultra high temperature sterilization 超高温瞬时杀菌 03.0291

ultra low temperature freezing 超低温冻结 03.0351

ultrasonic emulsification　超声乳化　03.0186

ultrasonic emulsifier　超声乳化机　03.0194

ultrasonic homogenizer　超声波均质机　03.0200

ultrasonic pasteurization　超声波杀菌　03.0295

ultrasonic thawing　超声波解冻　03.0374

ultrasound-assisted crystallization　超声结晶法　03.0112

ultraviolet pasteurization　紫外杀菌　03.0301

ultraviolet spectrophotometry　紫外分光光谱法　02.0603

ultraviolet-visible spectrophotometer　紫外-可见分光光度计　02.0604

ultraviolet-visible spectroscopy　紫外-可见光谱法 02.0596

umami　鲜味　02.0144

uncapping knife　割蜡盖刀　03.1585

uncertainty　不确定性　04.0329

uncompetitive inhibition　反竞争性抑制　02.0448

underground pottery vat fermentation　地缸发酵　03.1380

undernutrition　营养不足，＊营养缺陷，＊营养低下 05.0010

undersize product　筛过物，＊筛下物　03.0043

unsaturated fatty acid　不饱和脂肪酸　05.0081

upper arm circumference　上臂围　05.0405

V

vaccum removing bubble machine　粉丝真空去泡机 03.0769

vacuum checking　真空度检查　03.0415

vacuum concentration　真空浓缩　03.0061

vacuum cooling　真空冷却，＊减压冷却　03.0357

vacuum cooling rotary steamer　真空冷却回转蒸锅 03.1477

vacuum degassing　真空脱气　03.1049

vacuum distillation　减压蒸馏，＊真空蒸馏　03.0102

vacuum drying　真空干燥，＊解析干燥　03.0239

vacuum exhaust　真空排气　03.0406

vacuum freeze drying　真空冷冻干燥　03.0350

vacuum fried dehydrated machine　真空油炸脱水机 03.0771

vacuum packaging　真空包装，＊减压包装　03.0329

vacuum precooling　真空预冷　03.0580

vacuum sugar boiling　真空熬糖　03.1229

vacuum thawing　真空解冻　03.0371

Val　缬氨酸　05.0066

validation　验证　04.0368

valine　缬氨酸　05.0066

valorimeter value　综合评价值　02.0280

van der Waals force　范德瓦耳斯力　02.0095

variable deep and pitch screw　变深变距螺杆　03.0490

variable type extrusion　多变式挤压　03.0474

VBNC　存活不可培养，＊活的非可培养状态　02.0206

vegetable bioactive component　植物活性成分　02.0763

vegetable oil　植物油　02.0749

vegetable protein　植物蛋白　02.0010

vegetable protein drink　植物蛋白饮料　03.1339

vegetable protein meat　植物蛋白肉，＊蛋白素肉，＊人造肉　03.0833

ventilated germination method　通风式发芽法　03.1415

ventilated storage　通风贮藏　03.0567

vertical circular motion sieve surface　垂直圆运动筛面 03.0050

verum　八角，＊茴香　03.1520

viable but non-culturable　存活不可培养，＊活的非可培养状态　02.0206

vibrating feeder　振动喂料器　03.0464

vibrating feeding　振动喂料　03.0463

vibrating fluidized bed dryer　振动流化床干燥机 03.0267

Vibrio parahaemolyticus　副溶血弧菌，＊嗜盐菌 04.0020

vinegar　食醋　03.1493

vinegar pickling　醋渍　03.0509

vintage　年份酒　03.1391

virulence　毒力　04.0006

virulent phage　烈性噬菌体　02.0213

viscoelasticity　黏弹性　02.0321

viscosity　黏度　02.0288

visible spectrophotometry　可见分光光谱法　02.0601

vitamin　维生素　05.0136

vitamin A　维生素 A　05.0139

vitamin B　B 族维生素　05.0141

vitamin B_1　维生素 B_1　05.0142

vitamin B_2　维生素 B_2　05.0143

vitamin B_6　维生素 B_6　05.0146

vitamin B_{12}　维生素 B_{12}　05.0149

vitamin C 维生素 C 05.0151

vitamin D 维生素 D 05.0152

vitamin E 维生素 E 05.0153

vitamin like substance 美维生素 05.0155

vitamin K 维生素 K 05.0154

VOC 挥发性有机组分 02.0553

vodka 伏特加 03.1396

volatile fatty acid 挥发性脂肪酸 02.0035

volatile organic compound 挥发性有机组分 02.0553

volume viscosity 体积黏度 02.0291

vv 综合评价值 02.0280

W

waist circumference 腰围 05.0408

waist-to-height ratio 腰围身高比 05.0409

waist-to-hip ratio 腰臀比 05.0411

wall broken bee pollen 破壁蜂花粉 03.1546

walnut oil 核桃油 03.0892

warm water steeping method 温水浸麦法 03.1412

waste material logistics 食品废弃物物流 03.0649

water 水 02.0002

water absorption 吸水率 02.0277

water activity 水分活度 02.0050

water boiled salted duck 盐水鸭，*贡鸭 03.0963

water distribution system 配水系统 03.1614

water enzymatic soybean oil 水酶法大豆油 03.0905

water holding capacity 持水力 02.0053

water in oil emulsion 油包水型乳液 03.0179

water-soluble vitamin 水溶性维生素 05.0138

water thawing 水解冻 03.0366

waxing 打蜡 03.0587

Weber fraction 韦伯分数 02.0400

weighing method 称重法，*称量法 05.0370

weight control 减肥 05.0330

weighted average of meals of a person per day 个人人日数 05.0381

weighted mean difference 加权均数差 05.0544

weight for age 年龄别体重 05.0416

weight for height 身高别体重，*身长别体重，*身高标准体重 05.0417

weight ratio of raw and cooked food 生熟比，*生熟折算率 05.0377

weight retention ratio 重量保留率 05.0341

weiss bier(德) 白啤酒 03.1435

Weissenberg effect 魏森贝格效应，*爬杆效应 02.0337

Western blotting 蛋白质印迹法 02.0527

Western blotting 免疫印迹法 02.0588

western-style meat product 西式肉制品 03.0975

wet-bulb temperature 湿球温度 03.0224

wet grinding 湿法粉碎 03.0013

wet milling 湿磨法 03.0781

wet processing of starch modification 淀粉湿法变性 03.0785

wet rice milling 着水碾米，*加湿碾米 03.0701

wet steeping method 湿浸法 03.1408

whale oil 鲸油 03.0900

wheat dough 面团 03.0533

wheat gluten 谷蛋白粉，*活性面粉筋 03.0683

wheat oligopeptide 小麦寡肽 05.0246

wheat protein 小麦蛋白，*麸质 02.0011

wheat Qu 麦曲 03.1364

wheat scouring 打麦 03.0716

whey powder 乳清粉 03.1041

whey protein 乳清蛋白 03.1038

whey protein isolate 分离乳清蛋白 02.0768

whey protein powder 乳清蛋白粉 03.1042

whisky 威士忌 03.1397

white beer 白啤酒 03.1435

white dextrin 白糊精 03.0802

white granulated sugar 白砂糖 03.1183

white molasses 洗蜜，*稀蜜 03.1159

whiteness 精白度 03.1402

whitening 碾白，*碾米 03.0697

white rice grader 白米精选机 03.0741

white rice grading 白米分级 03.0703

white tea 白茶 03.1307

whole grain 全谷物 03.0668

whole meal 全麦粉 03.0682

whole mushroom 整菇 03.1534

whole volume method 全容积测定法 02.0538

WHR 腰臀比 05.0411

WHtR 腰围身高比 05.0409

Wiedemann law 维德曼定律 02.0424

wind direction rose map 风向玫瑰图 03.1609

wine 葡萄酒 03.1438

wine cooler 库勒酒 03.1450

wine preserved crab 醉蟹 03.1087

wine yeast 葡萄酒酵母 02.0237

wk 面团衰落度，*面团弱化度 02.0279

Wonton 馄饨，*抄手，*扁食，*云吞 03.0516

wound healing 愈伤 03.0582

wrap 裹涂 03.1083

wrapper preparing 压皮，*压片 03.0538

wrapping technology 裹包技术 03.0315

X

xanthan gum 黄原胶 02.0711

xenobiotics 外源化学物 04.0269

xerogel 干凝胶 02.0379

Xeromyces 耐旱霉菌 02.0185

Xiangxue wine 香雪酒 03.1459

Xiaoqu 小曲，*酒药，*白药，*酒饼 03.1363

xylitol 木糖醇 02.0690

XYZ color model XYZ 表色系统 02.0390

Y

Yao meat 肴肉 03.0957

yeast extract 酵母抽提物 02.0784

yeast β-glucan 酵母 β-葡聚糖 05.0227

yellow croaker 黄鱼，*石首鱼，*黄花鱼，*江鱼
03.1058

yellow dextrin 黄糊精 03.0803

yellow tea 黄茶 03.1308

Yersinia 耶尔森菌 02.0176

Yersinia enterocolitica 小肠结肠炎耶尔森菌 04.0018

yield effect 屈服效应 02.0537

yield point 屈服点 02.0325

yield stress 屈服应力，*屈服强度 02.0324

yoghurt 酸奶，*酸乳 03.1028

yolk 卵黄 03.0993

yolk index 蛋黄指数 03.0998

Yuanxiao 元宵 03.0523

Z

zearalenone 玉米赤霉烯酮，*F-2 毒素 04.0073

zero nitrogen balance 零氮平衡 05.0493

zinc 锌 05.0127

zone of maximum ice crystal formation 最大冰晶生成带
03.0349

Zongzi 粽子，*角黍，*筒粽 03.0517

Z score 标准差评分，**Z* 评分 05.0421

Z value *Z* 值 02.0258

Zygosaccharomyces 接合酵母 02.0187

zymogen 酶原 02.0432

汉 英 索 引

A

B

*板付鱼糕　fish cake, kamaboko　03.1108

板框式膜分离器　plate and frame module　03.0153

板鸭　salted duck　03.0964

*半必需氨基酸　conditionally essential amino acid　05.0046

半干葡萄酒　semi-dry wine　03.1447

半干制香肠　semi-dry sausage　03.0952

半胱氨酸　cysteine, Cys　05.0050

半连续发酵　semi-continuous fermentation　02.0466

半乳糖　galactose　02.0023

半软糖　semi-soft candy　03.1245

半数致死剂量　median lethal dose, LD50　04.0293

半透膜　semipermeable membrane　03.0147

半纤维素　hemicellulose　05.0026

*半煮米　parboiled rice　03.0678

拌和　mixing　03.1231

拌砂　sanding　03.1232

蚌肉多糖　Hyriopsis cumingii polysaccharide　05.0230

棒磨机　rod mill　03.0033

*棒曲霉毒素　patulin　04.0078

*棓酸　gallic acid　05.0274

*包冰衣　ice glazing　03.0352

包酥　lamination　03.0430

包馅　encrust　03.0431

包馅机　pastry machine　03.0452

*包衣　coating　03.0586

包衣[抛光]型硬糖　coated confection　03.1222

包制　stuffing　03.0512

包制密度　package density　03.0542

*AP 包装　active packaging　03.0331

包子　Baozi, bun　03.0525

胞内酶　endoenzyme　02.0437

胞外酶　exoenzyme　02.0438

饱充　saturation　03.1139

饱充罐　carbonator, carbonating tank　03.1165

饱腹感　satiety　05.0387

饱和脂肪酸　saturated fatty acid　05.0080

保活　keep alive　03.1050

*保加利亚乳杆菌　Lactobacillus delbrueckii subsp. bulgaricus　02.0170

保健食品　health food　05.0316

保温检查　thermal insulation inspection　03.0412

保鲜　keep fresh　03.1051

保鲜菇　fresh-keeping mushroom　03.1531

保鲜剂　preservative, antistaling agent　03.0611

*保质期　shelf life　03.0632

报检员　inspection staff　04.0181

暴露边界值　margin of exposure, MOE　04.0320

暴露剂量　exposure dose　04.0307

暴露途径　exposure pathway　04.0300

*暴露限值　margin of exposure, MOE　04.0320

*爆腰粒　cracked kernel　03.0681

*北虫草　Cordyceps militaris　05.0222

*北冬虫夏草　Cordyceps militaris　05.0222

被膜剂　coating agent　02.0742

焙炒糊精　roast dextrin　03.0801

焙烤用蜂蜜　baker's honey　03.1564

*焙熏　thermal smoking　03.1091

本土微生物　local microorganism　02.0240

本征频率　eigen frequency　02.0419

苯丙氨酸　phenylalanine, Phe　05.0060

苯丙酮尿症　phenylketonuria　05.0446

苯并咪唑类杀菌剂　benzimidazole fungicide　04.0107

苯并芘　benzopyrene　04.0129

苯酚-硫酸法　phenol-sulfuric acid method　02.0581

苯甲酸钠　sodium benzoate　02.0641

比较声称　comparative claim　05.0455

比黏度　specific viscosity　02.0298

比热容　specific heat capacity　02.0364

比生长速率　specific growth rate　02.0478

比体积　specific volume　02.0540

比值比　odds ratio　05.0547

吡啶　pyridine　04.0138

必需氨基酸　essential amino acid　05.0044

必需微量元素　essential trace element　05.0118

必需营养素　essential nutrient　05.0006

必需脂肪酸　essential fatty acid, EFA　05.0078

必需脂肪酸含量　essential fatty acid content　05.0483

必要[性]氮损失　obligatory nitrogen loss　05.0495

毕赤酵母　Pichia pastoris　02.0190

闭路粉碎　closed-circuit grinding　03.0012

*扁食　Huntun, Wonton　03.0516

*扁桃苷　amygdalin　04.0094

*卞蛋　preserved egg　03.1010

*变胞藻黄素　astaxanthin　03.1126

变蛋　preserved egg　03.1010

变深变距螺杆　variable deep and pitch screw　03.0490

*变态反应　hypersensitive response　04.0273

*变形　deformation　02.0317

变形杆菌属　*Proteus*　04.0016

变性　denaturation　02.0096

变性淀粉　modified starch　02.0751

变质　deteriorate　03.0631

标签溯源管理　label traceability management　04.0437

标识管理　identifation management　04.0423

标准差法　standard deviation method　05.0420

标准差评分　*Z* score　05.0421

D65 标准光源　artificial daylight 6500K　02.0410

标准化均差　standardized mean difference　05.0545

标准偏差　standard deviation, SD　02.0557

标准平板计数　standard plate count, SPC　02.0243

标准人　reference person　05.0378

标准人日　all meals of reference person per day　05.0382

标准人系数　reference person coefficient　05.0383

标准筛　standard sieve　03.0058

表达载体　expression vector　02.0503

表观保留率　apparent retention ratio　05.0344

表观比体积　apparent specific volume　02.0374

表观密度　apparent density　02.0375

表观黏度　apparent viscosity　02.0299

表观遗传学　epigenetics　05.0525

表面传热系数　surface heat transfer coefficient　02.0362

表面活性剂　surfactant, surface active agent　03.0161

表面硬化　case hardening　03.0209

表面张力　surface tension　03.0159

表面蒸发阶段　surface evaporation stage　03.0221

L*a*b* 表色系统　CIELAB color scale　02.0391

RGB 表色系统　RGB color model　02.0392

XYZ 表色系统　XYZ color model　02.0390

表型　phenotype　05.0515

表型变异　phenotypic variation　05.0530

*鳖酸　palmitoleic acid　05.0098

别构调节　allosteric regulation　02.0453

宾厄姆流体　Bingham fluid　02.0311

冰　ice　02.0003

冰蛋品　frozen egg product　03.1007

冰冷却　ice cooling　03.0356

*冰片　borneol　05.0281

冰片糖　golden slab sugar　03.1189

冰［葡萄］酒　icewine　03.1454

冰淇淋　ice cream　03.1033

冰水预冷　ice water precooling　03.0579

冰糖　crystal sugar, rock sugar　03.1187

冰温技术　controlled freezing point technique　03.0363

冰温贮藏　controlled freezing point storage　03.0569

丙氨酸　alanine, Ala　05.0047

丙二醇脂肪酸酯　propylene glycol fatty acid ester　02.0718

*丙三醇　glycerol　02.0038

丙酸钙　calcium propanoate　02.0644

丙酸钠　sodium propanoate　02.0643

丙糖　C sugar　03.1180

丙烯酰胺　acrylamide　04.0144

柄曲毒素　sterigmatocystin　04.0074

饼干　biscuit　03.0418

病例对照研究　case-control study　05.0541

病原分离鉴定　isolation and identification of pathogen　04.0219

病原体　pathogen　04.0217

病原携带者　pathogen carrier　04.0210

玻璃罐　glass jar　03.0397

玻璃化　glassy　03.0340

玻璃化转变温度　glass transition temperature　02.0371

玻璃态　glass state　02.0049

剥刮率　break release, percentage of release　03.0726

伯格模型　Burger's model　02.0344

泊松比　Poisson's ratio　02.0331

薄层色谱法　thin-layer chromatography, TLC　02.0610

薄膜干燥机　film dryer　03.0266

不饱和脂肪酸　unsaturated fatty acid　05.0081

不动杆菌　*Acinetobacter*　02.0158

*不均一多糖　heteropolysaccharide　05.0021

不可逆毒性效应　irreversible toxic effect　04.0280

*不连续蒸馏　batch distillation　03.0103

不良反应　adverse reaction, ADR　04.0340

*不列颠胶　British gum　03.0804

*不耐热肠毒素　heat-labile enterotoxin　04.0062

不确定性　uncertainty　04.0329

*布病　brucellosis　04.0238

布拉本德粉质仪　Brabender faringraph　02.0276

布鲁氏菌病　brucellosis　04.0238

布氏姜片吸虫　*Fasciolopsis buski*　04.0050

C

擦离作用　frictional action　03.0698

擦米　rice polishing　03.0702

采光系数　lighting coefficient　03.1612

采肉　meat separation, meat collection　03.1096

彩度　chromaticity　02.0402

菜丝热烫　cossettes scalding　03.1137

菜籽蛋白　rapeseed protein　05.0235

*菜[籽]油　canola oil　03.0889

参考蛋白　reference protein　05.0472

参考剂量　reference dose, RfD　04.0294

餐次比　energy ratio of breakfast, lunch and dinner
　05.0384

餐饮营养环境　restaurant nutrition environment　05.0355

残留影像　after image　02.0396

苍白松软渗水肉　pale soft exudative meat　03.0934

操纵子　operon　02.0509

操作半衰期　half-life of operation　02.0457

操作限值　operation limit　04.0366

操作性前提方案　operational prerequisite program, OPRP
　04.0369

糙米　husked rice, brown rice　03.0673

糙米调质机　brown rice conditioner　03.0736

糙米精选机　brown rice grader　03.0735

*糙皮病　nicotinic acid deficiency　05.0508

草果　fructus amomi tsao-ko　03.1524

*草青　grass carp　03.1055

草虾　grass shrimp　03.1061

草鱼　grass carp　03.1055

测定溯源　measurement traceability　04.0414

DNA 测序　DNA sequencing　02.0521

层流罐　laminar flow tank　03.1195

层炉　deck oven　03.0453

叉烧包　Chashaobao, barbecued pork bun　03.0527

插入失活　insertional inactivation　02.0513

查耳酮　chalcone　05.0254

查询管理　search management　04.0422

茶　tea　03.1286

*茶单宁　catechin　05.0265

茶多酚　tea polyphenol　02.0662

*茶晶　instant tea　03.1315

茶酒　tea wine, Chartreuse　03.1317

茶树花　tea blossom　05.0207

*茶叶　tea　03.1286

茶叶蛋　tea flavored egg　03.1014

茶叶籽油　Camellia seed oil　05.0187

茶饮料　tea drink　03.1346

*茶砖　compressed tea　03.1314

差[示]热分析　differential thermal analysis, DTA
　02.0366

差示扫描量热法　differential scanning calorimetry, DSC
　02.0365

产地检疫　quarantine in origin area, quarantine in produ-
　cing area　04.0185

产碱杆菌　Alcaligenes　02.0157

产浆框　jelly frame　03.1570

产品方案　product scheme　03.1610

产品质量认证　product quality certification　03.1627

产气荚膜梭菌　Clostridium perfringens　04.0025

长柄扁桃油　Amygdalus pedunculata oil　05.0181

*长度分级　length grading　03.0705

长断水浸麦法　long intermittent steeping method　03.1410

肠毒素　enterotoxin　04.0061

肠杆菌　Enterobacter　02.0165

常量元素　major element, macroelement　05.0116

常速离心机　normal speed centrifuge　03.0079

常压熬糖　atmospheric sugar boiling　03.1228

常压杀菌　atmospheric pressure sterilization　03.0288

常压蒸馏　atmospheric distillation　03.0100

*抄手　Huntun, Wonton　03.0516

超低温冻结　ultra low temperature freezing　03.0351

超高速离心机　hypervelocity centrifuge　03.0081

超高温灭菌乳　ultra high temperature milk　03.1024

超高温瞬时杀菌　ultra high temperature sterilization,
　UHT sterilization　03.0291

*超高压灭菌　high hydrostatic pressure pasteurization
　03.0296

超滤　ultrafiltration　03.0143

超敏反应　hypersensitive response　04.0273

超声波解冻　ultrasonic thawing　03.0374

超声波均质机　ultrasonic homogenizer　03.0200

超声波杀菌　ultrasonic pasteurization　03.0295

超声结晶法　ultrasound-assisted crystallization　03.0112

超声乳化　ultrasonic emulsification　03.0186

超声乳化机　ultrasonic emulsifier　03.0194

超微粉碎　ultrafine grinding　03.0007

＊超细粉碎　ultrafine grinding　03.0007

超氧化物歧化酶　superoxide dismutase, SOD　05.0293

超重　overweight　05.0433

巢础　comb foundation　03.1549

巢蜜　comb honey　03.1555

炒青　pan-fired tea　03.1293

＊扯面　Lamian　03.0520

＊抻面　Lamian　03.0520

沉淀槽　settling table　03.0808

沉降　sedimentation　03.0163

沉降器　subsider　03.1168

沉降式离心机　sedimentation-type centrifuge, settling centrifugal machine　03.0082

陈茶　aged tea　03.1299

陈化　ripening　03.0166

陈酿　aging　03.1393

陈皮蛋　tangerine peel egg　03.1020

＊称量法　weighing method　05.0370

称重法　weighing method　05.0370

蛏油　razor clams sauce　03.1118

成熟　maturation　03.0607

成熟蜂蜜　ripe honey　03.1551

成型　molding　03.0435

呈味物质　flavoring material　02.0143

澄清　clarification　03.0877

澄清汁　clear juice　03.0857

橙酮　aurone　05.0257

弛豫时间　relaxation time　02.0418

迟发毒性效应　delayed toxic effect　04.0276

持久性有机污染物　permanent organic pollution, POP　04.0380

持水力　water holding capacity　02.0053

齿辊　fluted roll　03.0744

齿盘式粉碎机　toothed disc mill　03.0026

豉香型白酒　Chi-flavor Chinese spirit　03.1357

＊赤酮酸嘌呤　eritadenine　05.0307

赤藓糖　erythrose　05.0036

翅果油　Elaeagnus mollis oil　05.0170

充气包装　gas packaging　03.0328

充气糖果　inflatable candy　03.1249

充气作业　pneumatic operation　03.1252

充填技术　filling technology　03.0313

冲击破碎　impact grinding　03.0019

冲击气流式干燥　air-impingement drying　03.0256

＊重合率　overlap rate　03.0393

重结晶法　recrystallization　03.0116

重浸渍浸麦法　resteeping method　03.1413

重组 DNA 技术　recombinant DNA technique　02.0486

抽验　sampling inspection　04.0192

稠化　bodying　03.0167

臭氧保鲜技术　ozone preservation technology　03.0576

臭氧杀菌　ozone pasteurization　03.0303

＊出版性偏倚　publication bias　05.0543

初级代谢　primary metabolism　02.0204

初级代谢产物　primary metabolite　02.0479

初加工茶　raw tea　03.1302

初乳　colostrum　03.1022

除草剂　herbicide　04.0108

＊除芒　beard beating　03.0691

除霜　defrosting　03.0381

除穗机　ear remover　03.0730

储能模量　storage modulus　02.0352

触变性流动　thixotropy　02.0312

传染源　source of infection　04.0209

＊传统精炼法　liquid conching　03.1275

串香　string of incense　03.1390

＊串蒸　string of incense　03.1390

吹蜂机　bee blower　03.1584

吹泡曲线　alveogram　03.0713

垂边　droop　03.0391

垂直圆运动筛面　vertical circular motion sieve surface　03.0050

锤式粉碎机　hammer mill　03.0024

锤碎机　swing hammer mill　03.0030

纯净水　purified drinking water　03.1340

纯巧克力　plain chocolate　03.1281

醇溶蛋白　gliadin　02.0015

次级代谢　secondary metabolism　02.0205

次级代谢产物　secondary metabolite　02.0480

刺激　stimulus　02.0630

刺梨　roxburgh rose　05.0220

刺尾鱼毒素　maitotoxin　04.0085

葱　scallion, green onion　03.1509

粗蛋白质　crude protein　02.0084
粗粉碎　coarse grinding　03.0004
粗筛　scalping, scalping cover　03.0723
＊粗纤维　dietary fiber, DF　05.0025
促进剂　promoter　02.0443
促进泌乳　promoting lactation　05.0327
促进排铅　promoting excretion of lead　05.0324
促进消化　promoting digestion　05.0338
醋酸菌　acetic acid bacteria　02.0166
醋渍　vinegar pickling　03.0509

催熟　ripen　03.0612
催熟剂　ripener　03.0613
脆度　brittleness　02.0272
萃取　extraction　03.0087
萃取相　extraction phase　03.0088
＊翠雀[花]素　delphinidin　05.0268
存活不可培养　viable but non-culturable, VBNC　02.0206
存活时间　survival time, ST　03.0282
＊错流过滤　tangential flow filtration　03.0146

D

打蛋机　egg-beater　03.0445
打麸　bran finishing　03.0718
打糊　pasting　03.0421
打浆　mashing　03.0875
打蜡　waxing　03.0587
打麦　wheat scouring　03.0716
打芒　beard beating　03.0691
打芒机　beard cutting machine　03.0731
大肠菌群　coliform　04.0011
大豆必需氨基酸　soybean essential amino acid　03.0815
大豆蛋白　soy protein　03.0824
大豆蛋白酶抑制剂　soybean prote-ase inhibitors　03.0820
大豆低聚糖　soybean oligosaccharide　03.0817
大豆非必需氨基酸　soybean non-essential amino acid　03.0816
大豆分离蛋白　soybean protein isolate　03.0837
大豆固醇　soybean sterol　03.0812
大豆红细胞凝集素　soybean RBC agglutinin　03.0822
大豆磷脂　soybean phospholipid　02.0713, 03.0814
大豆浓缩蛋白　soybean protein concentrate　03.0836
大豆膳食纤维　soybean dietary fiber　03.0811
大豆素　daidzein　05.0262
大豆肽　soybean peptide　03.0813
大豆油　soybean oil　03.0904
大豆植酸　soybean phytic acid　03.0823
大豆组织化蛋白　textured soybean protein　03.0838
＊大饭酒　spread rice wine method　03.1457
大骨节病　Kaschin-Beck disease　05.0502
大环内酯类药物　macrolides　04.0117
大理石花纹　marbling　03.0937
大麻酚　cannabinol　04.0096

大曲　Daqu　03.1362
＊大蒜素　diallyl sulfide　05.0284
＊大头瘟　duck plague　04.0254
＊大虾　prawn　03.1062
＊大油　lard　03.0895
＊大闸蟹　Chinese mitten crab　03.1065
大直径露天储酒罐　large diameter outdoor storage tank　03.1431
＊呆小病　Cretinism　05.0501
代偿能力　compensation ability　04.0299
代可可脂　cocoa butter substitute　03.1270
代理报检　agent inspection　04.0180
代谢　metabolism　02.0219
代谢产物　metabolite　02.0218
代谢工程　metabolic engineering　02.0224
代谢流　metabolic flux　02.0226
代谢途径　metabolic pathway　02.0222
代谢网络　metabolic network　02.0225
代谢组　metabolome　02.0227
代谢组学　metabolomics　05.0521
代脂肪　fat replacer　02.0779
带酒脚储藏　sur lie　03.1445
带式干燥机　belt dryer　03.0272
带鱼　hairtail　03.1059
待宰　lairage　03.0917
袋装技术　bag packaging　03.0316
丹贝　tempeh　03.1507
＊单倍[体基因]型　haplotype　05.0514
单不饱和脂肪酸　monounsaturated fatty acid　05.0082
单纯蛋白质　simple protein　05.0072
单端孢霉烯族毒素　trichothecene toxin　04.0075

单分子层水 monolayer water 02.0046

单核苷酸多态性 single nucleotide polymorphism 05.0517

单核细胞增生李斯特菌 *Listeria monocytogenes* 04.0027

单花种蜂蜜 monofloral honey 03.1553

单级萃取 single stage extraction 03.0092

单螺杆挤压机 single screw extruder 03.0482

单宁 tannin 05.0271

单宁酸 tannic acid 02.0677

单糖 monosaccharide 02.0020

单体速冻 individual quick freezing, IQF 03.0347

单体型 haplotype 05.0514

单细胞蛋白 single-cell protein, SCP 05.0240

单效蒸发 single-effect evaporation 03.0065

单一品种蜂花粉 monofloral bee pollen 03.1544

单一强化 single fortified 05.0361

胆固醇 cholesterol 05.0086

胆碱 choline 05.0297

*胆甾醇 cholesterol 05.0086

淡水鱼 freshwater fish 03.1053

蛋氨酸 methionine, Met 05.0059

*蛋白毒素 exotoxin 04.0058

蛋白多糖 proteoglycan 05.0040

蛋白核小球藻 *Chlorella pyrenoidesa* 05.0211

蛋白酶 protease 02.0731

蛋白酶抑制剂 protease inhibitor 04.0098

蛋白膜 egg white membrane 03.0979

蛋白片 egg white flake 03.1009

*蛋白素肉 vegetable protein meat 03.0833

蛋白饮料 protein drink 03.1338

蛋白指数 protein index 03.0997

蛋白质 protein 02.0004

蛋白质表观消化率 protein apparent digestibility 05.0479

蛋白质功效比值 protein efficiency ratio 05.0470

蛋白质互补作用 protein complementary action 05.0484

*蛋白质化学评分 amino acid score 05.0474

蛋白质净利用率 net protein utilization 05.0488

*蛋白质净效系数 net protein utilization 05.0488

蛋白质–能量营养不良 protein-energy malnutrition 05.0469

蛋白质水解度 degree of hydrolysis of protein 02.0111

蛋白质消化率 protein digestibility 05.0478

蛋白质休止 protein hydrolysis, protein rest 03.1427

蛋白质盐效应 salt effect of protein 02.0101

蛋白质氧化 protein oxidation 02.0097

蛋白质印迹法 Western blotting 02.0527

蛋白质真消化率 protein true digestibility 05.0480

蛋白质组学 proteomics 05.0524

蛋肠 egg-sausage 03.1002

蛋粉 egg powder 03.1008

蛋糕 cake 03.0417

蛋黄百分率 egg yolk percentage 03.0999

蛋黄粉 egg yolk powder 02.0764

蛋黄膜 egg yolk membrane 03.0980

蛋黄油 egg butter 03.1003

蛋黄指数 yolk index 03.0998

蛋壳内膜 eggshell inner membrane 03.0978

蛋壳外膜 eggshell outer membrane 03.0977

蛋脯 candied egg 03.1005

蛋清蛋白 egg white protein 02.0012

蛋清粉 egg white powder 02.0787

蛋松 dried egg floss 03.1004

蛋形指数 egg-shaped index 03.0996

氮平衡 nitrogen balance 05.0473

氮平衡指数 nitrogen balance index, NBI 05.0491

*氮杂苯 pyridine 04.0138

*刀鱼 hairtail 03.1059

*导数光谱 derivative spectrum 02.0385

*到达剂量 target organ dose 04.0284

德氏乳杆菌保加利亚亚种 *Lactobacillus delbrueckii* subsp. *bulgaricus* 02.0170

等电点 isoelectric point 02.0085

等电聚焦电泳 isoelectric focusing electrophoresis, IFE 02.0573

等距变深螺杆 isometric deepen screw 03.0488

等离子体杀菌 plasma pasteurization 03.0305

等深变距螺杆 isobathic variable pitch screw 03.0489

等位基因 allele 05.0516

等温式挤压 isothermal extrusion 03.0473

等压式灌装 isobaric filling 03.1325

低共熔点 eutectic point 03.0339

低剂量外推法 low dose extrapolation method 04.0332

低筋面粉 low gluten flour 03.0532

低聚半乳糖 galato-oligosaccharide 02.0760

低聚果糖 fructo-oligosaccharide 02.0759

*低聚壳寡糖 chitosan oligosaccharide 03.1125

*低聚糖 oligosaccharide 02.0024

低聚异麦芽糖　isomalto-oligosaccharide　02.0761

低密度脂蛋白　low density lipoprotein, LDL　05.0430

低钠盐　low sodium salt　03.1466

低热量饮料　low-calorie drink　03.1345

*低温长时杀菌法　pasteurization　03.0287

低温锻炼　cold acclimation　03.0589

低温发酵　low temperature fermentation　03.1377

低温粉碎　cryogenic grinding　03.0022

低温高压膨化　puffing at low temperature and high pressure　03.0248

*低温加工　cold processing　03.0382

低温肉制品　low-temperature meat product　03.0972

低温真空油炸　low-temperature vacuum frying　03.0249

低血糖　hypoglycemia　05.0033

*低压贮藏　hypobaric storage　03.0573

低盐固态发酵工艺　low salt solid state soy sauce fermentation　03.1483

低氧伤害　low oxygen injury　03.0625

低转化糖浆　low conversion syrup　03.1198

地板式发芽法　plate germination method　03.1414

*地方性心肌病　Keshan disease　05.0500

地缸发酵　underground pottery vat fermentation　03.1380

*地瓜　sweet potato　03.0747

地龙蛋白　earthworm protein　05.0243

*第二干燥阶段　falling rate drying stage　03.0220

第三方物流　the third party logistics, TPL　03.0651

*第一干燥阶段　constant rate drying stage　03.0219

点评估筛选法　point assessment screening　04.0330

2点识别实验法　paired difference test　02.0636

2点嗜好实验法　paired preference test　02.0637

碘　iodine　05.0130

碘盐　iodised salt, salt iodization　03.1467

碘值　iodine value　02.0119

电穿孔　electroporation　02.0429

电刺激　electrical stimulation　03.0924

电导检测器　electrolytic conductivity detector, ELCD　02.0624

电感耦合等离子体原子发射光谱法　inductively coupled plasma-atomic emission spectroscopy, ICP-AES　02.0625

*电加热解冻　electrical resistance thawing　03.0368

电流解冻　electrical resistance thawing　03.0368

电偶极矩　electric dipole moment　02.0546

电取蜂毒器　electric shocking venom collector　03.1578

电渗透　electro-osmosis　02.0411

电渗析　electrodialysis　02.0412

电熏　electric smoking　03.1093

电泳　electrophoresis　02.0571

电子鼻　electronic nose　02.0130

电子编码　electronic code　04.0446

电子捕获检测器　electron capture detector, ECD　02.0623

电子舌　electronic tongue　02.0131

电子数据交换　electronic data interchange, EDI　04.0445

电子位移极化　electronic displacement polarization　02.0415

*电阻解冻　electrical resistance thawing　03.0368

垫垛　bedding buttress　03.0657

淀粉　starch　02.0029

*淀粉 α-1, 4-葡萄糖苷酶　glucoamylase　03.1196

淀粉半干法变性　semi-dry processing of starch modification　03.0787

淀粉粉力测定仪　amylograph　02.0284

淀粉干法变性　dry processing of starch modification　03.0786

淀粉糊　starch paste　03.0773

淀粉化学变性　chemical modification of starch　03.0784

淀粉交联　starch cross-linking　03.0795

淀粉接枝共聚　starch graft copolymerization　03.0794

淀粉酶　amylase　02.0728

*α-淀粉酶　liquefied enzyme　03.1193

淀粉酶解法　starch enzymatic hydrolysis　03.1202

淀粉醚化　starch etherification　03.0791

淀粉凝胶　starch gel　03.0774

淀粉乳　starch milk　03.1204

淀粉生物变性　biological modification of starch　03.0783

淀粉湿法变性　wet processing of starch modification　03.0785

淀粉水解　hydrolysis of starch　02.0070

淀粉酸解法　starch acid hydrolysis　03.1201

淀粉糖　starch sugar　03.1190

淀粉糖浆　starch syrup　02.0756

淀粉糖浆型硬糖　starch syrup hard candy　03.1220

淀粉调浆　starch size mixing　03.1208

淀粉物理变性　physical modification of starch　03.0775

淀粉阳离子化　starch cationization　03.0793

淀粉氧化　starch oxidation　03.0790

淀粉液化　starch liquefaction　03.1192

淀粉酯化　starch esterification　03.0792

*雕白粉　rongalit　04.0398

吊白块　rongalit　04.0398

叠接长度　overlap length　03.0394

叠接率　overlap rate　03.0393

丁基羟基茴香醚　butylated hydroxyanisole　02.0652

丁酸　butyric acid　05.0091

丁酸发酵　butyric acid fermentation　02.0216

丁酸梭菌　*Clostridium butyricum*　02.0160

丁糖　D sugar　03.1181

顶空捕集　headspace trapping　02.0133

顶隙度　headspace　03.0403

定量风险评估　quantitative risk assessment　04.0338

定性风险评估　qualitative risk assessment　04.0337

*董香型白酒　medicine aromatic Chinese spirit, Chinese herbaceous-flavor liquor　03.1354

*动力黏度　dynamic viscosity　02.0303

动态黏弹性　dynamic viscoelasticity　02.0353

动物蛋白　animal protein　02.0007

*动物电子身份证　QR code animal identification　04.0443

动物油脂　animal oil　02.0750

冻藏　frozen storage　03.0570

冻豆腐　frozen beancurd　03.0834

冻结点　freezing point　03.0338

冻结曲线　freezing curve　03.0359

冻结烧　freezer burn　03.0362

冻结食品　frozen food　03.0341

冻结速率　freezing rate　03.0360

*洞道式干燥器　tunnel dryer　03.0273

胴体　carcass　03.0923

胴体检验　carcass inspection　04.0235

豆豉　Douchi, fermented soybean　03.1504

豆腐　beancurd　03.0825

豆腐脑　jellied beancurd　03.0828

豆腐皮　skin of soybean milk　03.0830

*豆腐鱼糕　fish tofu　03.1106

豆浆　soybean milk　03.0826

豆类矿物质元素　legume mineral element　03.0819

豆类维生素　bean vitamin　03.0818

豆粕　soybean meal　03.0839

豆乳粉　soybean milk powder　03.0835

豆沙酱　bean paste　03.0831

豆腥味　beany flavor　02.0152

豆芽　bean sprout　03.0829

*豆芽菜　bean sprout　03.0829

毒力　virulence　04.0006

*F-2 毒素　zearalenone　04.0073

毒效应　toxic effect　04.0296

毒效应谱　spectrum of toxic effect　04.0297

毒性　toxicity　04.0271

毒性当量因子法　toxic equivalency factor, TEF　04.0339

*毒性作用　toxic effect　04.0296

毒蝇碱　muscarine　04.0090

*杜氏藻　*Dunaliella salina*　05.0214

*杜松子酒　gin　03.1398

杜仲雄花　male flower of *Eucommia ulmoides*　05.0206

杜仲籽油　*Eucommia ulmoides* seed oil　05.0188

镀冰衣　ice glazing　03.0352

镀锡薄钢板　tinplate　03.0386

*短程蒸馏　molecular distillation　03.0099

*短梗霉多糖酶　pullulanase　03.1213

*短梗霉聚糖　pullulan　05.0228

短梗五加　*Acanthopanax sessiliflorus*　05.0202

断水浸麦法　intermittent steeping method　03.1409

堆藏　mound storage　03.0564

队列研究　cohort study　05.0542

对化学性肝损伤的保护作用　protecting on chemical injury of liver　05.0334

对流传质系数　convective mass transfer coefficient　03.0228

对流干燥　convection drying　03.0258

*对流换热系数　surface heat transfer coefficient　02.0362

对羟基苯甲酸酯类　*p*-hydroxybenzoate　02.0645

对虾　prawn　03.1062

多巴胺　dopamine　04.0143

多变式挤压　variable type extrusion　03.0474

多不饱和脂肪酸　polyunsaturated fatty acid, PUFA　05.0083

多重聚合酶链反应　multiplex polymerase chain reaction　04.0162

多分子层水　multilayer water　02.0047

多酚　polyphenol　05.0249

多花种蜂蜜　multifloral honey　03.1554

多环芳烃　polycyclic aromatic hydrocarbon　04.0128

多级萃取　multi-stage extraction　03.0093

多克隆位点　multiple cloning site　02.0515

多孔淀粉　porous starch　03.0798

多氯联苯　polychlorinated biphenyl, PCB　04.0126
多酶复合体　multienzyme complex　02.0434
多糖　polysaccharide　02.0028
多效浓缩设备　multi-effect concentration equipment　03.0070
多效蒸发　multi-effect evaporation　03.0066
多组分蒸馏　multicomponent distillation　03.0106

E

颚式压碎机　jaw crusher　03.0027
*儿茶精　catechin　05.0265
儿茶素　catechin　05.0265
耳标　earcon　04.0427
二苯并呋喃　dibenzofuran　04.0127
二重卷边　double seam　03.0392
*二次发酵法　sponge dough fermentation　03.0439
二次灌装　re-filling　03.1323
二次膨化　secondary puffing　03.0479
二丁基羟基甲苯　dibutyl hydroxy toluene　02.0653
二噁英　dioxin　04.0125
二级结构　secondary structure　02.0088
*二甲基亚硝胺　dimethylnitrosoamine, DMNA　04.0133
*α-二氯丙醇　1, 3-dichloro-2-propanol　04.0141
1, 3-二氯-2-丙醇　1, 3-dichloro-2-propanol　04.0141
*二氢异黄酮　dihydroisoflavone　05.0253
二十二碳六烯酸　docosahexaenoic acid, DHA　05.0087

*二十二碳-顺-13-烯酸　erucic acid　05.0107
二十碳四烯酸　arachidonic acid, ARA　05.0106
二十碳五烯酸　eicosapentaenoic acid, EPA　05.0088
二十[烷]酸　arachidic acid　05.0105
*二糖　disaccharide　05.0019
二维码动物标识　QR code animal identification　04.0443
二烯丙基硫化物　diallyl sulfide　05.0284
二硝基水杨酸法　3, 5-dinitrosalicylic acid colorimetric method, DNS method　02.0583
二氧化硫　sulfur dioxide　02.0646
二氧化硫缓释剂　SO₂ releaser　03.0592
*二氧化碳浸泡法　carbon dioxide maceration　03.1444
二氧化碳浸渍法　carbon dioxide maceration　03.1444
二氧化碳麻醉法　carbon dioxide anesthesia　03.0921
*二氧杂芑　dioxin　04.0125
二乙胺　diethylamine　04.0135

F

发表偏倚　publication bias　05.0543
发酵　fermentation　02.0462
发酵橄榄　fermented olive　03.0849
发酵工程　fermentation engineering　02.0463
发酵果蔬制品　fermented fruit and vegetable product　03.0842
发酵面制品　fermented flour product　03.0437
发酵培养基　fermentation medium　02.0475
发酵肉制品　fermented meat product　03.0949
发酵乳　fermented milk　03.1026
发酵乳制品　fermented milk product　03.1027
发酵食品　fermented food　02.0233
发酵蔬菜汁饮料　fermented vegetable juice drink　03.1335
发酵调味品　fermented condiment　02.0234
发酵稀奶油　fermented sour cream　03.1032
发酵香肠　fermented sausage　03.0950

发酵型含乳饮料　fermented milk beverage　03.1337
发面　dough leavening　03.0540
发芽糙米　germinated brown rice　03.0675
发芽力　germinability, germination power　03.1418
发芽率　germinating rate, germination capacity　03.1417
发烊　moist　03.1236
BCA 法　bicinchoninic acid method, BCA method　02.0569
法定检验检疫　statutory inspection and quarantine　04.0183
法定通报疫病　notifiable disease　04.0206
番茄籽油　tomato seed oil　05.0175
*翻烤　string of incense　03.1390
反竞争性抑制　uncompetitive inhibition　02.0448
*反乳化作用　demulsification　03.0173
反色学说　opponent-color theory　02.0395
反射密度　reflection density　02.0409

反渗透 reverse osmosis 03.0149

反式脂肪酸 *trans*-fatty acid 05.0089

反转录聚合酶链反应 reverse transcription polymerase chain reaction, RT-PCR 04.0163

泛酸 pantothenic acid 05.0145

范德瓦耳斯力 van der Waals force 02.0095

*范德瓦耳斯吸附 physical adsorption 03.0120

防潮包装 moisture-proof packaging 03.0326

防虫包装 insect-resistant packaging 03.0639

防腐 antisepsis 02.0250

防霉包装 mould-proof packaging 03.0634

仿生免疫分析 bionic immunosorbent assay 04.0172

放射性核素 radionuclide 04.0149

放射性污染物 contaminant of radioactive origin 04.0148

飞行时间质谱仪 time-of-flight mass spectrometer, TOFMS 02.0607

飞燕草素 delphinidin 05.0268

非必需氨基酸 non-essential amino acid 05.0045

非必需营养素 non-essential nutrient 05.0007

非必需脂肪酸 non-essential fatty acid 05.0079

非传染性慢性疾病 non-communicable chronic disease, NCD 05.0432

非法添加物 illegal ingredient 04.0395

非呼吸跃变 non-respiratory climacteric 03.0620

*非极性吸附 physical adsorption 03.0120

非竞争性抑制 non-competitive inhibition 02.0447

非酶褐变反应 non-enzymatic browning 02.0064

非牛顿流体 non-Newtonian fluid 02.0297

*非侵染性病害 physiological disorder 03.0602

非酸性食品 non-acidic food 02.0231

肥胖 obesity 05.0434

废蜜 final molasses 03.1160

废弃率 abandonment ratio 05.0386

肺吸虫 *Paragonimus westermani* 04.0049

分层 layered 03.0172

分段煮糖 segmented sugar boiling 03.1177

分割 division 03.0427

分割机 divider 03.0449

分割肉 cut meat 03.0940

分级 grading 03.0865

分解代谢 catabolism 02.0221

分离 separation 03.0073

分离蜜 extracted honey 03.1557

分离乳清蛋白 whey protein isolate 02.0768

分蜜 centrifuging, purging 03.1155

分蜜机 honey extractor 03.1583

分批灭菌 batch sterilization 02.0476

*分批蒸馏 batch distillation 03.0103

分散法 dispersion method 03.0183

分散相 dispersed phase 03.0169

分子量 molecular weight, MW 02.0549

分子取代度 molecular substitution 03.0788

分子蒸馏 molecular distillation 03.0099

分子蒸馏设备 molecular distillation equipment 03.0107

*汾香型白酒 Fen-flavor liquor 03.1351

酚酸 phenolic acid 05.0273

粉路 mill flow 03.0708

粉筛 flour dressing, flour dressing cover 03.0724

粉丝真空去泡机 vaccum removing bubble machine 03.0769

粉碎 comminution, size reduction 03.0001

粉碎比 comminution degree 03.0008

*粉碎度 comminution degree 03.0008

粉碎力 comminuting force 03.0015

粉质曲线特性 farinogram properties 03.0711

分量 portion size 05.0162

粪便污染指示菌 fecal indicator microorganism 04.0005

粪大肠菌群 fecal coliform 04.0012

风鹅 dry-cured goose 03.0961

风干肉 dry-cured meat 03.0959

风鸡 dry-cured chicken 03.0960

风味轮 flavor wheel 02.0127

风味酶 flavor enzyme 02.0128

*风味增强剂 freshness agent 03.1469

*风险比 hazard ratio 05.0549

风险成本 risk cost 04.0345

*风险承担 risk retention 04.0346

*风险代价 risk cost 04.0345

风险分析 risk analysis 04.0261

风险概述 risk profile 04.0347

风险管理 risk management 04.0263

风险管理监控 risk management monitoring 04.0343

风险管理选择评估 risk management option assessment 04.0342

风险规避 exposure rate index 04.0344

风险交流 risk communication 04.0264

风险描述 risk characterization 04.0324

风险评估 risk assessment 04.0262

风险评估模型　risk assessment model　04.0326

风险意识　risk awareness　04.0265

风险源　risk source　04.0260

风险自留　risk retention　04.0346

风向玫瑰图　wind direction rose map　03.1609

封存　sealing up　04.0220

＊疯牛病　bovine spongiform encephalopathy, BSE
　　04.0244

蜂巢制剂　bee comb preparation　03.1539

蜂毒　apitoxin　03.1540

蜂毒肽　melittin　03.1541

蜂毒制剂　apitoxin preparation　03.1542

蜂花粉　bee pollen　03.1543

＊蜂皇浆　royal jelly　03.1568

蜂胶　propolis　03.1547

蜂蜡　beeswax　03.1592

蜂蜡脱色　beeswax decolor　03.1567

[蜂]蜜　honey　03.1550

蜂蜜粉　honey powder　03.1563

蜂蜜糊精　honey dextrin　03.1594

蜂蜜胶体　honey colloid　03.1595

＊蜂乳　royal jelly　03.1568

蜂乳晶　royal jelly crystal　03.1575

蜂王浆　royal jelly　03.1568

蜂王浆[冻干]粉　[lyophilized] royal jelly　03.1569

蜂幼虫干粉　lyophilized bee larva powder　03.1572

蜂子制品　product of bee brood　03.1571

凤香型白酒　Feng-flavor Chinese spirit　03.1353

麸曲　bran Qu, Fuqu starter　03.1366

＊麸质　wheat protein　02.0011

伏马菌素　fumonisin　04.0080

伏特加　vodka　03.1396

氟　fluorine　04.0124, 05.0135

浮腌　floating preservation　03.0496

辐射处理　radiation treatment　03.0585

辐照保鲜　irradiation preservation　03.0577

＊辐照处理　radiation treatment　03.0585

辐照杀菌　radiation pasteurization　03.0300

辅酶　coenzyme　02.0436

辅酶Q10　coenzyme Q10　05.0298

＊辅酶R　biotin　05.0147

辅因子　cofactor　02.0440

辅助改善记忆　assisted improving memory　05.0322

辅助降血糖　assisted reducing blood sugar　05.0320

辅助降血压　assisted lowering blood pressure　05.0326

辅助降血脂　assisted reducing blood fat　05.0319

腐败　spoilage　03.0286

腐败微生物　spoilage microorganism　04.0003

＊腐马毒素　fumonisin　04.0080

腐乳　Furu, fermented bean curd　03.1505

腐竹　dried beancurd stick　03.0827

负氮平衡　negative nitrogen balance　05.0494

复合果蔬汁　mixed fruit-vegetable juice　03.1334

复合强化　composite fortified　05.0362

复合调味料　compound condiment　03.1472

复黏度　complex viscosity　02.0302

复热性　heat recovery ability　03.0554

＊复数弹性率　complex modulus of elasticity　02.0349

复数弹性模量　complex modulus of elasticity　02.0349

复水　rehydration　03.0874

复水性　rehydration capacity　03.0212

DNA复制　DNA replication　02.0520

副溶血弧菌　*Vibrio parahaemolyticus*　04.0020

傅里叶变换红外光谱　Fourier transform infrared spectrum
　　02.0599

傅里叶变换红外光谱仪　Fourier transform infrared spec-
　　trometer, FTIR　02.0594

富集培养　enrichment culture　02.0464

馥郁香型白酒　fragrant-flavor liquor　03.1360

G

咖喱　curry　03.1527

改良　amelioration　03.1440

改善和控制气氛包装　modified and controlled atmosphere
　packaging　03.0327

改善皮肤水分　improving skin moisture condition
　05.0335

改善皮肤油分　improving skin oil condition　05.0336

改善生长发育　improving growth and development
　05.0331

改善营养性贫血　improving nutritional anemia　05.0333

改性大豆磷脂　modified soybean phospholipid　02.0714

钙　calcium　05.0119

干蛋品　dried egg product　03.1006

干法粉碎　dry grinding　03.0014

干法粉碎机　dry mill　03.0023

干菇　dry mushroom　03.1532

干耗　drying loss　03.0361

干货类调味品　dried food condiment　03.1517

干基含水率　moisture content of dry basis　03.0203

干基重　dry weight basis　02.0548

干酵母　dried yeast　02.0785

干酪　cheese　03.1030

干酪素　caseinate　03.1043

干粒-液化精炼法　dry-liquid conching　03.1276

干凝胶　xerogel　02.0379

干葡萄酒　dry wine　03.1446

干球温度　dry-bulb temperature　03.0223

干瘦型营养不良　marasmus　05.0486

干缩　dry shrinkage　03.0208

干腌　dry curing　03.0494

干腌火腿　dry-cured ham　03.0955

干燥　drying　03.0201

干燥动力学　drying kinetics　03.0213

＊干燥豆乳　soybean milk powder　03.0835

干燥曲线　drying curve　03.0214

干燥速率　drying rate　03.0215

干燥速率曲线　drying rate curve　03.0216

干燥温度曲线　drying temperature curve　03.0217

干制水产品　dried fish　03.1076

干制香肠　dry sausage　03.0951

甘氨酸　glycine, Gly　05.0054

甘草苷　liquiritin　05.0260

甘草甜素　glycyrrhizin　02.0692

甘露醇　mannitol　03.1127

甘露聚糖　mannan　05.0027

甘露蜜　honeydew honey　03.1556

甘薯　sweet potato　03.0747

甘油　glycerol　02.0038

甘油二酯　diacylglycerol, DG　05.0169

甘油磷脂　glycerophosphatide　05.0110

甘油双乙酰酒石酸单酯　diacetyl tartaric acid ester of monoglyceride　02.0720

甘蔗　sugar cane, *Saccharum officinarum* L.　03.1132

甘蔗破碎　sugar cane disintegration　03.1133

甘蔗压榨　sugar cane milling　03.1134

肝片吸虫　*Fasciola hepatica*　04.0047

肝糖原　hepatic glycogen　05.0029

感官分析　sensory analysis　02.0628

感官评价　sensory evaluation　02.0154

感觉器官　sensory organ　02.0629

感染动物　infected animal　04.0215

感受态细胞　competent cell　02.0516

橄榄油　olive oil　03.0887

＊冈博罗病　infectious bursal disease, IBD　04.0251

冈田软海绵酸　okadaic acid　04.0084

刚地弓形虫　*Toxoplasma gondii*　04.0044

刚度　rigidity　02.0328

高度保守序列　highly conserved sequence　02.0514

高端消费量　large portion size　04.0322

高 F 值蛋清寡肽　high F value oligopeptide from egg white　03.0995

高 F 值低聚肽　high F value oligopeptide　02.0771

高方平筛　square plansifter　03.0745

高果糖浆　high fructose syrup　03.1216

＊高合油　blend oil　03.0910

高剪切分散乳化　high shear dispersing emulsification　03.0188

高剪切均质机　high shear homogenizer　03.0199

高筋面粉　high gluten flour　03.0530

高静电压解冻　high electrostatic voltage thawing　03.0367

高静水压解冻　high hydrostatic pressure thawing　03.0375

高静压杀菌　high hydrostatic pressure pasteurization　03.0296

高麦芽糖浆　high maltose syrup　02.0758

＊高密度二氧化碳杀菌　dense phase carbon dioxide pasteurization　03.0297

高密度脂蛋白　high density lipoprotein, HDL　05.0431

高频波　high frequency wave　02.0426

高速离心机　high speed centrifuge　03.0080

高速振动式筛分　high speed vibrating sieving　03.0054

高同型半胱氨酸血症　hyperhomocysteinemia　05.0503

高温大曲　high temperature Daqu　03.1369

高温短时杀菌　high temperature short time pasteurization, HTST pasteurization　03.0290

高温肉制品　high temperature meat product　03.0973

高温润糁　moistening grains with high temperature water　03.1376

高温损伤　high temperature injury　02.0113

高效液相色谱法 high performance liquid chromatography, HPLC 02.0616

高血糖 hyperglycemia 05.0032

高血压[症] hypertension 05.0499

*高血脂 hyperlipidemia 05.0438

高压成型挤压 high pressure molding extrusion 03.0471

高压成型挤压机 high pressure molding extruder 03.0487

高压二氧化碳杀菌 dense phase carbon dioxide pasteurization 03.0297

高压均质机 high pressure homogenizer 03.0196

高盐稀态发酵工艺 high salt diluted state soy sauce fermentation 03.1481

高脂血症 hyperlipidemia 05.0438

高转化糖浆 high conversion syrup 03.1200

糕点 pastry 03.0419

割蜡盖刀 uncapping knife 03.1585

隔离检疫 isolation quarantine 04.0189

隔离饲养 isolated feeding, isolated raising 04.0223

镉 cadmium 04.0119

个人人日数 weighted average of meals of a person per day 05.0381

个体溯源管理 individual traceability management 04.0438

铬 chromium 05.0129

铬黑 T eriochrome black T, EBT 02.0555

根霉 Rhizopus 02.0186

工业用蜂蜜 honey for industry 03.1565

*弓浆虫 Toxoplasma gondii 04.0044

公称压力 nominal pressure 03.1601

公用系统 public system 03.1613

*功能食品 functional food 05.0316

功能性多糖 bioactive polysaccharide 05.0039

供能比 percentage of energy-yielding 05.0014

供应链管理 supply chain management, SCM 03.0664

*龚地弓形虫 Toxoplasma gondii 04.0044

汞 mercury 04.0120

共验 joint inspection 04.0191

*贡鸭 water boiled salted duck 03.0963

勾兑 blend 03.1389

勾芡 thickening soup 05.0349

佝偻病 rickets 05.0496

沟藏 trench storage 03.0565

钩端螺旋体病 leptospirosis 04.0240

构象 conformation 02.0091

菇粉 mushroom powder 03.1537

谷氨酸 glutamic acid, Glu 05.0051

L-谷氨酸钠 monosodium L-glutamate 02.0699

谷氨酰胺 glutamine, Gln 05.0056

谷糙分离筛 paddy separator 03.0734

*谷糙分离设备 paddy separator 03.0734

谷蛋白 glutelin 02.0014

谷蛋白粉 wheat gluten 03.0683

谷胱甘肽 glutathione, GSH 02.0769

谷胱甘肽过氧化物酶 glutathione peroxidase, GSH-Px 05.0294

谷维素 oryzanol 05.0299

谷物 cereal 03.0667

骨架结构 skeletal structure 03.0551

骨密度 bone density 05.0428

*骨软化病 familial hypophosphatemia 05.0443

骨质疏松 osteoporosis 05.0441

钴 cobalt 05.0132

*钴胺素 cobalamine 05.0149

固醇 sterol 05.0077

固定化酶 immobilized enzyme 02.0455

固定效应模型 fixed effect model 05.0550

固晶 hardening the grain 03.1151

固态法酿醋工艺 solid state vinegar fermentation 03.1495

固态通风回流法 solid state spraying-extraction vinegar fermentation 03.1496

固体泡 solid foam 02.0380

固体饮料 solid drink 03.1342

固体脂肪指数 solid fat index, SFI 02.0580

固稀发酵工艺 solid-liquid state soy sauce fermentation 03.1482

*固稀分酿发酵法 solid-liquid state soy sauce fermentation 03.1482

固-液萃取 solid-liquid extraction 03.0090

刮板式薄膜蒸发器 scraper type evaporator 03.0069

刮膜式分子蒸馏器 scraped-film molecular distillator 03.0109

寡聚酶 oligomeric enzyme 02.0433

寡糖 oligosaccharide 02.0024

*挂果保鲜 on-tree storage 03.0578

挂糊 hanging paste 05.0347

挂面　fine dried noodle　03.0521
关键控制点　critical control point, CCP　04.0360
关键控制点判断树　CCP decision tree　04.0362
关键缺陷　critical defect　04.0367
关键限值　critical limit, CL　04.0363
冠心病　coronary heart disease　05.0439
*冠状动脉性心脏病　coronary heart disease　05.0439
管路布置图　piping arrangement　03.1599
*管路配置图　piping arrangement　03.1599
管式膜分离器　tubular module　03.0155
管制的非检疫性有害生物　regulated non-quarantine pest　04.0204
管制性有害生物　regulated pest　04.0202
灌汤包　Tangbao, soup bun　03.0526
灌装　filling　03.0880
灌装技术　bottling technology　03.0314
罐藏　canning　03.0383
罐藏容器　canning container　03.0384
罐藏肉制品　canned meat product　03.0971
*罐式法　tank method　03.1441
光度视阈　luminance difference threshold　02.0398
光反射率　light reflectance　02.0381
光辊　smooth roll　03.0743
光降解包装　light degradation packaging　03.0323
光密度　optical density　02.0408
光敏氧化　photosensitized oxidation　02.0121
光皮梾木果油　Swida wilsoniana oil　05.0182
光谱轨迹　spectrum locus　02.0389
光谱仪　spectrometer　02.0589
*光值　lightness value　02.0401
广东虫草子　Cordyceps guangdongensis　05.0223
广州管圆线虫　Angiostrongylus cantonensis　04.0055
癸酸　capric acid　05.0094
贵腐葡萄酒　botrytised wine, noble rot wine　03.1452
桂皮　cinnamon, Chinese cinnamon, feathering　03.1523
辊式磨粉机　roller mill　03.0742
辊轧　rolling　03.0429
滚揉　tumbling　03.0941
滚揉腌制　tumbling curing　03.0503

滚筒干燥　drum drying　03.0232
滚圆　rounding　03.0428
滚圆机　rounder　03.0450
*棍鱼　grass carp　03.1055
*国际标准人工日光　artificial daylight 6500K　02.0410
国家强制性产品认证　China compulsory certification　04.0179
果醋　fruit vinegar　03.0861
果浆　fruit syrup　03.1327
果胶　pectin　02.0709
果胶酶　pectinase　02.0730
果酒　fruit wine　03.0860
*β-1,2-D-果聚糖酶　inulinase　03.1215
果粒果汁饮料　fruit juice with granule　03.1332
果葡糖浆　high fructose corn syrup, HFCS　02.0757
果仁巧克力　nut chocolate　03.1283
果肉饮料　fruit nectar　03.1330
果蔬脆片　fruit and vegetable crisp　03.0851
果蔬粉　fruit and vegetable powder　03.0853
果蔬罐头　canned fruit and vegetable　03.0863
果蔬浆　fruit and vegetable puree　03.0856
果蔬酱　fruit and vegetable sauce　03.0862
果蔬脯　preserved fruit and vegetable　03.0852
果蔬汁　fruit and vegetable juice　03.0855
果蔬汁饮料　fruit-vegetable juice beverage　03.1326
果糖　fructose　02.0022
果汁饮料　fruit drink　03.1331
果汁饮料主剂　fruit juice concentrate　02.0775
裹包技术　wrapping technology　03.0315
裹涂　wrap　03.1083
过程控制　process monitoring　03.1608
过程溯源　process traceability　04.0410
过度包装　excessive package　03.0638
过境检疫　transit quarantine　04.0194
过滤　filtration　03.0083
过热蒸汽干燥　superheated steam drying　03.0257
过失误差　mistake error　02.0560
过氧化氢酶　catalase　02.0735
过氧化值　peroxide value　02.0081

H

哈迪–温伯格定律　Hardy-Weinberg law　05.0523
哈夫单位　Haugh unit, HU　03.1000

海草　sea weed　05.0204
海带　kelp, sea-tangle　03.1075

＊海蛎子　oyster　03.1066

海绵结构　sponge structure　03.0550

＊海螃蟹　swimming crab　03.1064

＊海扇　scallop　03.1067

海水鱼　seawater fish, marine fish　03.1057

海苔　sea sedge　03.1081

海洋生物毒素　marine biotoxin　04.0082

海藻酸钠　sodium alginate　02.0708

含量声称　content claim　05.0454

含水 α-葡萄糖　α-glucose hydrous　03.1205

＊寒天　agar　03.1128

韩国泡菜　kimchi　03.0844

焊料　solder　03.0387

蚝油　oyster sauce, oyster cocktail, oyster flavoured sauce
　　03.1489

好氧生物处理　aerobic biological treatment　03.1605

＊禾谷镰孢菌　Fusarium graminearum　04.0035

禾谷镰刀菌　Fusarium graminearum　04.0035

合成醋　artificial vinegar　03.1501

合成代谢　anabolism　02.0220

合成生物学　synthetic biology　02.0229

合成甜味剂　synthetic sweetener　02.0137

合成香料　synthetic perfume　02.0725

合粉揣揉　mixing and kneading　03.0766

合生元　synbiotics　05.0165

河鲀毒素　tetrodotoxin　04.0099

＊河蟹　Chinese mitten crab　03.1065

核磁共振　nuclear magnetic resonance　02.0621

核磁共振波谱法　nuclear magnetic resonance spectro-
　　scopy, NMR spectroscopy　02.0622

＊核黄素　riboflavin　05.0143

核酸酶　nuclease　02.0500

核桃油　walnut oil　03.0892

核心营养素　core nutrient　05.0451

褐藻胶　alginate　03.1129

赫-巴模型　Herschel-Bulkley model　02.0354

黑茶　dark green tea　03.1309

＊黑鲩　black carp　03.1054

黑加仑籽油　black currant seed oil　05.0180

＊黑面包霉　Rhizopus stolonifer　02.0183

黑啤酒　black beer, dark beer　03.1436

＊黑切肉　dark firm dry meat　03.0935

黑心病　internal browning　03.0605

黑硬干肉　dark firm dry meat　03.0935

恒速阶段　constant rate drying stage　03.0219

横断面研究　cross-sectional study　05.0540

烘焙酵母　baking yeast　02.0236

烘烤　baking　03.0441

烘青　baked tea　03.1294

红茶　black tea　03.1306

红酵母　Rhodotorula　02.0189

＊红米　red Qu, red rice　03.1365

红曲　red Qu, red rice　03.1365

红曲米　red kojic rice　02.0670

＊红薯　sweet potato　03.0747

红糖　brown sugar　03.1186

红外分光光谱法　infrared spectrophotometry　02.0602

红外干燥　infrared drying　03.0243

红外光谱　infrared spectrum, IR　02.0593

宏量营养素可接受范围　acceptable macronutrient distri-
　　bution range, AMDR　05.0399

＊宏量元素　major element, macroelement　05.0116

后道成形　final forming　03.0468

后熟　postripeness　03.0608

呼吸热　respiration heat　03.0622

呼吸商　respiratory quotient　03.0621

呼吸失调　respiratory disorder　03.0624

呼吸速率　respiration rate　03.0618

呼吸温度系数　temperature quotient of respiration
　　03.0623

呼吸跃变　respiratory climacteric　03.0619

胡椒　pepper　03.1518

胡克模型　Hooker model　02.0338

＊胡子鲇　cat fish　03.1056

＊槲皮黄素　quercetin　05.0255

槲皮素　quercetin　05.0255

糊化　gelatinization　02.0071

糊化峰值温度　gelatinization peak temperature　02.0369

糊化开始温度　gelatinization start temperature　02.0282

糊化特性　gelatinization properties　03.0714

糊化温度　gelatinization temperature　02.0073

糊化终了温度　gelatinization completion temperature
　　02.0372

糊精　dextrin　03.0800

＊糊精化　starch liquefaction　03.1192

虎皮病　superficial scald　03.0604

虎皮蛋　deep-fried boiled egg　03.1015

α 互补　alpha complementation　02.0517

护色　preserving color　03.0869

护色剂　color fixative　02.0678

＊花斑曲霉　Aspergillus versicolor　04.0034

花茶　scented tea　03.1313

花粉　pollen　03.1538

花粉干燥器　pollen dryer　03.1579

花粉浸膏　pollen extract　03.1591

花粉破壁　pollen cell wall breaking　03.1590

花椒　pericarpium zanthoxyli　03.1519

花青素　anthocyanidin　05.0266

＊花色素　anthocyanidin　05.0266

花生蛋白粉　peanut protein flour　02.0765

＊花生四烯酸　arachidonic acid, ARA　05.0106

＊花生酸　arachidic acid　05.0105

花生油　peanut oil　03.0886

＊花枝　cuttlefish　03.1070

华支睾吸虫　Clonorchis sinensis　04.0048

滑块模型　slider model　02.0340

滑落角　angle of slide　02.0542

滑腻　smooth　02.0634

化学保鲜　chemical preservation　03.0575

化学防治　chemical control　03.0594

化学分析　chemical analysis　05.0376

化学计量学　chemometrics　02.0563

化学杀菌　chemical pasteurization　03.0302

化学吸附　chemisorption　03.0121

化学性危害　chemical hazard　04.0268

化学性污染　chemical pollution　04.0382

化学需氧量　chemical oxygen demand, COD　03.1600

化验室　testing laboratory　03.1603

＊怀山药　Chinese yam　03.0752

＊槐薯　cassava　03.0748

坏血病　scurvy　05.0507

还原糖　reducing sugar　02.0076

环动压碎机　gyratory crusher　03.0028

环糊精　cyclodextrin　02.0027

＊环己六醇　inositol　05.0295

环介导等温扩增　loop-mediated isothermal amplification　04.0166

ISO14000 环境管理体系　ISO14000 environmental management system　03.1617

缓解视疲劳　relieving visual fatigue　05.0323

缓解体力疲劳　relieving physical fatigue　05.0328

缓苏　tempering　03.0694

患病动物　sick animal　04.0214

＊鲩　grass carp　03.1055

黄茶　yellow tea　03.1308

黄豆素类　coumestans daidzein　05.0283

黄糊精　yellow dextrin　03.0803

＊黄花鱼　yellow croaker　03.1058

黄酒　Huangjiu, Chinese rice wine　03.1455

＊黄蜡　beeswax　03.1592

黄绿青霉素　Penicillium citreoviride　04.0076

黄芩素　baicalein　05.0259

黄曲霉　Aspergillus flavus　04.0030

黄曲霉毒素　aflatoxin　04.0071

＊黄色阴沟肠杆菌　Cronobacter sakazakii　04.0019

黄酮醇　flavonol　05.0251

黄酮类化合物　flavonoid　05.0250

黄烷醇　flavanol　05.0258

黄鱼　yellow croaker　03.1058

＊黄鱼胶　fish gelatin　03.1120

黄原胶　xanthan gum　02.0711

磺胺　sulfonamide　04.0111

挥发性盐基总氮　total volatile basic nitrogen, TVBN　04.0256

挥发性有机组分　volatile organic compound, VOC　02.0553

挥发性脂肪酸　volatile fatty acid　02.0035

回顾性研究　retrospective study　05.0539

meta 回归　meta regression　05.0558

回酒发酵　fermentation of reflux liquor　03.1378

＊回流速酿法　short term liquid state vinegar fermentation　03.1498

回溶糖浆　remelt syrup　03.1175

回软　softening　03.0873

回生　retrogradation　02.0074

回旋式精炼机　rotary conche　03.1278

回转式冲压成型机　rotating and multi-forming machine　03.1240

回转圆筒式干燥机　rotary dryer　03.0268

＊茴香　anise, star anise, verum　03.1520

荟萃分析　meta-analysis　05.0533

＊荤油　lard　03.0895

浑浊汁　cloudy juice　03.0858

馄饨　Huntun, Wonton　03.0516

混合蜂花粉　multifloral bee pollen　03.1545

混合系数　mixed coefficient　05.0385

混合型营养不良　mixed malnutrition　05.0487

混合腌制　mixing curing　03.0502

混色现象　color mixture　02.0386

*混蒸混烧　steam raw materials and distill together, mixed steaming and fermentation　03.1374

混蒸续糁　steam raw materials and distill together, mixed steaming and fermentation　03.1374

*和面　dough preparation　03.0420

和面机　dough mixer, flour mixer　03.0560

*活的非可培养状态　viable but non-culturable, VBNC　02.0206

活性包装　active packaging　03.0331

活性部位　active site　02.0431

*活性面粉筋　wheat gluten　03.0683

活性氧法　active oxygen method, AOM　02.0576

火焰光度检测器　flame photometric detector, FPD　02.0620

火焰离子化检测器　flame ionization detector, FID　02.0619

货架期　shelf life　03.0632

J

*击昏　stunning　03.0920

*机蜜　extracted honey　03.1557

机械剪切变性　mechanical shearing denaturation　02.0099

肌醇　inositol　05.0295

5′-肌苷酸二钠　disodium inosine-5′-monophosphate　02.0700

肌肉蛋白　muscle protein　02.0009

肌糖原　muscle glycogen　05.0030

*鸡败血支原体感染　mycoplasma gallisepticun infection　04.0253

鸡传染性法氏囊病　infectious bursal disease, IBD　04.0251

鸡毒支原体感染　mycoplasma gallisepticun infection　04.0253

鸡马立克病　Marek's disease　04.0250

*鸡慢性呼吸道病　mycoplasma gallisepticun infection　04.0253

鸡胚蛋　embryonated egg　03.1016

鸡尾酒　cocktail　03.1405

鸡新城疫　newcastle disease　04.0249

鸡油　chicken oil　03.0898

积累反馈抑制　cumulative feedback inhibition　02.0450

基本无疫　practically free　04.0211

基本追溯信息　basic traceability data　04.0430

基础代谢　basal metabolism, BM　05.0016

基础代谢率　basal metabolism rate, BMR　05.0017

基酒　base spirit　03.1404

基因　gene　02.0483

基因表达　gene expression　02.0488

基因多态性　gene polymorphism　02.0524

基因多效性　gene pleiotropism　02.0494

基因工程　genetic engineering　02.0485

基因工程育种　genetic engineering breeding　02.0473

基因环境变异　gene-environment variation　05.0531

基因扩增　gene amplification　02.0487

基因频率　gene frequency　05.0518

基因敲除　gene knockout　02.0492

基因缺失　gene deletion　02.0493

基因-膳食相互作用　gene-diet interaction　05.0528

基因失活　gene inactivation　02.0495

基因溯源　genetic traceability　04.0411

基因图谱　gene mapping　02.0489

基因文库　gene library　02.0490

基因型　genotype　05.0526

基因-营养素相互作用　gene-nutrient interaction　05.0527

基因组　genome　02.0484

基质　matrix　03.0981

基质效应　matrix effect　04.0159

基准剂量　benchmark dose, BMD　04.0295

激素残留　hormone residue　04.0388

即时毒性效应　instant toxic effect　04.0275

极化　polarization　02.0413

极化电荷　polarization charge　02.0414

*极限黏度数　intrinsic viscosity number　02.0300

疾病和害虫溯源　disease and pest traceability　04.0413

*几丁质　chitin　03.1123

己酸　caproic acid　05.0092

己烯雌酚　diethylstilbestrol　04.0114

挤压　extrusion　03.0457

挤压成形　extrusion forming　03.0469

挤压机　extruder　03.0460

挤压酶解 extrusion and enzyme hydrolysis 03.1191
挤压膨化 extrusion and puffing 03.0459
记录管理 record management 04.0421
pH 记忆 pH memory 02.0461
记账法 account-checking method 05.0371
技术标准 technical standard 03.1626
剂量-反应关系 dose-response relationship 04.0285
剂量-反应评估 dose-response assessment 04.0298
剂量相加 dose summation 04.0335
剂量-效应关系 dose-effect relationship 04.0286
寄生曲霉 Aspergillus parasiticus 04.0031
加工系数 processing factor 04.0325
加权均数差 weighted mean difference 05.0544
＊加湿碾米 wet rice milling 03.0701
加速模型 accelerated model 02.0355
加香葡萄酒 flavored wine 03.1451
加压解冻 high pressure thawing 03.0372
加压蒸馏 pressure distillation 03.0101
夹心酶联免疫吸附测定 sandwich enzyme-linked immu-
  nosorbent assay 04.0169
夹心巧克力 filled chocolate 03.1284
夹心硬糖 filled confection 03.1243
家族性低磷酸盐血症 familial hypophosphatemia
  05.0443
＊家族性抗维生素 D 佝偻病 familial hypophosphatemia
  05.0443
荚膜 capsule 02.0211
甲基汞 methyl mercury 04.0121
＊甲亢 hyperthyroidism 05.0498
甲壳素 chitin 03.1123
＊甲壳质 chitin 03.1123
＊甲硫氨酸 methionine, Met 05.0059
甲糖 A sugar 03.1178
甲型肝炎病毒 hepatitis A virus 04.0037
甲状腺功能亢进症 hyperthyroidism 05.0498
钾 potassium 05.0122
假单胞菌 Pseudomonas 02.0172
假丝酵母 Candida 02.0188
假塑性流体 pseudoplastic fluid 02.0306
＊假同色 metameric color 02.0387
尖孢镰刀菌 Fusarium axysporum 04.0036
＊尖角集中效应 edge effect 02.0427
间隙升温 intermittent warming 03.0590
＊间歇浸麦法 intermittent steeping method 03.1409

间歇灭菌 intermittent sterilization 03.0289
间歇蒸馏 batch distillation 03.0103
监控措施 monitoring and control measure 04.0364
减肥 weight control 05.0330
＊减压包装 vacuum packaging 03.0329
＊减压冷却 vacuum cooling 03.0357
减压蒸馏 vacuum distillation 03.0102
减压贮藏 hypobaric storage 03.0573
剪补法 trim and fill method 05.0556
剪切模量 shear modulus 02.0333
剪切黏度 shear viscosity 02.0289
剪切速率 shear rate 02.0292
剪切稀化流动 shear thinning flow 02.0307
剪切效应 shear effect 03.0190
剪切应力 shear stress 02.0295
剪切增稠流动 shear thickening flow 02.0309
剪切蒸煮挤压 shearing cooking extrusion 03.0470
剪切蒸煮挤压机 shearing cooking extruder 03.0486
检查 check up 03.0411
检验 inspection 04.0174
检验检疫 inspection and quarantine 04.0173
检验批 inspection lot 04.0197
检验许可 inspection licensing 04.0199
检疫 quarantine 04.0175
检疫病原体 quarantine pathogen 04.0201
检疫处理 quarantine treatment 04.0184
检疫监测 quarantine surveillance, quarantine monitoring
  04.0196
检疫监管 quarantine supervision 04.0182
检疫区 quarantine area 04.0207
检疫性动物疫病 quarantine animal disease, quarantine-
  based animal disease 04.0200
检疫性有害生物 quarantine pest 04.0203
简单蛋白质 homoprotein 02.0083
简单蒸馏 simple distillation 03.0097
简易气调贮藏 modified atmosphere storage 03.0572
碱法中和 alkaline neutralization 03.1211
碱味 alkaline taste 02.0148
碱性橙Ⅱ basic orange Ⅱ 04.0404
＊碱性玫瑰精 rose-bengal B 04.0407
碱性嫩黄 auramine 04.0403
间接竞争酶联免疫吸附测定 indirect competitive
  enzyme-linked immunosorbent assay 04.0168
间接膨化 indirect puffing 03.0478

健康声称 health claim 05.0458

健康指导值 health guidance value 04.0328

鉴别培养基 differential medium 02.0199

*江鱼 yellow croaker 03.1058

姜 ginger 03.1511

姜黄 turmeric yellow 02.0669

姜黄素 curcumin 05.0313

僵直 rigor 03.0931

降膜式分子蒸馏器 falling-film molecular distillator 03.0108

降膜蒸发器 falling-film evaporator 03.0068

降速阶段 falling rate drying stage 03.0220

降温结晶法 lowering temperature crystallization 03.0113

降血压肽 antihypertensive peptide 05.0067

酱 Jiang, sauce, paste 03.1503

酱卤制品 sauce pickled product 03.0962

酱香型白酒 soy sauce aromatic Chinese spirit, Jiang-flavor Chinese spirit 03.1349

酱油 soy sauce 03.1476

酱渍菜 pickled vegetable with soy sauce 03.0845

交叉污染 cross pollution 04.0379

交换容量 exchange capacity 03.0136

交换选择性 exchange selectivity 03.0135

交联淀粉 cross-linked starch 03.0797

交联度 crosslinking degree 03.0133

交流高场强技术 high-electric field AC, HEF-AC 02.0430

*娇耳 Jiaozi, dumpling 03.0515

浇淋发酵工艺 spraying-extraction soy sauce fermentation 03.1484

浇模成型 deposit forming 03.1233

胶变性流动 rheopexy 02.0315

胶基糖果 gum based candy 03.1259

胶基糖果中基础剂物质 based material in gum candy 02.0747

胶囊化 encapsulation 05.0359

胶凝 gelation 02.0068

胶体 colloid 02.0373

胶体磨 colloid mill 03.0035

胶原蛋白肠衣 collagen casing 03.0947

胶着性 gumminess 02.0633

焦糖化 caramelization 02.0065

焦糖色素 caramel pigment 02.0674

焦香糖果 caramel candy 03.1246

焦亚硫酸钾 potassium pyrosulfite 02.0648

焦亚硫酸钠 sodium pyrosulfite 02.0647

角黄素 canthaxanthin 05.0303

角鲨烯 squalene 05.0315

*角黍 Zongzi 03.0517

角质率 rate of vitreous wheat 03.0689

绞肉 grinding 03.0943

饺子 Jiaozi, dumpling 03.0515

脚气病 beriberi 05.0505

搅拌过度 over-mix 03.0426

搅拌磨 stirred mill 03.0039

搅拌器 spiral mixer 03.0446

搅拌乳化机 stirring emulsifier 03.0193

校正措施 corrective action 04.0365

窖藏 cellar storage 03.0566

*窖池 liquor fermentation pool 03.1379

窖池老化现象 aging phenomenon of the fermentation pit 03.1383

窖泥 pit mud, mud in pit 03.1382

酵母β-葡聚糖 yeast β-glucan 05.0227

酵母抽提物 yeast extract 02.0784

酵母制品 leaven product 02.0783

接触冻结 contact freezing 03.0344

*接触剂量 external dose 04.0282

接缝盖钩完整率 joint-rate 03.0396

接合酵母 Zygosaccharomyces 02.0187

拮抗作用 antagonism 04.0334

洁净室 clean room 03.1615

结合蛋白质 conjugated protein 05.0073

结合淀粉 bound starch 03.0782

结合水 bound water 02.0054

结核病 tuberculosis 04.0237

结核分枝杆菌 Mycobaterium tuberculosis 04.0029

结晶 crystallization 03.0111

结晶蜜 crystal honey 03.1560

结晶浓缩 crystallization concentration 03.0063

结晶糖果 crystalline candy 03.1265

解除结晶 solubilization 03.1561

解冻 thawing 03.0364

解冻僵直 thaw rigor 03.0932

解吸 desorption 02.0061

*解析干燥 vacuum drying 03.0239

介电常数 dielectric constant 02.0547

介电干燥　dielectric drying　03.0237
介电加热解冻　dielectric induction thawing　03.0369
介电损耗　dielectric loss　02.0420
芥末　mustard, black mustard　03.1522
*芥子末　mustard, black mustard　03.1522
界面性质　interfacial property　02.0102
界面张力　interfacial tension　03.0160
*金橙Ⅱ　acid orange Ⅱ　04.0405
金花茶　Camellia nitidissima　05.0198
金黄色葡萄球菌　Staphylococcus aureus　04.0022
金黄色葡萄球菌肠毒素　Staphylococcus aureus
　　enterotoxin　04.0064
金酒　gin　03.1398
金属罐　canister　03.0385
金属味　metallic taste　02.0149
筋道　tough and chewy　03.0553
紧密度　tightness rate　03.0395
紧压茶　compressed tea　03.1314
近红外光谱法　near infrared spectrometry, NIRS
　　02.0597
浸出糖化法　infusion saccharification　03.1426
浸麦度　steeping degree, steep-out moisture　03.1416
浸泡　immersion　03.0535
*浸取　solid-liquid extraction　03.0090
经消化率修正的氨基酸评分　protein digestibility correc-
　　ted amino acid score　05.0476
晶种罐　seed pan　03.1171
粳米　milled medium to short-grain nonglutinous rice
　　03.0672
精氨酸　arginine, Arg　05.0048
精白度　whiteness　03.1402
精炼　refine　03.1274
精炼大豆油　refined soybean oil　03.0909
精馏　rectification　03.0095
精滤　refined filtration, straining　03.1098
精磨　fine grinding　03.1273
精制蜂胶　refined propolis　03.1548
精［制］糖　refined sugar　03.1185
鲸油　whale oil　03.0900
净蛋白质比值　net protein ratio　05.0490
净谷　cleaned paddy　03.0677
*净化均质机　centrifugal homogenizer　03.0197
净结构破坏效应　net structure breaking effect　02.0060
净结构形成效应　net structure forming effect　02.0059

竞争性抑制　competitive inhibition　02.0446
静电分离　electrostatic separation　02.0422
静电相互作用　electrostatic interaction　02.0092
静黏弹性　static viscoelasticity　02.0345
静水压变性　hydrostatic pressure denaturation　02.0100
静止筛面　stationary screening surface　03.0048
酒　Jiu, alcoholic drink　03.1347
*酒饼　Xiaoqu　03.1363
*酒基　base spirit　03.1404
酒曲　Jiuqu, distiller's yeast, starter　03.1361
酒石酸　tartaric acid　02.0685
酒头　initial distillate　03.1385
酒尾　last distillate　03.1386
*酒药　Xiaoqu　03.1363
*就地清洗　cleaning in place, CIP　03.1611
局部毒性效应　local toxic effect　04.0277
菊粉　inulin　05.0231
菊粉酶　inulinase　03.1215
菊芋　jerusalem artichoke　03.0753
菊芋全粉　jerusalem artichoke powder　03.0761
橘青霉　Penicillium citrinum　04.0033
橘青霉素　citrinin　04.0077
咀嚼性　chewiness　02.0323
*蒟蒻　konjac　03.0749
巨幼红细胞贫血　mega-loblastic anemia　05.0509
聚丙烯酰胺凝胶电泳　polyacrylamide gel electrophoresis,
　　PAGE　02.0572
聚沉值　coagulation value　02.0109
聚合度　degree of polymerization　02.0069
DNA 聚合酶　DNA polymerase　02.0498
聚合酶链反应　polymerase chain reaction, PCR
　　04.0161
聚结　coalescence　03.0165
ε-聚赖氨酸　ε-polylysine　02.0267
聚类分析法　cluster analysis method　02.0565
*聚氯联苯　polychlorinated biphenyl, PCB　04.0126
卷边厚度　seam thickness　03.0388
卷边宽度　seam width　03.0389
卷起阶段　roll up stage　03.0423
绝对黏度　absolute viscosity　02.0303
绝对视阈　absolute threshold of luminance　02.0399
绝对致死剂量　absolute lethal dose, LD100　04.0290
*均湿　softening　03.0873
*均一多糖　homopolysaccharide　05.0020

均质　homogenization　03.0158
均质阀　homogenizing valve　03.0195
菌落　colony　02.0209

菌落形成单位　colony forming unit　02.0244
＊菌内毒素　endotoxin　04.0059
菌种退化　strain degeneration　02.0465

K

卡拉胶　carrageenan　02.0710
卡耶塔环孢子虫　*Cyclospora cayetanensis*　04.0046
开尔文–沃伊特模型　Kelvin-Voigt model　02.0342
开菲尔乳　kefir　03.1029
开孔率　percentage of open area　03.0046
开路粉碎　open-circuit grinding　03.0009
开酥机　dough sheeter　03.0447
凯氏定氮法　Kjeldahl determination　02.0566
＊抗佝偻病维生素　antirachitic vitamin　05.0152
＊抗坏血酸　ascorbic acid　05.0151
抗坏血酸棕榈酸酯　ascorbyl palmitate　02.0656
抗剪强度　shear strength　02.0536
抗结剂　anticaking agent　02.0739
抗晶剂　crystal-resistance agent　03.1226
＊抗菌素　antibiotic　02.0252
＊抗拉强度　break strength　03.0547
抗生素　antibiotic　02.0252
抗生物素蛋白　avidin　03.0992
＊抗消化淀粉　resistant starch　03.0799
抗性淀粉　resistant starch　03.0799
抗压强度　compressive strength　02.0535
抗氧化　antioxidant　05.0321
抗氧化剂　antioxidant　02.0743
考克斯–默茨规则　Cox-Merz rule　02.0360
考马斯亮蓝法　Coomassie brilliant blue method　02.0568
烤蛋　baked egg　03.1018
烤鸭　roasted duck　03.0966
烤鱼片　dried fish fillet　03.1078
＊壳多糖　chitin　03.1123
壳寡糖　chitosan oligosaccharide　03.1125
＊壳聚寡糖　chitosan oligosaccharide　03.1125
壳聚糖　chitosan　03.1124
壳模成型　shell molding　03.1280
＊壳上膜　eggshell outer membrane　03.0977
＊壳虾　grass shrimp　03.1061
＊壳下膜　eggshell inner membrane　03.0978
可滴定酸度　titratable acidity　02.0585
可见分光光谱法　visible spectrophotometry　02.0601

＊可可白脱　cocoa butter　03.1268
可可豆　cocoa bean　03.1267
可可粉　cocoa powder　03.1272
＊可可料　cocoa mass　03.1271
可可液块　cocoa liquid lump　03.1271
可可脂　cocoa butter　03.1268
可可制品　cocoa product　02.0781
可乐饮料主剂　cola concentrate　02.0776
可耐受最高摄入量　tolerable upper intake level, UL　05.0398
可逆毒性效应　reversible toxic effect　04.0279
＊可溶性甲壳素　chitosan　03.1124
可溶性无盐固形物　soluble saltless solid　03.1490
可食部　edible part　05.0161
可食性包装　edible packaging　03.0324
可追溯性　traceability　04.0415
克隆　cloning　02.0508
克隆载体　cloning vector　02.0502
克山病　Keshan disease　05.0500
克汀病　cretinism　05.0501
客观评价法　objective method　02.0632
空肠弯曲杆菌　*Campylobacter jejuni*　04.0021
空间相互作用　steric interaction　02.0086
空气冻结　air freezing　03.0343
空气解冻　air thawing　03.0365
空穴作用　cavitation　03.0192
孔雀石绿　malachite green　04.0406
孔隙率　porosity　02.0376
＊恐水病　rabies　04.0243
控释技术　controlled release technology　02.0132
控制措施　control measure　04.0361
控制点　control point, CP　04.0359
口岸检疫　port quarantine, quarantine at port　04.0186
口感　mouth feel　02.0274
口蹄疫　foot and mouth disease, FMD　04.0245
口香糖　chewing gum　03.1260
枯水　section drying　03.0603
＊苦料　bitter mass　03.1271

苦味　bitter taste　02.0139
苦味剂　bitterant　02.0140
苦杏仁苷　amygdalin　04.0094
*苦杏仁素　amygdalin　04.0094
*库存商品自然损耗率　food preservation attrition rate　03.0661
库拉索芦荟凝胶　*Aloe vera* gel　05.0232
库勒酒　wine cooler　03.1450
快速黏度分析仪　rapid visco analyzer, RVA　02.0626
快消化淀粉　rapidly digestible starch　05.0034

狂犬病　rabies　04.0243
矿泉水　mineral water　03.1341
矿物质　minerals　05.0115
喹诺酮　quinolone　04.0116
葵花籽油　sunflower oil　03.0890
昆虫蛋白　insect protein　05.0242
醌类化合物　quinonoids　05.0314
扩展阶段　expansion stage　03.0424
扩展追溯信息　expanded traceability data　04.0431

L

拉断力　break strength　03.0547
拉面　Lamian　03.0520
拉伸强度　extension strength　03.0548
拉伸特性　extension properties　03.0712
*拉伸性　gluten extensibility　02.0320
拉条　bracing　03.1230
拉条机　bracing machine　03.1238
腊肉　Chinese bacon　03.0958
蜡花　beeswax sheet　03.1593
蜡样芽孢杆菌　*Bacillus cereus*　04.0023
辣根　horseradish　03.1514
辣椒　chilli, hot pepper　03.1512
辣椒红　paprika red　02.0668
辣椒素　capsaicin　05.0308
辣木叶　*Moringa oleifera* leaf　05.0197
辣味　piquancy　02.0145
莱克多巴胺　ractopamine　04.0400
赖氨酸　lysine, Lys　05.0058
*癞皮病　nicotinic acid deficiency　05.0508
蓝氏贾第鞭毛虫　*Giardia lamblia*　04.0043
朗伯-比尔定律　Lambert-Beer law　02.0394
朗伯定律　Lambert's law　02.0393
朗姆酒　rum　03.1399
劳里法　Lowry method　02.0567
老白干香型白酒　Laobaigan-flavor Chinese spirit　03.1359
老抽　dark soy sauce　03.1488
*老化　retrogradation　02.0074
老化特性　retrogradation properties　03.0715
*老年性痴呆　Alzheimer's disease　05.0447
老杀　deep de-enzyme　03.1291

*老熟　aging　03.1393
老五甑法　multiple feedings solid fermentation technology　03.1381
酪氨酸　tyrosine, Tyr　05.0065
酪蛋白　casein　03.1037
酪蛋白磷酸肽　casein phosphopeptide　02.0772
酪蛋白酸钠　sodium casinate　02.0704
*酪酸　butyric acid　05.0091
*酪酸梭菌　*Clostridium butyricum*　02.0160
镭　radium　04.0150
类毒素　toxoid　04.0060
类固醇　steroid　05.0076
*类黄酮　flavonoid　05.0250
类可可脂　cocoa butter equivalent　03.1269
类维生素　vitamin like substance　05.0155
*类甾醇　steroid　05.0076
类脂　lipid　05.0075
擂溃　grinding　03.1101
棱角效应　edge effect　02.0427
冷藏　chilled storage　03.0337
冷藏车　refrigerated truck　03.0379
冷藏集装箱　refrigerated container　03.0380
冷藏运输　refrigerated transport　03.0378
冷成型挤压　cold molding extrusion　03.0475
冷冻　freezing　03.0336
*冷冻粉碎　cryogenic grinding　03.0022
冷冻干燥　freeze drying　03.0236
冷冻面团法　frozen dough method　03.0440
冷冻浓缩　freeze concentration　03.0062
冷冻肉　frozen meat　03.0925
冷冻调理食品　frozen prepared food　03.0377

冷风冷却　chilled air cooling　03.0354

冷灌装　cold filling　03.0882

*冷过滤啤酒　non-pasteurized beer　03.1433

冷害　cold damage　03.0606

冷加工　cold processing　03.0382

冷库　refrigeration house　03.1598

冷库贮藏　cold room storage　03.0568

*冷链　food cold chain　03.0666

冷链物流　cold chain logistics　03.0650

冷凝固物　cold sludge　03.1429

冷却　cooling　03.0353

冷却干耗　chilling loss　03.0927

冷却肉　chilled meat　03.0926

冷收缩　cold-shortening　03.0930

冷水冷却　chilled water cooling　03.0355

*冷鲜肉　chilled meat　03.0926

冷熏　cold smoking　03.1089

冷置　cooling　03.0442

*离差法　standard deviation method　05.0420

离心沉降　centrifugal sedimentation　03.0076

离心分离　centrifugal separation　03.0074

离心分离因数　centrifuging factor　03.0078

离心过滤　centrifugal filtration　03.0075

离心机　centrifuge　03.0077

*离心蜜　extracted honey　03.1557

离心式分子蒸馏器　centrifugal molecular distillator　03.0110

离心式均质机　centrifugal homogenizer　03.0197

离心式流化床干燥　centrifugal fluidized bed drying　03.0235

离子交换剂　ion exchanger　03.0130

离子交换膜　ion exchange membrane　03.0150

离子交换树脂　ion exchange resin　03.0131

离子交换树脂再生　regeneration of ion exchange resin　03.0132

离子交换吸附　ion exchange adsorption　03.0122

离子气氛　ionic atmosphere　02.0423

李斯特菌　Listeria　02.0171

李斯特菌病　listeriosis　04.0241

理论每日最大摄入量　theoretical maximum daily intake, TMDI　04.0309

力学性能　mechanical property　02.0532

沥水　leaching　03.0866

*栎精　quercetin　05.0255

粒度　particle size　03.0020

粒径　partical size　02.0539

*痢疾杆菌　Shigella　04.0015

DNA 连接酶　DNA ligase　02.0499

连接酶　ligase　02.0045

连锁不平衡　linkage disequilibrium　05.0519

连续结晶设备　continuous crystallizer　03.0118

连续灭菌　continuous sterilization　02.0477

连续相　continuous phase　03.0170

连续压力充气混和机　continuous pressure inflatable mixer　03.1255

连续蒸馏　continuous distillation　03.0104

连续煮糖罐　continuous pan　03.1170

帘子曲　Fuqu starter incubated on bamboo curtain　03.1367

联合毒性作用　joint toxic effect, combined toxic effect　04.0319

炼乳　condensed milk　03.1034

链格孢菌　Alternaria spp.　04.0032

链格孢霉　Alternaria　02.0177

链格孢霉毒素　alternaria toxin　04.0072

链球菌属　Streptococcus　04.0017

良好操作规范　good manufacturing practice, GMP　04.0352

良好分销规范　good distribution practice　04.0356

良好农业规范　good agricultural practice, GAP　04.0354

良好生产规范　good production practice, GPP　04.0355

良好卫生规范　good hygiene practice, GHP　04.0353

凉菜　cold dish　05.0354

凉粉草　Mesona chinensis　05.0233

两步充气法　two-step aeration　03.1254

亮氨酸　leucine, Leu　05.0057

亮度　luminance　02.0543

量反应　graded response　04.0287

烈性噬菌体　virulent phage　02.0213

裂合酶　lyase　02.0043

裂纹粒　cracked kernel　03.0681

临界水分点　critical moisture content point　03.0207

*临界值效应　threshold effect　04.0315

淋饭法　pour rice wine method　03.1456

磷　phosphorus　05.0120

磷浮　phosphoric floatation　03.1146

磷酸肌醇　phosphoinositide　05.0084

磷虾油　krill oil　05.0191

磷脂　phospholipid　05.0109

磷脂酶　phospholipase　02.0733

*磷脂酰胆碱　lecithin　05.0111

*磷脂酰肌醇　phosphoinositide　05.0084

零氮平衡　zero nitrogen balance　05.0493

零食　snack food　05.0351

流变仪　rheometer　02.0275

流度　fluidity　02.0305

流化床干燥　fluidized bed drying　03.0234

*流能磨　jet mill　03.0038

流行病学单位　epidemiological unit　04.0212

留胚米　rice with remained germ, embryo rice　03.0674

留树保鲜　on-tree storage　03.0578

硫　sulfur　05.0125

*硫胺素　thiamine　05.0142

硫代巴比妥酸法　thiobarbituric acid method, TBA
　02.0578

硫黄炉　sulfur burner　03.1166

硫漂　sulfitation　03.1140

硫漂罐　sulfitator　03.1167

*柳丁氨醇　salbutamol　04.0401

柳叶蜡梅　Chimonanthus salicifolius　05.0205

六磷酸肌醇　inositol hexaphosphate　05.0300

六氯苯　hexachlorobenzene, HCB　04.0102

龙胆酸　gentisic acid　05.0276

*龙葵素　solanine　04.0091

龙脑　borneol　05.0281

龙舌兰酒　Tequila　03.1400

龙虾片　lobster piece　03.1079

砻谷　rice husking, shelling　03.0695

砻谷机　husker, sheller　03.0732

笼状水合物　clathrate hydrate　02.0052

漏斗图　funnel plot　05.0552

漏粉机　draining machine　03.0768

漏丝成型　draining and forming　03.0767

芦丁　rutin　05.0256

*泸香型白酒　Luzhou-flavor liquor　03.1350

卤蛋　marinated egg　03.1017

卤水　brine　03.0500

卤素[灯]干燥　halogen lamp drying　03.0244

卤素灯-微波联合干燥　halogen lamp combinated with
　microwave drylng　03.0255

卤制　stew in soy sauce　03.0944

露点率　outcropping rate　03.1419

露酒　Lu jiu, liquor　03.1403

滤饼过滤　cake filtration　03.0085

滤蜜器　honey filter　03.1562

绿茶　green tea　03.1305

绿色包装　green packaging　03.0322

绿藻　green algae　03.1073

氯　chlorine　05.0124

氯丙醇　propylene chlorohydrin　04.0139

*α-氯丙二醇　3-chloro-1, 2-propanediol　04.0140

3-氯-1, 2-丙二醇　3-chloro-1, 2-propanediol　04.0140

氯酚　monochlorophenol　04.0101

*α-氯甘油　3-chloro-1, 2-propanediol　04.0140

卵白蛋白　ovalbumin　03.0989

卵伴白蛋白　ovotransferrin　03.0990

卵黄　yolk　03.0993

卵黄蛋白　livetin　03.0994

卵磷脂　lecithin　05.0111

卵黏蛋白　ovomucin　03.0991

*卵清蛋白　ovalbumin　03.0989

*卵转铁蛋白　ovotransferrin　03.0990

轮碾机　pan mill, edge runner　03.0034

轮状病毒　rotavirus　04.0040

*罗丹明 B　rose-bengal B　04.0407

罗望子多糖　tamarind polysaccharide
　02.0706

*螺蛳青　black carp　03.1054

螺旋卷式膜分离器　spiral-wound module　03.0154

螺旋输送锤磨机　screw conveying hammer mill　03.0036

螺旋喂料　screw feeding　03.0465

螺旋喂料器　screw feeder　03.0466

裸藻　Euglena gracilis　05.0210

络合滴定法　complexometric titration　02.0584

M

*麻油　sesame oil　03.0891

*马口铁　tinplate　03.0386

马铃薯　potato　03.0746

马铃薯锉磨机　potato rasp　03.0809

*马萝卜　horseradish　03.1514

玛卡粉　powder of Lepidium meyenii　05.0216

码垛 stacking 03.0656

埋头度 concavity 03.0390

*麦沟 crease of wheat 03.0688

*麦角毒素 ergot alkaloid 04.0081

麦角菌 Clavieps purpurea 02.0179

麦角生物碱 ergot alkaloid 04.0081

麦克斯韦模型 Maxwell model 02.0341

麦路 cleaning flow of wheat 03.0707

麦曲 wheat Qu 03.1364

*麦芽糊精 enzymatic dextrin 03.0805

麦芽糖 maltose 02.0026

麦芽糖糊精 maltodextrin 02.0755

麦渣 semolina 03.0690

脉冲磁场杀菌 pulsed magnetic field pasteurization 03.0299

脉冲电场杀菌 pulsed electric field pasteurization 03.0298

脉冲微波干燥 pulsed microwave drying 03.0241

馒头 steamed bread 03.0524

慢消化淀粉 slowly digestible starch 05.0035

芒塞尔色系 Munsell color system 02.0403

毛茶 primary tea 03.1298

*毛蛋 embryonated egg 03.1016

毛谷 raw paddy, rough rice 03.0676

毛霉 Mucor 02.0181

*毛条 primary tea 03.1298

毛细管电泳 capillary electrophoresis 02.0574

*毛蟹 Chinese mitten crab 03.1065

毛油 crude oil 03.0908

*茅香型白酒 Maotai-flavor liquor 03.1349

没食子酸 gallic acid 05.0274

没食子酸丙酯 propyl gallate 02.0654

没食子酸当量 gallic acid equivalent, GAE 03.1443

玫瑰 Rose rugosa 05.0208

*玫瑰果油 rose hip oil 05.0178

玫瑰红 B rose-bengal B 04.0407

玫瑰茄 roselle 05.0200

玫瑰茄籽油 Hibiscus sabdariffa seed oil 05.0178

眉茶 mee tea 03.1311

酶 enzyme 02.0039

酶促褐变反应 enzymatic browning 02.0063

酶的定点突变 site-directed mutagenesis of enzyme 02.0460

酶的非水相催化 enzymatic catalysis in non-aqueous sys-

tem 02.0454

酶的分子定向进化 directed molecular evolution of en-zyme 02.0459

酶法糊精 enzymatic dextrin 03.0805

酶反应器 enzyme reactor 02.0456

酶分子修饰 enzyme molecular modification 02.0458

酶工程 enzyme engineering 02.0441

酶联免疫吸附测定 enzyme-linked immunosorbent assay, ELISA 04.0167

酶原 zymogen 02.0432

酶制剂 enzyme preparation 02.0726

*酶阻淀粉 resistant starch 03.0799

*霉豆腐 Furu, fermented bean curd 03.1505

霉菌酵母计数 mould and yeast count 04.0010

每日允许摄入量 acceptable daily intake, ADI 04.0302

美拉德反应 Maillard reaction 02.0066

美藤果油 Sacha inchi oil 05.0183

镁 magnesium 05.0121

门克斯病 Menkes disease 05.0445

锰 manganese 05.0134

*弥散相 dispersed phase 03.0169

醚化 etherification 02.0078

米饭 rice 03.0528

米粉 rice noodle 03.0519

米酵菌酸 bongkrekic acid 04.0067

米糠油 rice bran oil 03.0903

*米面条 rice noodle 03.0519

米曲霉 Aspergillus oryzae 02.0192

米粞 tips 03.0680

*米线 rice noodle 03.0519

米香型白酒 rice aromatic Chinese spirit 03.1352

密封 sealing 03.0408

密封胶 sealant 03.0400

幂律模型 power law model 02.0357

蜜蜂粉 bee powder 03.1577

*蜜蜡 beeswax 03.1592

蜜露 honeydew 03.1552

蜜洗 affination 03.1156

*蜜香型白酒 rice aromatic Chinese spirit 03.1352

绵白糖 soft sugar 03.1184

棉花糖 marshmallow 03.1264

棉籽蛋白 cottonseed protein 05.0236

棉籽酚 gossypol 04.0093

棉籽糖 raffinose 05.0288

棉籽油　cottonseed oil　03.0893

免淘米　clean white rice　03.0679

免疫电镜法　immunoelectron microscopy　04.0171

免疫胶体金检测　immune colloidal gold assay　04.0170

免疫球蛋白　immunoglobulin, Ig　05.0068

免疫吸附　immunoadsorption　02.0587

免疫印迹法　Western blotting　02.0588

面包　bread　03.0416

面包酵母　baker's yeast　02.0235

面粉处理剂　flour treatment agent　02.0745

面粉筛　flour sieve　03.0444

面筋　gluten　03.0534

面筋蛋白　gluten　02.0013

面筋指数　gluten index　03.0684

面条　noodle　03.0518

面条机　flour stranding machine　03.0557

面团　wheat dough　03.0533

面团比容　specific volume of dough　03.0555

＊面团弱化度　dough weakness, wk　02.0279

面团衰落度　dough weakness, wk　02.0279

面团调制　dough preparation　03.0420

面团形成时间　dough development time, dt　02.0278

敏感性分析　sensitivity analysis　05.0555

明度　lightness value　02.0401

明胶　gelatin　02.0703

明前茶　before fresh-green tea　03.1300

＊馍　steamed bread　03.0524

模粉成型　mould powder molding　03.1257

模拟脂肪　simulated fat　02.0780

膜分离　membrane separation　03.0137

膜分离设备　membrane separation equipment　03.0152

膜乳化方法　membrane emulsification method　03.0189

膜通量　membrane flux　03.0138

摩擦型碾磨机　friction-typed mill　03.0037

磨浆机　pulping machine　03.0559

＊磨碎　grinding　03.0003

＊磨芋　konjac　03.0749

蘑菇毒素　mushroom toxin　04.0089

蘑菇罐头　canned mushroom　03.1533

魔芋　konjac　03.0749

魔芋粉　konjac flour　03.0762

魔芋葡甘露聚糖　konjac gluco-mannan　03.0750

抹茶　matcha　03.1316

＊墨[斗]鱼　cuttlefish　03.1070

母液　mother liquor　03.1149

牡丹籽油　peony seed oil　05.0173

牡蛎　oyster　03.1066

木豆蛋白　*Cajanus cajan* protein　05.0238

＊木番薯　cassava　03.0748

木酚素类　lignans　05.0282

木薯　cassava　03.0748

木糖醇　xylitol　02.0690

目的基因　target gene　02.0507

钼　molybdenum　05.0133

N

纳豆　natto　03.1506

纳尔逊–索莫吉法　Nelson-Somogyi method　02.0582

纳滤　nanofiltration　03.0144

＊纳然　Qingke liquor, highland barley wine　03.1461

纳他霉素　natamycin　02.0266

钠　sodium　05.0123

奶油　cream　03.1031

耐放射性　radiation resistance　04.0154

耐旱霉菌　*Xeromyces*　02.0185

＊耐热肠毒素　heat-stable enterotoxin　04.0063

＊耐热性曲线　thermal death curve　02.0256

耐受摄入量　tolerable intake　04.0316

耐性指数　tolerance index　02.0281

耐贮性　storability　03.0563

脑卒中　stroke　05.0440

脑苷脂　cerebroside　05.0113

脑磷脂　cephalin　05.0112

＊内包装容器　food packaging container　03.0310

内部扩散阶段　internal diffusion stage　03.0222

内部追溯　internal traceability　04.0429

内毒素　endotoxin　04.0059

内剂量　internal dose　04.0283

内扩散　internal diffusion　03.0126

内扩散控制　internal diffusion control　03.0128

[内]能弹性　energy elasticity　02.0335

内涂料　inner coating　03.0399

β-内酰胺类抗生素　beta-lactam antibiotics　04.0112

内应力　internal stress　02.0318

内装物　content　03.0633

嫩度　tenderness　03.0938

嫩杀　light de-enzyme　03.1290

能量密度　energy density　05.0390

能量系数　energy coefficient　05.0012

能量需要量　estimated energy requirement, EER　05.0401

能谱法　spectroscopy　02.0286

*尼克酸　niacin　05.0144

拟除虫菊酯类农药　pyrethroids pesticide　04.0105

*逆触变流动　rheopexy　02.0315

逆触变现象　negative thixotropy　02.0316

逆向物流　reverse logistics　04.0426

年份酒　cosecha, vintage, a particular year of liquor　03.1391

*年龄别身长　height for age　05.0415

年龄别身高　height for age　05.0415

年龄别体重　weight for age　05.0416

鲶鱼　cat fish　03.1056

黏度　viscosity　02.0288

黏聚性　cohesiveness　02.0322

*黏肽　peptidoglycan　05.0043

黏弹性　viscoelasticity　02.0321

*黏鱼　cat fish　03.1056

黏着性　adhesiveness　02.0273

碾白　whitening　03.0697

*碾米　whitening　03.0697

[碾]米机　rice whitener, rice whitening machine, rice milling machine　03.0733

碾削作用　abrasive action　03.0699

酿酒酵母　*Saccharomyces cerevisiae*　02.0191

酿造酱油　fermented soy sauce　03.1480

酿造类调味品　brewing condiment　03.1475

酿造食醋　fermented vinegar　03.1494

5′-鸟苷酸二钠　disodium guanosine-5′-monophosphate　02.0701

*尿烷　ethyl carbonate　04.0145

柠檬醛　citral　05.0278

柠檬酸　citric acid　02.0682

柠檬烯　limonene　05.0311

凝固剂　coagulator　02.0737

凝胶　gel　02.0067

凝胶过滤色谱法　gel-filtration chromatography, GFC　02.0615

凝胶化　gel-forming　03.1102

凝胶劣化　gel degradation　03.1103

凝结多糖　curdlan　05.0229

凝聚法　coacervation method　03.0182

牛蒡籽油　*Arctium lappa* seed oil　05.0177

牛鞭效应　bullwhip effect　04.0374

牛带绦虫　taeniasis bovis　04.0053

牛顿流体　Newtonian fluid　02.0296

牛海绵状脑病　bovine spongiform encephalopathy, BSE　04.0244

牛磺酸　taurine　05.0289

牛奶碱性蛋白　milk basic protein　05.0241

牛油　butter　03.0896

牛轧糖　nougat　03.1263

扭转模量　torsional modulus　02.0534

农药残留　pesticide residue　04.0385

浓厚蛋白　thick white　03.0984

[浓酱]兼香型白酒　Nong Jiang-flavor Chinese spirit　03.1356

浓缩　concentration　03.0060

浓缩果蔬汁　concentrated fruit and vegetable juice　03.0859

浓缩果汁　fruit juice concentrate　02.0774

浓缩乳蛋白粉　milk protein concentrate　03.1044

浓香型白酒　strong aromatic Chinese spirit, strong flavor Chinese spirit　03.1350

诺丽果浆　noni purée　05.0219

诺如病毒　norovirus　04.0042

糯米　glutinous rice　03.0670

O

欧姆加热　ohmic heating　02.0425

欧姆加热杀菌　ohmic heating sterilization　03.0294

P

*爬杆效应 Weissenberg effect 02.0337

帕金森病 Parkinson's disease 05.0448

排气 exhaust 03.0404

*排酸 meat aging, meat conditioning 03.0929

排阻色谱 exclusion chromatography 02.0609

*哌啶酸 gamma-aminobutyric acid, GABA 05.0290

盘管式浓缩锅 coin type concentration pan 03.0072

*盘磨 pan mill, edge runner 03.0034

抛光机 polisher 03.0739

抛光巧克力 polishing chocolate 03.1285

泡菜 pickle 03.0843

泡点 bubble point 03.0096

泡沫稳定性 foam stability 02.0107

泡泡糖 bubble gum 03.1261

泡腌 soaking preservation 03.0497

胚盘 blastodisc 03.0988

胚珠 ovule 03.0987

培根 bacon 03.0976

配菜 side dish 05.0353

配方乳粉 formula milk powder 03.1035

配水系统 water distribution system 03.1614

配制酱油 blended soy sauce 03.1485

*配制酒 Lu jiu, liquor 03.1403

配制食醋 blended vinegar 03.1500

配制型含乳饮料 formulated milk beverage 03.1336

喷风碾米 jet-air rice milling 03.0700

喷淋冻结 spray freezing 03.0348

喷淋浸麦法 spray steeping method 03.1411

喷射糊化 jet pasting 03.0777

喷射灭酶 enzyme inactivation by injection 03.1210

喷射膨化 spray puffing 03.0481

喷射式均质机 jet homogenizer 03.0198

喷射液化器 ejector 03.1203

*喷雾法 spray steeping method 03.1411

喷雾干燥 spray drying 03.0233

烹饪 cooking 05.0340

CO_2 膨化 CO_2 puffing 03.0246

膨化 puffing 03.0458

膨化度 swelling degree 03.0480

膨化干燥 puffing drying 03.0245

膨松剂 leavening agent 02.0738

碰撞效应 collision effect 03.0191

劈碎 cleaving 03.0017

*皮蛋 preserved egg 03.1010

皮磨系统 break system 03.0719

*皮下脂肪厚度 skinfold thickness 05.0414

皮褶厚度 skinfold thickness 05.0414

枇杷叶 loquat leaf 05.0193

啤酒 beer 03.1406

[啤]酒花 hop 03.1421

啤酒麦芽 beer malt 03.1407

*脾蜜 comb honey 03.1555

片菇 sliced mushroom 03.1535

片球菌素 pediocin 02.0265

片糖 brown slab sugar 03.1188

偏差 deviation 02.0561

偏高温大曲 partial high temperature Daqu 03.1371

漂白剂 bleaching agent 02.0679

漂洗 bleaching 03.1097

品控中心 quality assurance center 03.1596

平板冻结 plate freezing 03.0346

*平炒青 gunpowder tea 03.1312

平衡膳食 balanced diet 05.0481

平衡湿含量 equilibrium moisture content 03.0205

平衡相对湿度 equilibrium relative humidity 02.0195

平衡蒸馏 equilibrium distillation 03.0098

平均粒度 mean particle size 03.0021

平均需要量 estimated average requirement, EAR 05.0395

平均值法 average value method 05.0418

平面回转筛面 planar rotating sieve surface 03.0051

平面回转式筛分 planar rotating sieving 03.0055

平酸败 flat sour spoilage 02.0263

平酸菌 flat sour bacteria 02.0161

平卧菊三七 *Gynura procumbens* (Lour.) 05.0203

*Z 评分 Z score 05.0421

评审组 panel 02.0635

苹果酸 malic acid 02.0684

苹果酸-乳酸发酵 malic acid-lactic acid fermentation 02.0203

破壁蜂花粉　wall broken bee pollen　03.1546

破断强度　rupture stress, rupture strength　02.0327

破乳　demulsification　03.0173

破碎　crushing, cracking　03.0002

破损淀粉　damaged starch　03.0685

扑灭　stamping out　04.0224

扑杀　culling　04.0225

匍枝根霉　*Rhizopus stolonifer*　02.0183

葡萄孢霉属　*Botrytis*　02.0180

葡萄酒　wine　03.1438

葡萄酒酵母　wine yeast　02.0237

葡萄球菌　*Staphylococcus*　02.0175

葡萄糖　glucose　02.0021

葡萄糖当量　dextrose equivalent　02.0075

*葡萄糖淀粉酶　glucoamylase　03.1196

葡萄糖效应　glucose effect　02.0482

葡萄糖氧化酶　glucose oxidase　02.0734

葡萄糖异构酶　glucose isomerase　03.1214

葡萄糖转苷　transglycosidation　03.1212

普鲁兰酶　pullulanase　03.1213

脯氨酸　proline, Pro　05.0061

Q

奇亚籽　Chia seed　05.0215

启动子　promoter　02.0510

起晶　nucleation　03.1150

起泡红葡萄酒　sparkling red wine, cold duck　03.1449

起泡能力　foaming ability　02.0106

起酥油　shortening oil　03.0914

气浮　air floatation　03.1145

气孔　stoma　03.0982

气流粉碎机　jet mill　03.0038

气流环形干燥机　pneumatic ring dryer　03.0270

气流闪蒸干燥机　pneumatic flash dryer　03.0269

气流-射频干燥机　air-radio frequency dryer　03.0275

气泡　bubble　02.0377

气泡基　bubble base　03.1250

气室　air chamber　03.0983

*气体交换率　respiratory quotient　03.0621

*气体膜分离　gas permeation　03.0141

气体渗透　gas permeation　03.0141

*气调包装　modified and controlled atmosphere packaging　03.0327

气调贮藏　controlled atmosphere storage　03.0571

气味　odor　02.0124

气相色谱法　gas chromatography, GC　02.0612

气相色谱-质谱法　gas chromatography-mass spectrometry, GC-MS　02.0614

*汽水　carbonated drink　03.1320

荠蓝籽油　*Camelina* oil　03.0894

铅　lead　04.0123

前馈激活　feedforward activation　02.0451

前馈抑制　feedforward inhibition　02.0452

前体　precursor　02.0442

前瞻性研究　prospective study　05.0538

潜伏侵染　latent infection　03.0597

*羌　Qiang　03.1461

*枪乌贼　squid　03.1069

*枪蟹　swimming crab　03.1064

强化剂量　fortification dose　05.0364

强制加料　mandatory feeding　03.0462

强制通风预冷　forced-air precooling　03.0581

强制性标示　mandatory labeling　05.0460

强制休眠　imposed dormancy　03.0628

*4-羟基-3,5-二甲氧基肉桂酸　erucic acid　05.0107

*3-羟基黄酮　flavonol　05.0251

*羟甲叔丁肾上腺素　salbutamol　04.0401

敲音检查　knocking sound checking　03.0414

巧克力　chocolate　03.1266

巧克力制品　chocolate product　03.1282

鞘磷脂　sphingomyelin　05.0085

切分　cutting　03.0868

切分成型　cut molding　03.0764

切片机　slicer　03.0456

切向流过滤　tangential flow filtration　03.0146

切蔗机　sugar cane cutter　03.1161

茄碱　solanine　04.0091

亲水基　hydrophilic group　03.0176

亲水亲油平衡值　hydrophile-lipophile balance value, HLB　03.0177

亲油基　lipophilic group, hydro-phobic group　03.0175

侵染性病害　infectious disease　03.0596

侵袭力　invasion　04.0007

禽白血病 avian leukemia 04.0252

禽流感 avian influenza 04.0239

青稞酒 Qingke liquor, highland barley wine 03.1461

青霉 Penicillium 02.0182

青钱柳叶 Cyclocarya paliurus (Batal.) leaf 05.0195

*青叶 fresh leaf 03.1287

青鱼 black carp 03.1054

氢化 hydrogenation 02.0082

*氢化油 hydrogenated oil and fat 03.0912

氢化油脂 hydrogenated oil and fat 03.0912

氢键 hydrogen bonding 02.0094

氢氰酸 hydrocyanic acid 04.0142

清蛋白 albumin 02.0017

清粉 intermediate stock 03.0717

清净 clarification 03.1138

清凉味 cooling taste 02.0147

清洗去皮 rinsing and peeling 03.0763

清香型白酒 mild aromatic Chinese spirit 03.1351

清咽 clearing and nourishing throat 05.0325

清蒸清糁 steam raw materials and distill separately, pure steaming and fermentation 03.1373

*清蒸清烧 steam raw materials and distill separately, pure steaming and fermentation 03.1373

清蒸续糁 steam raw materials and distill separately with ferment together, pure steaming and mixed fermentation 03.1375

清蒸原辅料 steam raw materials separately 03.1372

氰苷 cyanogenic glycoside 04.0095

琼胶 agar 03.1128

琼脂 agar 02.0707

秋水仙碱 colchicine 04.0092

*秋水仙素 colchicine 04.0092

*蚯蚓蛋白 earthworm protein 05.0243

求斯糖 chews candy 03.1262

球蛋白 globulin 02.0016

球磨机 ball mill 03.0032

曲霉 Aspergillus 02.0184

*曲蘖 Jiuqu, distiller's yeast, starter 03.1361

屈服点 yield point 02.0325

*屈服强度 yield stress 02.0324

屈服效应 yield effect 02.0537

屈服应力 yield stress 02.0324

取代度 degree of substitution 02.0079

取浆 royal jelly harvest 03.1580

取蜜 extraction of honey 03.1582

取蜜车 extracting truck 03.1586

取向极化 orientation polarization 02.0417

去皮 peeling 03.0867

全蛋粉 dried whole-egg 02.0786

全氮 total nitrogen in soy sauce 03.1492

全反射率 total reflectance 02.0382

全谷物 whole grain 03.0668

全麦粉 whole meal 03.0682

全面质量管理 total quality management, TQM 03.1620

全容积测定法 whole volume method 02.0538

全身毒性效应 systemic toxic effect 04.0278

缺铁性贫血 iron deficiency anemia 05.0497

*雀蒙眼 night blindness 05.0504

R

染料还原技术 dyeing reduction technology 02.0246

染色葡萄品种 dyeing grape variety 03.1439

热泵干燥 heat pump drying 03.0231

热泵干燥机 heat pump dryer 03.0274

热变性 thermal denaturation 02.0098

热不稳定性肠毒素 heat-labile enterotoxin 04.0062

热成型包装技术 heat forming packaging technology 03.0320

热点 hot spot 02.0428

热风干燥 hot air drying 03.0230

热风-冷冻联合干燥 hot air combined with freeze drying 03.0252

热风炉 convection oven 03.0454

热风-微波联合干燥 hot air combined with microwave drying 03.0251

热风-微波真空联合干燥 hot air combined with microwave vacuum drying 03.0253

热辐射 thermal radiation 02.0421

热灌装 hot filling 03.0881

热激处理 heat shock treatment 03.0588

热力分析 thermomechanical analysis, TMA 02.0617

热力排气　heating exhaust　03.0405

热流量　heat flow　02.0363

热凝性　thermosetting property　02.0108

热喷雾质谱法　thermospray-mass spectrometry，TS-MS　02.0608

热收缩包装技术　heat shrinking packaging technology　03.0319

热塑挤压　cooking extrusion　03.0476

热塑性　thermoplasticity　03.0211

热烫作用　blanching effect　02.0112

热稳定性肠毒素　heat-stable enterotoxin　04.0063

热稳定直接溶血毒素　thermostable direct hemolysin　04.0068

热稳定直接溶血相关毒素　thermostable direct hemolysin-related hemolysin　04.0069

热鲜肉　hot-boned meat　03.0928

热熏　thermal smoking　03.1091

热致死曲线　thermal death curve　02.0256

热致死时间　thermal death time　02.0255

热致死温度　thermal death point　02.0254

热重法　thermogravimetry　02.0368

热重分析　thermogravimetric analysis，TGA　02.0618

人工催陈　artificial aging　03.1394

人工窖泥　manmade pit mud　03.1384

*人工老熟　artificial aging　03.1394

人日　all meals of a person per day　05.0379

人参　ginseng　05.0201

*人源诺如病毒　human norovirus　04.0042

人造奶油　margarine　03.0913

*人造肉　vegetable protein meat　03.0833

认可屠宰场　approved abattoir　04.0228

认证　identification　04.0435

任务管理　task management　04.0424

韧化处理　annealing　03.0778

日本清酒　Japanese wine，sake　03.1401

日本颜色体系　Chroma Cosmos 5000　02.0404

日平均暴露剂量　average daily dose，ADD　04.0304

溶剂提取大豆油　solvent extraction of soybean oil　03.0907

溶剂蒸发法　solvent evaporation method　03.0184

溶胶　sol　02.0378

溶菌酶　lysozyme　02.0651

溶原菌　lysogenic bacterium　02.0212

*溶原性噬菌体　lysogenic phage　02.0214

溶胀性　swelling property　03.0134

溶质迁移　solute transport　03.0210

柔量　compliance　02.0334

柔软度　softness　03.0552

*柔鱼　squid　03.1069

揉面　dough kneading　03.0541

揉捻　rolling of tea　03.1288

鞣花酸　ellagic acid　05.0302

*鞣质　tannin　05.0271

*DFD 肉　dark firm dry meat　03.0935

*PSE 肉　pale soft exudative meat　03.0934

肉的成熟　meat aging，meat conditioning　03.0929

肉的腐败　meat taint　04.0255

*肉豆蔻酸　tetradecanoic acid　05.0096

肉毒毒素　botulinum neurotoxin　04.0066

*肉毒杆菌　Clostridium botulinum　04.0024

*肉毒神经毒素　botulinum neurotoxin　04.0066

肉毒梭菌　Clostridium botulinum　04.0024

*肉毒梭状芽孢杆菌　Clostridium botulinum　04.0024

肉脯　dried meat slice　03.0968

肉干　jerky　03.0967

肉色　meat color　03.0936

肉松　dried meat floss　03.0969

肉制品　meat product　03.0916

蠕变试验　creep test　02.0346

乳标准化　milk standardization　03.1047

乳蛋白　dairy protein　03.1036

乳粉　milk powder　03.1040

乳杆菌　Lactobacillus　05.0166

乳化　emulsification　03.0157

乳化剂　emulsifier　02.0037

乳化能力　emulsion capacity　02.0105

乳化稳定性　emulsion stability　02.0104

乳化性　emulsifying property　02.0103

乳净化　milk purification　03.1046

乳矿物盐　milk mineral　05.0244

乳酪型蜂蜜　creamed honey　03.1566

乳清蛋白　whey protein　03.1038

乳清蛋白粉　whey protein powder　03.1042

乳清粉　whey powder　03.1041

乳球菌　Lactococcus　02.0168

乳酸　lactic acid　02.0683

乳酸菌　lactic acid bacteria　02.0167

乳酸菌饮料　lactic bacteria beverage　02.0232

乳酸链球菌素　nisin　02.0650

乳糖　lactose　05.0022

乳糖不耐受　lactose intolerance　05.0449

乳铁蛋白　lactoferrin　05.0069

乳析　creaming　03.0164

乳饮料　milk beverage　03.1025

乳脂肪　milk fat　03.1039

乳脂型硬糖　milk fat candy　03.1221

朊病毒　prion　04.0039

软腐病　soft rot　03.0600

软骨藻酸　domoic acid　04.0086

软罐头　soft can　03.0398

软糖　soft sweet　03.1256

软饮料　soft drink　03.1319

*软脂酸　palmitic acid　05.0097

软质[小]麦　soft wheat　03.0687

瑞利散射分光光度法　Rayleigh scattering spectrophoto-metry　02.0595

润麦　tempering of wheat　03.0710

S

*塞曼特罗　cimaterol　04.0402

*三刺激比值　trichromatic coefficients　02.0388

三级结构　tertiary structure　02.0089

三甲胺　trimethylamine　04.0134

三聚甘油单硬脂酸酯　tripolyglycerol monostearate　02.0719

三聚氰胺　melamine　04.0396

三氯蔗糖　sucralose　02.0693

三色系数　trichromatic coefficients　02.0388

*三疣梭子蟹　swimming crab　03.1064

三原色　red green blue, RGB　02.0544

散落性　flow movement　03.0725

扫描电子显微镜　scanning electron microscope, SEM　02.0598

色氨酸　tryptophan, Trp　05.0064

色差　chromatic aberration　02.0397

色拉酱　mayonnaise　03.1473

色拉油　salad oil　03.0911

色素　pigment　02.0665

色选　color sorting, color selecting　03.0704

色选机　color selector　03.0740

色选精度　ratio of color separation　03.0706

涩味　astringency　02.0146

铯　caesium　04.0152

森林图　forest plot　05.0554

杀菌　sterilization　03.0278

杀菌剂　germicide　03.0280

杀螨剂　acaricide　04.0109

杀灭对数值　killing log value　03.0284

杀灭率　killing rate, KR　03.0285

杀灭时间　killing time, KT　03.0283

杀青　de-enzyme　03.1289

*沙波病毒　sapovirus　04.0041

*沙虫叶　Isodon lophanthoides var. gerardianus (Bentham) H. Hara　05.0199

沙丁胺醇　salbutamol　04.0401

沙尔马二次发酵　Charmat second fermentation　03.1441

沙棘油　Hippophae rhamnoides seed oil　05.0179

沙门菌　Salmonella　02.0173

沙门菌属　Salmonella　04.0014

砂辊　emery roll　03.0738

砂糖型硬糖　sugar confection　03.1219

砂质化　making sandy　03.1247

筛分　sieving, screening　03.0042

筛分分析　sieving analysis　03.0057

筛分效率　sieving efficiency　03.0045

筛格　sieve frame　03.0727

筛格内通道　conveying channel inside of sieve frame　03.0728

筛格外通道　conveying channel outside of sieve frame　03.0729

筛过物　undersize product　03.0043

*筛孔系数　percentage of open area　03.0046

筛路　sieve scheme, sifting scheme　03.0709

筛面　sieve surface　03.0047

*筛面利用系数　percentage of open area　03.0046

*筛上物　oversize product　03.0044

*筛下物　undersize product　03.0043

筛余物　oversize product　03.0044

晒青　drying of tea　03.1296

山茶油　camellia oil　03.0888

山葵　Eutrema yunnanense　03.1515

山梨酸钾　potassium sorbate　02.0642

山梨糖　sorbose　05.0038

山梨[糖]醇　sorbitol　05.0024

山药　Chinese yam　03.0752

*山萮菜　*Eutrema yunnanense*　03.1515

*山芋　sweet potato　03.0747

膻味　gamy odor　02.0151

*闪蒸　equilibrium distillation　03.0098

扇贝　scallop　03.1067

善酿酒　Shanniang rice wine, good wine　03.1460

膳食　diet　05.0366

膳食暴露评估　dietary exposure assessment　04.0331

*膳食补充剂　nutrient supplement　05.0317

膳食调查　dietary survey　05.0367

24h膳食回顾　24-hour dietary recall　05.0373

膳食模式　dietary pattern　05.0388

膳食摄入量　dietary intake　05.0368

膳食史回顾法　dietary history questionnaire　05.0374

膳食纤维　dietary fiber, DF　05.0025

膳食叶酸当量　dietary folate equivalence, DFE　05.0150

膳食营养素参考摄入量　dietary reference intake, DRI　05.0394

膳食指南　dietary guideline　05.0402

商品条码标识系统　commodity bar code identification system　04.0434

商业无菌　commercial sterility　03.0409

熵弹性　entropy elasticity　02.0336

上臂围　upper arm circumference　05.0405

上浮器　floating clarifier　03.1169

上浆　starching　05.0348

上面酵母　top yeast　02.0238

*烧酒　Baijiu, Chinese spirit　03.1348

烧烤制品　roasted product　03.0965

芍药苷　paeoniflorin　05.0279

少孢根霉　*Rhizopus oligosporus*　02.0193

蛇胆　snake gallbladder　05.0286

*蛇麻花　hop　03.1421

*射流式均质机　jet homogenizer　03.0198

射频干燥　radio frequency drying　03.0242

射频识别　radio frequency identification, RFID　04.0441

*身长别体重　weight for height　05.0417

身高　body height　05.0403

*身高标准体重　weight for height　05.0417

身高别体重　weight for height　05.0417

砷　arsenic　04.0122

深层发酵酿醋工艺　submerged vinegar fermentation, liquid deep layer vinegar fermentation　03.1499

深层过滤　deep-bed filtration　03.0084

深海鱼油　deep sea fish oil　03.0902

深加工茶　deep processed tea　03.1304

神经节苷脂　ganglioside　05.0114

渗透　osmosis　03.0140

*渗透汽化　pervaporation　03.0145

渗透-热风联合干燥　osmotic dehydration combined with hot-air drying　03.0254

*渗透脱水　osmotic dehydration　03.0238

渗透压　osmotic pressure　03.0148

渗透压脱水　osmotic dehydration　03.0238

渗透蒸发　pervaporation　03.0145

渗析　dialysis　03.0139

*升华干燥　freeze drying　03.0236

升华结晶法　sublimation crystallization　03.0115

升膜蒸发器　climbing-film evaporator　03.0067

升速阶段　increasing rate drying stage　03.0218

*生产纲领　product scheme　03.1610

生产日期　date of manufacture　03.0630

生抽　light soy sauce　03.1487

*生蚝　oyster　03.1066

生化鉴定　biochemical identification　04.0160

生化需氧量　biochemical oxygen demand, BOD　02.0586

生理性病害　physiological disorder　03.0602

生理休眠　physiological dormancy　03.0627

生啤酒　non-pasteurized beer　03.1433

生熟比　weight ratio of raw and cooked food　05.0377

*生熟折算率　weight ratio of raw and cooked food　05.0377

生物安全处理　biosecurity treatment, biosafety disposal　04.0226

生物胺　biogenic amine　04.0146

生物保鲜　bio-preservation　03.0574

生物标志　biomarker　05.0513

生物毒素　biotoxin　04.0056

生物防治　biological control　03.0593

*生物活性多糖　bioactive polysaccharide　05.0039

[生物]活性肽　bioactive peptide　05.0292

生物价　biological valence　05.0471

生物碱　alkaloid　05.0306

生物利用率　bioavailability　05.0392

生物酶杀菌　bio-enzymatic pasteurization　03.0304

生物膜　biofilm　02.0210

生物识别　biological recognition　04.0444

生物素　biotin　05.0147

生物性危害　biological hazard　04.0267

生物性污染　biotic pollution　04.0381

生物自净　biological self-purification　03.1606

生鲜肠　fresh sausage　03.0954

＊生叶　fresh leaf　03.1287

＊生育酚　tocopherol　05.0153

生长产物合成半偶联型发酵　growth partial associated product accumulation　02.0469

生长产物合成非偶联型发酵　growth unassociated product accumulation　02.0468

生长产物合成偶联型发酵　growth associated product accumulation　02.0467

生长 pH 范围　growth pH range　02.0198

生长温度范围　growth temperature range　02.0197

声波场干燥机　sonic dryer　03.0276

湿度梯度　moisture gradient　03.0226

湿法粉碎　wet grinding　03.0013

湿基含水率　moisture content of wet basis　03.0204

湿浸法　wet steeping method　03.1408

湿磨法　wet milling　03.0781

湿球温度　wet-bulb temperature　03.0224

湿热处理　heat-moisture treatment　03.0779

＊湿熏　liquid smoking　03.1092

湿腌　pickle curing　03.0495

＊十八碳-顺-9-烯酸　oleic acid　05.0100

十八[烷]酸　stearic acid　05.0099

十二[烷]酸　lauric acid　05.0095

＊十六碳-顺-9-烯酸　palmitoleic acid　05.0098

十六[烷]酸　palmitic acid　05.0097

十四[烷]酸　tetradecanoic acid　05.0096

＊十烷酸　capric acid　05.0094

石房蛤毒素　saxitoxin　04.0088

＊石疙瘩　*Isodon lophanthoides* var. *gerardianus* (Bentham) H. Hara　05.0199

石灰法　defecation process　03.1141

石杉碱甲　huperzine A　05.0309

＊石首鱼　yellow croaker　03.1058

识别阈　differential threshold　02.0270

实时荧光定量反转录聚合酶链反应　real time fluorescent quantitative reverse transcription polymerase chain reaction　04.0165

实时荧光定量聚合酶链反应　real time fluorescent quantitative polymerase chain reaction　04.0164

实验室检疫　laboratorial quarantine　04.0188

实质等同　substantial equivalence　04.0371

拾起阶段　pick up stage　03.0422

食醋　vinegar, table vinegar　03.1493

食品　food　01.0001

食品安全　food safety　01.0006

食品安全风险　food safety risk　04.0259

食品安全管理　food safety management　04.0349

食品安全过程控制　food safety process control　04.0350

食品安全控制　food safety control　04.0348

食品安全利益相关者　food safety stakeholder　04.0393

食品安全预警　food safety early-warning　04.0448

食品安全指示微生物　food safety indicator microorganism　04.0004

食品包装　food packaging　03.0306

食品包装材料　food packaging article　03.0307

食品包装辅助材料　auxiliary food packaging article　03.0308

食品包装辅助物　food packaging auxiliary　03.0309

食品包装技术　food packaging technology　03.0311

食品包装容器　food packaging container　03.0310

食品保管损耗　food preservation loss　03.0660

食品保管损耗率　food preservation attrition rate　03.0661

食品编码　food code　05.0160

食品标签　food labeling　04.0391

食品掺假　food adulteration　04.0372

食品出库　food outbound　03.0662

食品防腐剂　food preservative　02.0639

食品防护　food defense　04.0392

食品废弃物物流　waste material logistics　03.0649

食品分拣　food sortation　03.0663

食品分类　food category　05.0159

食品分析　food analysis　02.0529

食品风味　food flavor　02.0122

食品腐败　food spoilage　02.0248

食品干制　food drying　03.0202

食品工厂仓库　food factory warehouse　03.1597

食品工程　food engineering　01.0005

食品工业用加工助剂　food processing aid　02.0746

食品供应链　food supply chain　04.0373

食品供应物流　food supply logistics　03.0645

*食品过敏原　food allergen　04.0156

食品化学　food chemistry　02.0001

食品回收物流　food returned logistics　03.0648

食品基质　food matrix　04.0158

食品技术　food technology　01.0004

食品检查　food checking　03.0659

食品检验　food inspection　04.0176

食品科学　food science　01.0003

食品科学技术　food science and technology　01.0002

食品冷藏链　food cold chain　03.0666

食品流变学　food rheology　02.0287

食品流通　food circulation　03.0641

食品流通加工　food distribution processing　03.0652

食品流向　food flow　04.0420

食品贸易单元　food trading unit　04.0417

食品名称　food name　05.0158

食品盘点　food stocktaking　03.0658

食品配料　food ingredient　02.0748

食品配送　food dilivery　03.0665

食品企业物流　food internal logistics　03.0644

食品入库　food warehousing, food storage　03.0654

食品生产物流　food production logistics　03.0646

食品溯源　food traceability　04.0409

食品溯源体系　food traceability system　04.0408

食品添加剂　food additive　02.0638

食品通用包装技术　general food packaging technology　03.0312

食品微生物　food microorganism　02.0156

食品微生物检验　food microbiological inspection　04.0178

食品微生物学　food microbiology　02.0155

食品卫生检验　food hygiene inspection　04.0177

食品污染　food contamination　04.0378

食品污染物溯源管理　food contamination traceability management　04.0439

食品无菌包装　food aseptic packaging　03.0332

食品物流　food logistics　03.0640

食品物流单元　food logistics unit　04.0418

食品物流活动　food logistics activity　03.0642

食品物流信息　food logistics information　03.0653

食品物性　food physical property　02.0268

食品物性分析　analysis of food physical property　02.0530

食品消毒剂　food disinfectant　02.0251

食品销售物流　food sales logistics　03.0647

食品验收　food acceptance examination　03.0655

食品营养　food and nutrition　01.0007

食品营养标签　nutrition labelling　05.0450

食品营养强化　food fortification　05.0356

食品营养强化剂　food fortifier　05.0357

食品营养学　food nutrition　05.0004

食品用香料　food perfume　02.0723

食品召回　food recall　04.0394

食品质构　food texture　02.0269

食品质量保证　food quality guarantee　03.1625

食品质量标准　food quality standard　03.1621

食品质量管理　food quality management　03.1623

食品质量控制　food quality control　03.1624

食品质量审核　food quality audit　03.1622

食品致敏原　food allergen　04.0156

食品专用包装技术　special food packaging technology　03.0321

食品装运单元　food shipment unit　04.0419

食品追溯信息系统　food traceability information system　04.0432

食品追踪　food tracking　04.0416

食物　food　05.0001

食物频率问卷　food frequency questionnaire, FFQ　05.0375

食物热效应　thermic effect of food, TEF　05.0015

*食物特殊动力作用　thermic effect of food, TEF　05.0015

食物[营养]价值　food value　05.0462

食物载体　food vehicle　05.0363

食盐　salt　03.1465

食用菌　edible mushroom　03.1529

食源性病毒　foodborne virus　02.0162

食源性感染　foodborne infection　04.0001

食源性致病菌　foodborne pathogen　04.0002

矢车菊素　cyanidin　05.0269

*视黄醇　retinol　05.0139

视黄醇当量　retinol equivalent, RE　05.0140

视紫红质　rhodopsin　05.0157

柿子单宁　persimmon tannin　05.0272

适度包装　appropriate package　03.0637

适度加工　moderate processing　03.0669

适宜摄入量　adequate intake, AI　05.0397

＊适应酶　inducible enzyme　02.0439

＊嗜肉菌　*Staphylococcus aureus*　04.0022

＊嗜盐菌　*Vibrio parahaemolyticus*　04.0020

收缩压　systolic blood pressure, SBP　05.0425

兽药残留　residue of veterinary drug　04.0386

疏水缔合　hydrophobic association　02.0056

＊疏水基团　lipophilic group, hydrophobic group　03.0175

疏水水合　hydrophobic hydration　02.0055

疏水相互作用　hydrophobic interaction　02.0093

＊疏油基团　hydrophilic group　03.0176

舒张压　diastolic blood pressure, DBP　05.0426

蔬菜咸坯　salted vegetable　03.0848

熟啤酒　pasteurized beer　03.1434

熟制　cooking　03.0514

属性声称　property claim　05.0456

薯粉　tuber flour　03.0760

薯干　preserved tuber　03.0756

薯酱　tuber paste　03.0759

薯类淀粉　tuber starch　03.0772

薯泥　mashed tuber　03.0758

薯片　crisp　03.0754

薯脯　tuber pulp　03.0757

薯条　potato chips　03.0755

薯渣　potato residue　03.0810

＊树番薯　cassava　03.0748

＊刷米　rice polishing　03.0702

衰减全反射　attenuated total reflectance, ATR　02.0592

衰老　senescence　03.0610

＊甩面　Lamian　03.0520

双滚筒轧碎机　double roll crusher　03.0031

双连续[微]乳液　bicontinuous microemulsion　03.0181

双轮底酒　double bottom wine　03.1388

双轮发酵工艺　double bottom fermentation　03.1387

双螺杆挤压机　twin screws extruder　03.0483

双歧杆菌　*Bifidobacterium*　05.0167

双水相萃取　aqueous two-phase extraction　03.0091

双缩脲法　biuret method　02.0570

双糖　disaccharide　05.0019

＊双套酒　Shanniang rice wine, good wine　03.1460

双锥磨　biconical mill　03.0041

双锥式干燥机　bicone dryer　03.0262

双组分蒸馏　two-component distillation　03.0105

水　water　02.0002

水包油型乳液　oil in water emulsion　03.0180

水产类调味品　aquatic flavoring, aquatic condiment　03.1528

＊水豆腐　beancurd　03.0825

水飞蓟素　silybin　05.0261

水飞蓟籽油　*Silybum marianum* seed oil　05.0176

水分保持剂　moisture-retaining agent　02.0740

水分活度　water activity　02.0050

水分扩散系数　moisture diffusion coefficient　03.0227

水分吸附等温线　moisture sorption isotherm　02.0057

水果粉　fruit powder　02.0777

水果饮料浓浆　fruit drink concentrate　03.1333

水果硬糖　hard fruit candy　03.1241

水合　hydration　02.0051

水合数　hydration number　03.0171

＊水饺　Jiaozi, dumpling　03.0515

水饺成型机　dumpling machine　03.0556

水解蛋黄粉　bonepep, hydrolyzate of egg yolk powder　05.0247

水解动物蛋白　hydrolyzed animal protein　02.0767

水解冻　water thawing　03.0366

水解酶　hydrolase　02.0042

水解植物蛋白　hydrolyzed vegetable protein　02.0766

水酶法大豆油　water enzymatic soybean oil　03.0905

水热处理　hydro-thermal treatment　03.0692

水溶性维生素　water-soluble vitamin　05.0138

水苏糖　stachyose　05.0287

水肿型营养不良　edematous dystrophy　05.0485

[顺]芥子酸　erucic acid　05.0107

顺式脂肪酸　*cis*-fatty acid　05.0090

丝氨酸　serine, Ser　05.0062

司盘类乳化剂　sorbitan fatty acid ester, Span　02.0721

锶　strontium　04.0151

撕裂机　redder　03.1162

四环素　tetracycline　04.0113

四级结构　quaternary structure　02.0090

四氢叶酸　tetrahydrofolic acid, THFA　05.0156

＊四要素模型　Burger's model　02.0344

＊四乙基罗丹明　rose-bengal B　04.0407

＊松花蛋　preserved egg　03.1010

松籽油　pinenut oil　05.0186

苏氨酸　threonine, Thr　05.0063

苏丹红　Sudan red　04.0397

酥糖　crunchy candy　03.1244

素鸡　steamed beancurd roll　03.0832

速冻　quick-freeze　03.0376

速冻果蔬　quick-frozen fruit and vegetable　03.0854

速酿法　short term liquid state vinegar fermentation　03.1498

速溶茶　instant tea　03.1315

速溶茶粉　instant tea powder　02.0778

宿主细胞　host cell　02.0518

粟米油　corn oil　03.0885

塑性　plasticity　02.0329

塑性流动　plastic flow　02.0310

塑压成型　plastic forming　03.1234

*溯源性　traceability　04.0415

α-酸　α-acid　03.1422

β-酸　β-acid　03.1423

酸败　rancidity　02.0116

酸度　acidity　03.1329

酸度调节剂　acidifier　02.0681

酸价　acid value　02.0117

酸角　tamarind　05.0221

酸解淀粉　acid modified starch　03.0789

酸酶法　acid-enzyme process　03.1209

酸奶　yoghurt　03.1028

*酸乳　yoghurt　03.1028

酸水解植物蛋白调味液　acid hydrolyzed vegetable pro-tein seasoning　03.1486

酸味　tart flavor　02.0141

酸味剂　sourer　03.1468

酸性橙Ⅱ　acid orange Ⅱ　04.0405

酸性防腐剂　acidic preservative　02.0640

*酸性金黄Ⅱ　acid orange Ⅱ　04.0405

酸性食品　acidic food　02.0230

*酸性艳橙GR　acid orange Ⅱ　04.0405

蒜　garlic　03.1510

*算盘珠病　Kaschin-Beck disease　05.0502

随机对照试验　randomized controlled trial　05.0536

随机扩增多态性DNA　randomly amplified polymorphic DNA, RAPD　02.0525

随机误差　random error　02.0559

随机效应模型　random effect model　05.0551

碎菇　pieces mushroom　03.1536

隧道式干燥机　tunnel dryer　03.0273

损耗角正切　loss tangent　02.0351

损耗模量　loss modulus　02.0350

梭状芽孢杆菌　*Clostridium*　02.0164

梭子蟹　swimming crab　03.1064

羧甲基淀粉　carboxymethyl starch　02.0752

羧甲基纤维素钠　sodium carboxymethyl cellulose, CMC-Na　02.0712

索马甜　thaumatin　02.0696

索氏抽提法　Soxhlet extraction　02.0575

T

塔格糖　tagatose　05.0225

太妃糖　toffee　03.1248

太阳能干燥　solar drying　03.0229

太阳能干燥机　solar dryer　03.0277

肽　peptide　02.0006

肽键　peptide bond　02.0110

肽聚糖　peptidoglycan　05.0043

泰勒标准筛　Tyler standard sieve　03.0059

摊饭法　spread rice wine method　03.1457

*弹簧模型　spring model　02.0338

弹性　elasticity　02.0319

弹性常数　elastic constant　02.0533

弹性极限　elastic limit　02.0326

弹性模量　modulus of elasticity　02.0348

弹性滞后　retardation elasticity　02.0343

炭疽　anthrax　04.0236

炭疽病　anthracnose　03.0601

炭疽杆菌　*Bacillus anthracis*　04.0026

碳水化合物　carbohydrate　02.0018

碳酸法　carbonation process　03.1143

碳酸化　carbonation　03.1321

碳酸饮料　carbonated drink　03.1320

汤圆　Tangyuan　03.0522

*羰氨反应　Maillard reaction　02.0066

*塘虱　cat fish　03.1056

糖胺聚糖　mucopdysacharide　05.0042

糖醇　sugar alcohol　05.0023

糖蛋白　glycoprotein　05.0070

糖度　brix　03.1173

糖苷　glucoside　02.0019

糖膏　massecuite, strike　03.1154

糖果　candy　03.1217

糖果返砂　graining　03.1235

糖糊　magma　03.1148

糖化　saccharification　03.1424

糖化罐　saccharifying tank　03.1197

糖化酶　glucoamylase　03.1196

糖浆　syrup　03.1174

糖酵解　glycolysis　02.0481

糖精　saccharin　02.0687

＊糖类　carbohydrate　02.0018

糖料[作物]　sugar crops　03.1131

糖酶　carbohydrase　02.0727

糖蜜　molasses　03.1157

糖尿病　diabetes mellitus　05.0435

糖泡基　sugar bubble base　03.1251

糖酸比　sugar-acid ratio　03.1328

糖腌　sugar curing　03.0507

糖衣机　sugarcoating machine　03.1239

糖原　glycogen　05.0028

糖原贮积病　glycogen storage disease　05.0444

糖脂　glycolipid　05.0108

糖制　sugar-preserving　03.0504

糖煮　sugar boiling　03.0508

＊糖渍　sugar-preserving　03.0504

糖渍菜　pickled vegetable with sugar　03.0847

糖渍蜂子　sugared bee brood　03.1573

烫面　dough scalding　03.0539

烫漂　blanching　03.0871

陶瓷膜　ceramic membrane　03.0151

淘米机　rice washing machine　03.0561

特丁基对苯二酚　tertiary butyl hydroquinone　02.0655

特定建议值　specific proposed level, SPL　05.0400

＊特基拉　Tequila　03.1400

特殊生产用水　special water for production　03.1602

特香型白酒　Te-flavor Chinese spirit　03.1358

特性黏度　intrinsic viscosity　02.0300

特异质反应　idiosyncratic reaction　04.0274

特种麦芽　special malt　03.1420

剔骨肉　deboned meat　03.0939

提高缺氧耐受力　improving on hypoxia　05.0329

体成分　body composition　05.0427

体积模量　bulk modulus　02.0332

体积黏度　volume viscosity　02.0291

体力活动水平　physical activity level, PAL　05.0018

＊体脂百分数　body fat content　05.0429

体脂含量　body fat content　05.0429

＊体脂率　body fat content　05.0429

体质[量]指数　body mass index, BMI　05.0423

体重　body weight　05.0404

＊体重指数　body mass index, BMI　05.0423

天冬氨酸　aspartic acid, Asp　05.0049

天冬酰胺　asparagine, Asn　05.0055

＊天培　tempeh　03.1507

天然肠衣　natural casing　03.0948

天然防腐剂　natural antiseptics　02.0649

天然抗氧化剂　natural antioxidant　02.0660

天然甜味剂　natural sweetener　02.0138

天然苋菜红　natural amaranth red　02.0673

天然香料　natural perfume　02.0724

＊天然着色剂　pigment　02.0665

甜菜　sugar beet, *Beta vulgaris* L.　03.1135

甜菜红　beet red　02.0672

甜菜切丝　beet slicing　03.1136

甜菜色素　betalain　02.0676

甜菊苷　stevioside　02.0691

甜蜜素　sodium cyclohexyl sulfamate　02.0688

甜体　sweet body　03.1225

甜味　sweet taste　02.0135

甜味剂　sweetener　02.0686

＊恭菜　sugar beet, *Beta vulgaris* L.　03.1135

条件必需氨基酸　conditionally essential amino acid　05.0046

条形码自动识别　barcode autoidentification　04.0442

调和油　blend oil　03.0910

调节肠道菌群　improving intestinal flora condition　05.0337

调理肉制品　prepared meat product　03.0970

调配　blending　03.0879

调味剂　flavoring agent　02.0680

＊调味料　flavoring, condiment, seasoning, dressing　03.1463

调味品　flavoring, condiment, seasoning, dressing　03.1463

调味熟制品　seasoned and cooked product　03.1111

调馅　stuffing mixing, filling mixing　03.0537

调质　conditioning　03.0696

贴体包装　skin packaging　03.0333

萜类化合物　terpenoids　05.0310

铁　iron　05.0126

铁蛋　iron egg　03.1019

铁辊　iron roll, iron ribbed rotor　03.0737

铁强化酱油　soy sauce fortified with iron　05.0365

通便　facitating feces excretion　05.0339

通风曲　Fuqu starter prepared by blown wind　03.1368

通风式发芽法　ventilated germination method　03.1415

通风制曲　koji-making heavy layer ventilation, pool aera-ted koji-making system　03.1478

通风贮藏　ventilated storage　03.0567

通心粉挤压机　macaroni extruder　03.0484

同步检验　synchronous inspection　04.0233

同多糖　homopolysaccharide　05.0020

同型乳酸发酵　homolactic fermentation　02.0201

同质多晶　polymorphism　02.0080

铜　copper　05.0131

*筒粽　Zongzi　03.0517

痛风　gout　05.0442

头围　head circumference　05.0406

头足类　cephalopods　03.1068

投入溯源　input traceability　04.0412

透光率　transmittance　02.0405

透明质酸　hyaluronic acid　05.0226

*透析　dialysis　03.0139

涂层成型　coating molding　03.1279

涂膜　coating　03.0586

途径工程　pathway engineering　02.0223

屠宰　slaughter　03.0918

屠宰检疫　slaughter quarantine　04.0231

屠宰率　dressing percentage　03.0922

*土豆　potato　03.0746

土腥味　earthy smell　03.1052

吐温类乳化剂　polysorbate, Tween　02.0722

推荐每日摄入量　recommended daily intake, RDI　04.0305

推荐摄入量　recommended nutrient intake, RNI　05.0396

褪黑素　melatonin　05.0291

臀围　hip circumference　05.0410

托盘干燥机　tray dryer　03.0264

脱粉器　shedding device　03.1589

脱蜂器　bee escape　03.1587

*脱壳　rice husking, shelling　03.0695

脱绿　degreening　03.0584

脱模　demolding　03.0443

脱气　degassing　03.0878

*脱氢酶　dehydrogenase　02.0040

脱涩　astringency removal, deastringency　03.0583

脱水　dehydration　03.1099

脱水干缩　dehydration shrinkage　03.1258

脱水果蔬　dried fruit and vegetable　03.0850

脱腥　deodorization　03.1077

脱盐　desalting　03.0872

脱氧包装　deoxygen packaging　03.0334

*脱乙酰甲壳素　chitosan　03.1124

唾液链球菌　*Streptococcus thermophilus*　02.0169

W

外部追溯　external traceability　04.0428

外毒素　exotoxin　04.0058

外观检查　appearance inspection　03.0413

外剂量　external dose　04.0282

外扩散　external diffusion　03.0125

外扩散控制　external diffusion control　03.0127

外来微生物　foreign microorganism　02.0241

外源化学物　xenobiotics　04.0269

弯曲杆菌　*Campylobacter*　02.0163

完成阶段　completion stage　03.0425

完熟　full ripening　03.0609

王浆片　royal jelly tablet　03.1576

往复式精炼机　longitudinal conche　03.1277

往复运动筛面　reciprocating sieve surface　03.0049

往复振动式筛分　reciprocating vibrating sieving　03.0053

危害　hazard　04.0266

危害分析　hazard analysis　04.0358

危害分析与关键控制点　hazard analysis and critical con-trol point, HACCP　04.0351

*危害鉴定　hazard identification　04.0272

危害描述　hazard characterization　04.0281

危害识别　hazard identification　04.0272

*危害特征描述　hazard characterization　04.0281

危险比　hazard ratio　05.0549

危险度差值　risk difference　05.0548

威士忌　whisky　03.1397

微波对流干燥　microwave convection drying　03.0259

微波干燥　microwave drying　03.0240

微波冷冻干燥　microwave freeze-drying　03.0260

微波膨化　microwave puffing　03.0247

微波杀菌　microwave sterilization　03.0292

微波真空干燥　microwave vacuum drying　03.0261

微冻　partial freezing　03.0358

微分光谱　derivative spectrum　02.0385

微粉碎　fine grinding　03.0006

微胶囊化　microencapsulation　05.0360

微孔过滤　microfiltration　03.0142

微量元素　trace element, microelement　05.0117

微滤　microfiltration　03.0142

微囊藻毒素　microsystin　04.0083

微乳液　microemulsion　03.0178

微乳液凝胶　microemulsion based organogel　03.0174

微生物毒素　microbial toxin　04.0057

＊微生物工程　fermentation engineering　02.0463

微生物污染　microbial contamination　04.0384

微生物限量　microbiological limit　04.0198

微藻　microalgae　05.0213

韦伯分数　Weber fraction　02.0400

维德曼定律　Wiedemann law　02.0424

维生素　vitamin　05.0136

维生素 A　vitamin A　05.0139

维生素 B_1　vitamin B_1　05.0142

维生素 B_2　vitamin B_2　05.0143

维生素 B_6　vitamin B_6　05.0146

维生素 B_{12}　vitamin B_{12}　05.0149

维生素 C　vitamin C　05.0151

维生素 D　vitamin D　05.0152

维生素 E　vitamin E　05.0153

＊维生素 H　biotin　05.0147

维生素 K　vitamin K　05.0154

＊伪鸡瘟　newcastle disease　04.0249

尾磨　tailing roll　03.0722

卫生标准操作程序　sanitation standard operating procedure, SSOP　04.0357

卫生检疫　sanitary quarantine, health quarantine　04.0195

＊卫氏并殖吸虫　*Paragonimus westermani*　04.0049

＊未观察到有害作用水平　no observed adverse effect level, NOAEL　04.0312

＊未观察到作用水平　no observed effect level, NOEL　04.0313

＊味蛋　salted egg　03.1011

味精　monosodium glutamate, MSG　03.1470

味觉　gustation　02.0126

喂饭法　feeding rice wine method　03.1458

魏森贝格效应　Weissenberg effect　02.0337

温度梯度　temperature gradient　03.0225

温和噬菌体　temperate phage　02.0214

温谱图　thermogram　02.0367

温水浸麦法　warm water steeping method　03.1412

温熏　lukewarm smoking　03.1090

cDNA 文库　cDNA library　02.0491

文献综述　review of the literature　05.0537

稳定剂　stabilizer　02.0744

＊乌拉坦　ethyl carbonate　04.0145

＊乌来雅　ethyl carbonate　04.0145

乌龙茶　Oolong tea　03.1310

＊乌青　black carp　03.1054

乌药叶　*Linderae aggregate* leaf　05.0196

乌贼　cuttlefish　03.1070

无醇啤酒　non-alcoholic beer　03.1437

无定形　amorphous　02.0048

＊无公害包装　green packaging　03.0322

无规定动物疫病区　specified animal disease free zone　04.0208

＊无害化处理　biosecurity treatment, biosafety disposal　04.0226

＊无机盐　minerals　05.0115

无菌包装　aseptic packaging　03.0325

无菌灌装　aseptic filling　03.0884

无可见不良作用水平　no observed adverse effect level, NOAEL　04.0312

无可见作用水平　no observed effect level, NOEL　04.0313

无水 α-葡萄糖　α-glucose anhydrous　03.1206

无水 β-葡萄糖　β-glucose anhydrous　03.1207

无糖型硬糖　sugar-free candy　03.1223

无特定病原动物　specific pathogen free animal　04.0230

＊无烟熏　liquid smoking　03.1092

＊五倍子酸　gallic acid　05.0274

＊五星草　jerusalem artichoke　03.0753

戊型肝炎病毒　hepatitis E virus　04.0038
物理防治　physical control　03.0595
物理图谱　physical map　02.0523
物理吸附　physical adsorption　03.0120

物理性危害　physical hazard　04.0270
物理性污染　physical pollution　04.0383
物料流程图　supplies flow diagram　03.1607
物质内部透光率　internal transmittance　02.0406

X

西马特罗　cimaterol　04.0402
西式肉制品　western-style meat product　03.0975
吸附等温线　adsorption isotherm　03.0206
吸附分离　adsorption and separation　03.0119
吸附平衡　adsorption equilibrium　03.0124
吸附速率　adsorption rate　03.0129
吸附脱色　adsorption decoloring　03.0123
＊吸光度　absorbance　02.0407
吸光率　absorbance　02.0407
吸浆器　extractor for royal jelly　03.1581
＊吸收剂量　internal dose　04.0283
吸收系数　absorption coefficient　02.0545
吸水率　water absorption, ab　02.0277
硒　selenium　05.0128
稀薄蛋白　thin white　03.0985
＊稀沸淀粉　acid modified starch　03.0789
＊稀蜜　white molasses　03.1159
膝高　knee height　05.0413
＊洗米机　rice washing machine　03.0561
洗蜜　white molasses　03.1159
洗薯机　tuber cleaning machine　03.0770
＊喜马特罗　cimaterol　04.0402
系带　chalaza　03.0986
ISO 系列质量标准　the ISO series of quality standards　03.1616
系统代谢工程　system metabolic engineering　02.0228
＊系统评价　systemic review　05.0534
系统误差　systemic error　02.0558
系统综述　systemic review　05.0534
＊细粉碎　fine grinding　03.0006
细菌菌落总数　total number of bacterial colonies　04.0008
细菌素　bacteriocin　02.0253
细菌性病害　bacterial disease　03.0599
细菌性软腐　bacterial soft rot　02.0262
细菌总数　total bacteria count　02.0242
＊虾红素　astaxanthin　03.1126

虾类　shrimps　03.1060
虾皮　dried small shrimp　03.1080
虾青素　astaxanthin　03.1126
虾油　shrimp sauce　03.1117
狭基线纹香茶菜　Isodon lophanthoides var. gerardianus (Bentham) H. Hara　05.0199
下胶　fining　03.1442
下面酵母　bottom yeast　02.0239
＊仙草　Mesona chinensis　05.0233
纤维素　cellulose　02.0032
纤维素酶　cellulase　02.0729
籼米　milled long-grain nonglutinous rice　03.0671
鲜菜类调味品　fresh vegetable condiment　03.1508
鲜度维持管理　freshness maintaining management　03.0643
鲜菇　fresh mushroom　03.1530
鲜啤酒　draught beer, draft beer　03.1432
鲜切果蔬　fresh-cut fruit and vegetable　03.0840
鲜味　umami　02.0144
鲜味剂　freshness agent　03.1469
鲜叶　fresh leaf　03.1287
咸蛋　salted egg　03.1011
咸味　saline taste　02.0142
咸味剂　salter　03.1464
咸味食品香精　savory flavoring　03.1474
咸鱼干　dried salted fish　03.1085
显齿蛇葡萄叶　Ampelopsis grossedentata leaf　05.0194
显脉旋覆花　Inula nervosa Wall.　05.0209
显著危害　significance hazard　03.1629
现场检疫　on-site quarantine, on-the-spot quarantine　04.0187
线性黏弹性　linear viscoelasticity　02.0358
限制性氨基酸　limiting amino acid　05.0008
限制性内切核酸酶　restriction endonuclease　02.0497
限制修饰系统　restriction modification system　02.0519
馅料　stuffing　02.0782
腺苷三磷酸　adenosine triphosphate, ATP　05.0013

相对蛋白质值　relative protein value　05.0489

*相对分子质量　molecular weight, MW　02.0549

相对黏度　relative viscosity　02.0301

相对迁移率　relative mobility　02.0556

相对湿度　relative humidity, RH　02.0194

相对甜度　relative sweetness　02.0136

相对危险度　relative risk　05.0546

*相分离法　coacervation method　03.0182

香槟酒　champagne　03.1448

香菜　coriander herb　03.1513

香菜籽　coriander seed　03.1525

香肠　sausage　03.0946

香椿　cedrela sinensis, tender leaves of Chinese toon　03.1516

香菇嘌呤　eritadenine　05.0307

香味体　flavor body　03.1224

*香辛料　spicy agent　03.1471

香雪酒　Xiangxue wine　03.1459

*香油　sesame oil　03.0891

箱式干燥机　chamber dryer　03.0271

响应面　response surface　02.0564

相变点　phase transition temperature　02.0370

*橡胶弹性　entropy elasticity　02.0336

消毒　disinfection　03.0279

消泡剂　antifoaming　02.0741

硝酸盐　nitrate　04.0130

销售包装　consumer package　03.0636

小肠结肠炎耶尔森菌　*Yersinia enterocolitica*　04.0018

小茴香　fennel　03.1521

小麦蛋白　wheat protein　02.0011

小麦腹沟　crease of wheat　03.0688

小麦寡肽　wheat oligopeptide　05.0246

小曲　Xiaoqu　03.1363

效应相加　effect summation　04.0336

协同反馈抑制　concerted feedback inhibition　02.0449

协同作用　synergy effect　04.0333

胁迫应答　stress response　02.0207

缬氨酸　valine, Val　05.0066

蟹粉　crab meat paste　03.1115

蟹类　crabs　03.1063

心磨系统　reduction system　03.0720

心血管疾病　cardiovascular disease　05.0436

芯部　core　03.0549

DNA 芯片　DNA chip　05.0522

辛酸　caprylic acid　05.0093

辛香剂　spicy agent　03.1471

锌　zinc　05.0127

新茶　fresh tea　03.1297

新橙皮苷二氢查耳酮　neohesperidosyl dihydrochalcone　02.0697

新生儿出血症　neonatal hemorrhagic disease　05.0506

新食品原料　new resource food　05.0168

*新资源食品　new resource food　05.0168

信用管理　trustworthiness management　04.0425

行星磨　planetary mill　03.0040

形变　deformation　02.0317

*Ⅰ型发酵　growth associated product accumulation　02.0467

*Ⅱ型发酵　growth partial associated product accumulation　02.0469

*Ⅲ型发酵　growth unassociated product accumulation　02.0468

醒发箱　fermenting box　03.0448

胸围　chest circumference　05.0407

熊胆　bear gallbladder　05.0285

休止角　angle of repose　02.0541

修饰酶　modification enzyme　02.0501

嗅感物质　olfactory sense substance　02.0150

嗅觉　olfactory sensation　02.0123

嗅味阈值　odor threshold　02.0554

需氧菌计数　aerobic bacteria count　04.0009

蓄积系数　cumulative coefficient　04.0390

蓄积作用　accumulation　04.0323

悬浮物　suspended matter　03.1604

*悬轴式锥形轧碎机　gyratory crusher　03.0028

旋流分离器　hydrocyclone　03.0806

旋毛虫　*Trichinella spiralis*　04.0054

旋转筛面　rotary sieve surface　03.0052

旋转式薄膜连续熬糖机　continuous rotary film sugar boiling equipment　03.1237

旋转真空过滤机　rotary vacuum filter　03.0807

旋转蒸气管式干燥机　steam tube rotary dryer　03.0265

选择性标示　selectively labeling　05.0461

选择性培养基　selective culture medium　02.0200

雪卡毒素　ciguatoxin　04.0087

雪莲培养物　tissue culture of *Saussurea involucrata*　05.0224

*血管紧张素转化酶抑制肽　antihypertensive peptide

Y

＊羊脂酸　caprylic acid　05.0093

＊洋菜　agar　03.1128

＊洋姜　jerusalem artichoke　03.0753

＊洋芋　potato　03.0746

养晶　crystal growing　03.1153

氧化还原酶　oxidoreductase　02.0040

＊氧化酶　oxidase　02.0040

＊氧芴　dibenzofuran　04.0127

样品前处理技术　sample pretreatment technology　04.0157

腰臀比　waist-to-hip ratio, WHR　05.0411

腰围　waist circumference　05.0408

腰围身高比　waist-to-height ratio, WHtR　05.0409

肴肉　Yao meat　03.0957

＊摇蜜　extracted honey　03.1557

＊摇蜜机　honey extractor　03.1583

＊摇溶性流动　thixotropy　02.0312

摇制　rolling, shaking　03.0513

药酒　medicinal liquor, medicated wine, medicated liquor　03.1462

药香型白酒　medicine aromatic Chinese spirit, Chinese herbaceous-flavor liquor　03.1354

椰毒假单胞菌　Pseudomonas cocovenenans subsp.　04.0028

椰子油　coconut oil　03.0901

耶尔森菌　Yersinia　02.0176

叶蛋白　leaf protein　05.0239

叶绿素　chlorophyll　05.0312

叶绿素铜钠　sodium copper chlorophyllin　02.0671

叶酸　folate　05.0148

夜盲症　night blindness　05.0504

液化　liquefaction　02.0072

液化罐　liquefied tank　03.1194

液化酶　liquefied enzyme　03.1193

液态法酿醋工艺　liquid state vinegar fermentation　03.1497

液态精炼法　liquid conching　03.1275

液态蜜　liquid honey　03.1559

液态乳　milk　03.1021

＊液体蜜　liquid honey　03.1559

液相色谱法　liquid chromatography, LC　02.0611

液熏　liquid smoking　03.1092

液–液萃取　liquid-liquid extraction　03.0089

液质色谱–质谱法　liquid chromatography-mass spectroscopy, LC-MS　02.0613

一步充气法　one-step aeration　03.1253

一次灌装　one-step filling　03.1322

一级结构　primary structure　02.0087

＊一氯苯酚　monochlorophenol　04.0101

遗传变异　genetic variation　05.0529

遗传标记　genetic marker　02.0496

遗传多态性　genetic polymorphism　05.0520

疑似感染动物　animal suspected of being infected　04.0216

乙二胺四乙酸二钠　disodium ethylenediamine tetraacetic acid　02.0659

＊N-乙基乙胺　diethylamine　04.0135

乙糖　B sugar　03.1179

乙烯高峰　ethylene peak　03.0614

乙烯合成抑制剂　ethylene synthesis inhibitor　03.0615

乙烯吸收剂　ethylene absorbent　03.0617

乙烯作用抑制剂　ethylene action inhibitor　03.0616

乙酰磺胺酸钠　acesulfame potassium　02.0689

异常乳　abnormal milk　04.0258

异甘草素　isoliquiritigenin　05.0264

异构酶　isomerase　02.0044

异黄酮　isoflavone　05.0252

异黄烷酮　dihydroisoflavone　05.0253

异抗坏血酸　erythorbic acid　02.0657

异抗坏血酸钠　sodium erythorbic acid　02.0658

异亮氨酸　isoleucine, Ile　05.0053

异谱同色　metameric color　02.0387

＊异味　off-flavor　03.1052

异味物质　off-flavor material　02.0153

异型乳酸发酵　heterolactic fermentation　02.0202

异质肉　abnormal meat　03.0933

异质性　heterogeneity　05.0559

异质性检验　heterogeneity test　05.0560

抑制剂　inhibitor　02.0444

＊抑制效应　antagonism　04.0334

易感动物　susceptible animal　04.0213

疫情　epidemic situation　04.0205

疫源地　nidus of infection　04.0222

益生菌　probiotics　05.0163

益生元　prebiotics　05.0164

＊银杏黄素　ginkgetin　05.0270

银杏素　ginkgetin　05.0270

引物　primer　02.0512

饮料　beverage, drink　03.1318

饮料浓缩液　beverage concentrate　02.0773

隐孢子虫　*Cryptosporidium parvum*　04.0045

隐藻黄素　cryptoxanthin　05.0304

DNA 印迹法　Southern blotting　02.0526

英国胶　British gum　03.0804

婴幼儿配方乳粉　infant formula　03.1045

婴幼儿饮料　infant drink　03.1344

荧光分光光度法　fluorescence spectrophotometry
　02.0605

荧光现象　fluorescence phenomenon　02.0383

荧光原位杂交　fluorescence *in situ* hybridization，FISH
　02.0522

营养　nutrition　05.0002

营养不良　malnutrition　05.0009

营养不平衡　nutrition imbalance　05.0011

营养不足　undernutrition　05.0010

营养成分表　nutrition facts label　05.0452

＊营养低下　undernutrition　05.0010

营养干预　nutrition intervention　05.0477

＊营养过剩　nutrition imbalance　05.0011

营养基因组学　nutrigenomics　05.0512

营养密度　nutrition density　05.0389

营养强化米　nutrition fortification rice，nutrition strength-
　ening rice　03.0529

营养强化食品　fortified food　05.0358

＊营养缺陷　undernutrition　05.0010

营养缺陷型　auxotroph　02.0217

营养声称　nutrition claim　05.0453

营养素　nutrient　05.0005

营养素保留率　nutrient retention ratio　05.0343

＊营养素保留因子　nutrient retention ratio　05.0343

营养素补充剂　nutrient supplement　05.0317

营养素参考值　nutrient reference value，NRV　05.0459

营养素功能声称　nutrient function claim　05.0457

营养素密度　nutrient density　05.0391

营养素摄入量　nutrient intake　05.0369

营养素损失率　nutrient loss ratio　05.0342

营养素需要量　nutritional requirement　05.0464

＊营养性大细胞性贫血　mega-loblastic anemia　05.0509

营养学　nutrition　05.0003

营养遗传学　nutrigenetics　05.0511

营养质量指数　index of nutrition quality　05.0463

应变　strain　02.0293

应激　stress　03.0919

应力　stress　02.0294

应力松弛　stress relaxation　02.0285

应力应变关系　stress-strain relation　02.0359

硬度　hardness，firmness　02.0271

硬化　hardening　03.0870

＊硬脂酸　stearic acid　05.0099

硬脂酰乳酸钙　calcium stearoyl lactylate　02.0715

硬脂酰乳酸钠　sodium stearoyl lactylate　02.0716

硬质奶糖　hard creamy candy　03.1242

硬质糖果　hard candy　03.1218

硬质[小]麦　hard wheat　03.0686

蛹虫草　*Cordyceps militaris*　05.0222

油包水型乳液　water in oil emulsion　03.0179

油菜籽油　canola oil　03.0889

油茶蛋白　oil-tea protein　05.0237

＊油茶籽油　camellia oil　03.0888

油脚　oil foot　03.0915

油酸　oleic acid　05.0100

油稳定性指数　oil stability index，OSI　02.0579

油脂的稳定性　stability of lipids　05.0468

游离脂肪酸　free fatty acid，non-esterified fatty acid
　02.0036

鱿鱼　squid　03.1069

鱿鱼丝　squid slice　03.1082

有机汞杀菌剂　organomercurous fungicide　04.0106

有机磷农药　organophosphorus pesticide　04.0103

有机氯农药　organochlorine pesticide　04.0100

有效导热系数　effective thermal conductivity　02.0361

＊诱变剂　mutagenic agent　04.0153

诱变物　mutagenic agent　04.0153

诱变育种　induced mutation breeding　02.0471

诱导酶　inducible enzyme　02.0439

诱导物　inducer　02.0445

诱发放射性　induced radioactivity　04.0155

鱼鳔胶　fish gelatin　03.1120

鱼饼　fish cake　03.1110

鱼翅　shark fin　03.1112

鱼蛋白　fish protein　02.0008

鱼豆腐　fish tofu　03.1106

鱼粉　fish meal　03.1116

鱼肝油　fish liver oil　03.1122

鱼糕　fish cake，kamaboko　03.1108

＊鱼酱油　fish sauce　03.1119

鱼精蛋白　protamine　03.1130

鱼卷　paupiette, fish roll　03.1105

*鱼鳞冻　fish glue from scale　03.1121

鱼鳞胶　fish glue from scale　03.1121

鱼露　fish sauce　03.1119

鱼糜　surimi, fish paste　03.1100

鱼糜制品　surimi-based product　03.1095

鱼面　fish noodle　03.1107

鱼排　fish steak, fish paste　03.1114

*鱼脯　fish steak, fish paste　03.1114

鱼松　dried fish floss　03.1113

鱼藤酮　rotenone　05.0263

鱼丸　fish ball　03.1104

鱼香肠　fish sausage　03.1109

鱼油　fish oil　05.0190

雨前茶　before grain-rain tea　03.1301

雨生红球藻　*Haematococcus pluvialis*　05.0212

语言偏倚　language bias　05.0553

玉米赤霉烯酮　zearalenone　04.0073

玉米淀粉　corn starch　02.0754

*玉米胚芽油　corn oil　03.0885

玉米膨化果挤压机　corn puffing extruder　03.0485

*芋魁　dasheen　03.0751

*芋艿　dasheen　03.0751

芋头　dasheen　03.0751

预包装食品　prepackaged food　03.0629

预测食品微生物学　predictive food microbiology　02.0261

预测微生物学　predictive microbiology　04.0375

预封　first operation　03.0401

预糊化　pregelatinization　03.0776

预糊化淀粉　pregelatinized starch　02.0753

预冷　precooling　03.0342

*预热阶段　increasing rate drying stage　03.0218

预调制　premodulation　03.0467

预煮硬化　precooking and hardening　03.0765

预贮　pre-storage　03.0591

阈剂量　threshold dose　04.0314

*阈强度效应　threshold effect　04.0315

阈值效应　threshold effect　04.0315

御米油　poppyseed oil　05.0171

愈创树脂　guaiac resin　02.0663

愈伤　wound healing　03.0582

元宝枫籽油　*Acer truncatum* bunge seed oil　05.0189

元宵　Yuanxiao　03.0523

原产地溯源管理　origin traceability management　04.0440

原儿茶酸　protocatechuic acid　05.0275

原发性高血压　essential hypertension　05.0437

原花青素　proanthocyanidin　05.0267

原浆酒　original liquor　03.1392

原料清理　raw material handling, raw material cleaning　03.0864

原蜜　green molasses　03.1158

原噬菌体　prophage　02.0215

原糖　raw sugar　03.1182

原位清洗　cleaning in place, CIP　03.1611

原子发射光谱　atomic emission spectroscopy　02.0591

原子极化　atomic polarization　02.0416

原子吸收光谱　atomic absorption spectroscopy　02.0590

原子荧光光谱法　atomic fluorescence spectrometry, AFS　02.0600

*圆炒青　gunpowder tea　03.1312

圆盘制曲机　koji-making disc machine, disc aerated koji-making system　03.1479

圆柱锥底发酵罐　cylindrical cone bottom fermentation tank　03.1430

圆锥粉碎机　cone crusher　03.0029

远红外辐射解冻　far-infrared radiation thawing　03.0373

远红外加热杀菌　far-infrared heating sterilization　03.0293

*月桂酸　lauric acid　05.0095

月桂烯　myrcene　05.0277

月见草油　*Oenothera biennis* oil　05.0174

*云吞　Huntun, Wonton　03.0516

*匀浆　homogenization　03.0158

*芸香苷　rutin　05.0256

运动黏度　kinematic viscosity　02.0304

运动饮料　sport drink　03.1343

运输包装　transport package　03.0635

Z

杂多糖　heteropolysaccharide　05.0021

杂合酶　hybrid enzyme　02.0435

杂环胺类　heterocyclic amines　04.0136

杂交育种　cross breeding　02.0472

杂色曲霉　*Aspergillus versicolor*　04.0034

*杂色曲霉毒素　sterigmatocystin　04.0074

*甾醇　sterol　05.0077

*甾族化合物　steroid　05.0076

宰后检验　post-mortem inspection　04.0234

宰前检疫　pre-mortem quanantine　04.0232

再加工茶　reprocessed tea　03.1303

再制醋　remanufacturing vinegar　03.1502

再制蛋　reformed egg　03.1001

暂定每日耐受摄入量　provisional tolerable daily intake, PTDI　04.0317

暂定每周耐受摄入量　provisional tolerable weekly intake, PTWI　04.0318

糟蛋　egg preserved in rice wine　03.1012

糟鱼　pickled fish　03.1086

糟制　pickled in wine or with grain　03.0506

*早老症　Menkes disease　05.0445

藻类　algae, seaweed　03.1072

DHA 藻油　DHA algal oil　05.0192

皂苷　saponin　05.0305

皂化值　saponification value　02.0118

择菜　trimming vegetable for cooking　05.0346

增稠剂　thickening agent　02.0702

增加骨密度　increasing bone density　05.0332

增强免疫力　enhancing immunity　05.0318

增强子　enhancer　02.0511

增味剂　flavor enhancer　02.0698

*增效作用　synergy effect　04.0333

渣磨系统　scratch system　03.0721

*扎啤　draught beer, draft beer　03.1432

扎线　ligation　03.0536

札幌病毒　sapovirus　04.0041

*札如病毒　sapovirus　04.0041

栅栏技术　hurdle technology　04.0376

栅栏因子　hurdle factor　04.0377

榨蜜机　honey presser　03.1588

榨汁　squeezing　03.0876

斩拌　chopping　03.0942

展青霉素　patulin　04.0078

章鱼　octopus　03.1071

樟脑　camphor　05.0280

樟树籽油　*Cinnamomum camphora* seed oil　05.0185

胀袋　swollen package　02.0249

胀容现象　dilatancy　02.0313

胀塑性流体　dilatant fluid　02.0308

折断　breaking off　03.0018

*折合系数　reference person coefficient　05.0383

折射率　refractive index, RI　02.0577

赭曲霉毒素　ochratoxin　04.0079

蔗糖　sucrose　02.0025

*蔗糖素　sucralose, TGS　02.0693

蔗糖脂肪酸酯　sucrose ester of fatty acid　02.0717

针叶樱桃果　acerola cherry　05.0218

真菌毒素　mycotoxin　04.0070

真菌毒素残留　mycotoxin residue　04.0387

真菌性病害　fungal disease　03.0598

真空熬糖　vacuum sugar boiling　03.1229

真空包装　vacuum packaging　03.0329

真空度检查　vacuum checking　03.0415

真空干燥　vacuum drying　03.0239

真空解冻　vacuum thawing　03.0371

真空冷冻干燥　vacuum freeze drying　03.0350

真空冷却　vacuum cooling　03.0357

真空冷却回转蒸锅　vacuum cooling rotary steamer　03.1477

真空浓缩　vacuum concentration　03.0061

真空排气　vacuum exhaust　03.0406

真空脱气　vacuum degassing　03.1049

真空油炸脱水机　vacuum fried dehydrated machine　03.0771

真空预冷　vacuum precooling　03.0580

*真空蒸馏　vacuum distillation　03.0102

真实保留率　true retention ratio　05.0345

*振荡磁场杀菌　pulsed magnet field pasteurization　03.0299

振动流化床干燥机　vibrating fluidized bed dryer

03.0267

振动喂料　vibrating feeding　03.0463

振动喂料器　vibrating feeder　03.0464

*震颤麻痹　Parkinson's disease　05.0448

蒸发结晶法　evaporation crystallization　03.0114

蒸发结晶设备　evaporative crystallizer　03.0117

蒸发浓缩　evaporation concentration　03.0064

蒸谷　parboiling　03.0693

蒸谷米　parboiled rice　03.0678

蒸馏　distillation　03.0094

蒸汽喷射排气　steam injection exhaust　03.0407

蒸青　steaming　03.1295

蒸制　steaming　03.0510

蒸煮袋　retortable pouch　03.0330

蒸煮器　digester　03.0562

蒸煮速率　cooking rate　03.0543

蒸煮损失　cooking loss　03.0945

蒸煮损失率　cooking loss rate　03.0545

整菇　whole mushroom　03.1534

整晶　regularizing grain　03.1152

整形　plastic　03.0434

整形机　shaper　03.0451

正常乳　normal milk　04.0257

正氮平衡　positive nitrogen balance　05.0492

*正癸酸　capric acid　05.0094

*正己酸　caproic acid　05.0092

*正辛酸　caprylic acid　05.0093

支链淀粉　amylopectin　02.0031

芝麻香型白酒　sesame-flavor liquor　03.1355

芝麻油　sesame oil　03.0891

枝顶孢霉　*Acremonium*　02.0178

栀子黄　gardenia yellow　02.0666

栀子蓝　gardenia blue　02.0667

脂蛋白　lipoprotein　05.0071

脂多糖　lipopolysaccharide　05.0041

脂肪　fat　05.0074

脂肪酶　lipase　02.0732

脂肪酸　fatty acid　02.0034

脂肪氧化酶　lipoxidase　03.0821

脂类　lipid　02.0033

脂类消化率　lipid digestibility　05.0467

脂溶性维生素　lipid-soluble vitamin　05.0137

*脂质　lipid　02.0033

脂质改性　lipid modification　02.0115

脂质氧化　lipid oxidation　02.0114

直接发酵法　direct fermentation　03.0438

直接膨化　direct puffing　03.0477

直接热解吸法　direct thermal desorption method　02.0134

直接显微计数　direct microscopic count　02.0247

直链淀粉　amylose　02.0030

直投式接种　direct inoculation　03.1048

*HLB 值　hydrophile-lipophile balance value, HLB　03.0177

D 值　D value　02.0257

F 值　F value　02.0259，02.0770

Z 值　Z value　02.0258

职业健康管理体系　occupation health safety management system, OHSMS　03.1619

植酸　phytic acid　02.0661

植物蛋白　vegetable protein　02.0010

植物蛋白肉　vegetable protein meat　03.0833

植物蛋白饮料　vegetable protein drink　03.1339

植物化学物　phytochemical　05.0248

植物活性成分　vegetable bioactive component　02.0763

植物凝集素　phytohemagglutinin　04.0097

植物生长调节剂　plant growth regulator　04.0110

植物提取物　phytochemical extract　02.0762

植物血凝素　phytohemagglutinin　05.0510

植物油　vegetable oil　02.0749

指示微生物　microbial indicator　02.0260

指纹分析　fingerprinting analysis　02.0129

酯化　esterification　02.0077

酯化淀粉　esterified starch　03.0796

志贺毒素　Shiga toxin　04.0065

志贺菌　*Shigella*　02.0174

志贺菌属　*Shigella*　04.0015

*制粉流程　flour mill flow　03.0708

制霉菌素　mycostatin　02.0264

*制造日期　date of manufacture　03.0630

质地　texture　02.0531

质反应　qualitative response　04.0288

质构分析　texture profile analysis, TPA　02.0627

质荷比　mass-to-charge ratio　02.0550

ISO9000 质量管理标准　ISO9000 standards of quality management　03.1618

质量检验　quality inspection　03.1628

质量信息系统　quality information system, QIS　03.1630

质谱　mass spectrometry, MS　02.0606

致病性微生物　pathogenic microorganism　04.0218

致昏　stunning　03.0920

致死剂量　lethal dose, LD　04.0289

＊致死中量　median lethal dose, LD50　04.0293

＊致突变物　mutagenic agent　04.0153

智能化包装　intelligent packaging　03.0335

滞变回环　hysteresis loop　02.0314

滞变曲线　hysteresis curve　02.0347

滞后　hysteresis　02.0330

滞后现象　hysteresis　02.0058

＊滞回曲线　hysteresis curve　02.0347

滞塞进料粉碎　choke-fed grinding　03.0011

中粉碎　intermediate grinding　03.0005

＊中国传统风味肉制品　Chinese-style meat product　03.0974

中华绒螯蟹　Chinese mitten crab　03.1065

中间汁　middle juice　03.1144

中筋面粉　middle gluten flour　03.0531

中空纤维式膜分离器　hollow fiber module　03.0156

中式肉制品　Chinese-style meat product　03.0974

＊中碎　intermediate grinding　03.0005

中位数百分比法　median percentage method　05.0419

中温大曲　medium temperature Daqu　03.1370

中心温度　central temperature　03.0410

＊中性脂肪　fat　05.0074

中央循环管式浓缩锅　central cycle tube concentration pan　03.0071

中种发酵法　sponge dough fermentation　03.0439

中转化糖浆　middle conversion syrup　03.1199

种籽蛋白　seed protein　05.0234

种子培养基　seed culture medium　02.0474

＊中风　stroke　05.0440

重金属残留　heavy metal residue　04.0389

重力加料　gravity feeding　03.0461

重量保留率　weight retention ratio　05.0341

珠茶　gunpowder tea　03.1312

珠肽　globin peptide　05.0245

猪带绦虫　*Taenia solium*　04.0051

猪丹毒　swine erysipelas　04.0247

猪繁殖与呼吸综合征　porcine reproductive and respiratory syndrome, PRRS　04.0248

＊猪霍乱　classical swine fever　04.0246

＊猪蓝耳病　porcine reproductive and respiratory syndrome, PRRS　04.0248

猪囊尾蚴　*Cysticercus cellulosae*　04.0052

猪瘟　classical swine fever　04.0246

猪 2 型链球菌病　*Streptococcus suis* serotype 2 disease　04.0242

猪油　lard　03.0895

主菜　main course　05.0352

主成分分析　principle component analysis　05.0532

＊主分量分析　principle component analysis　05.0532

主观评价法　subjective method　02.0631

主食　staple food　05.0350

煮出糖化法　decoction saccharification　03.1425

煮糖　sugar boiling　03.1147

煮糖制度　boiling system, boiling scheme　03.1176

煮制　boiling　03.0511

助表面活性剂　cosurfactant　03.0162

助晶箱　crystallizer　03.1172

助滤剂　filter aid　03.0086

＊苧烯　limonene　05.0311

注模　injection molding　03.0432

注射腌制　injection curing　03.0501

注液　injection　03.0883

贮青　storing of green leaf　03.1292

驻厂检验　plant inspection　04.0193

爪式粉碎机　disk mill　03.0025

转导　transduction　02.0506

转谷氨酰胺酶　transglutaminase　02.0736

＊转光度　brix　03.1173

转化　transformation　02.0504

转基因食品　genetically modified food　02.0528

转染　transfection　02.0505

转相乳化　phase inversion emulsification　03.0185

转移酶　transferase　02.0041

转鼓干燥机　rotary drum dryer　03.0263

转炉　rack oven　03.0455

转筒式筛分　rotary drum sieving　03.0056

装罐　tinning　03.0402

装盒技术　cartoning technology　03.0317

装盘　sabot　03.0436

装饰　decorate　03.0433

装箱技术　packing technology　03.0318

追溯单元　traceable unit　04.0436

追溯码　traceability code　04.0433

准确度　accuracy　02.0562

茁霉多糖　pullulan　05.0228

着色剂　colorant　02.0664

着水碾米　wet rice milling　03.0701

孜然　cumin　03.1526

滋味　taste　02.0125

紫菜　laver　03.1074

紫外分光光谱法　ultraviolet spectrophotometry　02.0603

紫外–可见分光光度计　ultraviolet-visible spectrophoto-
　　meter　02.0604

紫外–可见光谱法　ultraviolet-visible spectroscopy
　　02.0596

紫外杀菌　ultraviolet pasteurization　03.0301

自稠化作用　self-bodying action　03.0168

自动扣留　automatic detention　04.0227

自动识别　automatic identification　04.0447

自动氧化　autoxidation　02.0120

自然断条率　natural breaking rate　03.0544

自然菌　natural bacteria　03.0281

自然乳化　self-emulsifying　03.0187

自然式挤压　spontaneous extrusion　03.0472

自然选育　natural breeding　02.0470

自然疫源地　natural epidemic focus, natural epidemic ni-
　　dus　04.0221

自然疫源性疾病　disease of natural nidus　04.0229

自验　self-inspection　04.0190

自由粉碎　free grinding　03.0010

自由体积　free volume　02.0062

综合评价值　valorimeter value, vv　02.0280

＊棕榈酸　palmitic acid　05.0097

棕榈油酸　palmitoleic acid　05.0098

总固形物　total solid, TS　02.0552

总人日数　sum of all meals of subjects per day
05.0380

总膳食研究　total diet study　04.0327

粽子　Zongzi　03.0517

B 族维生素　vitamin B　05.0141

阻尼模型　dashpot model　02.0339

组氨酸　histidine, His　05.0052

组胺　histamine　04.0147

组合干燥　combined drying　03.0250

组合式解冻　combined thawing　03.0370

最大冰晶生成带　zone of maximum ice crystal formation
　　03.0349

最大残留限量　maximum residue limit, MRL　04.0308

最大概率数　most probable number, MPN　02.0245

最大耐受剂量　maximal tolerance dose, MTD　04.0292

最低可见不良作用水平　lowest observed adverse effect
　　level, LOAEL　04.0310

最低可见作用水平　lowest observed effect level, LOEL
　　04.0311

最低生长温度　minimum growth temperature　02.0196

最高黏度时温度　maximum viscosity temperature
　　02.0283

最高容许浓度　maximum allowable concentration, MAC
　　04.0303

最高限量　maximum limit, ML　04.0306

最小致死剂量　minimum lethal dose, MLD　04.0291

＊最终糖蜜　final molasses　03.1160

醉蟹　wine preserved crab　03.1087

醉制　liquor saturating　03.0505

左旋肉碱　L-carnitine　05.0296

佐餐葡萄酒　table wine　03.1453

坐高　sitting height　05.0412

（TS-0611.31）

ISBN 978-7-03-066170-8

9 787030 661708 >

定价:228.00 元